环渤海地区污染压力的统筹分区与调控研究

栾维新　王　辉　康敏捷　等　著

海洋出版社

2016年·北京

内容简介

本书是介绍国家海洋公益性行业科研专项“基于环境承载力的环渤海经济活动影响监测与调控技术研究”子任务2“社会经济活动与海洋环境承载力耦合机制研究”的研究思路和成果的著作。全书在客观分析了环渤海地区社会经济宏观背景的基础上，构建了影响海洋环境的社会经济活动指标体系，完成了环渤海地区社会经济活动产生的氮、磷、化学需氧量等污染物的源强岸线压力和来源构成，为切实推进以渤海环境治理需求确定陆域管理对象的“倒逼机制”提供了依据。

本书可为从事渤海环境研究和治理的人员提供决策依据和参考，为从事海洋管理、海域使用的研究人员提供资料参考，也可供海洋科学、环境科学等专业的学生学习选作参考用书。

图书在版编目(CIP)数据

环渤海地区污染压力的统筹分区与调控研究/栾维新等著. —北京：海洋出版社，2015.12
ISBN 978-7-5027-9278-7

Ⅰ.①环… Ⅱ.①栾… Ⅲ.①渤海湾－海洋污染－污染防治－研究 Ⅳ.①X55

中国版本图书馆CIP数据核字(2015)第292008号

责任编辑：郑跟娣
责任印制：赵麟苏
海洋出版社出版发行
网址：http://www.oceanpress.com.cn
地址：北京市海淀区大慧寺路8号，邮编：100081
北京朝阳印刷厂有限责任公司印刷 新华书店北京发行所经销
2016年1月第1版 2016年1月第1次印刷
开本：889mm×1 194mm 1/16 印张：20.5
字数：487千字 定价：120.00元
发行部：010-62132549 邮购部：010-68038093 总编室：010-62114335

序言

本书是介绍国家海洋公益性行业科研专项“基于环境承载力的环渤海经济活动影响监测与调控技术研究”中子课题二“社会经济活动与海洋环境承载力耦合机制研究”的研究思路、内容和成果的著作。

渤海是我国海洋环境最为脆弱的海区，其海洋环境变化是气候、水文、水动力等自然条件和沿岸地区社会经济活动长期综合作用的结果。但是，改革开放以来渤海环境出现的生态环境迅速恶化的现实情况，与沿岸社会经济快速发展、人口高度集中、工业等社会经济活动强度不断加大有密切的联系。

长期以来，渤海环境的相关研究多集中在对海域本身的污染物监测和治理上，而从陆海联动影响渤海海洋环境方面研究的较少。根据多年的环境监测结果发现，海上相关活动对渤海海洋环境影响的贡献为20%左右，陆域社会经济活动的贡献超过80%。这就是说，通过渤海自身的污染治理不过是“扬汤止沸”，而在探索陆上社会经济活动与海洋环境污染耦合机制的基础上，通过减少陆上污染物排放来保护海洋环境，才能“釜底抽薪”。因此，建立影响海洋环境的社会（人口和城市等）经济（农业和工业生产等）活动评价指标体系，并以此为基础，研究沿海社会经济活动与海洋环境要素间的时空耦合关系，探索基于污染控制的陆海统筹管理分区构建机制，分析社会经济活动影响海洋环境承载力的压力机制是探索区域经济持续发展和海洋环境逐步改善“双赢”途径的关键。

我作为项目立项咨询专家，中期验收和自验收的专家组长，参与了课题研究方案的修改、技术路线确定及研究目标凝练等过程，认为本项研究在以下几个方面做了大量的工作。

（1）本报告首次从影响渤海海洋环境的角度，系统分析了环渤海地区城镇生活、农业和工业大发展现状和趋势，以及对渤海海洋环境的总体压力。提出的调整环渤海地区产业结构与转变发展方式保护渤海海洋生态环境的建议，是实现区域经济持续发展和海洋环境逐步改善“双赢”的有效途径。

（2）以分析污染物产生的社会经济活动来源为切入点，通过追溯污染物入海途径，结合污染源规模和排放系数，构建了影响化学需氧量、氨氮和重金属三类主要海洋环境污染物的社会经济活动指标体系，在此基础上分析了各污染物的社会经济来源构成与污染特征，研究发现：在相当长时间内，农业生产和居民生活已经成为化学需氧量和氨氮污染的最主要来源，工业污染的贡献不到30%，该研究结论所反映的现实与目前仍以工业污染为治理重点的现状差异迥然。

（3）采用高分辨率数字高程模型和矢量河网数据，应用地形修复技术和河网校正技术，提高了平原地区流域分区的精度，将环渤海地区划分为119个流域。传统基于数字高程模型的流域划分方法无法解决平原地区流域划分问题，水陆交界区域水污染输出位置缺乏清晰界定。项目采用30米分辨率数字高程模型和矢量河网数据，通过地形修复和河网校正处理，解决了平原地区流域划分问题；根据水污染输出特征定义了汇水单元和近岸分区单元，通过先细化再概化的技术流程，清晰界定了陆源水污染输出位置。课题组以环渤海地区1：10万比例尺土地利用类型图为基础，运用GIS空间分析方法对环渤海地区的社会经济活动的空间分布现状进行了模拟，研究结果较传统的简单面积权重法降低了40%以上的误差。采用陆域社会经济活动影响海洋环境的陆海统筹分区管理的方法，首次将环渤海的陆域和渤海海域统筹划分为23个氮污染管理分区，为实现环渤海地区氮污染的统筹分区管理奠定了基础。现有分区研究在空间范围上陆海分离，渤海环境管理缺少陆海统筹管理的基础。课题组提出的以流域分区单元及其对应的近岸海域单元为分区单元，以氮污染要素的岸线压力-响应特征为纽带构建氮污染的陆海统筹管理分区，在遵循氮污染自然过程的基础上，实现了从海域追溯陆域，从陆域社会经济活动入手进行管理调控的管理路径。

（4）运用MRIO模型，研究了环渤海三省两市之间的贸易联系，构建了环渤海三省两市区域间投入产出模型，又基于列昂惕夫逆矩阵计算了环渤海地区石化、钢铁、装备制造三个重工业部门按一定速度增长对工业结构的波及效应，研究发现三个产业的增长将导致重工业的比重、低技术和中低技术类产业的比重、高污染和高能耗类产业比重的明显提高，极不利于环渤海地区工业发展方式的转变。课题组运用工业结构关联的分析方法，具体模拟了环渤海地区石化、钢铁、装备制造三个重工业部门按不同情景速度增长的关联效应，研究发现随着几个典型重工业产业发展速度的提高，将导致环渤海地区能源消费量和工业废水排放量明显的增长。最后在相关研究结论的基础上，课题组提出加快发展低耗能低污染的高新技术产业和抓好重点工业行业按可持续发展的目标逐步提升工业结构等通过调整环渤海地区工业产业结构来保护渤海海洋生态环境的对策和建议。

该报告用崭新的视角、系统的思维和陆海统筹的思路探索了环渤海地区陆上社会经济活动对渤海海洋生态环境的影响，取得了丰富的研究成果，为渤海海洋生态环境保护提供了坚实的理论支撑，同时也为我国其他海域经济与环境和谐发展提供了有益的参考。愿本项目的后续研究可以进一步深化和升华，期待专著中的成果得到更广泛的传播和应用。

2015.05.20

前言

渤海上承海河、黄河、辽河三大流域，下接黄海、东海生态体系，是我国唯一半封闭型内海，具有独特的资源和地缘优势，是环渤海地区社会经济发展的重要支持系统。

环渤海地区是我国社会经济高度发达的区域之一，沿岸的辽宁、河北、山东、北京和天津等三省两市辖区总面积约为51.5万平方千米，占全国面积的5.37%；但却集中分布了全国总人口的14%、国内生产总值的1/5、第三产业增加值的1/5以上；本区的人口密度相当于全国平均人口密度的3.2倍、经济密度为全国的4.5倍、高速公路密度为全国的3.1倍；本区也是我国三大城市密集的地区之一，分布有北京和天津两大直辖市，城市化率（64.68%）比全国平均水平高出13个百分点。环渤海地区海洋经济发展迅速，海洋总产值从1986年的64亿元增长到2008年的10 894亿元，年均增长率高达26.6%，约占全国海洋生产总值的36.1%。在环渤海5 800千米的海岸线上分布着大小港口60多个，目前全国16个亿吨大港中有6个分布在渤海沿岸，渤海主要港口吞吐量合计超25亿吨。

渤海是我国海洋环境最为脆弱的海区，其海洋环境变化是气候、水文、水动力等自然条件和沿岸地区社会经济活动长期综合作用的结果。但是，在过去20—30年的时间尺度内发生这样急剧的变化，与沿岸社会经济快速发展、人口高度集中、工业等社会经济活动强度不断加大有密切的联系。

渤海海洋环境问题已经引起社会各界的高度关注，长期以来渤海“碧海工程”整治专项等研究工作多集中在渤海内部环境治理上，对环渤海地区陆域产生的污染压力关注不够，难以达到治本的目标。为了确定渤海海洋环境污染与沿岸社会经济活动压力的关系，实施陆海统筹战略，通过转变沿岸地区经济发展方式、调整产业结构、节能减排等调控措施遏制渤海水环境条件恶化的趋势，国家海洋局组织实施了“基于环境承载力的环渤海经济活动影响监测与调控技术研究”海洋公益性行业性科研专项经费项目。大连海事大学承担了子课题二“社会经济活动与海洋环境承载力耦合机制研究”的研究任务。

本书是以王辉的博士论文“社会经济活动影响环境污染的压力机制研究——以辽宁省为例”、康敏捷的博士论文“环渤海氮污染的陆海统筹管理分区研究”和姜昳芃的博士论文“基于产业关联的环渤海地区工业结构调整效应研究”为基础形成的，杜利楠、片峰和杨玉洁三位博士参与了本书的编写工作。在客观分析了环渤海地区社会经济特点和发展趋势的基础上，构建了影响海洋环境的社会经济活动指标体系，完成了环渤海地区社会经济活动产生的氮、磷、化学需氧量等污染压力估算和工业重金属的污染风险分析，并具体估算了23个流域氮、磷、化学需氧量等污染物的源强、岸线压力和来源构成，为切实推进以渤海环境治理需求确定陆域管理对象的“倒逼机制”提供了依据。

为了尽快地将课题组的研究成果转化为管理部门决策的依据，为建立渤海资源环境承载能力监测预警机制，加强渤海海洋环境陆海统筹管理，课题组向国家发展和改革委员会地区经济司、国家海洋局生态环境保护司等管理部门提交了《关于加强渤海海洋环境陆海统筹管理的建议》、《关于加快环渤海地区工业结构优化的建议》、《关于加强环渤海地区农业面源污染治理的建议》等咨询报告，研究成果已被上述部门应用采纳。

该书是子课题参与人员4年多协同努力的成果，得到了其他子课题专家的全力支持，同时也凝聚了参与项目立项、中期检查、咨询的有关专家学者的心血与智慧结晶。感谢国家海洋局第一海洋研究所的丁德文院士、李培英研究员、吴桑云研究员，国家海洋环境监测中心的关道明、马明辉、温泉研究员，国家海洋局东海分局的潘增弟研究员，中国海洋大学的李永琪、杨作升教授、国家海洋局第二海洋研究所的周明江研究员，辽宁师范大学的侯林教授，辽宁省海洋水产科学研究院的韩家波教授，大连海洋大学的陈勇、勾维民教授等专家学者，对课题研究方案、技术路线、研究方法等方面提出的建设性意见。感谢国家海洋局科学技术司、生态环境保护司、海域综合管理司、海洋出版社等部门领导的关心支持。

本书的出版由国家海洋局海洋公益性行业科研专项“基于环境承载力的环渤海经济活动影响监测与调控技术研究”（项目编号：201005008）资助。

由于时间精力以及作者水平的限制，本书中可能存在疏漏甚至错误的情况在所难免，敬请同行专家和读者批评指正。

栾维新

2015年4月21日

目 录

第一部分　总 则

第一章　绪论

第二部分　环渤海社会经济发展背景及其海洋环境影响研究

第二章　环渤海地区社会经济发展总体概况

第三章　农业生产影响渤海海洋环境的压力分析

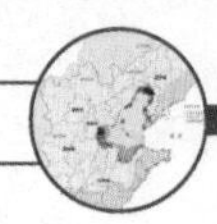

第四章 工业生产影响渤海海洋环境的总体压力分析

第五章 环渤海社会经济发展趋势研究

第三部分 社会经济活动环境影响压力机制研究

第六章 基础理论与研究现状

第九章 社会经济活动主要污染物压力研究

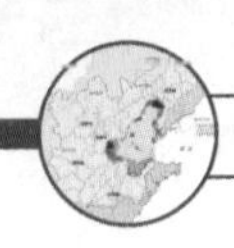

第四部分　环渤海地区社会经济活动的污染压力研究

第十章　环渤海地区社会经济活动的污染压力估算与风险评估

第五部分　环渤海地区陆海统筹管理分区的构建与管理研究

第十一章　环渤海地区陆海统筹管理分区研究

第六部分　环渤海地区工业结构调整效应研究

第十二章　环渤海地区重要工业产业变化的关联效应研究

第十三章　环渤海地区工业结构调整效应研究

第一部分
总 则

第一章 绪论

一、项目总目标

本项研究总体目标是：建立影响海洋环境的社会（人口和城市等）经济（农业和工业生产等）活动评价指标体系，并以此为基础，研究沿海社会经济活动与海洋环境要素间的时空耦合关系，构建耦合模型，动态反演环渤海地区社会经济发展影响渤海海洋环境变化的过程，分析社会经济活动影响海洋环境承载力的压力机制；并以此表达海洋环境承载力与社会经济发展两者间的互动关系，为辽东湾、渤海湾、莱州湾三大海湾的调控方案设计提供理论及技术支撑，同时为项目第5个子任务“渤海海洋环境管理的海陆统筹机制及产业调控研究”提供支撑。

二、项目年度目标

2011年：完成渤海地区社会经济统计资料收集与分析，开展社会经济发展宏观背景分析；完成渤海海洋环境资料收集与海洋环境变化趋势分析；开展社会经济活动统计指标的选择、污染系数的提取等研究；开展影响海洋环境的主要社会经济活动甄选工作；建立影响海洋环境的社会经济活动评价指标体系。

2012年：完成环渤海地区社会经济发展宏观背景分析报告；完成“影响海洋环境的社会经济活动评价指标体系”研究任务；开展社会经济活动与海洋环境承载力时空耦合的理论与方法研究；完成社会经济活动与海洋环境承载力耦合的空间界定；启动时空耦合分析研究。

2013年：完成社会经济活动与海洋环境承载力时间累积耦合分析，时间边际效应耦合分析；完成耦合模型构建、验证及过程反演；为3个海湾调控方案设计工作提供理论与技术支撑，协助完成方案设计。

2014年：系统梳理研究成果，完成研究报告和专著出版。

三、项目主要研究内容

（一）环渤海社会经济与海洋环境变化趋势研究

根据系统的环渤海地区社会经济统计资料、实地调查资料和区域发展规划资料，从宏观上分析环渤海地区经济发展现状与特点、产业结构及演变、城市和社会发展等对渤海环境的总体压力；具体分析环渤海农业生产的规模、结构以及化肥、农药施用量对环境的总体压力；分析工业生产的规模、内部结构以及重点污染产业对环境的总体压力。根据系统的渤海环境监测资料，重点评价渤海海域清洁海域、轻度污染海域、严重污染海域的变化趋势，海洋功能区划环境质量达标率变化以及重点污染物变化趋势等。采用相关分析等方法半定量分析环渤海社会经济活动变化与海洋环境变化之间的关系，并对渤海的功能定位进行研究。

（二）影响海洋环境的主要社会经济要素甄选

根据社会经济统计年鉴对环渤海地区复杂的社会经济活动进行规范的分类，按照一定的原则初步判定可能对渤海海洋环境产生较大影响的社会经济活动统计指标；依据国内外关于社会经济活动污染物特征（如行业排污手册等）研究成果、相关技术规范、污染物普查和典型调研资料，通过对重点社会经济活动排放污染物的取样化验，研究各主要社会经济活动的排污方式、污染物类型，确定其污染物特征。

根据渤海海洋环境监测的历史数据与现状，结合渤海海洋环境污染、海洋环境灾害、区域排污特征分析，通过海洋环境评价和相关学科领域专家的座谈咨询，在众多海水水质监测、沉积物质量监测、生物质量监测的污染指标中筛选典型海洋环境污染监测指标；依据社会经济活动污染物特征分析的结论，对每个经过筛选的典型海洋环境污染监测指标产生污染物的来源进行分析。

（三）构建社会经济影响海洋环境的评价指标体系

根据主要社会经济活动污染物特征分析的结论，在众多社会经济统计指标中选取能切实与排海污染物相联系的社会经济统计指标，依据选取的社会经济统计指标分析相关社会经济活动的规模与发展趋势；根据污普调查和主要社会经济活动污染物特征分析的结论，参照“行业排污手册”等相关行业污染物排放标准，针对每个经过筛选的典型海洋环境污染监测要素（如化学需氧量），提取主要社会经济活动排放相关污染物系数。

根据影响海洋环境的社会经济要素甄选结论，利用提取的主要社会经济活动排放相关污染物系数，具体采用主成分、AHP等分析方法针对典型海洋环境污染监测要素构建社会经济活动影响海洋环境的评价指标体系；建立环渤海地区社会经济统计指标、海洋环境监测指标、行业污染物系数三方面信息的数据集，开发与数据集衔接的影响海洋环境的社会经济活动压力评价软件。为确定重点控制的入海污染物、污染产业、污染物减排要求等“污染调控目标”提供数据和技术支撑。

（四）社会经济活动与海洋环境要素的空间耦合

鉴于影响主体（陆域）和响应主体（海域）在空间上错位分布的特殊性，要以污染物的输移过程作为沿海社会经济活动影响海洋环境的“媒介”，研究沿海社会经济活动的空间分布与海洋环境空间特征之间的关系。

基于GIS技术和关联分析方法，利用渤海近岸海域环境监测和抽样调查资料，社会经济统计和实地调研资料，在行业层次上研究陆域社会经济活动与海洋环境的空间耦合关系，建立

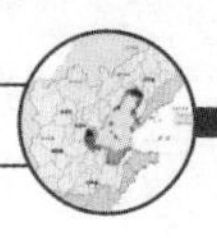

空间关联模型分析社会经济要素的空间分布与海洋环境质量空间差异的联系。

1. 渤海层面的空间耦合研究

以渤海三大湾为研究对象，分析三大湾海洋环境现状，对比三者间在海洋污染类型、污染面积、污染分布等方面的差异，分析每个海湾的海洋环境污染特征。从经济发展总量、城市化水平、人口增长、经济结构、距海远近等宏观层面上分析3个海湾沿海区域的社会经济发展特点。利用GIS等空间分析技术和因子分析模型、关联模型等相关分析方法，研究不同的社会经济发展水平、结构、布局与海洋环境污染类型、面积、空间分布之间的联系。

2. 海域环境要素空间耦合分析

研究海洋环境各要素污染空间分布与社会经济活动的空间耦合关系。例如：海域重金属密集区的位置、范围、强度等与哪些社会经济活动相关，这些社会经济活动的类型、范围、强度及布局的具体情况如何。该部分内容重点关注产业层面上社会经济活动与海洋环境各污染类型区之间的关联，是研究调控政策的重要支撑。

（五）社会经济活动与海洋环境要素的时间耦合

海洋环境质量状况是社会经济活动影响长期积累的结果，某一年的陆域社会经济活动影响与海洋环境现状的空间耦合研究不能完全解释两者间的空间联系。利用GIS和关联模型分析若干时段沿海社会经济活动与海洋环境的时空耦合关系，研究社会经济活动影响渤海海洋环境压力机制的动态变化和累积效应，为3个海湾海洋环境承载力监测和产业结构调控等提供技术支撑，也为建立渤海海洋环境管理的海陆统筹机制提供依据。

1. 时间累积效应耦合分析

研究以1990年为海洋环境变化的起点，根据不同的污染物“生命周期”（无机氮、PO_4^{3-}、化学需氧量、重金属污染区等）选择不同的时间跨度作为累积单元（如化学需氧量可选择3年为一个单位跨度，而重金属可选择10年或更长时间为一个时间跨度），逐年叠加，研究社会经济活动的累积对海洋环境变化产生的时间累积效应。

2. 边际累积效应耦合分析

边际累积效应分析是研究一定时期内社会经济的变动与海洋环境变化两者间的关系，即两个变动间的联系，反映的是海洋环境对社会经济影响的敏感度。通过该研究可得出在一定的时期内，社会经济每变动一个单位，相应的海洋环境将会变动多少幅度。该研究结论对制定针对性的调控建议具有很大的参考价值。

（六）耦合模型构建、验证及过程反演

以时空协整模型为总体模型框架，整合吸收空间和时间耦合研究的成果，将空间与时间耦合模型系统融合，构建社会经济发展影响海洋环境变化的系统模型，并以GIS为平台对渤海海洋环境变化进行模拟反演。

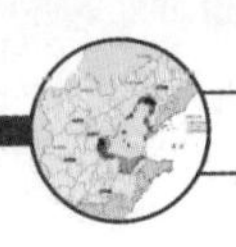

四、项目研究范围

（一）陆域研究范围

研究海域范围的确定比较明确，即渤海整个海域，面积7.7万平方千米。相比海域的研究范围，陆域研究范围的确定相对复杂，宏观层面上汇入渤海的所有河流所流经的流域范围都应列在陆域研究范围之内，这种思路在逻辑上是客观和严谨的，但在操作层面上无法确定研究重点，并且可行性欠佳。对于研究而言，应确定比较明确的研究区域，以使研究区域具有典型性、数据具有可获取性。因此，在确定陆域研究范围过程中我们综合考虑了研究范围的典型性、流域范围的客观性、研究数据的可获取性等因素。具体思路是首先确定大的行政区划范围，在此基础上根据流域范围确定入渤海的陆域范围。

陆域范围为环渤海地区。环渤海地区作为一个地理概念，首先从经济区角度提出，其区域范围主要从经济地理角度，以行政单元界定。以往的经济地理研究主要包括两种划分方法：狭义的划分方法仅包括北京、天津、河北、辽宁、山东三省两市；广义的划分方法还包括与这些省、市经济联系较为密切的山西与内蒙古的部分地区。以往渤海环境问题相关研究多采用以沿海地级市为范围，本项目选择以环渤海三省两市为研究的陆域范围，出于三点考虑：一是保证了经济地理概念的完整性，便于其他相关研究的参考和比较；二是选择环渤海三省两市保证了省级行政单元的完整性，便于管理对策的制定和实施，也便于与其他区划的衔接；三是面积覆盖了对渤海产生环境压力的主要社会经济活动的分布范围，能够满足自然环境—社会经济系统综合分析的需求，仅以沿海地级市为范围无法满足综合分析的需求（图1.1）。

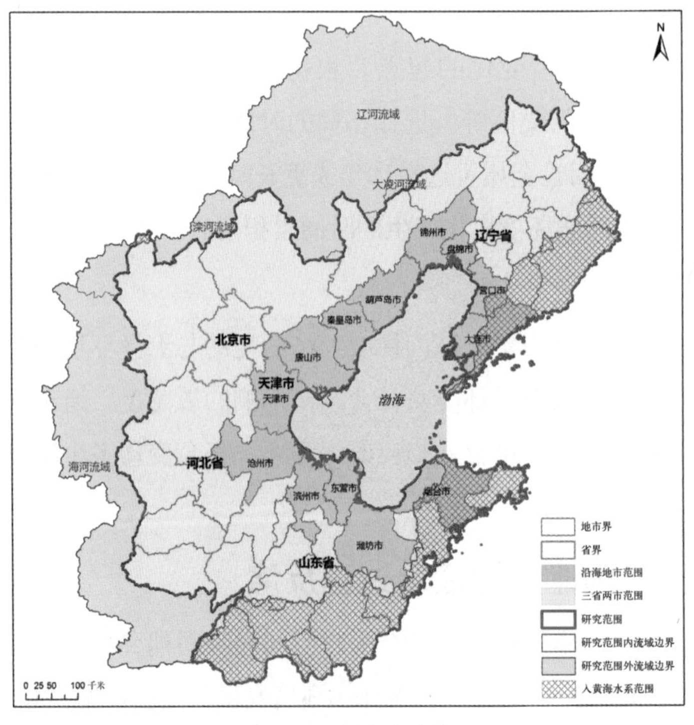

图1.1　项目研究陆域范围

（二）流域范围的界定

前文将三省两市基本确定为环渤海地区的陆域研究范围，下面进一步对该范围的具体划分做更细的分析，在这里将“研究范围”的确定作为一个问题独立出来是基于海洋环境角度的“环渤海地区”与渤海之间的特殊关系，降水及陆域活动造成的废水经地表径流汇入河流，最终流入渤海，其中天津和河北两地河流向东最终都汇入渤海，但辽宁和山东两省同时拥有渤海岸线和黄海岸线，相应地，这两省的河流最终汇入两个海域，而不只是渤海，所以在严格意义上，渤海并不是三省两市废水排放入海的唯一海域。因此，在研究中应将汇入黄海的河流相对应的陆域区域剔除在本项目研究范围之外，以尽可能地保持研究的客观性和严谨性。

以辽宁和山东两省等高线图结合河流来确定两省汇入黄海的流域范围，采用50米、100米、150米…… 大于1 000米等高线作为确定流域范围的基础数据绘制等高线图（图1.2），结合两省的单线河与双线河图，分别划定了辽宁和山东两省的入黄海流域范围图（图1.3），并在此基础上计算了各自的入黄海和渤海的流域范围大小，辽宁省入黄海流域面积为2.66万平方千米，占全省面积的18.23%，而入渤海流域面积为11.93万平方千米；山东省入黄海流域范围为6.82万平方千米，占全省面积的43.44%，而山东省入渤海流域面积为8.88万平方千米。除去两省入黄海流域面积后，本项目研究的环渤海地区实际面积为42.39万平方千米，比之前的三省两市总面积少了9.48万平方千米，占全国面积的比重由5.37%减少到4.39%。基于以上的分析，本研究报告此后出现的所有“环渤海地区”均指剔除入黄海流域后的陆域面积，即42.39万平方千米，占全国土地面积的4.39%。

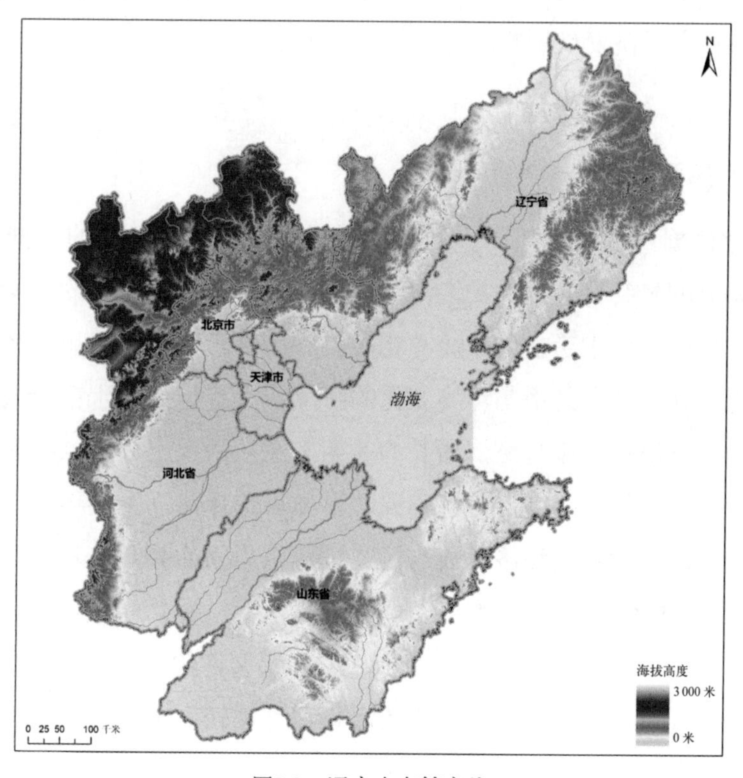

图1.2　辽宁山东等高线

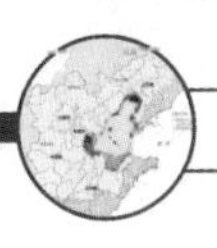

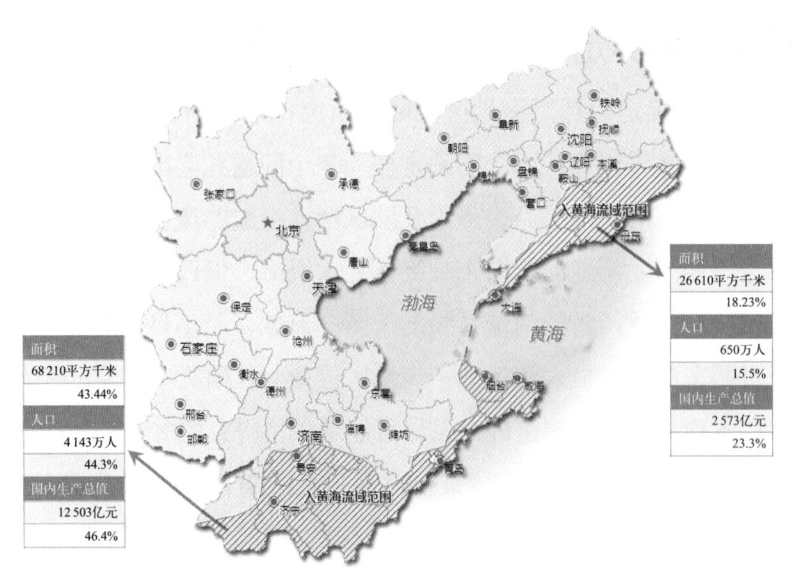

图1.3　环渤海地区范围（减去入黄海流域范围）

（三）时间节点

改革开放前的统计资料难以收集，数据获取性差，影响研究的一致性，本研究的时间范围依据渤海海洋环境变化的基本事实来确定。20世纪80年代初期，渤海近海海洋环境基本属清洁海域，为一类水质，个别海湾海水水质为二类，总体海洋环境良好。而2011年渤海未达到清洁海域的面积为3.3万平方千米，占渤海总面积的43%，且四类和劣四类水质占污染海域面积的25%，绝大多数近岸海域污染严重。经过30多年，渤海环境从清洁变为严重污染，该时间跨度可以反映社会经济发展影响海洋环境的演变过程，因此，项目选取1978—2011年为研究的时间范围。

（四）研究要素特性

研究对象选择依据“以海定陆”。社会经济活动引起环境污染的类型多样，污染物众多，鉴于本项目研究的最终目的是保护渤海海洋环境，在选择要研究的污染物类型上也主要考虑海洋污染物，因此，并未考虑固体废弃物污染和废气污染。突出社会经济活动与主要环境污染要素的研究，众多社会经济与环境变化的研究，大多选择废水、废气、废渣作为污染研究要素，或从宏观上研究三废与经济增长的关系，或从微观上分析点源或面源污染的产生过程机理，对于海洋环境保护而言针对性不强，本项目选择海洋主要环境污染要素为研究对象，结合陆域社会经济活动研究经济发展与污染排放压力间的关系，对于研究海洋环境变化针对性强。本书主要以化学需氧量、氮、总磷和重金属为环境污染要素进行研究。

化学需氧量（Chemical Oxygen Demand，COD）：又称化学耗氧量，是反映水体中有机质污染程度的综合指标，其值越小，说明水质污染程度越轻。水体中化学需氧量含量过高会导致水生生物缺氧以致死亡，使水质腐败变臭。

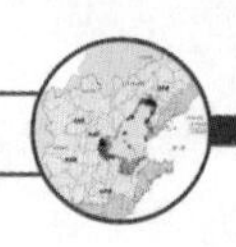

氨氮（Ammonia Nitrogen，AN）：是水体中的营养素，也是主要耗氧污染物，可导致水体富营养化现象，至使水质恶化，破坏水体生态平衡，对鱼类及某些水生生物有毒害。

总磷（Total Phosphorus，TP）：指的是水样经消解后将各种形态的磷转变成正磷酸盐后测定的结果，以每升水样含磷毫克数计量。水中磷可以元素磷、正磷酸盐、缩合磷酸盐、焦磷酸盐、偏磷酸盐和有机团结合的磷酸盐等形式存在。其主要来源为生活污水、化肥、有机磷农药及近代洗涤剂所用的磷酸盐增洁剂等。水中的磷是藻类生长需要的一种关键元素，过量磷是造成水体污秽异臭，使湖泊发生富营养化和海湾出现赤潮的主要原因。

重金属污染（Heavy Metal Pollution）：指由重金属或其化合物造成的环境污染。重金属不能被生物降解，且具有生物累积性，很难在环境中降解，可直接威胁高等生物包括人类，对土壤的污染具有不可逆转性。

（五）社会经济活动范围

本研究的社会经济活动是指根据社会经济活动污染物特征甄选的、对海洋环境产生较大影响的区域社会经济活动的总称。

五、拟解决的关键问题

项目的技术关键点是甄选社会经济活动要素，分析其污染物特征，在众多社会经济统计指标中选取能切实与入海污染物相联系的统计指标。

鉴于影响主体（陆域）和响应主体（海域）在空间上错位分布的特殊性，要以污染物的输移过程作为沿海社会经济活动影响海洋环境的“媒介”，研究沿海社会经济活动与海洋环境的空间耦合机制，主要是解决社会经济活动空间分布与海洋环境空间差异之间的联系，如何建立两者间的耦合机制是项目的难点。

六、研究思路

项目总体技术路线如图1.4所示。

（一）资料收集与分析

1. 环渤海地区社会经济统计资料收集与分析

时间范围：收集1980—2010年间连续系统的社会经济统计资料，以国家和省、市统计局公布的统计资料为依据。

空间范围：河北省、天津市和北京市全部纳入统计范围，统计辽宁省和山东省剔除黄海流域部分后的社会经济资料。环渤海地区综合分析以省级单位为统计单元，几个海湾沿岸社会经济以地级市（或县级单位）为统计单元。

社会经济活动影响渤海环境的宏观背景分析：从宏观上分析环渤海地区经济发展现状与特点、产业结构及演变、城市和社会发展等对渤海环境的总体压力；具体分析渤海农业生产的规模、结构以及化肥、农药施用量对环境的总体压力；分析工业生产的规模、内部结构以及重点污染产业对环境的总体压力。

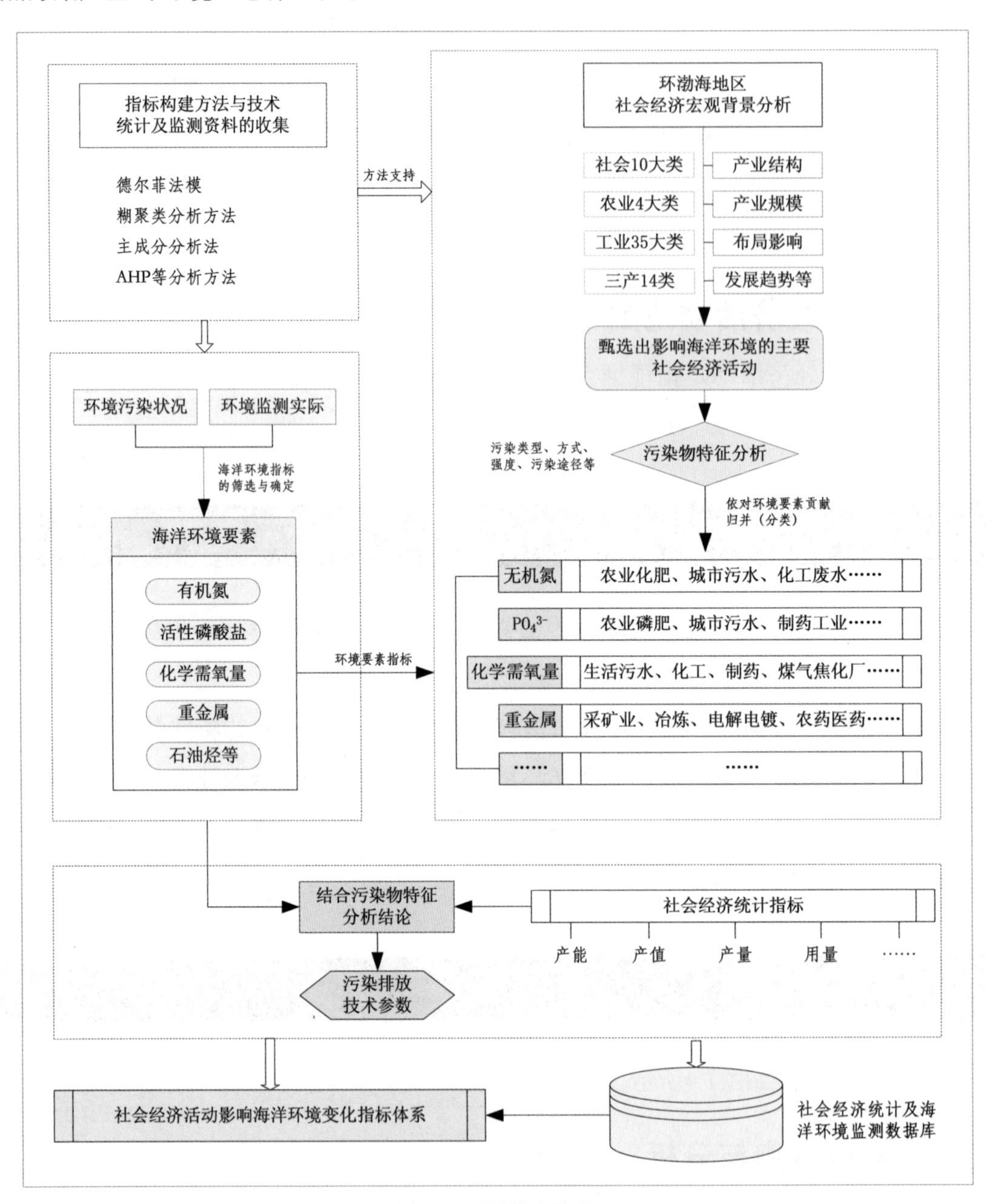

图1.4　项目技术路线

2. 渤海海洋环境变化趋势资料收集与分析

时间范围：收集1990—2010年系统的海洋环境监测资料，以国家海洋环境监测公报或国家海洋环境监测中心提供的资料为依据。

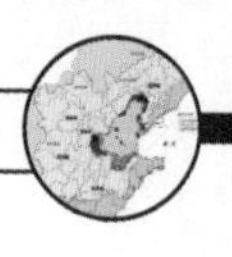

空间范围：以海洋环境监测站位分布和评价范围作为评价重点，海域水质变化状况包括全海域的评价结果。

海洋环境变化趋势分析：重点评价渤海海域清洁海域、轻度污染海域、严重污染海域的变化趋势，海洋功能区划环境质量达标率变化以及重点污染物变化趋势等。

采用相关分析等方法半定量分析环渤海社会经济活动变化与海洋环境变化之间的关系，并确定渤海的功能定位。

（二）影响海洋环境的主要社会经济活动甄选

1. 社会经济活动污染物特征分析

社会经济活动分类研究：环渤海地区的社会经济活动类型十分复杂，需要根据社会经济统计年鉴进行规范的分类，包括人口和城镇等社会统计指标、种植业和牧业等农业统计指标、工业行业35大类分类统计指标。

主要社会经济活动统计指标的选取：按照一定的原则（如产业规模、行业在全国占的比重等），在众多统计指标中，初步判定可能对渤海海洋环境产生较大影响的社会经济活动统计指标。

主要社会经济活动污染物特征分析：在全面收集、分析国内外关于社会经济活动污染物特征（如行业排污手册、污染物普查等）研究成果的基础上，通过对重点社会经济活动排放污染物的取样化验，研究各主要社会经济活动的排污方式、污染物类型，确定其污染物特征。

2. 影响海洋环境的主要社会经济活动甄选

典型海洋环境污染监测指标的筛选：根据渤海海洋环境监测的历史数据与现状，结合渤海海洋环境污染、海洋环境灾害、区域排污特征分析，通过海洋环境评价和相关学科领域专家评价法，在众多海水水质监测、沉积物质量监测、生物质量监测的污染指标中筛选典型海洋环境污染监测指标，满足社会经济活动影响海洋环境压力评价的需求。

影响海洋环境的主要社会经济要素甄选：依据社会经济活动污染物特征分析的结论，通过对不同产业部门产污、排污能力及污染物排海量的分析，运用产业关联分析等方法，如具体甄选产生无机氮等海洋环境监测要素污染物的主要社会经济活动，建立海洋污染物和社会经济活动的关联。

（三）社会经济活动统计指标选择及污染系数的提取

1. 社会经济活动统计指标选择

描述每一类社会经济活动的统计指标有若干个，如钢铁工业的统计指标包括主要产品产量、产值、企业个数、财务、经济效益等指标。需要根据主要社会经济活动污染物特征分析的结论，在众多社会经济统计指标中选取能切实与排海污染物相联系的社会经济统计指标，如经济总体方面可以产业结构、经济增长率等作为指标，各产业部门可以产业规模作为指标，城市发展可以污水排放量作为指标等。再依据选取的社会经济统计指标分析相关社会经济活动的规模与发展趋势。

2. 污染系数的提取

根据主要社会经济活动污染物特征分析的结论，参照“行业排污手册”等相关行业污染物排放标准，针对每个经过筛选的典型海洋环境污染监测要素（如化学需氧量），提取主要社会经济活动排放相关污染物系数。污染物系数的提取要以影响海洋环境的主要社会经济要素甄选结论为依据，与选择的社会经济活动统计指标相联系，如每万吨生活污水化学需氧量的含量，每施用万吨氮肥产生的无机氮量等。

（四）建立影响海洋环境的社会经济活动评价指标体系

根据影响海洋环境的社会经济要素甄选的结论，利用提取的主要社会经济活动排放相关污染物系数，采用主成分、AHP和关联度等分析方法针对典型海洋环境污染监测要素构建社会经济活动影响海洋环境的评价指标体系。为确定重点控制的入海污染物、污染产业、污染物减排要求等“污染调控目标”提供依据。

建立环渤海地区社会经济统计指标、海洋环境监测指标、行业污染物系数三方面信息的数据集，开发与数据集衔接的影响海洋环境的社会经济活动压力评价软件，为社会经济活动与海洋环境承载力耦合机制研究、3个海湾海洋环境承载力监测与调控、渤海海洋环境管理的海陆统筹机制研究等研究内容提供数据和技术支撑。

（五）时空耦合的理论与方法研究

系统收集国内外关于社会经济活动影响海洋环境方面的研究成果，吸收借鉴相关的理论与方法；以系统工程理论为指导，运用数量经济学、应用数学、环境科学等理论方法，应用数据挖掘、GIS和关联分析等技术方法，研究社会经济活动与海洋环境承载力的时空耦合机制。这是本公益项目的重点和难点。

系统收集国内外关于社会经济活动影响海洋环境方面的研究成果，经过系统归纳与总结，研究选择适应我国国情（统计资料、海洋环境监测、环境污染监测等现有基础）的理论研究方法。

研究耦合机制空间单元的划分方法。研究国内外在社会经济活动影响海洋环境的空间耦合研究的陆域空间单元和海域空间单元划分的标准确定、指标选择、边界确定等方法以及卫星遥感、GIS等技术和综合分析法、主导因素法、指标法、叠加法的应用案例分析。

研究耦合机制的关联分析方法。重点研究数据包络分析、数据挖掘、因子分析等相关分析方法在社会经济活动与海洋环境承载力耦合机制研究中的适用性。

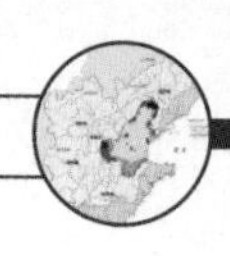

（六）社会经济活动与海洋环境承载力耦合的空间界定

1. 陆域范围

影响渤海海洋环境的陆域范围比较广阔，可延伸到黄河、辽河、海河等几大河流的全流域。综合考虑统计资料的可获取性和调控措施的可操作性等因素，本项研究将陆域范围界定为河北省、天津市和北京市的全境以及辽宁省和山东省剔除黄海流域后的陆域部分。研究中还将对范围界定的合理性进行分析。

2. 海域范围

鉴于渤海中部基本为清洁海域、主要污染海域集中分布在近岸海域的现实情况，在综合考虑渤海海洋自然地理环境、海洋水质量环境现状（包括二类及低于二类水质范围）、海洋功能区划分、沿海省市海洋管理现状等因素，本项研究将海域范围界定为沿海省、市海域管理外边界，不包括渤海中部海域。辽东湾的范围界定为南起渤黄海分界线，绕辽东湾底至辽宁与河北的海洋勘界行政界线，向海延伸至辽宁省海域管理外边界；渤海湾的范围界定为北起辽宁与河北的海洋勘界行政界线，绕渤海湾底至山东与河北的海洋勘界行政界线，向海延伸至河北省和天津市海域管理外边界；莱州湾的范围界定为北起山东与河北的海洋勘界行政界线，绕莱州湾底至渤黄海分界线。

3. 中小尺度污染类型区划分

收集和整理渤海三大湾历史时期各环境要素的监测数据及评价结果，利用GIS分析平台整合以上监测数据，结合水系分布、水动力条件、污染源归并、海洋功能区划等信息，通过插值分析、聚类分析、梯度划分、分布模拟等方法在三大湾范围划分的基础上，初步确定各主要环境要素的分布范围，结合第一部分对渤海近岸海域的划分结果确定每个海湾各环境要素的主要分布区域，作为中观层次上时空耦合研究的基本海域单元。

（七）空间耦合分析

1. 渤海层面空间耦合分析

利用GIS分析平台将环渤海地区人口增长、城市化水平、农业发展、工业结构、工业规模、服务业发展水平等指标数据空间化；将包括水质、无机氮、PO_4^{3-}、重金属、石油烃等海洋环境要素的监测数据空间化；以三大湾为单元耦合分析社会经济活动空间分布与渤海各环境要素的空间分布关系；利用指标分解结论构建空间耦合分析的指标体系；采用数据挖掘技术、因子分析法、数据包络分析等方法定量分析环渤海地区社会经济发展的空间差异性如何影响海洋环境的空间分布差异。

2. 海域环境要素空间耦合分析

以海洋环境监测各个站点数据为基础，通过插值将各环境要素的点状数据面状化，利用GIS分析平台划分环境要素梯度，计算各梯度中的分布总量；在海域耦合单元划分的基础上，利用

DEM数据并结合流域范围确定对应的陆域影响范围，整理陆域范围的社会经济统计资料并对其进行空间化；通过灰色关联分析、因果分析、GIS空间分析等方法，重点研究该区域社会经济发展产业层面的特征（类型、结构、规模、距海远近等）与海洋环境污染分布区的相互联系。

（八）时空耦合分析

研究社会经济随时间发展的累积对海洋环境的影响效应，可以从总体累积和边际累积来分析。

1. 时间累积耦合分析

时间耦合分析也分为渤海大尺度与中尺度两个层次进行。在空间耦合研究的基础上，利用1980—2010年环渤海地区社会经济统计资料和渤海环境监测数据及评价资料；依据海洋环境污染物的“生命周期”理论确定社会经济统计数据累积的年度跨度（如研究化学需氧量累积效应可以取3年社会经济统计数据为一个分析单元，研究重金属累积效应应该选取10年甚至更长的时间跨度作为一个分析单元）；以时间序列为推进轴将社会经济数据与海洋环境数据逐年叠加，运用因子分析法、灰色关联分析、ARMA分析法、DEA模型、状态空间模型等方法构建社会经济发展影响渤海海洋环境变化的时间累积模型。

2. 时间边际效应耦合分析

利用1980—2010年间社会经济活动与海洋环境资料，以两年（或3年）作为一个增量单元，计算并分析该时间单元中社会经济发展的各方面变化（值或水平）与海洋环境各要素变化的关系（值或水平）；依据研究思路（二）中对影响各海洋环境要素的社会经济活动指标筛选的结论，提取海洋环境要素数据和相关社会经济指标值，利用GIS空间分析方法结合数据挖掘技术研究两个增量间的相互关联性；构建社会经济发展影响海洋环境变化的时间边际效应耦合模型。

（九）耦合模型构建、验证及过程反演

1. 耦合模型的整合与验证

在社会经济发展影响海洋环境的空间和时空耦合研究的基础上，以每个海湾为综合建模单位，以时空协整模型为总体模型框架，整合吸收空间和时间耦合研究的成果，将空间与时间耦合模型系统融合，构建社会经济发展影响海洋环境变化的系统模型。选取典型研究时期社会经济统计资料和海洋环境监测数据对模型进行验证，通过反复调试与验证，最终确定系统模型。在模型构建中将充分考虑在不同的社会经济发展阶段，由于科技水平的提高，生产过程中的排污水平也相应提高，国家的环境投资力度也逐步加大，这些技术因素在模型中应充分反映。

2. 社会经济发展影响海洋环境变化过程的动态反演

将项目数据集中社会经济统计数据输入时空协整系统模型，动态反演1990—2010年环渤

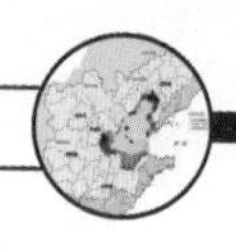

海地区社会经济发展影响海洋环境变化过程，利用GIS平台对反演过程进行可视化表达，还原社会经济发展影响海洋环境变化的过程机制。

利用ARMA模型、非线性趋势预测等方法对环渤海社会经济发展进行预测，重点预测项目研究中筛选的社会经济指标，将指标预测值输入时空协整模型，预测未来时期内渤海海洋环境的具体状态，为调控环渤海地区产业结构、经济发展方式等政策的制定提供技术支撑。

七、关键技术难点和创新点

（一）关键技术及难点

项目的技术关键点是甄选社会经济活动要素，分析其污染物特征，在众多社会经济统计指标中选取能切实与入海污染物相联系的统计指标。

鉴于影响主体（陆域）和响应主体（海域）在空间上错位分布的特殊性，要以污染物的输移过程作为沿海社会经济活动影响海洋环境的“媒介”，研究沿海社会经济活动与海洋环境的空间耦合机制，主要是解决社会经济活动空间分布与海洋环境空间差异之间的联系，如何建立两者间的耦合机制是本项目的难点。

（二）项目创新点

鉴于影响主体（陆域）和响应主体（海域）在空间上错位分布的特殊性，本项目在研究社会经济活动影响海洋环境评价指标体系的基础上，分析沿海社会经济活动与近岸海域环境要素间的时空耦合关系，研究社会经济活动影响海洋环境承载力的压力机制。将解决渤海环境问题的重点转移至渤海周边社会经济的调控上，在渤海环境保护工作中向前一步，具有一定的前瞻性。同时在研究方法上形成了区域经济学与环境科学、管理学等多学科集成创新的研究方法体系。

八、研究的相关政策背景

2000年以来，各级政府对渤海环境越来越关注，为保护渤海海洋环境先后出台多项政策规划，从不同角度提出保护渤海环境的对策建议。近期在对渤海环境关注的同时，环渤海地区的大气污染治理也受到国家和地方的普遍关注，在人们的环境诉求不断增强的时代背景下，该项目的研究显得更有意义，期望通过我们的研究能为环渤海地区的水环境治理和大气污染治理带来积极有效的参考。

表1.1列出了环渤海地区2000年之后各级政府出台的相关环保规划、计划等。

表1.1　环渤海地区环保规划、计划汇总

时间	渤海环境治理行动	主要内容
2000年5月	由农业部牵头，国家环保总局、国家海洋局和交通部参加，制定了《渤海沿海资源管理行动计划》	该计划分项目目标、展望、管理原则、渤海沿海资源管理、建议采取的行动、行动计划的实施等6部分
2000年8月	国家海洋局制定并实施了《渤海综合整治规划》（2001—2015年）	共有7大类27项
2000年7月26日	国家海洋局和环渤海三省一市在大连联合发表“渤海环境保护宣言”	“渤海环境保护宣言”就渤海环境问题的重要性，拯救渤海的指导思想、原则和目标以及措施与行动，做出了明确表态
2000年	《渤海环境管理战略》	提出了基于生态系统管理理念与方法，构建了一个长期、综合、具有战略导向意义的海洋/海岸带生态管理框架
2001年	国务院正式批准了由国家环境保护部、国家海洋局、交通部、农业部、中国人民解放军海军及天津、河北、辽宁、山东四省市联合制定的《渤海碧海行动计划》	历时15年，近期：2001—2005年；中期：2006—2010年；远期：2011—2015年。“渤海碧海行动计划”预示着我国的资源利用和生态保护都步入一个新阶段
2004年3月30日	农业部颁布《渤海生物资源养护规定》，从5月1日起施行	新的“养护规定”涉及捕捞、养殖、增殖、休闲渔业等各个方面，以期合理养护和利用渤海生物资源，促进渔业的可持续发展
2006年	国家发展和改革委员会组织环渤海的三省一市和国务院有关部门启动了《渤海环境保护总体规划(2008—2020年)》的编制工作	以构建海洋污染防治与生态修复、陆域污染源控制和综合治理、流域水资源和水环境综合管理与整治、环境保护科技支持、海洋监测五大系统为出发点，加强系统间的联系，改变以单纯依靠投资和工程项目实施来开展环境治理工作的方式，形成了以海定陆的基本思路
2008年11月	《渤海环境保护总体规划(2008—2020年)》正式获得国务院批准	
2009年7月	《渤海环境保护总体规划（2008—2020年）》	
2009年5月	国家海洋局印发了《关于开展渤海石油勘探开发活动定期巡航执法检查工作的意见》	决定建立渤海定期巡航制度，加强对渤海日益扩大的海洋石油勘探开发活动的巡航监视
2012年6月	国家海洋局局长对渤海海洋环境保护进行调研	时任国家海洋局局长刘赐贵一行，对秦皇岛、唐山海洋环境保护工作进行调研,并在曹妃甸渤海国际会议中心，召开了渤海海洋环境保护工作座谈会
2012年10月	国家海洋局印发《关于建立渤海海洋生态红线制度的若干意见》（以下简称《意见》）	《意见》提出，要将渤海海洋保护区、重要滨海湿地等区域划定为海洋生态红线区，并进一步细分为禁止开发区和限制开发区，分区分类制定红线管控措施

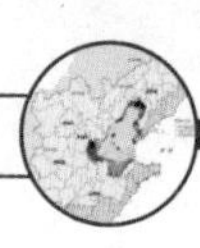

续表

时间	渤海环境治理行动	主要内容
2013年3月5日	环渤海区域合作市长联席会办公室组织，环渤海节能减排促进会主办的“环渤海蓝天行动”启动	目的：遏制、解决严重雾霾天气等大气污染问题。“环渤海蓝天行动”旨在宣传环保知识、倡导环保理念，推动环渤海区域加强环保方面的合作，通过努力，使环渤海区域大气环境得到改善
2013年5月29日	河北省将控制雾霾提上立法层面	提交省第十二届人大常委会第二次会议审议的省气象灾害防御条例草案二审稿增加了采取有效措施控制雾霾天气相关内容
2013年9月	国务院发布《大气污染防治行动计划》	当前和今后一个时期全国大气污染防治工作行动指南
2013年9月4日	中共河北省委确定的《大气污染专项治理十条措施》公布实施	从10个最要紧的方面着手，为污浊的大气而进行的前所未有、力度最强的“大扫除”
2013年9月6日	印发《河北省大气污染防治行动计划实施方案》	采取50条措施，加强大气污染综合治理，改善全省环境空气质量
2013年9月17日	印发《京津冀及周边地区落实大气污染防治行动计划实施细则》	为加快京津冀及周边地区大气污染综合治理，依据《大气污染防治行动计划》，制定本实施细则
2013年10月23日	由6省区市7部委协作联动的京津冀及周边地区大气污染防治协作机制在北京启动	贯彻国务院《大气污染防治行动计划》的重要举措，在新机制下，按照“责任共担、信息共享、协商统筹、联防联控”的工作原则，北京等6省区市和环保部等国家部委，将执行一系列工作制度

第二部分
环渤海社会经济发展背景及其海洋环境影响研究

第二章 环渤海地区社会经济发展总体概况

环渤海地区社会经济活动分析以省级单位为统计单元，河北省、天津市和北京市全部纳入统计范围，统计辽宁省和山东省剔除黄海流域部分后的社会经济资料。根据国家和省、市统计局公布的社会经济统计年鉴对环渤海地区复杂的社会经济活动进行规范的分类，按照一定的原则初步判定可能对渤海海洋环境产生较大影响的社会经济活动统计指标，收集1980—2011年间连续系统的社会经济统计资料。本部分在完成渤海地区社会经济统计资料收集与分析的基础上，从以下几个方面对社会经济活动影响渤海环境的宏观背景进行分析：从宏观上分析环渤海地区经济发展现状与特点、产业结构及演变、城市和社会发展等对渤海环境的总体压力；具体分析渤海农业生产的规模、结构以及化肥、农药施用量对环境的总体压力；分析工业生产的规模、内部结构以及重点污染产业对环境的总体压力；分析社会经济发展规划、农业现代化、工业结构调整、城镇化进程、产业发展方式转变等经济要素对环渤海海洋环境的影响趋势。环渤海社会经济活动的宏观背景分析是项目的基础研究部分，为其他部分研究提供理论和技术支撑。

一、研究范围及资料的处理

（一）研究范围界定

研究的陆域范围为环渤海地区三省两市剔除汇入黄海的流域范围，研究范围见图1.1，研究的时间范围为1978—2011年。

1. 行政区划范围

环渤海沿岸陆域范围包括辽宁、河北、山东、北京、天津三省两市辖区内的44个地级市，444个县级行政区，辖区面积51.5万平方千米（表2.1）。基于海洋环境角度的“环渤海地区”与渤海之间的特殊关系，降水及陆域活动造成的废水经地表径流汇入河流，最终流入渤海。其中北京、天津和河北等地河流向东最终都汇入渤海，但辽宁和山东两省同时拥有渤海岸线和黄海岸线，相应地，两省的河流最终汇入两个海域。因此，为了尽可能地保持研究的客观和严谨性，在研究中将汇入黄海的河流相对应的陆域区域剔除在研究范围之外。表格中的阴影部分代表汇入黄海流域的陆域范围，其面积在研究范围的基础上按一定比例剔除，经过剔除后，最终确定环渤海地区入渤海流域的陆域面积为40.7万平方千米，占全国土地面积的4.21%。

表2.1 2011年环渤海三省两市行政区划及概况

省市	地区	县（区）个数	县级行政区 (阴影部分是入黄海流域，其面积按一定比例进行剔除)	行政单元面积/千米²	入渤海流域面积/千米²
北京	北京	16	东城区、西城区、朝阳区、丰台区、石景山区、海淀区、门头沟区、房山区、通州区、顺义区、昌平区、大兴区、怀柔区、平谷区、密云县、延庆县	16 393.6	16 393.6
天津	天津	16	和平区、河东区、河西区、南开区、河北区、红桥区、东丽区、西青区、津南区、北辰区、武清区、宝坻区、滨海新区、宁河县、静海县、蓟县	11 450.8	11 450.8
河北	石家庄	23	长安区、桥东区、桥西区、新华区、井径矿区、裕华区、井陉县、正定县、栾城县、行唐县、灵寿县、高邑县、深泽县、赞皇县、无极县、平山县、元氏县、赵县、辛集市、藁城市、晋州市、新乐市、鹿泉市	14 062.5	14 062.5
	唐山	14	路南区、路北区、古冶区、开平区、丰南区、丰润区、滦县、滦南县、乐亭县、迁西县、玉田县、唐海县、遵化市、迁安	13 217.1	13 217.1
	秦皇岛	7	海港区、山海关区、北戴河区、青龙满族自治县、昌黎县、抚宁县、卢龙县	7 735.7	7 735.7
	邯郸	19	邯山区、丛台区、复兴区、峰峰矿区、邯郸县、临漳县、成安县、大名县、涉县、磁县、肥乡县、永年县、邱县、鸡泽县、广平县、馆陶县、魏县、曲周县、武安市	12 094	12 094
	邢台	19	桥东区、桥西区、邢台县、临城县、内丘县、柏乡县、隆尧县、任县、南和县、宁晋县、巨鹿县、新河县、广宗县、平乡县、威县、清河县、临西县、南宫市、沙河市	12 473.3	12 473.3
	保定	25	新市区、北市区、南市区、满城县、清苑县、涞水县、阜平县、徐水县、定兴县、唐县、高阳县、容城县、涞源县、望都县、安新县、易县、曲阳县、蠡县、顺平县、博野县、雄县、涿州市、定州市、安国市、高碑店市	22 198.5	22 198.5
	张家口	17	桥东区、桥西区、宣化区、下花园区、宣化县、张北县、康保县、沽源县、尚义县、蔚县、阳原县、怀安县、万全县、怀来县、涿鹿县、赤城县、崇礼县	36 795.3	36 795.3
	承德市	11	双桥区、双滦区、鹰手营子矿区、承德县、兴隆县、平泉县、滦平县、隆化县、丰宁满族自治县、宽城满族自治县、围场满族蒙古族自治县	39 451.8	39 451.8
	沧州	16	新华区、运河区、沧县、青县、东光、海兴、盐山、肃宁、南皮、吴桥、献县、孟村、泊头、任丘、黄骅、河间	13 970.4	13 970.4
	廊坊	10	安次区、广阳区、固安县、永清县、香河县、大城县、文安县、大厂县、霸州市、三河市	6 426.7	6 426.7
	衡水	11	桃城区、枣强县、武邑县、武强县、饶阳县、安平县、故城县、景县、阜城、冀州市、深州	8 828.1	8 828.1
	小计	172		187 253.4	187 253.4

续表

省市	地区	县（区）个数	县级行政区 (阴影部分是入黄海流域，其面积按一定比例进行剔除)	行政单元面积/千米^2	入渤海流域面积/千米^2
辽宁	沈阳	13	和平区、沈河区、大东区、皇姑区、铁西区、苏家屯区、东陵区、沈北新区、于洪区、辽中县、康平县、法库县、新民	12 856.7	12 856.7
	大连	10	中山区、西岗区、沙河口区、甘井子区、旅顺口区、金州区、长海县、瓦房店市、普兰店市、庄河市	12 581.7	4 975.1
	鞍山	7	铁东区、铁西区、立山区、千山区、台安县、岫岩县、海城市	9 263.3	4 776.8
	抚顺	7	新抚区、东洲区、望花区、顺城区、抚顺县、新宾满族自治县、清原满族自治县	11 286	9 803.6
	本溪	6	平山区、溪湖区、明山区、南芬区、本溪满族自治县、桓仁满族自治县	8 393.7	4 352.8
	丹东	6	元宝区、振兴区、振安区、宽甸满族自治县、东港市、凤城市	14 700.5	65.7
	锦州	7	古塔区、凌河区、太和区、黑山县、义县、凌海市、北镇市	9 772.9	9 772.9
	营口	6	站前区、西市区、鲅鱼圈区、老边区、盖州市、大石桥市	5 319.5	3 980.7
	阜新	7	海州区、新邱区、太平区、清河门区、细河区、阜新蒙古族自治县、彰武县	10 402.2	10 402.2
	辽阳	7	白塔区、文圣区、宏伟区、弓长岭区、太子河区、辽阳县、灯塔市	4 745.7	4 745.7
	盘锦	4	双台子区、兴隆台区、大洼县、盘山县	3 397.6	3 397.6
	铁岭	7	银州区、清河区、铁岭县、西丰县、昌图县、调兵山市、开原市	12 956.1	12 956.1
	朝阳	7	双塔区、龙城区、朝阳县、建平县、喀喇沁左翼蒙古族自治县、北票市、凌源市	19 688.2	19 688.2
	葫芦岛	6	连山区、龙港区、南票区、绥中县、建昌县、兴城市	10 225.1	10 225.1
	小计	100		145 589.2	111 999.2
山东	济南	10	历下区、市中区、槐荫区、天桥区、历城区、长清区、平阴县、济阳县、商河县、章丘市	8 040.6	8 040.6
	青岛	12	市南区、市北区、四方区、黄岛区、崂山区、李沧区、城阳区、胶州市、即墨市、平度市、胶南市、莱西市	10 889.3	2 748.6
	淄博	8	淄川区、张店区、博山区、临淄区、周村区、桓台县、高青县、沂源县	5 959.3	4 506.6

续表

省市	地区	县（区）个数	县级行政区（阴影部分是入黄海流域，其面积按一定比例进行剔除）	行政单元面积/千米^2	入渤海流域面积/千米^2
山东	枣庄	6	市中区、薛城区、峄城区、台儿庄区、山亭区、滕州市	4 584.2	0
	东营	5	东营区、河口区、垦利县、利津县、广饶县	6 845	6 823.3
	烟台	12	芝罘区、福山区、牟平区、莱山区、长岛县、龙口市、莱阳市、莱州市、蓬莱市、招远市、栖霞市、海阳市	13 570.8	3 840
	潍坊	12	潍城区、寒亭区、坊子区、奎文区、临朐县、昌乐县、青州市、诸城市、寿光市、安丘市、高密市、昌邑市	15 806.8	15 806.8
	济宁	12	市中区、任城区、微山县、鱼台县、金乡县、嘉祥县、汶上县、泗水县、梁山县、曲阜市、兖州市、邹城市	11 107.2	35.4
	泰安	6	泰山区、岱岳区、宁阳县、东平县、新泰市、肥城市	7 646	6 380.4
	威海	4	环翠区、文登市、荣成市、乳山市	5 494.9	0
	日照	4	东港区、岚山县、五莲县、莒县	5 312.1	964.1
	莱芜	2	莱城区、钢城区	2 256.4	2 256.4
	临沂	12	兰山区、罗庄区、河东区、沂南县、郯城县、沂水县、苍山县、费县、平邑县、莒南县、蒙阴县、临沭县	17 207.7	271.8
	德州	11	德城区、陵县、宁津县、庆云县、临邑县、齐河县、平原县、夏津县、武城县、乐陵市、禹城市	10 296.5	10 296.5
	聊城	8	东昌府区、阳谷县、莘县、茌平县、东阿县、冠县、高唐县、临清市	8 641.6	8 641.6
	滨州	7	滨城区、惠民县、阳信县、无棣县、沾化县、博兴县、邹平县	8 562.4	8 562.4
	菏泽	9	牡丹区、曹县、单县、成武县、巨野县、郓城县、鄄城县、定陶县、东明县	12 043.3	619.9
	小计	140		154 264.1	79 794.4
合计		444		514 951.1	406 891.4

2. 入渤海主要河流

环渤海共有100余条大小河流汇入（图2.1未显示海河、辽河、黄河三大流域全部），主要有两种类型。

1）主要入海河流

渤海周边共有主要入海河流45条，分布在辽河区、海河区、黄河区、淮河区山东半岛沿渤海诸河。辽河区主要有辽河水系、浑太河水系、大凌河、小凌河、五里河、六股河、复

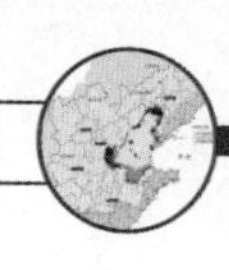

州河、英那河、大沙河、大清河、大洋河、碧流河等。其中英那河、大沙河、大清河、大洋河、碧流河流入黄河，其他7条河流均流入渤海的辽东湾。海河区主要有滦河、小青龙河、汤河、饮马河、石河、戴河、洋河、沙河、陡河、潮白新河、蓟运河、永定新河、独流减河、青静黄排水渠、大沽排污河、子牙新河、漳卫新河、北排水河、沧浪渠、捷地减河、宣惠河、马颊河、徒骇河、德惠新河、秦口河、潮河等，所有河流均流入渤海湾。黄河区即黄河，最终流入莱州湾。淮河区山东半岛沿渤海诸河包括北胶莱河、大沽夹河、弥河、潍河、小清河等，最终流入莱州湾。

2）其他入海河流

环渤海其他入海河流77条，分布在沿海的三省两市。包括北大河、红旗河、龙口河、泳汶河多条河流及部分沿海的排涝入海口。其中比较大的有辽宁的北大河、二界沟闸、接官厅闸、山东的挑河入海口，年入海水量均在1亿立方米以上。另外，还有一些直接排入渤海的排污口。在渤海周边，分布有多家企业及其他单位，有40个排污口直接向渤海排放污水。涉及的行业有电镀、养殖、渔港、市政、造纸、电厂等。

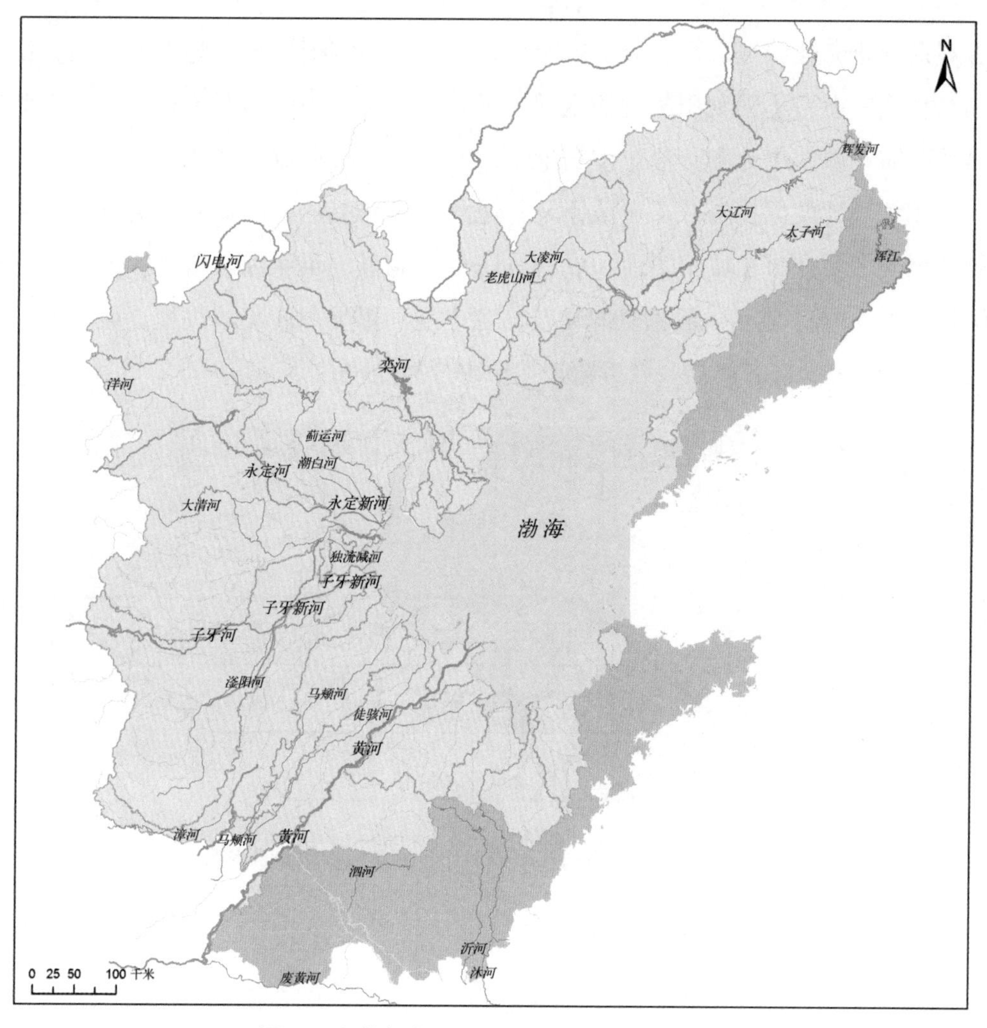

图2.1　环渤海地区入渤海流域的河流分布情况

（二）资料的处理

本研究中社会经济数据主要来源于正式出版的国家及各地方的《社会经济统计年鉴》、《行业统计年鉴》、《农业统计年鉴》、《城市统计年鉴》、《中国海洋统计年鉴》、《工业经济统计年鉴》等。研究的社会经济数据时间跨度以中国改革开放起，即1978—2011年，该时间段内中国经济经历了由起步到高速发展，也正是这个阶段渤海环境发生了巨大的变化，社会经济数据时间尺度能很好地满足对渤海海洋环境研究的需要。研究中相对陆域的研究范围，社会经济统计数据也应按照一定的比例予以扣除，也就是将产生并汇入黄海的废水相对应社会经济数据从三省两市的数据中扣除，只保留对渤海环境产生影响的社会经济数据。

1. 土地利用资料的处理

在满足研究精度的前提下，将土地利用数据26个二级土地利用分类合并为10类，分别为：城镇用地、其他建设用地、农村居民点、旱地、水田、林地、草地、水体、滩涂、裸地沙地，并以区县为统计单元提取每类土地利用类型的面积。

2. 社会经济数据不均匀分布的空间处理

为客观反映研究区状况，提高分析的精度，对社会经济统计数据与土地利用数据进行了匹配，因为在实际中，不同利用类型的土地上承载的社会经济活动并不相同，如工业生产活动绝大多数分布在城镇用地和其他建设用地上，而不是分布在耕地或其他土地利用类型上，因此，工业相关统计数据也应分布在城镇及其他建设用地上；相应地，污染监测的化学需氧量或氨氮数据应主要分布在城镇用地和农村居民点用地上，而不应分布在沙地、草地或其他土地利用类型上，图2.2显示了数据空间化及与各土地利用类型匹配的过程，数据空间化过程中每类土地利用类型内部各类社会经济数据按平均分布处理。

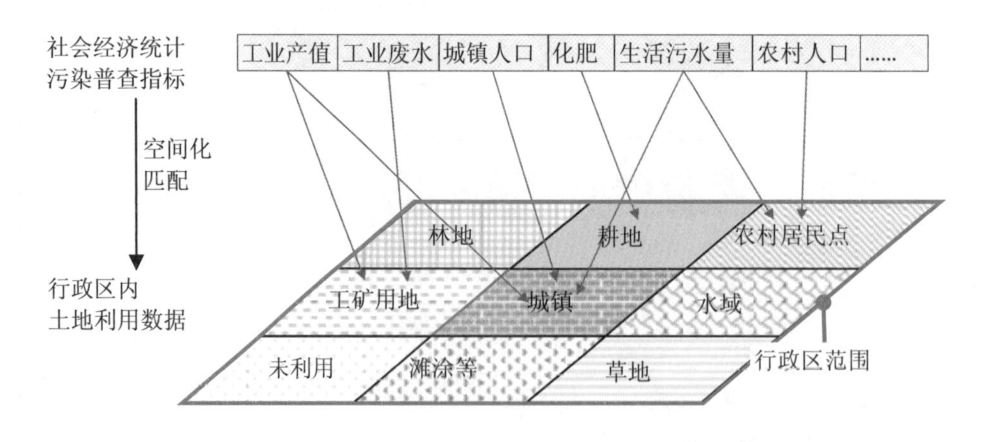

图2.2　社会经济数据空间化及与土地利用数据匹配示意图

3. 流域边界外数据的剔除

这里的剔除是指跨流域边界且位于流域边界之外的行政区范围内各类数据的剔除。流域边界与行政区划边界并不重叠，流域边界往往将行政区范围割裂为多个部分，位于流域边界

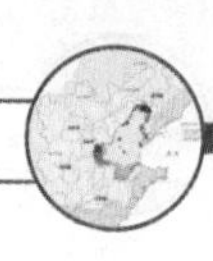

之外的部分并不属于研究区范围，为提高研究精度，该部分数据应予以剔除。

具体思路为：依据边界外各土地利用面积比例确定各类型数据的剔除比例，以化肥施用量数据的确定为例，承载化肥投入的主要土地类型是耕地，包括各类旱地和水田，以GIS为平台计算流域范围外该行政区的各类旱地和水田面积，确定该面积占该行政区旱地和水田总面积的比例，行政区化肥施用总量乘以该比例即为该行政区落在流域外的施用量数据，应从总量中予以剔除，图2.3显示了该剔除过程，表2.2显示了辽宁省和山东省各地市相关社会经济数据的剔除比例。

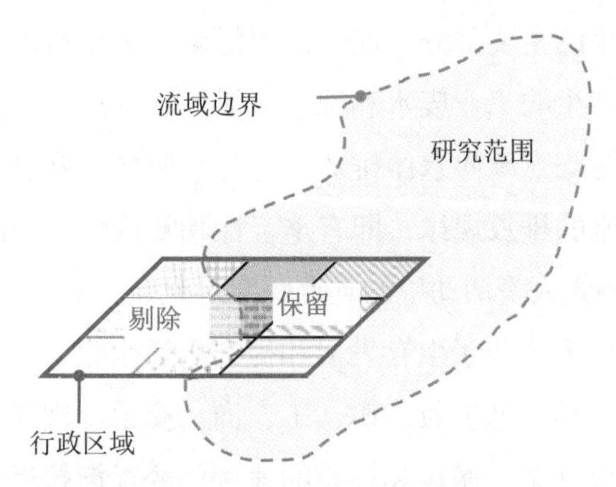

图2.3　跨流域边界的行政区数据剔除示意图

表2.2　辽宁省和山东省部分城市相关社会经济数据的剔除比例（%）

地区		国内生产总值	工业	农业	城市人口	农村人口
辽宁省	丹东市	100	100	100	100	100
	大连市	60	60	60	70	55
	抚顺市	3	5	15	5	11
	本溪市	10	10	50	5	30
	营口市	4	4	12	0	11
	鞍山市	5	5	20	4	11
山东省	临沂市	100	100	100	100	100
	威海市	100	100	100	100	100
	日照市	90	90	80	90	85
	枣庄市	100	100	100	100	100
	泰安市	15	13	18	10	20
	济宁市	100	100	100	100	100
	淄博市	5	5	15	3	10
	烟台市	65	60	65	75	65
	菏泽市	90	90	90	90	90
	青岛市	90	90	70	90	75

二、环境影响因素的识别

众多研究海洋环境的专家对海洋环境变化的主要途径有一致的认识，即可将影响海洋环境变化的途径分为面源污染和点源污染。“面源污染”是指污染物从非特定地点，在降水或融雪的冲刷作用下，通过径流过程而汇入受纳水体（包括河流、湖泊、水库和海湾等）并引起有机污染、水体富营养化或有毒有害等其他形式的污染，根据面源污染发生区域和过程的特点，一般将其分为城市和农业面源污染两类。现阶段随着农业生产物质能量的巨大投入，农业面源污染成为面源污染的主要部分。而“点源污染”是指有固定排放点的污染源，一般工业污染源和生活污染源产生的工业废水和城市生活污水，经城市污水处理厂或经管渠输送到水体排放口，作为重要污染点源向水体排放。这种点源含污染物多，成分复杂，其变化规律依据工业废水和生活污水的排放规律，即有季节性和随机性。因此，在分析渤海海洋环境过程中针对渤海污染途径确定人类活动中的重点研究对象。

关于人类活动的定义：人类为了生存发展和提升生活水平，不断进行了一系列不同规模不同类型的活动，包括农、林、渔、牧、矿、工、商、交通、观光和各种工程建设等。随着人类社会的发展，人类加以开垦、搬运和堆积的速度已经逐渐接近自然地质作用的速度，对生物圈和生态系统的改造有时也会超过自然生物。依据渤海环境变化的途径可以发现农业和工业的发展应是影响渤海环境变化的首要因素。其次人类的日常生活产生的生活废水也应属于面源污染的一部分。因此，在研究过程中确定以农业生产和工业生产为研究重点，人类的日常生活也作为研究对象。农业生产具体的研究方面包括农业总体发展水平、农业生产物质能量投入、农业生产方式等，这些因素都是面源污染的主要来源；工业生产具体研究方面包括有工业发展阶段、主要工业产品产量变化、工业产业结构变化、工业布局变化等，这部分因素既有面源污染又有点源污染。

三、区域基本概况

环渤海地区是我国北方经济最活跃的地区，属于东北、西北、华北的接合部，改革开放以来，环渤海已经形成了优越的地理位置优势、丰富的自然资源优势、发达便捷的交通优势、雄厚的工业基础以及密集的骨干城市群五大优势。

优越的地理位置。环渤海地区具有优越的地理区位条件，该区域东隔渤海湾与太平洋相望、西与中国西北地区相毗邻，并通过亚欧大陆桥与中亚、东欧及西欧相通，北与东北地区相连，东南与华东地区为邻，西南与中南区相接，处在东来西往、南联北开的十分有利的地理位置。从国际上看，环渤海地区处于东北亚经济圈的中心地带，东临朝鲜半岛，与日本列岛隔海相望；北与蒙古、俄罗斯和东欧地区沟通。该区域是我国与韩国、日本、朝鲜等东北

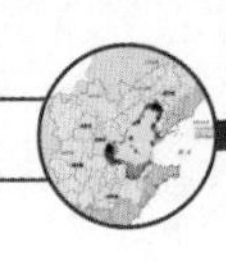

亚国家开展国际交流与合作的重要门户。环渤海地区还是连接内陆和西亚、欧洲的亚欧大陆桥的重要起点之一，是新亚欧大陆桥的桥头堡，有众多港口可以作为路桥上岸的起点港。从国内来看，环渤海地区位于我国华北、东北和西北三大区域的接合部，扼居中国北方通向海洋的门户，环渤海沿岸的港口城市历来是我国三北地区和华东部分内陆地区的进出口通道和货物集散地。这种独特的地缘优势，为环渤海地区经济的发展、开展国内外多领域的经济合作，提供了有利的环境和条件，成为我国第三大经济增长极。

自然资源丰富。环渤海地区拥有丰富的矿产资源、油气资源、海洋资源、煤炭资源和旅游资源。该区域能源和矿产资源在我国沿海地区得天独厚，且资源分布相对集中，较易于开发投产，资源互补性较强。据统计，已探明对国民经济有重要价值的矿产资源超过100种，特别是铁矿石、石油、天然气、铝、铜、锌、海盐、天然碱等储量位居全国前列。仅就辽宁而言，就有储量居全国第一的铁矿，占全国总储量80%以上的菱镁矿，占全国储量66%的硼矿，储量产量均为全国第一的钼矿等。从辽河平原一直到华北平原是我国石油蕴藏的富集地区，已探明渤海湾石油储量超过6亿吨，2011年，渤海油气产储量分别占国内海上油气产储量的71.69%和69.93%，成为我国油气增长的主体。渤海是我国最大的内海，生物资源及海洋能资源丰富多样、潜力巨大。丰富的海洋自然景观和人文景观也为滨海城市旅游资源开发提供了良好的前景。环渤海地区也是中国重要的农业基地，耕地面积达1 445.5万公顷，占全国耕地总面积的12%，粮食产量占全国的13%以上。

立体交通网络发达。环渤海地区是我国交通枢纽功能聚集地区，是我国海运、铁路、公路、航空、通信网络的枢纽地带，交通联片成网，形成了以港口为中心、陆海空为一体的较为完善的综合立体交通网络，成为沟通东北、西北和华北经济并进入国际市场的战略要地。该区域以高速公路网为骨架，众多等级公路四通八达，覆盖了区域内绝大多数城市。2011年，环渤海地区公路里程达到40.7万千米，公路密度为全国的2.2倍，高速公路通车里程11 869.5千米，高速公路密度为全国的3.1倍，二级以上公路里程达到64 376千米；铁路营运里程的平均密度为308.6千米/万千米^2，远高于全国平均水平；航空运输网络也很发达，以北京为中心的10多个机场，开通国内、国际航线100多条；环渤海地区港口星罗棋布，环渤海西侧形成以天津北方国际航运中心为主，秦皇岛港、唐山港等错位发展的津冀沿海港口群，主要服务于京津、华北及其西向延伸的中国北方地区，北侧则形成以大连东北亚国际航运中心为主，营口港、锦州港等为辅的辽宁沿海港口群，主要服务于东北三省和内蒙古东部地区，2012年环渤海地区主要规模以上港口[①]吞吐量达16亿吨，占全国主要规模以上港口吞吐量的1/4。

工业基础雄厚。环渤海地区产业基础雄厚，是我国最大的工业密集区，是我国重化工

① 本研究范围内的主要规模以上港口：天津港、大连港、秦皇岛港、营口港、日照港。

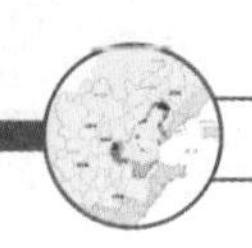

业、装备制造业和高新技术产业基地。近20年来，环渤海地区不仅保持了诸如钢铁、原油、原盐等资源依托产品的优势，同时新兴的电子信息、生物制药、新材料等高新技术产业也迅猛发展。目前已经形成以高新技术产业、电子信息产业、汽车制造业、机械制造业为主导的产业带。环渤海地区是我国石化产业的重点集聚区，七大石化产业基地中就有3个布局于此，分别是辽中南石化基地，京津冀石化基地和山东石化基地。此外，环渤海地区也是我国装备制造业最大的集聚区，装备制造业基础雄厚，内生力强大，是未来装备制造业的动力区。其中，北京是全国航空、卫星、机床等行业的研发中心，辽宁、山东和河北依托其海洋优势，在原有装备工业的基础上已逐步发展成为海洋工程装备、机床以及轨道交通装备的产业聚集区。

拥有实力强大的骨干城市群。环渤海地区是我国城市密集的三大地区之一，以京津两个直辖市为轴心，大连、秦皇岛等沿海开放城市为扇面，沈阳、石家庄、济南等城市为支点，构成了我国北方最重要的集政治、经济、文化、国际交往、多功能的城市群落。北京是我国政治和文化中心；天津的发展定位是北方经济中心；沈阳、石家庄、济南分别是所在省份的政治经济文化中心，大连又是副省级的经济中心城市，这些城市在全国和区域经济中发挥着集聚、辐射、服务和带动作用，有力地促进了本地区特色经济区域的发展。

（一）经济总体实力评价

1. 快速膨胀的环渤海区域经济总量

1978—2011年的30多年时间里，环渤海地区的国内生产总值总量由665.7亿元增加到93 291.3亿元，增长了近140倍，年均增速达15.6%，尤其是20世纪90年代后发展迅猛，年均增长达23.9%（名义增长率）。从图2.4中可以明显看出这种发展历程。

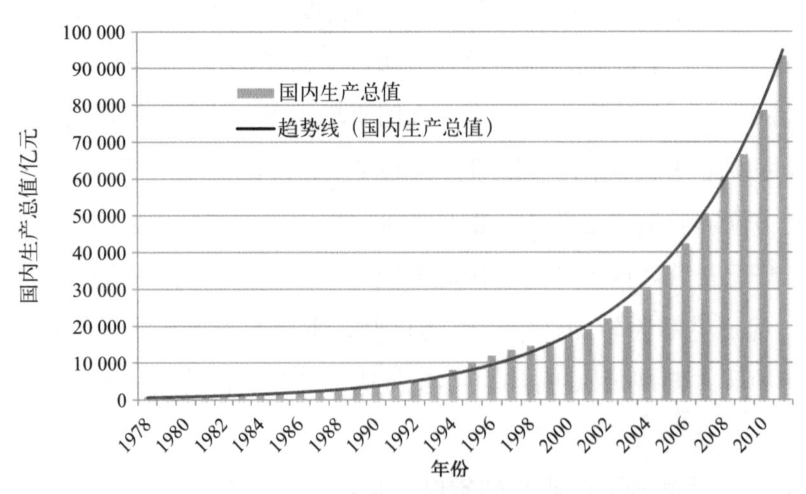

图2.4　1978—2011年环渤海地区国内生产总值增长情况

伴随改革开放30多年我国经济的快速发展，环渤海地区已成为继珠江三角洲、长江三角洲之后的我国第三个大规模区域制造中心。依托原有工业基础，环渤海地区不仅保持了诸如

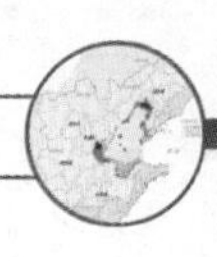

钢铁、原油、原盐等资源依托型产品优势，同时新兴的电子信息、生物制药、新材料等高新技术产业也发展迅猛。

从1978—2011年环渤海地区国内生产总值增长情况可以看出，近几年环渤海地区经济增长速度加快，呈现出更加良好的发展势头。经过了几十年的奠基，环渤海地区的经济迎来了新一轮的工业振兴浪潮，多项国家发展战略区域落户该地区，内在的工业基础和外部优越的发展政策加速激活老工业基地的能量，有理由相信未来环渤海地区的经济增长将在中国经济发展蓝图中添加浓浓一笔。

2. 中国经济的1/5在“渤海”

2011年环渤海地区生产总值为9.3万亿元，占全国国内生产总值的19.8%，其中，第一产业增加值占17.1%、第二产业增加值占20.5%、第三产业增加值占21.2%。可以看出，除农业产值占全国1/6之外，第二产业、第三产业增加值均达到全国总值的1/5强，工业增加值所占比重达20.7%（图2.5）。

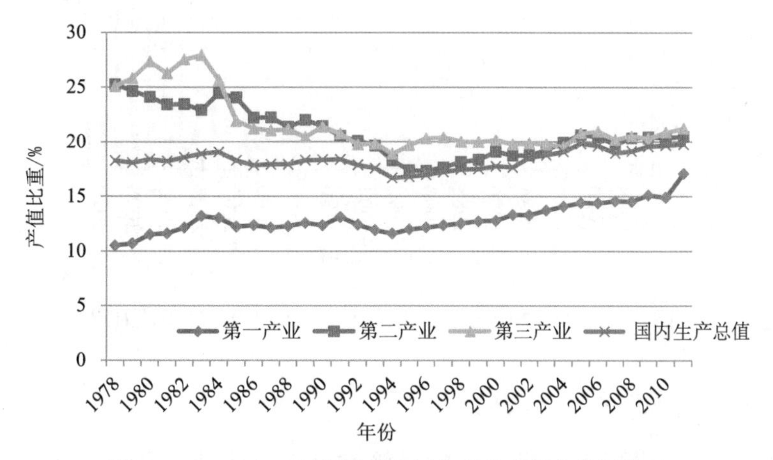

图2.5 1978—2011年环渤海地区各产业产值占全国比重

由图2.6可见，1978年环渤海地区生产总值占全国经济总量的18.3%，在随后的30多年间，比重逐步提高，2005年首次突破全国经济总量的1/5，并维持在这一水平；与此同时，农业、第三产业所占全国比重也逐步提高；第二产业所占比重1978—1995年间有所降低，比重由25%降至17%（结构调整与国企改革因素），1995年后第二产业所占比重开始稳步提升，2005年重新站稳于占全国1/5以上，此后一直维持20%左右。2011年，环渤海地区国内生产总值总量约为长三角（16城市）的1.16倍，是珠三角（9城市）的1.77倍，经济规模开始赶超长三角和珠三角。

由图 2.7 可以看出，环渤海地区的经济无论在 30 多年前，还是现阶段均在全国经济发展中占据了非常重要的地位。1978—2005 年环渤海地区经济总量占全国经济总量是“近 1/5”，而 2005 年渤海地区经济总量已是全国经济总量的“1/5 强”，因此可以说，中国经济的 1/5 在“渤海”。

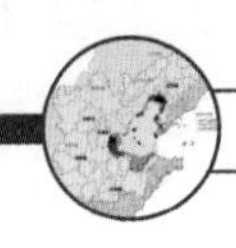

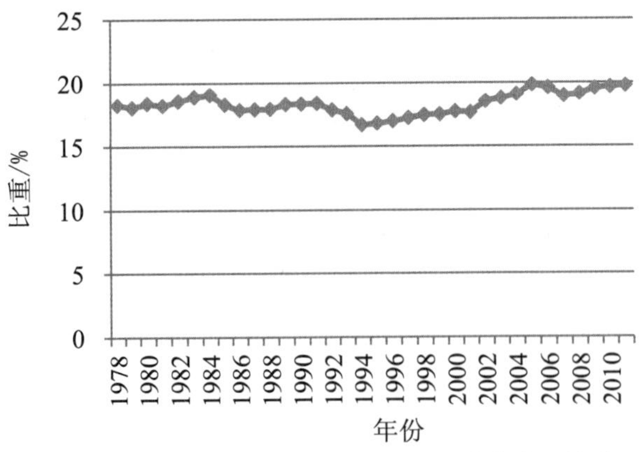

图2.6　1978—2011年环渤海地区经济占全国比重

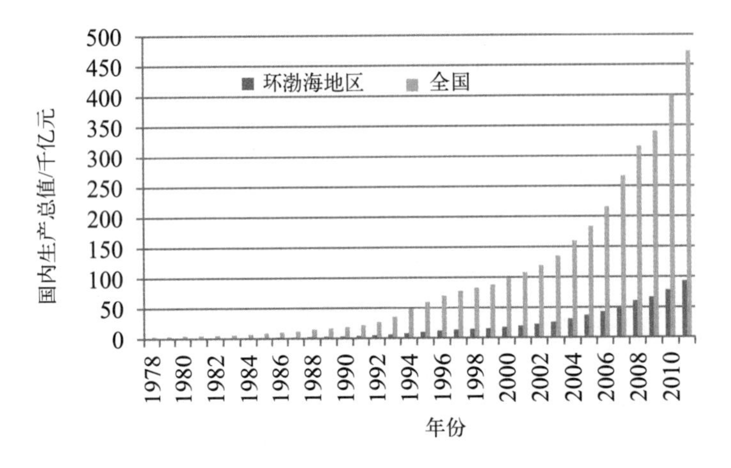

图2.7　1978—2011年环渤海地区与全国国内生产总值对比

3. 经济密度是全国平均的4倍

图2.8很清晰地反映出环渤海经济圈的经济密度远远大于全国平均水平，尤其体现在第二和第三产业以及工业增加值3个方面，据计算数据，该地区经济密度是全国经济密度的4.5倍，这也侧面反映出该地区的生产要素集中度与经济开发强度比全国水平高出4倍以上。

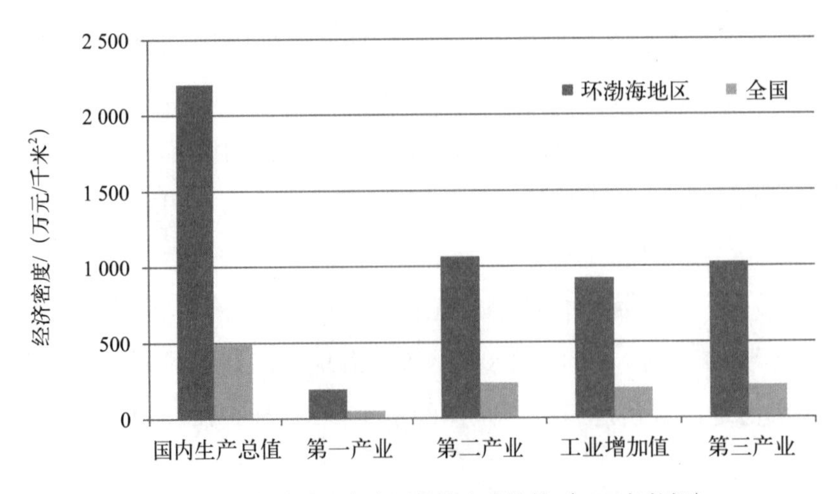

图2.8　环渤海地区与全国经济密度比较（2011年数据）

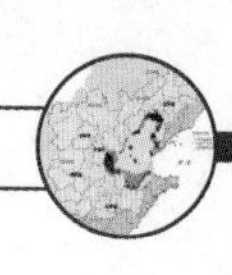

这个占中国陆域面积仅4.4%的区域却创造了全国20%的国内生产总值，伴随着如此高强度的经济开发，污染物的产生量也是巨大的，正如前面我们提到的，渤海作为该经济区废水的最终容纳地正在承受着巨大的环境压力。随着经济不断发展，内陆产业不断向沿海聚集的同时，沿海本身的开发力度加大，双重的开发活动将继续加剧渤海的这种环境压力。

（二）高速城市化过程

城市化水平是衡量一个区域城市化发展程度的重要指标，也是反映一个区域经济社会发展的重要指标。通过定性分析，综合考虑城市人口、经济、社会方式、地域环境等来描述城市化水平的高低。目前众多专家学者均认为非农人口比例和建成区面积是衡量一个区域城市化水平最具代表性的指标。其中建成区面积指市行政区范围内经过征用的土地和实际建设发展起来的非农业生产建设地段，它包括市区集中连片的部分以及分散在近郊区与城市有着密切联系，具有基本完善的市政公用设施的城市建设用地。

1. 非农人口增长近3倍

环渤海地区三省两市总人口从1978年的1.72亿人增加到2011年的2.46亿人，其中本书研究范围中，总人口由1978年的1.37亿人增至1.89亿人（图2.9），增加了5 170万人，增长了37.8%，即在过去34年间，环渤海地区人口增加数相当于1978年总人口的近4成。2011年该地区总人口占全国人口的14%，人口密度由1978年的323人/千米^{2}增加到2011年的445人/千米^2。

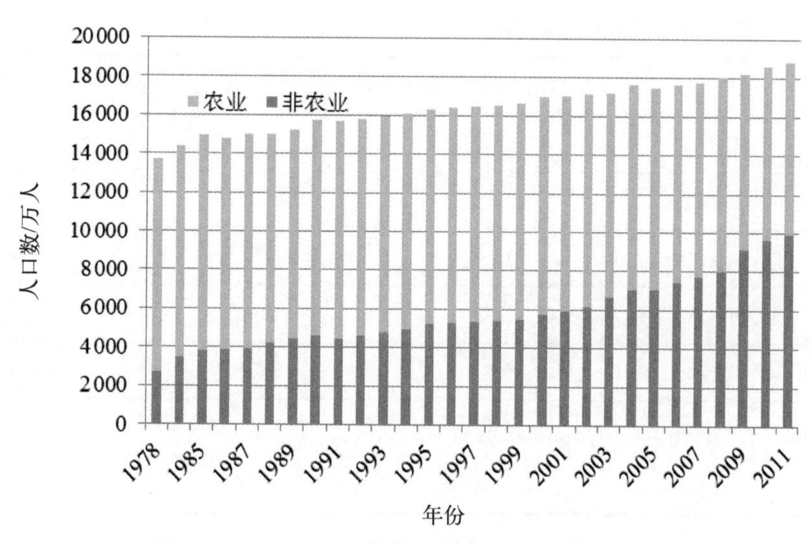

图2.9　1978—2011年环渤海地区农业—非农业人口变化

从人口增长的结构性特点来看（表2.3），1978—2011年，环渤海地区农业人口与非农人口比例由4.1∶1转变为1∶1.1，非农人口的快速增加是总人口增加的主要来源。在过去的30多年间，环渤海地区非农人口由2 692万人增加到9 918万人，年均增长210万人，增加了近3倍，农业人口则呈下降趋势，由11 004万人降至8 945万人，农村人口向城镇转移数量大。非农人口的增长也侧面反映了该地区经济发展的历程，随着地区经济的发展，驱动了农村人口向城市的转移和外来人口的输入，未来该地区的非农人口数量还将不断增长。

表2.3 不同时期环渤海地区的非农人口数 单位：万人

年份	北京	天津	辽宁（部分）	河北	山东（部分）	环渤海地区
1978	488.8	358.5	896.8	553	395.1	2 692.1
1985	595.6	445.7	1 345.1	757	681.5	3 824.9
1995	877.7	507.9	1 507.6	1 099	1 221.3	5 213.6
2000	1 016.8	618	1 591.2	1 310.6	1 219.9	5 756.5
2005	1 237.5	663.2	1 686.8	1 831.8	1 618.9	7 038.2
2011	1 742.3	953.7	1 795.7	2 230.4	3 196.8	9 918.7
1978—2011年增加	1 253.5	595.2	898.9	1 677.4	2 801.7	7 226.6

城市化率是衡量一个地区经济发展水平的重要标准。为了科学、真实地反映现阶段城乡人口、社会和经济发展情况，准确评价城镇化水平，2008年度城市化率对原有计算方法进行了调整，采用城乡划分中的非农人口占总人口（包括农业与非农业）比重来反映城市化水平。由表2.4可以看出，2011年环渤海地区的城市化率为64.68%，高于全国平均水平近13个百分点，说明该地区人口城市化水平相对较高，区域内北京、天津、山东的非农人口比重较高，分别为86.2%、80.5%和78.7%，河北和辽宁比重相对较低。

表2.4 2011年环渤海地区非农人口与农业人口数量及城市化率

地 区	总人口/万人	非农业人口/万人	农业人口/万人	城市化率/%
全 国	134 735	69 079	65 656	51.27
环渤海	19 015.3	12 299.6	6 715.7	64.68
北 京	2 018.6	1 740.7	277.9	86.23
天 津	1 355.2	1 091	264.2	80.52
河 北	7 240.5	3 301.7	3 938.8	45.6
辽宁（部分）	3 645.2	2 424.3	1 220.9	66.51
山东（部分）	4 755.7	3 741.9	1 013.8	78.68

非农人口的增加反映了该地区城市化进程，环渤海地区周边城市群不断扩大，居民生活的废水也随着增多，渤海在消化吸收工业生产废水的同时还要承担居民生活废水的排放。除沿海城市外，内陆城市排放的污染物也有相当一部分经由入海河流排入海洋，据统计，2011年环渤海地区用水总量约510亿立方米，其中城市用水人口约7 200万，城市用水量近80亿立方米，污水排放量达73.2亿立方米。根据《中国海洋环境质量公报》，2011年河流入海的污染物

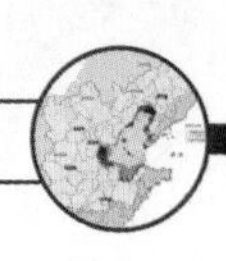

量分别为：化学需氧量1 582万吨，氨氮32万吨，硝酸盐氮164万吨，亚硝酸盐氮7.6万吨，总磷23.6万吨，石油类8.1万吨，重金属2.5万吨，砷3 137吨。渤海周边城市人口的增长在未来相当长一段时间内仍是发展趋势，对渤海海洋环境造成巨大压力。

以环渤海地区各省、市多年的城镇人口和农村人口平均用水量数据汇总，计算后取城镇日人均用水量180升，农村日人均用水量100升，每天人们的生活用水总量为2 885.5万吨，则每年环渤海地区人们生活用水总量为102.7亿立方米（1978年约为30亿立方米），而黄河的年均径流量是535亿立方米，也就是说，环渤海地区生活用水总量约为黄河年径流量的1/5，随着人口数量的增加，生活用水量增加，其中部分废水排入渤海，对渤海海洋环境造成影响。

2. 建成区面积近30年翻两番

建成区面积是指市行政区范围内经过征用的土地和实际建设发展起来的非农业生产建设地段，它包括市区集中连片的部分以及分散在近郊区与城市有着密切联系，具有基本完善的市政公用设施的城市建设用地。采用1984年、2000年与2011年的统计数据，分析环渤海地区城市发展（表2.5），总体而言，环渤海地区建成区面积2011年相比1984年翻了两番，由1984年的2 002.7平方千米增加至2011年的8 231.2平方千米，也就是在28年间，环渤海地区新增了3个1984年的渤海区城市总面积。划分时间段可以看出，进入21世纪以来，建成区面积增速更加明显，1984—2000年17年间，建成区面积增加了2 282平方千米，2000—2011年12年间，面积增加近4 000平方千米。从表2.5中可以看到各省、市的建成区面积变化情况。

表2.5　1984年、2000年与2011年环渤海地区建成区面积变化　　单位：千米^2

项 目	北 京	天 津	辽宁（部分）	河 北	山东（部分）	环渤海	全 国
1984年	366	242	633.2	473	288.5	2 002.7	8 842
2000年	490.1	385.9	1 348.2	962.9	1 097.8	4 284.9	22 439
2011年	1 231.3	710.6	1 961.4	1 684.6	2 643.3	8 231.2	43 603
1984—2000年变化量	124.1	143.9	715	489.9	809.3	2 282.2	13 597
2000—2011年变化量	741.2	324.7	613.2	721.7	1 545.5	3 946.3	21 164
1984—2011年变化量	865.3	468.6	1 328.2	1 211.6	2 354.8	6 228.5	34 761
年均增长/%	4.43	3.92	4.12	4.64	8.23	5.18	5.86

在三省两市层面上，山东建成区面积增加速度最快，年均增长8.23%，天津增速最慢为3.92%，环渤海建成区面积年均增长222平方千米，增速为5.18%。建成区内用水包括有居民生活用水和工业生产用水，其中以工业生产用水所占比例较大，废水成分复杂，经处理和不经处理的工业废水直接或间接排入渤海，导致渤海水环境的不断恶化，环境问题日益严峻，统计数据表明，2011年沿海城市工业废水排放总量达133.8亿吨，其中直排入海的有13.5亿吨。

在强大的经济发展驱动下，环渤海地区未来的建设，尤其是沿海地区的建设力度不断加大，城市的扩张，各大工业园区，临海产业园区的建设如火如荼，陆域的建设和开发或多或少、直接或间接都会与渤海的环境发生着关系，可以说每增加1平方千米的建成区，渤海的环境压力就增大一分，渤海面临的环境压力正快速增大，渤海海水交换能力有限，如果渤海的自净能力不足以消化外来的污染，如何面对和处理这种不断加大的环境压力是值得我们思考的。

（三）人口的迅速集中

在经济全球化的大背景下，经济发展追求城市、信息、工业、国际化和市场化，人口和生产要素向沿海聚集是普遍趋势。我国沿海地区凭借优越的要素禀赋、区位条件及不平衡的区域发展政策支撑，吸引大量人口向沿海地区集聚。根据2011年相关数据分析，我国东部沿海地区以占全国面积13%的土地承载了45%的全国人口，创造了全国58%的国内生产总值，90%以上的进出口总额，特大城市和大城市数量分别占全国的57%和64.5%。

图2.10清晰地反映出1978—2011年环渤海地区与全国人口密度的变化情况，环渤海地区的人口密度由323人/千米^{2}增加到445人/千米^2，年均增长率，即单位土地面积承载的人口数逐年增加。相比而言，全国平均人口密度有100人/千米^{2}增至140人/千米^2，环渤海地区人口密度是全国平均水平的3倍多。根据《中国流动人口发展报告》，2011年我国流动人口达到2.3亿，占全国人口的17%，沿海三大经济圈是吸纳流动人口的主要地区。人口及其他生产要素向沿海集中，为沿海地区经济繁荣做出了重要贡献，但同时，也应看到高的人口集中度，对生态环境、海洋环境的巨大影响。

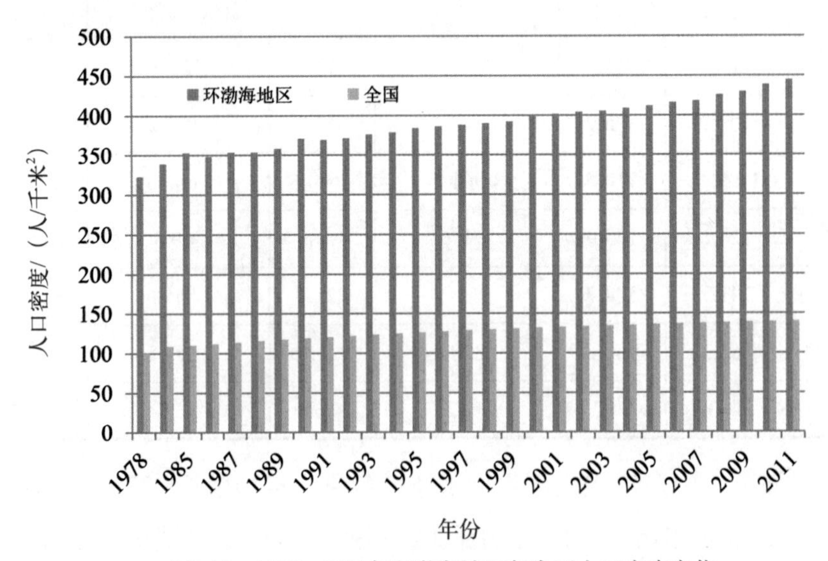

图2.10　1978—2011年环渤海地区与全国人口密度变化

第三章 农业生产影响渤海海洋环境的压力分析

农业生产活动中对环境产生的影响主要体现为农田径流（化肥、农药流失）、水土流失、农村生活污水及垃圾、畜禽养殖等造成的农业面源污染。农业面源污染物的产生与降水过程关系密切，农田中的氮、磷、农药及其他有机或无机污染物质，通过降水时产生的农田地表径流、地下渗漏进入江河湖海。分散堆放的农村生活垃圾、畜禽粪便中含氮、磷物质经径流汇入水体，引起水质污染。根据农业面源污染的产生途径，本部分着重从农业结构的变化、农业生产方式的变化、畜牧业发展规模的变化等与农业污染密切相关的几个经济要素入手，对环渤海地区农业发展过程及现状进行深入分析。

一、种植和畜牧业为主的农业结构

1987年环渤海地区农、林、牧、渔业总产值为588.6亿元，2011年增长至12 688.9亿元，24年间，农、林、牧、渔业总产值增长了21倍，年均增长率为13.6%（图3.1）。其中，农业（种植业）产值增长了13倍，林业产值增长了10倍，牧业产值增长了34倍，渔业产值增长了43倍，可以看出在过去的20多年里，环渤海区域农业生产取得了长足的发展，从图3.1可以看出该地区的农业仍将保持快速的发展速度。

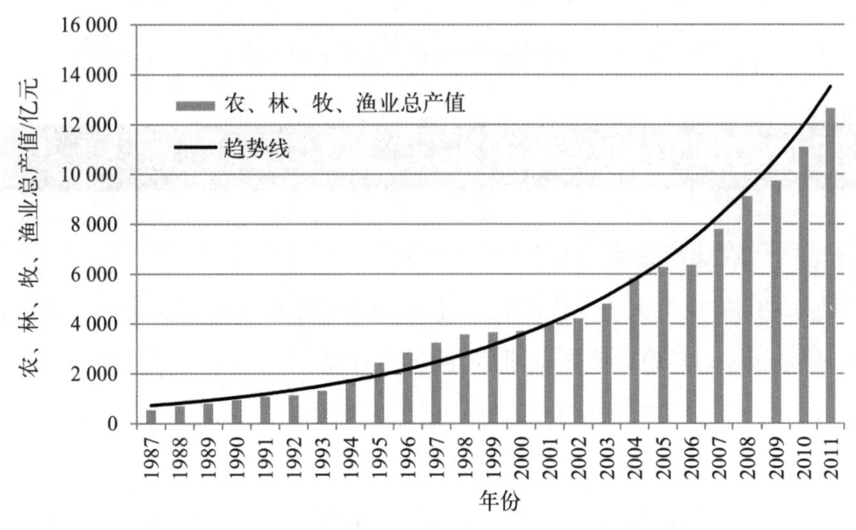

图3.1　1987—2011年环渤海地区农业产值变化

2011年农业内部结构中，种植业和牧业占88.4%，其中种植业产值达到52.1%，牧业为36.3%，而林业产值所占比例最低为1.6%，渔业产值占10.0%（图3.2）。从农业内部结构看，环渤海地区仍是以种植业和牧业为主的农业生产模式。

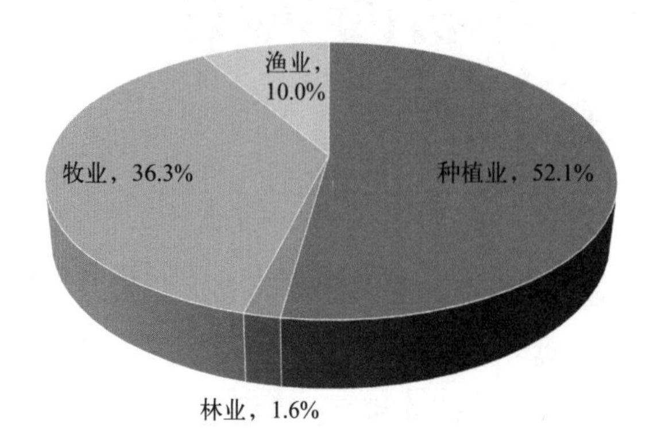

图3.2　2011年环渤海地区农业结构构成

在全国范围内，环渤海地区农业占据重要位置，除林业外，农业总产值、种植业产值、牧业产值、渔业产值均占全国各产值的14%以上（图3.3）。

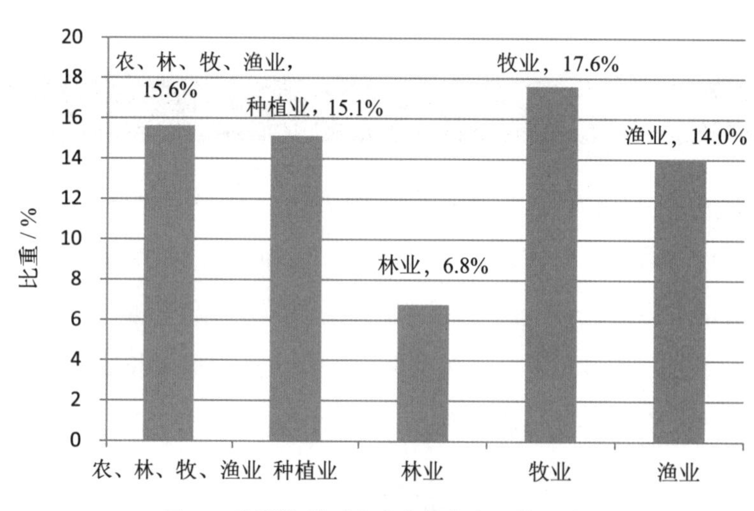

图3.3　环渤海地区农业产值占全国的比重

二、化肥农药施用量居高不下

据国外测算，现代农业产量至少有1/4是靠化肥获取的，在发达国家这一数字甚至会高达50%—60%。环渤海地区农业产值为全国的1/7，而该地区的土地面积仅占全国土地面积的1/23，耕地面积占全国耕地面积的1/9，该区农业产值高的重要原因也在于农业物质能源投入上的增长。表3.1中列出了各省、市的农业化肥投入量（折纯量），环渤海地区的化肥施用总量为737.97万吨，其中氮肥314.40万吨，复合肥270.25万吨，磷肥和钾肥合计约153.34万吨。如果将2011年该区化肥施用总量用40节的列车运输（每节载重60吨），那么需要3 075列这样的列车。从1980—2011年渤海地区总的化肥施用量为16 701.6万吨，就需要54 200列这样的列车。

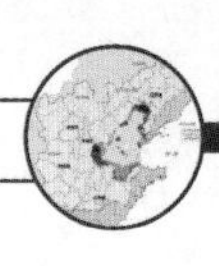

表3.1　2011年全国和环渤海地区化肥农药施用情况　　单位：万吨

地区	化肥施用量	氮肥	磷肥	钾肥	复合肥	农药施用量
北京	13.84	6.78	0.88	0.74	5.44	0.39
天津	24.39	11.37	3.91	1.68	7.43	0.38
河北	326.28	152.42	47.1	27.05	99.71	8.3
辽宁	124.77	60.35	10.77	10.43	43.24	5.66
山东	248.69	83.48	28.1	22.68	114.43	16.48
环渤海	737.97	314.4	90.76	62.58	270.25	31.21
全国	5 704.24	2 381.42	819.19	605.13	1 895.09	178.70
比重/%	12.94	13.20	11.08	10.34	14.26	17.47

图3.4反映了30多年里环渤海地区各主要农业化肥施用量的变化情况，其中，2011年环渤海地区农用化肥施用量为737.97万吨，在1980年239.8万吨的基础上增长了2倍多，在1980—1999年期间呈现迅速上升的趋势，在2000年后增速放缓进入平稳期；环渤海地区氮肥施用量由1980年的164.2万吨增至314.4万吨，比1980年增长了将近1倍，在1996年后施用量基本稳定，保持在310万—340万吨之间；2011年磷肥施用量为90.8万吨，是1980年的1.9倍，增速较为缓慢；钾肥经历了从无到有的过程，在30多年中增长了29倍，2011年环渤海地区钾肥施用量达到62.6万吨；复合肥施用量始终处于不断上升的状态，从1980年的3.5万吨增长至2011年的270.2万吨，增长了76倍，增长也最为迅速。相对氮肥和复合肥的施用量，磷肥和钾肥总体施用量少些，两者2011年合计153.3万吨。环渤海地区农业生产的30多年间，高投入的生产方式促进了该地区发达农业的同时，也有相当多的化肥通过各种途径汇入渤海。

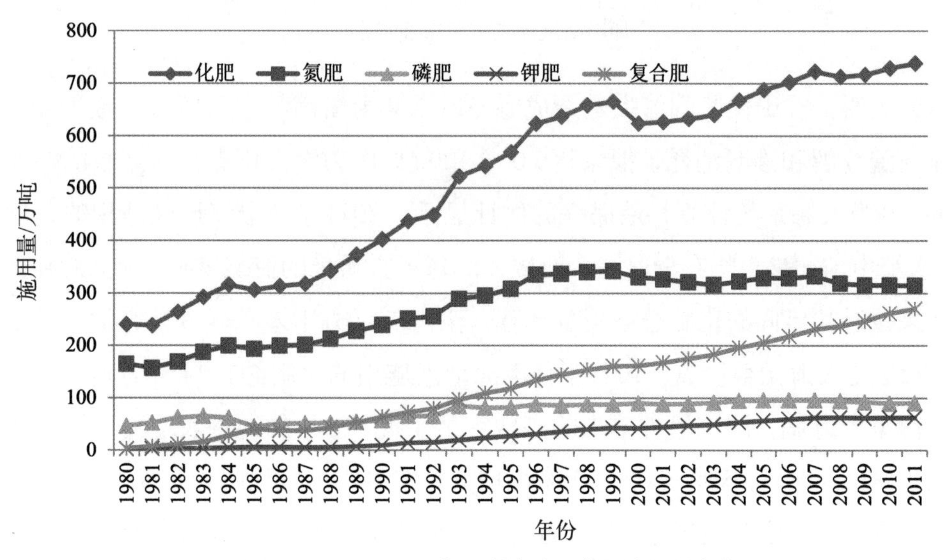

图3.4　1980—2011年环渤海地区化肥施用量变化

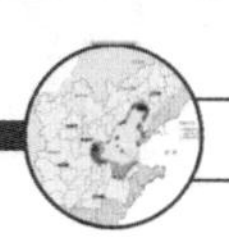

2011年全国地均化肥施用量为468.4千克/公顷，环渤海地区为531.6千克/公顷，高出全国水平13.5%。其中，环渤海地区地均氮肥施用量和地均复合肥施用量最为突出，分别为226.6千克/公顷和194.6千克/公顷，高出全国平均水平的17.9%和21.7%，环渤海地区这样的化肥施用量远远超过发达国家为防止化肥对水体污染而设置的225千克/公顷的安全上限。我国每年农田氮肥的损失率是33.3%—73.6%，平均总损失率在60%左右，其中，以气态氮挥发损失约20%，反硝化脱氮损失15%，地下渗漏损失10%，农田排水和暴雨径流损失15%。大量的化肥、农药流失加剧了湖泊和海洋等水体的富营养化（图3.5）。

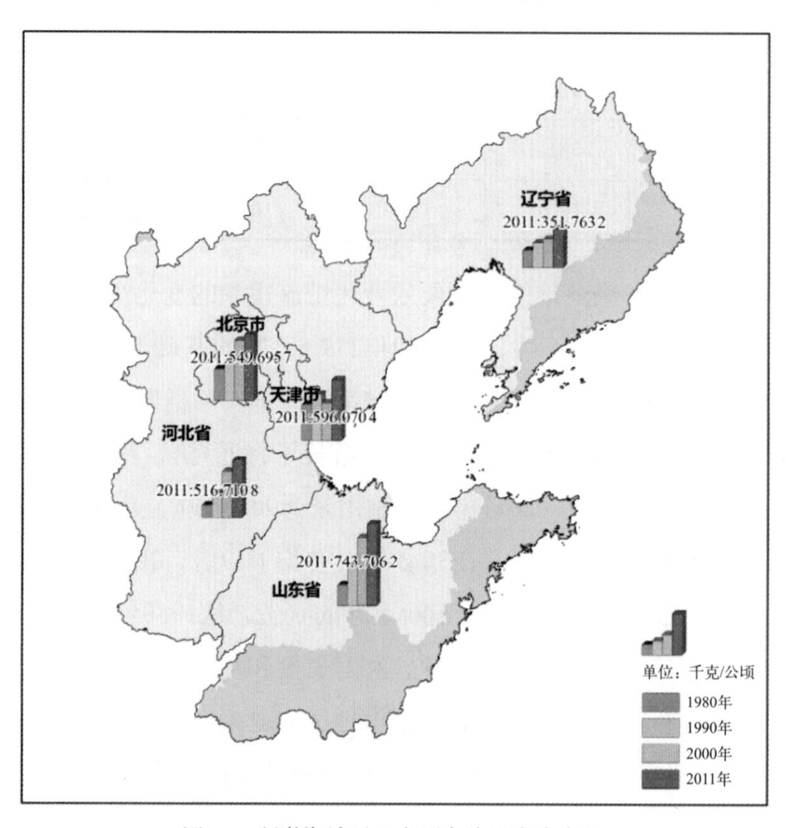

图3.5　环渤海地区三省两市施肥密度变化

很多研究表明，农田化肥的流失是造成海洋氮、磷含量高的主要原因，根据相关研究，考虑到陆域河流分解和渗漏消耗，拟采用0.05%和0.5%作为农田化肥入海系数的最小值和最大值。以0.05%为入海系数计算，最保守的估计显示，2011年环渤海地区施用的化肥至少有2.43万吨汇入海中，如果平均在渤海整个海域，即每平方千米的海域容纳了近0.33吨的纯量农业化肥，如果按近30年间的化肥总施用量计算，渤海每平方千米海域累计容纳的纯量化肥为5.67吨；以0.5%为入海系数计算，2011年环渤海地区施用的化肥约有24.33万吨汇入海中，如果平均在渤海整个海域，即每平方千米的海域容纳了近3.33吨的纯量农业化肥，如果按近30年间的化肥总施用量计算，渤海每平方千米海域累计容纳的纯量化肥为56.67吨。

2011年环渤海地区农药使用量为31.2万吨，占全国农药使用总量的17.5%，为1990年施用量的2.6倍，平均值为22.4千克/公顷，是全国同期水平的1.5倍，约为发达国家的3.7倍，利用

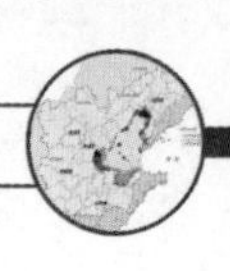

率不足30%，大多流失。采用10%（丁华等，于2006年提出的最小比率）作为农药流失入海的比率，2011年环渤海地区排入渤海中的农药总量为3.1万吨，自1990年至今，环渤海地区的纯农药总量约为562万吨，依据10%的入海量，则有56万吨的农药流入渤海，相当于渤海海面每平方千米累积分布近7吨的农药。

三、畜牧业规模仍在扩张

环渤海地区的畜牧业发展速度快，规模大，2011年畜牧业产值是1978年的90余倍，畜牧业产值占农业总产值的比重也由1978年的13%增加到2011年的34.6%，高于31.6%的全国平均水平。到2011年，环渤海地区牛、马、骡等大牲畜年底存栏数1 263.3万头，肉猪出栏数8 404.3万头，羊年底存栏数3 329万只。环渤海地区畜牧业70%以养殖专业户为主，排污集中，浓度大，且多分布于村庄、道边、河畔，畜禽粪便收集并堆积在养殖场周围空地比较普遍，在雨水冲刷下很容易进入附近水体。同时，环渤海地区畜牧业排污系数相对较高，处理效率低，污染物在处理之前和处理过程中流失较多，随着养殖规模的扩大，快速发展的畜牧业已成为渤海地区水体污染的重要源头。

本研究主要依据全国第一次污染源普查资料，结合环渤海地区农业实际情况提取畜牧业相关排污系数并进行修正，依据《中国环境经济核算技术指南》，环渤海地区农业面源总氮和化学需氧量污染物的入河系数取0.2，利用排污系数法计算2011年环渤海地区农业面源畜牧业主要污染物的排放量见表3.2。环渤海地区畜牧业养殖以猪、奶牛、肉牛和肉鸡为主，基于以上4种畜禽估算流域内畜牧业化学需氧量污染，最终估算2011年环渤海地区畜牧养殖化学需氧量总污染负荷值为2 200.5万吨，总氮排放量为113.2万吨。

表3.2　2011年环渤海地区畜牧养殖业的化学需氧量及总氮排放量

项目	猪	奶牛	肉牛	肉鸡	排放合计
化学需氧量/吨	572 816.7	282 660.8	464 018.4	2 739 134.7	4 058 630.6
总氮/（吨/年）	72 671.3	19 777.0	33 182.4	91 532.2	217 162.9

畜牧业的发展规模仍在迅速扩张，畜牧业已成为环渤海地区农业的支柱产业。辽宁省在省政府推进畜牧产业发展政策的推动下，全省畜牧业发展方式转变速度明显加快，现代畜牧业快速发展，畜牧业投入水平前所未有，生产能力大幅提升，辽宁省已经成为全国重要的畜牧业生产和畜产品供给基地。河北省到“十二五”末，畜牧业产值占农、林、牧、渔业总产值的比重力争达到50%，全省在全国位次前移一到两位。山东省到2015年，畜牧业产值在农业总产值中的比重每年提高超过1个百分点，达到35%。可以预见，随着畜牧业规模的不断扩张，环渤海地区的农业面源污染问题会更加突出。

四、主要结论

通过前面对环渤海地区农业发展状况资料的搜集，分析出该区域农业在总体规模、产业结构、生产方式等方面的总体特征，进一步总结出环渤海地区农业生产影响渤海海洋环境的压力表现。

（一）农业污染压力随农业经济发展规模线性提高

山东、河北、天津、辽宁是我国北方农业经济发达地区，农产品产量持续增长，土地产出率稳步提高。30多年来，环渤海地区农业总产值增长了40多倍，其中种植业产值增长25倍，畜牧业产值增长110倍，渔业产值增长160倍。粮食产量由4 000万吨增加到6 800万吨，增长了70%，水果产量由291万吨增加到3 513万吨，增长了10倍多。相关研究表明，农业污染与农业发展规模高度相关，随着农业经济发展规模增长，农业污染压力呈线性增长态势。

（二）高投入的化肥、农药施用量对渤海环境造成巨大的压力

据国外测算，现代农业产量至少有1/4是靠化肥获取的，环渤海地区农业产值高的重要原因也在于农业物质能源投入上的增长。2011年环渤海地区农用化肥施用量为737.97万吨，地均化肥用量高达531.6千克/公顷，高出全国水平13.5%，远远高出发达国家225千克/公顷的安全上限。根据前文的研究可以明确，农田化肥的流失是造成海洋氮、磷含量高的主要原因。

2011年环渤海地区农药使用量为31.2万吨，平均值为22.4千克/公顷，是全国同期水平的1.5倍，约为发达国家的3.7倍。采用10%作为农药流失入海的比率，2011年环渤海地区排入渤海中的农药总量为3.1万吨。1990年至今，农药总量约为562万吨，依据10%的入海量，则有56万吨的农药流入渤海，相当于渤海海面每平方千米累积分布近7吨的农药。

（三）畜牧业的结构比例不断提高对农业污染压力的影响

环渤海地区的畜牧业发展速度快、规模大，2011年畜牧业产值是1978年的90余倍，畜牧业产值占农业总产值的比重也由1978年的13%增加到2011年的34.6%。环渤海地区畜牧业70%以养殖专业户为主，且绝大多数畜禽场既没有防渗型水泥池贮存粪尿，也没有相应面积的农田就地消纳，露天堆放畜禽粪便很容易随水流失造成河流的污染。例如天津市单位耕地面积猪、禽承载量分别为13.39头/千米^{2}和268.4只/千米^2，单位面积耕地需承载的粪尿氮、磷养分量分别高达297千克/千米^{2}和190千克/千米^2，分别相当于全国平均水平的2.75倍和3.11倍。由此可见，快速发展的畜牧业已成为渤海地区水体污染的重要源头。

第四章
工业生产影响渤海海洋环境的总体压力分析

环渤海地区工业发展水平较高，该地区工业基础雄厚，原油石化、采矿冶炼、装备制造、食品加工等工业门类齐全，工业产值占本地区国内生产总值比重高，达到44.6%，尤其是近15年来工业增长速度快，直至今日仍保持强劲的发展势头。工业生产的同时会产生各种工业废水，有些经处理后排放，有些直接排放，这些废水的排放对渤海海洋环境造成一定的压力。工业规模越大、生产水平越低废水排放越多，不同的工业结构也决定了不同的废水种类和排放量。因此，本章从工业总体规模、工业结构、影响海洋环境的重点行业等方面入手，分析环渤海地区工业发展对渤海海洋环境造成的总体压力。

一、总体规模迅速增长

2011年环渤海地区工业增加值达4.3万亿元，占全国工业增加值的23%，是1978年的104倍，是1990年的28倍，是2000年的5.7倍多，尤其是2000年后工业增长速度飞快，平均增长近18%，从图4.1中可以看出这种强劲的发展势头。从区域角度来分析（图4.2），自2000年以来三省两市的工业产值都出现了大幅度增长，山东省增长幅度最大。

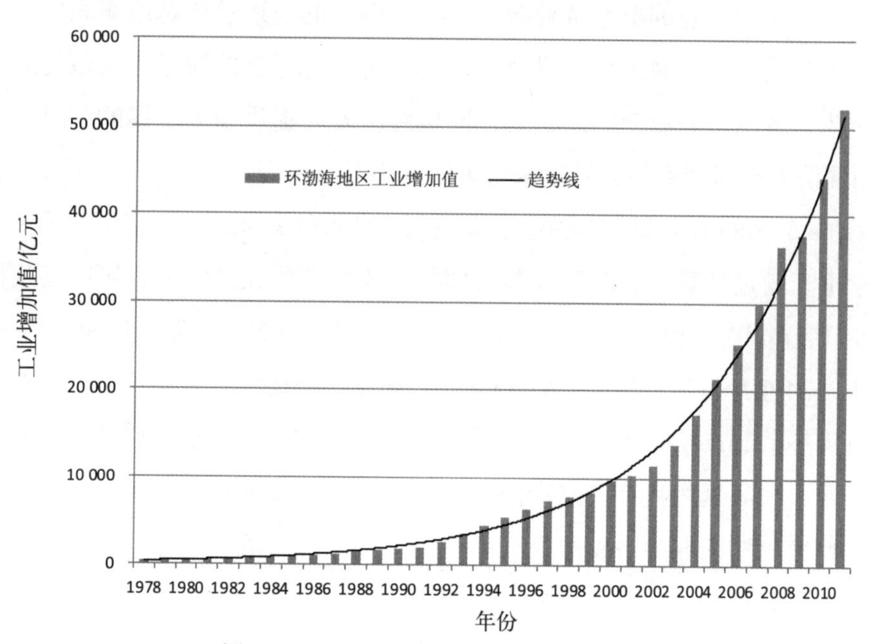

图4.1　1978—2011年环渤海地区工业增加值变化

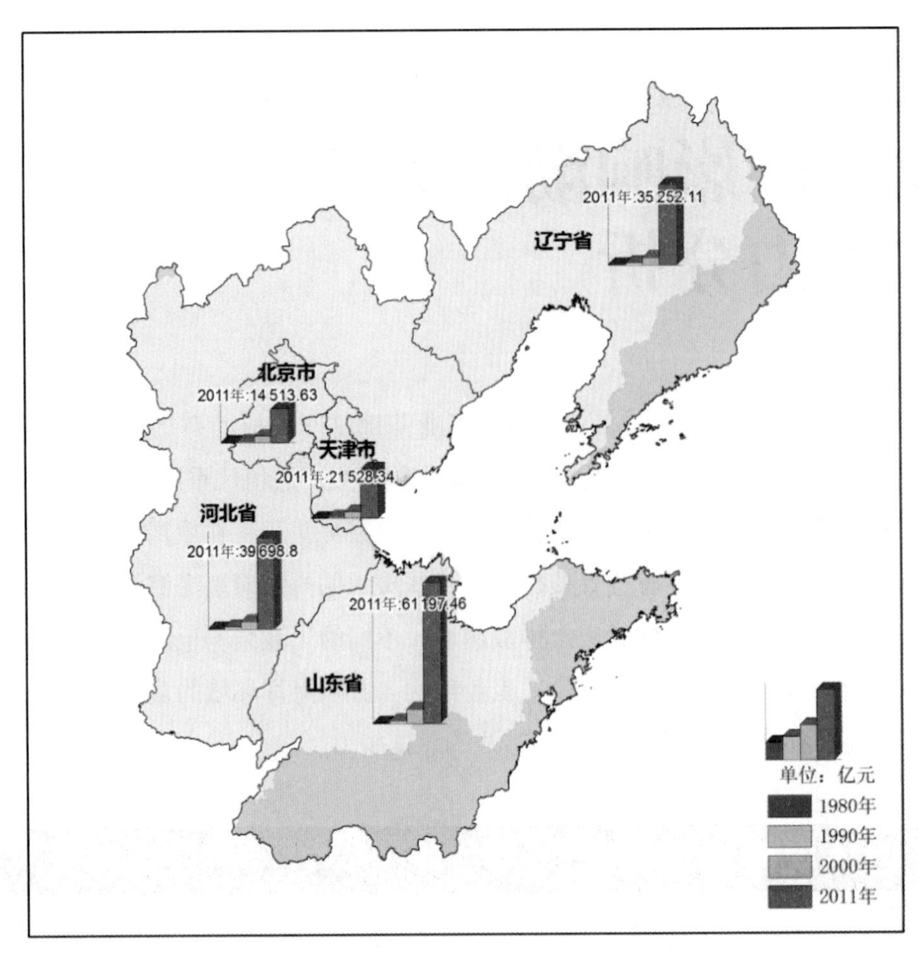

图4.2　环渤海三省两市工业产值时空变化

尽管随着生产条件与技术的进步，每万元工业产值产生废水的量逐年降低，但工业总量快速增加导致工业废水排放量仍逐年增加。1996年环渤海地区工业废水排放总量为20亿吨，2011年增加到32亿吨（为汇总的典型企业数值）。该区域的地形总体是西高东低，环渤海地区排放的大部分工业废水随着城市污水排放管道、河流、排污口的输送，其最终的归属地仍是渤海。渤海作为三省两市的海上门户，为该区域经济发展提供强大支撑的同时，其自身的环境也经受着由经济发展所产生的各种废水带来的压力。

环渤海地区在4.39%的国土面积上创造了全国工业产值的23%，工业产值的经济密度远远大于全国平均水平。通过计算环渤海地区各时期的工业总产值经济密度也可以反映出该地区工业发展的强度（表4.1），1980年每平方千米的工业总产值为29.9万元，1990年增长到112万元，2007年达到1 534万元，2011年达到4 045万元。相比于全国的工业总产值密度而言，环渤海地区具有绝对优势，2011年的密度为全国的4.6倍。从这些数据我们可以了解到环渤海地区工业发展的相对水平和集聚的程度，高产出的同时高排放的现象在过去相当一段发展时期是同步的，各种工业废水随工业经济发展而产生并排放到周边区域，有相当部分最终汇集到渤海，造成渤海环境质量的下降。

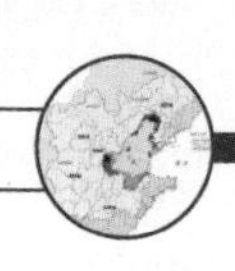

表4.1　各时期全国与环渤海地区工业总产值密度对比

年份	工业总产值/亿元		工业总产值密度/（万元/千米^2）		
	环渤海	全国	环渤海	全国	环渤海/全国
1980	1 266.18	5 154.26	29.87	5.34	5.59
1985	2 079.66	9 716.47	49.06	10.06	4.88
1990	4 785.06	23 924.36	112.88	24.77	4.56
1995	15 028.26	82 301.72	354.52	85.20	4.16
2000	19 037.08	85 766.99	449.09	88.79	5.06
2005	58 530.01	251 535.32	1 380.75	260.39	5.30
2011	172 166.1	844 269.12	4 061.48	879.45	4.62

近10年来，环渤海区的工业废水总计为360多亿吨，而渤海的海水总量约为14 000亿吨，工业废水占渤海海水总量的1/38，其排放规模可想而知。现阶段环渤海地区正成为全国未来经济发展的热点区域，新一轮的产业调整与布局正在进行，随着未来渤海区工业的进一步发展和工业废水排放量的增加，渤海环境的压力将会进一步加大。

二、重化工业突出的产业结构

环渤海地区的工业基础雄厚，工业规模庞大，门类齐全，是我国石油、钢铁、化工、重型机械、造船、煤炭等产业的重要生产基地。依据《中国统计年鉴》中对工业行业的分类标准，计算得出环渤海地区工业各行业的企业个数与工业总产值在全国各行业中所占的比重，表4.2列出了该地区的35个工业行业在全国的地位，其中工业总产值占全国比重超过15%的行业有23个，占总行业的69%；产值占全国比重超过20%的行业有13个，占总行业的37%；产值占全国比重超过30%的行业有4个，占总行业的11%。

表4.3清楚地表现出各行业在全国的地位，其中黑色金属矿采选业，黑色金属冶炼及压延加工业，石油加工、炼焦及核燃料加工业，石油和天然气开采业成为环渤海地区工业行业的第一梯队，占全国比重均超过30%，成为环渤海地区的主导产业；金属制品业，食品加工业，食品制造业，通用设备制造业，化学原料及化学品制造业，专用设备制造业，医药制造业，非金属矿物制品业，电力、热力的生产和供应业成为环渤海地区的第二梯队行业，占全国比重均超过20%。细分环渤海地区各省、市的产业地位，列举出三省两市的支柱产业名称（表4.4）。从表4.4中可以发现环渤海地区工业构成明显的特征，即重化工业扮演了该地区工业发展的主要角色，各省、市的支柱产业中重化工业占据了重要的地位。鲜明的重化工业主导型工业结构过去30年里始终伴随着该区域的经济发展。

表4.2 环渤海地区各工业行业的企业个数及总产值占全国比重（2011年）

煤炭开采和洗选业		石油和天然气开采业		黑色金属矿采选业		有色金属矿采选业		非金属矿采选业	
企业个数	总产值	企业个数	总产值	企业个数	总产值	企业个数	总产值	企业个数	总产值
4.84%	16.06%	13.59%	31.23%	43.55%	49.09%	9.53%	9.64%	16.43%	16.66%
农副食品加工业		食品制造业		饮料制造业		烟草加工业		纺织业	
企业个数	总产值	企业个数	总产值	企业个数	总产值	企业个数	总产值	企业个数	总产值
20.72%	23.66%	20.21%	23.51%	14.29%	14.37%	9.09%	6.86%	12.83%	19.72%
纺织服装、鞋、帽制造业		皮革、毛皮、羽毛（绒）及其制品业		木材加工及木、竹、藤、棕、草制品业		家具制造业		造纸及纸制品业	
企业个数	总产值	企业个数	总产值	企业个数	总产值	企业个数	总产值	企业个数	总产值
12.31%	14.25%	13.54%	15.60%	12.74%	19.32%	16.31%	16.57%	14.98%	18.78%
印刷业和记录媒介的复制		石油加工、炼焦及核燃料加工业		化学原料及化学制品制造业		医药制造业		化学纤维制造业	
企业个数	总产值	企业个数	总产值	企业个数	总产值	企业个数	总产值	企业个数	总产值
12.29%	16.05%	33.39%	31.31%	20.01%	21.78%	17.76%	21.25%	6.31%	3.66%
橡胶及塑料制品业		非金属矿物制品业		黑色金属冶炼及压延加工业		有色金属冶炼及压延加工业		金属制品业	
企业个数	总产值	企业个数	总产值	企业个数	总产值	企业个数	总产值	企业个数	总产值
16.02%	19.72%	18.00%	21.21%	32.58%	37.03%	12.40%	13.73%	21.90%	27.87%
通用设备制造业		专用设备制造业		交通运输设备制造业		电气机械及器材制造业		通信设备、计算机及其他电子设备制造业	
企业个数	总产值	企业个数	总产值	企业个数	总产值	企业个数	总产值	企业个数	总产值
17.70%	21.90%	22.82%	21.48%	13.18%	18.34%	13.04%	13.07%	9.82%	9.71%
仪器仪表及文化、办公用机械制造业		其他制造业		电力、热力的生产和供应业		煤气生产和供应业		水的生产和供应业	
企业个数	总产值	企业个数	总产值	企业个数	总产值	企业个数	总产值	企业个数	总产值
16.51%	10.70%	8.02%	8.08%	15.06%	20.38%	16.71%	13.87%	13.09%	14.98%

注：其中数据来源于中国及各省市统计年鉴。

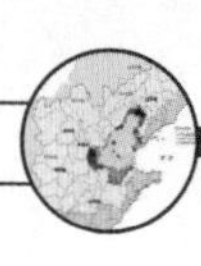

表4.3 环渤海地区各产业占全国比重统计情况

比重区间	行业名称及比重值				
>30%	黑色金属矿采选业	黑色金属冶炼及压延加工业	石油加工、炼焦及核燃料加工业	石油和天然气开采业	
	49.09%	37.03%	31.31%	31.23%	
20%—30%	金属制品业	农副食品加工业	食品制造业	通用设备制造业	化学原料及化学品制造业
	27.87%	23.66%	23.51%	21.90%	21.78%
	专用设备制造业	医药制造业	非金属矿物制品业	电力、热力的生产和供应业	
	21.48%	21.25%	21.21%	20.38%	
15%—20%	橡胶和塑料制品业	纺织业	木材加工及木、竹、藤、棕、草制品业	造纸及纸制品业	交通运输设备制造业
	19.72%	19.72%	19.32%	18.78%	18.34%
	非金属矿采选业	家具制造业	煤炭开采和洗选业	印刷业和记录媒介的复制	皮革、毛皮、羽毛（绒）及其制品业
	16.66%	16.57%	16.06%	16.05%	15.60%

表4.4 环渤海地区各省、市支柱产业

地　区	支柱产业（2011年）
环渤海	黑色金属冶炼及压延加工业、化学原料及化学制品制造业、交通运输设备制造业、农副食品加工业、石油加工、炼焦及核燃料加工业、通用设备制造业、电力、热力的生产和供应业
北　京	交通运输设备制造业、电力、热力的生产和供应业、通信设备、计算机及其他电子设备制造业、石油加工、炼焦及核燃料加工业、电气机械及器材制造业、煤炭开采和洗选业、通用设备制造业
天　津	黑色金属冶炼及压延加工业、交通运输设备制造业、通信设备、计算机及其他电子设备制造业、石油和天然气开采业、石油加工、炼焦及核燃料加工业、化学原料及化学制品制造业、煤炭开采和洗选业、通用设备制造业
河北省	黑色金属冶炼及压延加工业、电力、热力的生产和供应业、黑色金属矿采选业、石油加工、炼焦及核燃料加工业、化学原料及化学制品制造业、农副食品加工业
山东省	化学原料及化学制品制造业、农副食品加工业、纺织业、石油加工、炼焦及核燃料加工业、黑色金属冶炼及压延加工业、非金属矿制品业、电力、热力的生产和供应业、交通运输设备制造业
辽宁省	黑色金属冶炼及压延加工业、通用设备制造业、石油加工、炼焦及核燃料加工业、食品加工业、交通运输设备制造业、非金属矿物制品业、化学原料及化学制品制造业、电器机械及器材制造业

三、影响海洋环境的重点行业分析

环渤海地区重化工业比重高的工业结构，决定了该地区工业生产的环境影响特点，通过对该地区工业各行业在全国所占比重和各行业自身的生产排污特点，选取了黑色金属矿采选业，黑色金属冶炼及压延业，石油和天然气开采业，石油加工、炼焦及核燃料加工业，化学原料及化学制品制造业，煤炭开采和洗选业，造纸及纸制品业，装备制造业等几个典型环境影响产业作为重点研究对象，从各行业发展演变及未来发展趋势上分析对渤海环境的影响。

（一）黑色金属矿采选业和黑色金属冶炼及压延加工业

将黑色金属矿采选业和黑色金属冶炼及压延两个产业合并一起分析是考虑到两个产业生产过程中废水排放具有相似的特点，而且两者共同产生该行业的最终产品类，生铁、粗钢、钢材等，在分析过程中可以进行统一计算，不需要剥离开两者各自的产品产量（实际上很难剥离开），生产过程中所产生的废水也无法分开计算的，因此将两行业统一起来进行分析。

1. 产值

1987年、1994年、2005年和2011年环渤海地区黑色金属矿采选业和冶炼及压延业的企业数量分别为1 133个、2 569个、2 813个、4 261个；工业总产值分别为300.88亿元、1 483.93亿元、8 966.53亿元、29 423.12亿元，2011年企业数为1987年的3.8倍，产值是1987年的近97.8倍，可以看出行业规模的扩大是该行业迅速增长的主要表现方式。

2. 产量

这两个行业的发展反映到具体产品上是生铁和钢的生产量的变化，从表4.5可发现1978年两者产量均在1 100万吨左右，至1990年两者产量均有所增加，但净增加幅度并不大，2000年生铁产量突破3 000万吨，钢产量突破4 000万吨，增长幅度较前一时期有所提高，进入飞速发展时期，11年后，到2011年环渤海地区生铁和钢的产量分别为28 599万吨和29 831万吨，产量水平显著提高，相比之前3个时期的产量发生了数量级上的变化，其绝对体量增加巨大，达到一个新的水平。2011年生铁产量是1978年的近26倍、1990年的近18倍、2000年的近9倍；2011年钢的产量是1978年的25倍、1990年的14倍、2000年的7倍，而且两者产量发生巨大增幅的时期是20世纪90年代末至今，近80%的产量是在这个时期形成的。目前环渤海地区的生铁与钢产量均约占全国总量的43%，即全国的钢铁产量有近1/2出自渤海周边。

表4.5　环渤海地区生铁和钢四个时期产量变化

项目	年份				倍数		
	1978产量/万吨	1990产量/万吨	2000产量/万吨	2011产量/万吨	2011产量/1978产量	2011产量/1990产量	2011产量/2000产量
生铁	1 104.4	1 618.8	3 393.7	28 598.8	25.89	17.67	8.43
钢	1 179.5	2 116.3	4 013.9	29 830.9	25.29	14.09	7.43

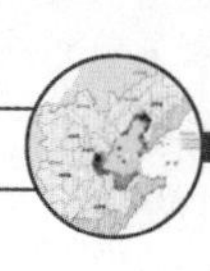

3. 废水特征

黑色金属矿采业和冶炼及压延业生产过程中，主要产生的废水有选矿废水、冶金废水、重金属废水、酸碱废水等，占全国1/3的黑色金属矿采及压延业所产生的废水都是在渤海地区处理和排放的，该行业在过去30年间产生的各种废水直接或间接地都会对渤海环境造成影响，几十年的累积排放，该行业对造成渤海重金属污染方面的贡献不可忽视。

4. 发展趋势

在环渤海内部，河北省是黑色金属相关产业发展的大省，其产值占整个环渤海地区的46%，辽宁约占20%，山东和天津各占20%和12%，北京最少。国际上钢铁行业的发展趋势是集聚，中国目前钢铁相关行业也正在进行整合与重组，随着河北曹妃甸产业园区的建立，钢铁行业进一步聚集，河北在未来发展中黑色金属行业仍会占有重要的地位，而曹妃甸是建立在渤海中的园区，该行业所产生的生产废水将直接排入渤海，无疑加重了渤海环境的压力（表4.6）。

表4.6　环渤海地区黑色金属矿采及加工业各省市占比（%）

项目比重	河北	辽宁	山东	北京	天津
企业个数比重	27.67	41.12	22.79	0.7	7.72
总产值比重	46.43	20.03	19.89	1.35	12.29

（二）石油开采与加工业

石油开采与加工业是石油与天然气开采业和石油加工、炼焦及核燃料加工业合并一起分析的，该产业典型的产品为原油和乙烯。

1. 产值

石油开采与加工业的工业总产值由1985年的113亿元，到1995年的1 060亿元，增长至2011年的17 770亿元，相比1985年增长了157倍。

2. 产量

原油和乙烯的产量变化反映了该行业发展的历程，乙烯的生产自1978年至今走过了从无到有的过程，1978年环渤海地区乙烯产量不到0.2万吨，而2011年乙烯产量达近416万吨。原油产量2011年为7 555余万吨，占全国产量的37%，是1978年的2.2倍（表4.7）。

表4.7　环渤海地区原油和乙烯四个时期产量变化

项目	年份				倍数		
	1978产量/万吨	1990产量/万吨	2000产量/万吨	2011产量/万吨	2011产量/1978产量	2011产量/1990产量	2011产量/2000产量
原油	3 423.4	4 005.2	3 902.7	7 555.4	2.21	1.89	1.94
乙烯	0.16	19.65	61.72	415.86	2 599.13	21.16	6.74

环渤海地区的石油开采与加工业产值占全国的31%，而在环渤海地区内部，山东的石油开采和加工业所占比重大，为38%，辽宁、天津和河北各自占约25%、17%和13%，北京比重为6%，可以看出石油工业在环渤海地区的分布相对平均，各省都具有相当的石油加工能力，行业集中度不高（表4.8）。

表4.8　环渤海地区石油开采与加工业各省市占比（%）

项目比重	河北	辽宁	山东	北京	天津
企业个数比重	16.97	34.97	38.21	3.89	5.95
总产值比重	13.34	24.59	38.61	6.16	17.29

3. 废水特征

石油开采和加工是一个高耗水、高污染的行业，炼油厂排出的废水主要是含油废水、含硫废水和含碱废水。含油废水是炼油厂最大量的一种废水，主要含石油，并含有一定量的酚、丙酮、芳烃等；含硫废水具有强烈的恶臭，具有腐蚀性；含碱废水主要含氢氧化钠，并常夹带大量油和相当量的酚和硫，pH值可达11—14。石油化工废水是用炼油生产的副产气体以及石脑油等轻油或重油为原料进行热裂解生产乙烯、丙烯、丁烯等化工原料，进一步反应合成各种有机化学产品，构成石油化工企业排出的废水。

4. 发展趋势

现阶段全国沿海各地均积极建立各自的石化工业项目，在建和规划的石化项目在沿海地区都有遍地开花的趋势，环渤海地区一直以来都是我国石化产业的重点发展区域，石化工业在其工业中占有很大的比重，随着新一轮的产业调整和石化产品需求的加大，该地区的石化工业仍有很大的发展动力，产量的进一步提高也是必然的。

（三）化学原料及化学品制造

化学原料及化学品制造行业包括了化学原料及化学品制造业、化学纤维制造业、橡胶制品业和塑料制品业。

1. 产值

2011年，环渤海地区的化学原料及化学品制造业、化学纤维制造业、橡胶和塑料制品业占全国相应行业产值比重分别为25.93%、4.85%和28.64%，橡胶及塑料制品业比重最大，占全国产值的近1/3。

2. 产量

化学纤维、化学农药、塑料3种产品在1978年产量均处于较低水平，绝对产量不大，经历30多年的发展，2011年3种产品产量增长幅度巨大，分别为131万吨、53万吨、1 091万吨，其中2011年的塑料产量为1978年的406倍。农业化肥生产量在该时期增加了4.05倍，2011年的产

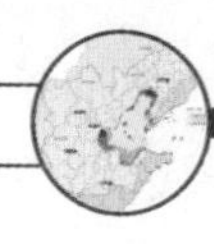

量为936万吨，占全国产量的15%（表4.9）。

表4.9 环渤海地区各主要化学制品四个时期产量变化

化学制品	年份				倍数		
	1978产量/万吨	1990产量/万吨	2000产量/万吨	2011产量/万吨	2011产量/1978产量	2011产量/1990产量	2011产量/2000产量
化学纤维	6.03	29.08	72.9	131.47	21.81	4.52	1.81
农业化肥	213.02	275.54	518.12	936.31	4.05	3.39	1.81
化学农药	2.8	4.95	12.49	52.53	18.76	10.61	4.21
塑　料	2.69	43.15	160.36	1 091.3	405.69	25.29	6.79

分析该行业的各产品产量变化可以发现，1990—2011年间的产量累积量占1978—2011年总产量的比重基本都在80%以上，说明该行业的快速发展期集中在1990年之后，而渤海环境也是在20世纪90年代逐步发生较大变化，这些说明快速的工业发展与渤海环境间的变化有着直接的关系。

在环渤海区域内部山东是化学工业行业的大省，行业产值占环渤海地区行业总产值的73%，辽宁和河北所占比重分别为12%和9%，天津和北京比重较少（表4.10）。

表4.10 环渤海地区化学原料及化学品制造业各省市占比（%）

项目比重	河北	辽宁	山东	北京	天津
企业个数	15.71	19.33	53.83	3.78	7.36
总产值	9.00	11.59	72.69	1.55	5.17

3. 废水特征

化工产品多种多样，成分复杂，排出的废水也多种多样，多数有剧毒，不易净化，在生物体内有一定的积累作用，在水体中具有明显的耗氧性质，易使水质恶化。无机化工废水包括从无机矿物制取酸、碱、盐类基本化工原料的工业，这类生产中主要是冷却用水，排出的废水中含酸、碱、大量的盐类和悬浮物，有时还含硫化物和有毒物质。有机化工废水则成分多样，包括合成橡胶、合成塑料、人造纤维、合成染料、油漆涂料、制药等过程中排放的废水，具有强烈耗氧的性质，毒性较强，且由于多数是人工合成有机化合物，因此污染性很强，不易分解。

4. 发展趋势

2011年环渤海地区几种典型化工产品产量总计约2 200万吨，在生产这些最终产品的过程中各个环节上产生的废水量可想而知，如果将30多年的化工产品产量累积起来，总产量将达到1.6亿吨，产生的废水量更是不可想象，经过处理和未经处理的废水通过各种方式汇入渤海，单从化工行业角度对渤海环境的影响都是巨大的。环渤海地区现阶段各类工业开发区规划数量多，其中不乏引进化工行业的园区，并且大多都布局在渤海沿岸，未来的化工行业发展对渤海环境的影响还将持续，生产废水如果处理不当则对渤海环境的破坏将加剧。

（四）煤炭开采和洗选业

1. 产量

原煤是该行业典型的产品形式，1978—1990年该地区原煤产量基本保持在12 000万—14 000万吨的生产水平，波动幅度不大，1990年后逐年递增，至2011年原煤产量增加到34 000余万吨。山东省煤炭行业产值占环渤海地区煤炭行业总产值45%，河北和天津分别占22%和14%（表4.11）。

表4.11　环渤海地区煤炭开采与加工业各省市占比（%）

项目比重	河北	辽宁	山东	北京	天津
企业个数	24.32	28.30	45.95	0.95	0.48
总产值	21.52	8.28	45.14	10.66	14.40

2. 污染特征

30年来该地区共产原煤50亿吨，煤炭开采和选煤过程中产生的废水，包括采煤废水和选煤废水的量更是无法估量。其中采煤废水是煤炭开采过程中，排放到环境水体的煤矿矿井水或露天煤矿疏干水；酸性采煤废水是在未经处理之前，pH值小于6.0或者总铁浓度大于或等于10.0毫克/升的采煤废水；高矿化度采煤废水是矿化度（无机盐总含量）大于1 000毫克/升的采煤废水。煤炭工业废水有毒污染物包括总汞、总镉、总铬、六价铬、总铅、总砷、总锌、氟化物、总α放射性、总β放射性、总悬浮物、化学需氧量、石油类、总铁、总锰。煤炭工业对渤海环境的影响除部分粉尘沉降外，主要就是废水的排放影响。

3. 发展趋势

环渤海地区现阶段的煤炭开采量占全国比重已由1978年的20%下降到2011年的13%左右，该地区的煤炭资源和开采速度保持稳定，未来不会有规模扩大的趋势，但环渤海地区各个煤炭专业码头的煤炭运输量很大，我国沿海的各大火力发电厂用煤大部分来源于环渤海的港口运输，煤炭专业码头的粉尘沉降引起的渤海环境变化也不容忽视，有专家提出按煤炭装载1/1 000的损失量计算粉尘量，那么沉降入渤海的煤炭粉尘将是一个巨大的数字，以1亿吨的运输量计算，则粉尘量为10万吨，大约相当于40列火车（1列=40节×60吨/节）的运输量。因此，环渤海地区煤炭专业码头的建设加剧了地区煤炭粉尘量沉降。

（五）纺织业

纺织业是对环境污染严重的行业之一，其污染特性是废水排放量大，而且含有大量化学药品及其他杂质，所以如果纺织废水不经处理任意排放，会对水体造成极大的危害。

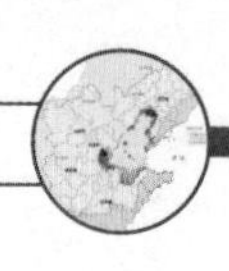

山东是环渤海地区纺织行业的领头军，2011年纺织行业的产值占到该地区的78%，远远高于环渤海地区其他省、市，河北纺织行业产值占该地区近1/6。辽宁、北京、天津合起来所占比重不到该地区纺织行业产值的1/10。单从纺织行业的空间布局来看，渤海湾和莱州湾的海洋环境受到纺织排污的影响较大（表4.12）。

表4.12　环渤海地区纺织业各省市占比（%）

项目比重	河北	辽宁	山东	北京	天津
企业个数	18.73	8.35	69.20	1.95	1.77
总产值	15.58	4.81	77.50	1.06	1.05

1. 产量

2011年环渤海地区三省两市纺织业布的产量情况如下：北京339亿米，天津2.8亿米，河北63.18亿米、辽宁8.42亿米、山东136.44亿米，环渤海地区总计549.84亿米，占全国总产量的67.5%，相当于2006年全国纺织行业的布产量。2011年环渤海地区三省两市纺织业纱的产量情况如下：北京0.3万吨，天津3.1万吨，河北147.6万吨、辽宁13.2万吨、山东714.83万吨，环渤海地区总计879.03万吨，占全国总产量的30.6%，相当于2002年全国纺织行业的纱产量（表4.13）。

表4.13　环渤海各省市布和纱产量变化

项目	年份				倍数		
	1978产量	1990产量	2000产量	2011产量	2011产量/1978产量	2011产量/1990产量	2011产量/2000产量
布/亿米	28.73	48.84	52.34	549.84	19.14	11.26	10.51
纱/万吨	117.08	226.71	169.30	879.03	7.51	3.88	5.19

近10年来河北和山东两省纺织业规模扩大最快，尤其是山东最为明显。而北京、天津和辽宁的行业规模都发生了大幅度的缩小，已出现了明显的产量下降的趋势。总体而言，环渤海地区布产量比前34年前年增加了10倍多，而纱产量也增加了5倍多。其中河北省2011年的布产量和纱产量都比1978年的增加7倍多，山东省2011年的布产量比1978年的增加13倍多，纱产量比1978年的增加34倍。

2. 污染特征

废水是纺织行业最主要的环境问题。纺织部门是一个用水量和排水量较大的工业部门之一。从20世纪90年代中期开始，纺织行业废水排放总量一般都在11亿吨以上，在国内各类工业废水排放量中约占6.5%，位于各行业废水排放量的前十位。化学需氧量排放量约为30万吨，占全国工业排放量的5%左右。其中废水相当一部分还是采取直排入海的方式，排放达标率除2001年和2002年有所提高外，在此之前一直很低。纺织废水主要包括印染废水、化纤生产废水、洗毛废水、麻脱胶废水和化纤浆粕废水5种。印染废水是纺织工业的主要污染源。据不完全统计，国内印染企业每天排放废水量为300万—400万吨，印染厂每加工100米织物，将产生废水3—5吨。排放的废水中含有纤维原料本身的夹带物，以及加工过程中所用的浆料、油剂、染料和化学助剂等。

另外，传统的印染加工过程会产生大量的有毒污水，加工后废水中一些有毒染料或加工助剂附着在织物上，对人体健康有直接影响。例如：偶氮染料、甲醛、荧光增白剂和柔软剂具致敏性；聚乙烯醇和聚丙烯类浆料不易生物降解；含氯漂白剂污染严重；一些芳香胺染料具有致癌性；染料中具有害重金属；含甲醛的各类整理剂和印染助剂对人体具有毒害作用；等等。这样的废水如果不经处理或经处理后未达到规定排放标准就直接排放，不仅直接危害人们的身体健康，而且严重破坏水体、土壤及其生态系统。

3. 发展趋势

纺织产业是我国经济发展的重要支柱，但却存在着上游研发投入不足、中游技术装备落后、下游自主品牌和营销网络滞后等缺点，淘汰落后产能、整合产业资源将成为纺织产业升级的关键。只有通过自主创新和产品差别化提升产品附加值，通过改变我国在全球产业链体系当中的低位，由中国制造向中国创造转变，实现纺织产业的转型升级才是真正的出路。具体到环渤海地区北京、天津、辽宁三地区的纺织业本身规模不大，未来发展规模扩大的可能性很小，山东和河北两省纺织业规模继续扩张的可能性存在，但随着国家环境保护力度的加强，对纺织业污水的处理和限排会阻止或减缓该地区未来纺织业污水的排放增加。目前，该行业的最主要问题是做好现有污水的处理工作，限制环境影响大的小规模生产。

四、主要结论

改革开放以来，环渤海地区工业发展十分迅速，目前的主要工业产品产量水平与改革开放初期相比已经有了数十倍甚至上百倍的提升。如此庞大的产出，必然要消耗大量的物质资源，同时也必然产生包括废水在内的大量污染物。通过分析环渤海地区工业总体规模、产业结构、重点行业等方面的总体特征，进一步总结出环渤海地区工业生产影响渤海海洋环境的压力表现。

（一）工业的快速增长严重影响了渤海海洋环境

改革开放以前，环渤海地区工业产品产量较低，废水排放总量较小，粗放的工业生产排放的工业废水成分相对简单，而且渤海本身具备一定的自净能力，因此工业发展对环渤海海域的海洋环境影响较小。20世纪80年代几乎全部渤海海域均为一类水质。改革开放后，环渤海地区工业取得了迅猛的发展，工业增加值增长了130多倍，工业总产值密度一直保持在全国平均密度的4倍以上。80年代以来，渤海海域及近岸水质经历了从一类到二类、三类、四类、劣四类的变化过程，这一变化历时30年，尤其集中在近20年。而这20年正是环渤海地区工业

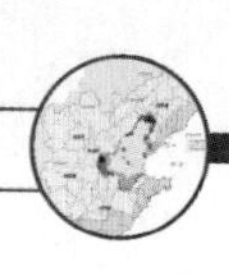

快速发展的时期，大量的工业废水通过各种途径汇入渤海海域，致使渤海海域的环境发生快速恶化。今天的环渤海地区正酝酿着新一轮的经济腾飞，化工、钢铁、装备制造业等环境影响大的行业仍呈现出快速发展势头，在环渤海地区填海造地建设新的工业园区都将会加剧渤海海域面临的环境压力。

（二）重化工业主导的结构特点加剧了渤海环境的压力

环渤海区域经济目前正处于工业化阶段中后期，主导产业仍然集中在工业部门，且工业结构整体呈现重型化特征，钢铁工业、石化工业和装备制造业所占比重远远高于全国平均水平，对经济增长拉动作用明显。但是，由于重化工业是高能耗、高污染的产业，其大规模发展必然会对渤海海洋环境造成很大压力。重化工业如炼钢、石化等的一个显著特点就是产生的废水、固体废弃物比较多。2011年全国排污申报数据表明，环渤海地区三省两市排污大户的行业主要集中在黑色金属采矿、化工、石油冶炼、钢铁、制药、造纸和煤炭开采，占整个地区总废水排放的65%以上，这些行业的万元产值废水排放量相对其他行业高得多（表4.14）。很多重化工产品尤其是电解铝、钢铁等的生产需要进行切割、熔化、冷却等耗能很多的工序。再加上大多数重工产业生产使用大型重型机器，这些机器的正常运转需要耗费大量的能源。据统计，我国重工业单位产值能耗约为轻工业的4倍。可见，环渤海地区重化工业的大规模发展加剧了渤海环境的压力。

表4.14　2011年环渤海地区三省两市工业废水排放的主要行业

地　区	废水排放的主要行业
辽宁省	石油、化工、黑色金属矿采选、钢铁、有色金属采矿
河北省	化工、造纸、黑色金属矿采选、黑色金属冶炼及压延加工、电力生产供应
山东省	造纸、化工、煤炭开采、石油冶炼业、钢铁行业、印染业、火力发电
天津市	化工、石油冶炼业、造纸业、火力发电、钢铁业、制药行业
北京市	餐饮与娱乐业、化工业、发酵与酿造、医药制造等

（三）重点重化工业行业对渤海海洋环境的压力分析

通过重化工业行业的产值比重和生产排污特点，选取黑色金属矿采选业、黑色金属冶炼及压延业、石油和天然气开采业、石油加工业、化学原料及化学品制造业、煤炭开采业、纺织业等几个典型环境影响产业作为重点研究对象，分析环渤海地区重化工业行业发展对渤海环境的压力，具体结论如下。

1. 黑色金属冶炼业

2011年，该行业工业总产值分别为300.88亿元，是1987年的近100倍；生铁和与钢产量均约占全国总量的43%，即全国的钢铁产量有近1/2出自渤海周边。废水排放的类型为选矿废水、冶金废水、重金属废水、酸碱废水等。该行业在过去30年间产生的各种废水直接或间接地都会对渤海环境造成影响，几十年的累积排放，该行业对造成渤海重金属污染方面的贡献不可忽视。环渤海地区钢铁行业仍表现出进一步集聚的趋势，这一发展趋势将继续加重渤海环境的压力。

2. 石油开采和加工业

2011年，环渤海地区石油开采与加工行业的产值是17 770亿元，相比1985年增长了157倍；乙烯产量从1978年的不到0.2万吨增长至2011年的416万吨；原油产量2011年为7 555万吨，占全国产量的37%。产生废水类型包括含油废水、含硫废水和含碱废水。环渤海地区一直以来都是我国石化产业的重点发展区域，随着新一轮的产业调整和石化产品需求的加大，该地区的石化工业仍有很大的发展动力，产量的进一步提高是必然的。

3. 化学原料及化学品制造行业

该行业占全国同行业产值比重为30%左右；2011年环渤海地区几种典型化工产品产量总计约2 200万吨；如果将近30年的化工产品产量累积将达到1.6亿吨。产生废水类型包括无机化工废水、有机化工废水，经过处理和未经处理的废水通过各种方式汇入渤海，对渤海环境的影响都是巨大的。环渤海地区现阶段各类工业开发区规划数量多，且大多都布局在渤海沿岸，未来的化工行业发展对渤海环境的影响还将持续。

4. 煤炭开采及加工

原煤产量从1978年的1.2亿吨增加到2011年的3.4亿余吨，30年来该地区共产原煤50亿吨。煤炭工业对渤海环境的影响除部分粉尘沉降外，主要就是废水的排放影响，产生废水类型包括采煤废水和选煤废水。该地区的煤炭资源和开采速度保持稳定，未来不会有规模扩大的趋势。但环渤海地区各个煤炭专业码头的煤炭运输量很大，我国沿海的各大火力发电厂用煤大部分来源于环渤海的港口运输，煤炭专业码头的粉尘沉降引起的渤海环境变化也不容忽视。有专家提出按煤炭装载1/1 000的损失量计算粉尘量，那么沉降入渤海的煤炭粉尘将是一个巨大的数字，以1亿吨的运输量计算，则粉尘量为10万吨，大约相当于40列列车（1列=40节×60吨/节）的运输量。因此，环渤海地区煤炭专业码头的建设加剧了地区煤炭粉尘量沉降。

5. 纺织业

2011年环渤海地区纺织业布的产量为549.84亿米，占全国总产量的67.5%；纱的产量为879.03万吨，占全国总产量的30.6%。纺织业是对环境污染严重的行业之一，其污染特性是废水排放量大，具有以下特点：①化学需氧量变化大，高时可达2 000—3 000毫克/升，BOD也高达2 000—3 000毫克/升；②pH值高，如硫化染料和还原染料废水pH值可达10以上；③色度大，有机物含量高，含有大量的染料、助剂及浆料，废水黏性大；④水温水量变化大，由于加工品种、产量的变化，可导致水温一般在40℃以上，从而影响了废水的处理效果。环渤海地区的纺织业本身规模不大，未来发展规模扩大的可能性很小，但是该行业高排放、小规模的生产特点对渤海海洋环境的影响比较大。

第五章
环渤海社会经济发展趋势研究

环渤海地区已经突显出其经济迅猛发展的趋势，未来一段时间该地区将成为中国经济发展的热点区域，开发力度和强度都会随之加大。多个国家和地区发展规划都紧紧围绕渤海沿岸而制定，新一轮的发展起点将渤海区域再次推入快速发展的队列，形成了环渤海的开发建设格局。渤海海域在为未来经济发展提供港口航运、发展空间的同时，其海洋环境在这种高开发强度背景下必将承受更大的压力。未来的经济开发活动会对渤海造成什么样的影响？国家和地区的发展规划要在环渤海地区布局哪些产业？农业的现代化进程以及农业结构的改变将会使农业面源污染对渤海环境造成多大的压力？工业结构的调整是否有利于渤海环境的改善？城市化进程的加快对渤海环境是否有影响？调整产业发展方式能否成为解决渤海环境问题的有效途径？这些问题都需要我们对环渤海地区社会经济对海洋环境的影响趋势有个宏观的把握。

一、社会经济活动仍然是渤海环境影响的主要压力

国务院于2010年底印发了《全国主体功能区规划（2010—2020年）》(以下简称《规划》)，《规划》将我国国土空间分为优化开发区域、重点开发区域、限制开发区域和禁止开发区域四类开发主体，其中环渤海列3个优化开发区域的首位，表明该区域未来一段时期内仍然是全国开放开发的战略重点。另外，本研究系统收集了环渤海地区的经济总体发展规划、国家区域战略规划、沿海三省两市的经济发展规划等，客观分析区域经济总体发展趋势，主要趋势特点包括以下3点。

（1）环渤海地区的社会经济要素不断聚集。从2008—2012年不到5年的时间，就先后在环渤海地区推出河北曹妃甸循环经济示范区、辽宁沿海经济带、沧州渤海新区、山东半岛蓝色经济区、河北沿海地区发展规划、东北振兴“十二五”规划等多项国家级战略规划，相当于近几年时间内每年都要在环渤海地区启动一项重要区域发展规划，这些规划都在同一地域空间范围内交错进行，且都要着重布局石化、钢铁、装备制造业等一系列重化工业产业集聚区，这将进一步推进人、财、物等生产要素向渤海沿岸集聚。届时其经济规模和用地规模都将大幅度增长，对资源、能源和水的消耗量也相应增加，这将使得大量工业及其附属污染物

在空间上相对集中地产生和排放，加大对渤海环境的压力。

（2）规划的重点突出重化工业发展目标。从收集的规划资料来看，从2004—2012年8年的时间内，所提出的区域发展规划基本是以发挥港口功能为核心，以发展船舶等装备制造、石油化工、钢铁等污染较重的重化工业为目标。其中天津滨海新区、河北曹妃甸经济区、辽宁沿海经济带、山东半岛蓝色经济区、河北沿海地区等多项发展规划均提出要在环渤海沿岸建石化、钢铁、制造业等产业基地，体现出重化工业将在渤海沿岸地区进一步聚集。另外，在2012年提出的东北振兴“十二五”规划也仍然把重化工业作为辽宁省的主导产业，沈阳、大连、盘锦、抚顺、葫芦岛、辽阳等各城市纷纷提出重化工业发展目标。

（3）环渤海地区仍将维持一个比较高的经济发展速度。通过前面的分析可以发现，环渤海地区的经济总量增长速度在近些年明显加快，名义增长率保持在18%左右，至2017年国内生产总值总量将比2011年翻一番，发展速度飞快。而国家和政府先后出台的多项区域发展规划正为这样的高速发展提供了巨大的驱动力，这些规划对环渤海地区经济的开发力度之大、层次之高在发展历史中是从来没有的，规划中提到了大量的重化工业将要在环渤海地区集中布局。一直以来重化工业是拉动环渤海地区经济高速增长的主导力量，随着目前新一轮的重化工业的集聚，必将加速拉动经济高速成长。所以，环渤海地区的经济增长速度并没有放慢的迹象，而是会维持一个比较高的增长速度继续前行。由此可见，社会经济活动特别是重化工业将进一步在渤海沿岸聚集，甚至延伸到渤海海洋之中进行人工填海造地作为开发对象，其产生的各类污染物将直接影响渤海环境，随着这些规划的实施与逐步成熟，社会经济活动仍然是渤海环境压力产生的主要来源（表5.1）。

表5.1　环渤海地区重要发展规划资料

发展规划	规划部门	年份	规划时间	规划产业
天津滨海新区	天津市政府	2004年	2005—2020年	先进制造产业区：海河下游石油钢管和优质钢材深加工区 国家级石化产业基地：大港三角地石化工业区、油田化工产业区和临港工业区的一部分。重点建设百万吨级乙烯炼化一体化、渤海化工园、蓝星化工新材料基地等项目
河北曹妃甸循环经济示范区	国家发展和改革委员会	2008年	2009—2020年	大型现代化精品钢基地：千万吨级曹妃甸精品钢铁基地工程、精品钢铁基地扩建工程 大型石化基地：千万吨级炼油和百万吨级乙烯大型炼化一体化及配套工程 重型装备制造基地：船用设备、临港装备制造基地修船工程和港口机械、石油钻探设备
辽宁沿海经济带	国家发展和改革委员会	2009年	2009—2020年	长兴岛临港工业区：船舶制造及配套产业、大型装备制造业、能源产业和化工产业 营口沿海产业基地：化工、冶金、重装备等 锦州湾沿海经济区：石油化工和金属冶炼等

续表

发展规划	规划部门	年份	规划时间	规划产业
沧州渤海新区	河北省人民政府	2010年	2010—2020年	石油化工：石油-石脑油-乙烯、环氧乙烷-柴油、汽油、石油焦的完整石油化工产业链 华北最大的特种钢铁生产基地：南钢集团的钢铁园区、中钢滨海基地产业集群建设、中钢和宝钢合作建设的40万吨镍铁、铬铁产业等项目 华北地区重要的特色装备制造业基地：船舶修造、大型港口机械、专用汽车及汽车零部件等产业（链）
山东半岛蓝色经济区	国家发展和改革委员会	2011年	2011—2020年	海州湾重化工业集聚区：巨大型港口、钢铁工业、石化业 前岛机械制造业集聚区：机械装备制造业 龙口湾海洋装备制造业集聚区：海洋工程装备制造业、临港化工业、能源产业 滨州海洋化工业集聚区：海洋化工业、海上风电产业、中小船舶制造业 东营石油产业集聚区：我国最大的战略石油储备基地后方配套设施区、海洋石油产业
河北沿海地区发展规划	国家发展和改革委员会	2011年	2011—2015年	钢铁产业：推进城市钢铁企业有序向沿海临港地区搬迁改造，首钢京唐钢铁二期，石钢搬迁改造项目，马城、大贾庄、司家营铁矿开发，适时建设曹妃甸精品钢铁基地 装备制造业：山海关修造船、秦皇岛零部件制造基地；唐山高速动车组扩能改造及中低速磁悬浮轨道交通系统产业化，曹妃甸重型装备基地；沧州渤海新区专用汽车制造基地，沧州管道装备制造及风电设备基地 石化产业：曹妃甸石化基地，华北石化炼化一体化改造工程，沧州炼油质量环保升级改造，沧州渤海新区醋酸乙烯、己内酰胺等高端化工项目
东北振兴“十二五”规划	国家发展和改革委员会	2012年	2011—2015年	盘锦市：稳定油气采掘业，依托港口优势提升石化及精细化工、石油装备制造产业 抚顺市：推进精细化工产业发展，建设先进装备制造产业基地和原材料基地 沈阳市：先进装备制造业基地 大连市：大型石化产业基地、先进装备制造业基地 抚顺市：大型石化产业基地 葫芦岛：船舶和海洋工程产业基地 辽阳市：大型石化产业基地 辽西北地区：新型煤化工产业基地

二、农业污染可能成为最重要的因素

2010年环保部、农业部及国家统计局联合发布的《第一次全国污染源普查公报》显示，农业面源污染已成为中国流域污染的重要来源。那么，过去30年农业污染为什么会加剧，未来农业污染会呈现什么样的发展趋势，这些问题需要我们深入的思考。

（一）30多年来农业生产的变化导致农业污染不断加剧

与20世纪80年代的传统农业相比，农业生产在发展规模、产业构成、现代化生产方式等方面都发生了显著的变化，具体表现在以下几个方面。

1. 农业的生产规模迅速增长

30多年来，环渤海地区农业总产值增长了40余倍，其中种植业产值增长25倍，畜牧业产值增长110倍，渔业产值增长160倍。粮食产量由4 000万吨增加到6 800万吨，增长了70%，水果产量由291万吨增加到3 513万吨，增长了10倍多。

2. 农业的产业结构发生明显变化

传统农业中种植业占绝对优势，比例达80%以上，随着人民生活水平不断提高，人们对肉、蛋、奶等畜产品的需求将不断增加，现代农业中畜牧业产值占农业总产值的比重也由1978年的13%增加到2011年的34.6%，畜牧业与种植业共同成为农业发展中的支柱产业。环渤海地区畜牧业具有排污量大而处理率低的特点，从污染排放量上畜牧业排污量远大于种植业，快速发展的畜牧业已成为渤海地区水体污染的重要源头。

3. 农业现代化的生产方式

农业生产规模在过去几十年的快速增长，除农业科学技术的贡献之外，这些成绩大多仍是依靠了大量的物质和能量的投入而取得的。大量的农药化肥用于经济作物的生产，农业化肥施用量增长了4倍，农药增长了3倍（相比1990年），化肥施用量和农药施用量超出安全施用量上限2倍多。传统的农业生产方式在物质和能量投入水平上对于渤海环境而言并不能构成多大的影响，这种现代农业生产方式也快速加重了农业生产这个面源污染源的强度。可见，过去30多年的时间里，农业总体规模的增长、农业结构和生产方式的改变是推动环渤海地区农业面源污染不断加剧的最主要原因。

（二）农业的现代化进程将进一步加剧农业面源污染的强度

继续推进农业的现代化进程是当前我国农业发展的总趋势，保护耕地和提高土地产出率是在发展农业现代化过程中的重要目标。可以预见，在未来的发展过程中环渤海地区农业的总体规模仍会迅速增长，同时随着农业产业结构的调整，畜牧业在农业总产值中的比重不断提高。在这样的大背景下，化肥、农药等化学投入有增无减，畜牧业的高强度污染也会持续作用，这使得农业面源污染有进一步加剧的趋势。长期以来农业和工业的发展是影响渤海环境变化的两个主要途径。工业污染属于点源污染，一直受到广泛关注，造成工业污染排放量不断消减。而农业污染是面源污染，存在信息不对称、排放途径不确定、多个污染者交叉排放等问题，其统计和监测目前在世界范围内是一个难题。随着农业污染强度的加剧，农业治

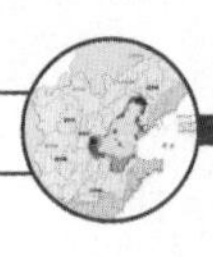

理问题仍然存在，这就决定了农业污染未来可能成为影响渤海环境的最重要因素。

三、工业结构调整趋势不利于环境改善

目前环渤海区域经济正处于工业化阶段中后期，主导产业仍然集中在工业部门，且工业结构整体呈现重型化特征，钢铁工业、石化工业和装备制造业所占比重远远高于全国平均水平，对经济增长拉动作用明显。钢铁、石化和装备制造业三个重工业部门的产业关联紧密，对相互产业的波及效果明显，随着产业规模的不断扩大，相互间将出现反复波及作用，形成区域重工业内部自循环，导致区域产业结构不合理，也会对产业结构调整与优化带来更多阻碍。从环渤海地区主要重化工业行业未来的发展趋势上来看（表5.2），钢铁、石化、装备制造等重化工业产业发展势头迅猛，重化工业在各省、市工业结构中的支柱地位将不断加强，同时重化工业布局呈现向渤海沿海集中的趋势，包括山东半岛的城市群，河北唐山的曹妃甸、黄骅港，天津的滨海新区，辽宁沿海城市群等。由于钢铁、石化工业等重化工业属于资源依赖型产业，也是高能耗、高污染产业，环渤海地区工业结构重型化趋势势必会加大对资源的消耗，还会带来生态破坏和环境污染等问题。同时，主要重化工业行业呈现向渤海沿岸集中的趋势，当众多重化工业企业在小范围内集中时，其污染物排放强度增大，这对渤海环境肯定会造成比较大的压力。因此，未来的重化工业发展对渤海环境的影响还将持续，生产废水如果处理不当则对渤海环境的破坏将加剧。

表5.2　环渤海地区主要重化工业行业发展趋势分析

工业行业	发展趋势
钢铁产业	随着曹妃甸产业园区建立，钢铁行业进一步聚集，河北钢铁产业比重将增加 适应《钢铁产业发展政策》调整的需要，辽宁省提出要以鞍钢、本钢和五矿营口中板为依托，发展热轧、冷轧薄板、涂镀层板和宽厚板，建设精品板材基地，以东北特钢集团；为依托，建设优质特殊钢生产基地，以凌钢、新抚钢、北台为依托，建设新型建筑钢材基地
石化产业	辽宁省将重点在沈阳、大连、抚顺、盘锦、阜新、锦州、营口等地建立芳烃、聚氨酯、合成橡胶、氟化工4个千亿元、16个百亿元以上石化产业基地 天津滨海新区上升为国家战略，依托天津港优势，大乙烯、大炼油、大钢铁等项目齐头并进，天津石化工业正蓄势待发 山东石化工业在环渤海地区乃至全国都具有相当竞争力，且发展势头良好 “十二五”末期，依托唐山、沧州等重要石化产业基地，河北沿海区域将形成年产3 000万吨炼油，同时建设大型乙烯、己内酰胺等配套项目
装备制造业	辽宁作为传统老工业基地，在重型装备制造等领域具有传统优势，借助国家振兴东北老工业基地的政策优惠，其重工产业将会更快更好地发展 “十二五”期间，山东省将做强做大装备制造业，打造山东半岛蓝色经济区、黄河三角洲制造业聚集带、胶东半岛高端制造业聚集区、省会城市群制造业聚集区

四、城镇化加剧环境压力

由于城镇居民生活废水经管道排放，容易排入河道，入河系数高，污水处理规模和程度较低，导致城镇居民生活产生的废水入河量较大。随着城镇化率的大幅提高，城市规模将不断扩大，城市地表径流污染量也逐渐增加，城镇化将成为加剧渤海环境压力的重要因素。“十二五”期间，环渤海地区城市化进程将进入到快速增长阶段，三省两市提出的城市化目标均高于全国平均水平，最高达到了90%（表5.3）。以沈阳为核心的“五带十群”发展规划指出至2015年城镇化率要达到80%以上，这些因素将使辽宁城镇化在“十二五”进入加速发展期。山东省“十二五”期间城镇化发展目标为，城镇化水平达到55%以上，年均提高1个百分点，每年从农村转移出120万人口。河北省提出要进入全国城市化发展先进行列，未来的发展要把城市群作为主攻方向，构筑环首都城市群、冀中南城市群和沿海城市带“两群一带”城镇化空间新格局，大力推进城镇建设水平。随着环渤海地区周边城市群不断扩大，渤海周边城市人口的增长在未来相当长一段时间内仍是发展趋势，居民生活废水排放将加剧对渤海环境的压力。同时，在强大的经济发展驱动下，环渤海地区未来的建设，尤其是沿海地区的建设力度不断加大，城市的扩张，各大工业园区，临海产业园区的建设如火如荼，陆域的建设和开发或多或少、直接或间接都会与渤海的环境发生着关系，可以说每增加1平方千米的建成区，渤海的环境压力就增大一分。

表5.3　环渤海地区“十二五”城市化发展目标

地　区	“十二五”城市化发展目标
辽宁省	辽宁计划将城镇化率提高到70%左右，城镇人口达到3 000万人
河北省	到2015年，全省城镇化率达到全国平均水平，即达到51.5%，年均增长1.4个百分点，城镇人口由2010年的3 150万人增加到3 800万人
山东省	城镇化率达到49% 全省城镇化水平达到55%以上
北京市	预计“十二五”末期城市化率将提高到80%
天津市	到2015年，全市人口城市化率达到90%

五、结论：调整产业发展方式是重要出路

社会经济发展过程中物质能量转换产生的大量废弃物是造成环境污染的最重要原因。不同的产业发展方式决定了污染物排放的不同强度，控制污染物排放，治理环境污染最重要的是从源头治理。

农业污染物排放量与农业经济发展规模直接相关，而农业经济规模的发展壮大是地区经济发展的必然要求，通过减小农业经济规模的方式来降低农业污染是不切实际的，转变农业

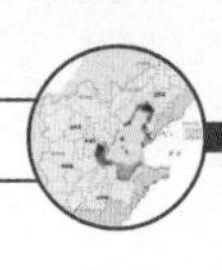

经济增长方式是农业污染治理的根本出路。以转变农业经济增长方式为主线，选择集约型、生态型、精细化的农业生产经营模式是降低农业污染的根本途径。畜牧业生产方面，逐步取消“一家一户”的养殖经营方式，通过建立畜禽养殖小区，将各养殖专业户在空间上集中起来，使畜禽养殖污染的面源特性转变为点源，实施污染物的统一收集、统一处理和循环利用。种植业生产方面，应完善和发挥有机肥与低毒农药使用的补偿机制政策，引导种植业生产向低成本、高利用率、低污染的模式发展。

环渤海地区目前正处于重化工业阶段，以钢铁、石化等高能耗、高污染工业部门为主的工业结构在一定的时期内不可避免，并且根据相关规划环渤海地区未来的重工产业将会更快更好的发展。因此，调整工业发展方式，发展循环经济，走集约化生产、清洁化生产、低消耗高产出的发展之路将是降低工业污染的重要出路。一方面，金属冶炼与压延加工业目前不仅在环渤海地区，甚至在全国范围内都处于一个供过于求的状态，全国几大钢铁生产企业分别布局在河北、辽宁和天津，区域冶金市场的饱和不仅导致了钢铁企业的恶性竞争，同时由于该产业高耗能、高污染的特性，对环渤海地区环境的破坏也很严重，因此，该产业生产规模需要得到有效控制，并通过技术更新和企业重组等途径对冶金产业进行有效整合，提高产品生产质量的同时有效控制工业污染。另一方面，石化工业属于资源消耗型产业，环渤海地区依托资源禀赋在石油开采、储存以及粗加工方面有着竞争优势，但石化产业链下游工业产品的研发和生产能力不足，是典型的粗放型生产模式，因此应深化产业结构调整，加快企业整合重组，提高产业集中度和技术水平，积极推进产品向高端化、精品化和专业化发展。

第三部分
社会经济活动环境影响压力机制研究

第六章 基础理论与研究现状

社会经济发展与环境污染的关系属于社会科学与自然科学交叉问题，从社会经济研究的角度而言，社会经济主要考虑经济规模、经济结构、技术进步、行业特征及空间布局等对环境污染的影响，环境污染方面主要关注不同类型的环境污染物（废水、废气、废渣或主要污染物）或不同污染类型的污染状况（点源或非点源污染）与社会经济间的关系，两个领域的细分与交叉形成了众多研究领域，内容体系纷繁庞杂，涉及生产生活的方方面面，相关研究文献多不胜举。本项目研究目的是探讨陆域社会经济发展对海洋环境产生的压力机制，考虑到本项目研究内容，重点对经济发展与环境污染关系研究、点源与非点源污染的特征与估算、产业发展对环境影响方面对相关文献进行了梳理。

一、相关基础理论

从整个经济发展理论历史来看，国内外对经济增长与环境变化关系问题的理论研究主要经历了三个阶段：从环境对经济增长没有制约的乐观主义，发展到经济增长存在极限的悲观主义，最后到经济与环境可协调发展的理性主义，可以发现几种不同的认知都是围绕经济增长与环境变化是否可协调发展而进行研究，其实质就是研究经济可持续发展问题，由此衍生且对本项目研究有指导意义的相关理论包括：环境经济协调发展理论、环境库兹涅茨曲线理论、经济结构演变与环境变化关系理论、环境外部性理论等。

（一）环境—经济协调发展理论

经济增长与环境保护之间存在冲突是长久以来人们的基本认识，但随着经济的不断发展，从长远来看，经济增长并不必然导致环境压力增加，一度影响人们的“增长的极限”思想逐渐被人们重新认识。Beckerman（1992），Bhagawati（1993），Barlett（1994）认为促进经济增长本身就是保护环境资源的有效手段。世界经济发展的历程已经证明，真正高效的经济增长必须为经济增长寻求扎实的基础和科学合理的推动力，即要追求人类社会经济活动与自然环境，地球资源协调发展的综合目标。环境—经济协调发展理论认为经济系统与环境系统并非是完全独立不相关的两个子系统，虽然存在各自的构成、属性特征和运行机理，但经济系统与环境系统间相互促进并相互制约。环境系统对经济系统具有一定的约束和限制作用，通过资源和环境条件的供给限制经济系统的发展，给经济系统的向上运行带来压力。自

20世纪70年代开始，经济学家开始借助经济增长理论模型来探讨经济与环境协调发展问题。根据模型的特点和性质，这些研究可以大致分为两大类：新古典增长模型和内生增长模型两类。模型反映的基本思想是：伴随着经济增长，自然环境资源会变得稀缺，此时价格机制将发挥其作用，稀缺品价格的提高会迫使生产者和消费者寻求缓解环境压力的替代投入品以促进经济增长，另一方面，技术进步和资源的循环利用会提高自然资源的利用效率，减少污染物的排放。协调发展理论指出"增长的极限"观点缺陷在于忽视了价格机制的资源配置作用和技术进步的环境改善效应。Beckerman（1992）认为，伴随着经济增长，人们对环境质量的需求会相应增加，这必然导致更为严格的环境保护措施，并且随着收入的增长人们更倾向于服务性产品，而对资源消耗型和产生污染的产品需求会减少，从而环境质量会得以改善。Panayotou（1993）指出，经济发展本身就是改善环境质量的前提条件，尤其是对于发展中国家而言，促进经济增长是保护环境资源的有效手段。Barlett（1994）甚至认为，过于严格的环境保护将会损害经济增长，最终将会损害环境本身。我国正处于工业化中期，经济增长很大程度上以资源的高消耗和环境的高污染为代价，资源衰竭和环境污染日益加重使得社会生产生活与资源环境之间的矛盾日益尖锐，因此，需要重视区域经济与环境间的协调发展，环境—经济协调发展理论为研究社会经济活动的环境污染机制问题提供了良好的理论基础。

（二）经济结构演变与环境变化关系理论

区域经济与环境间的相互影响关系是随着区域经济系统的发展进程而变化的，不同阶段，以结构演变为核心的经济发展表现为经济增长水平、产业结构演变、工业化进程、城市化进程等经济系统特征值的更替和变化，这些特征值的变化对环境系统中污染水平、环境质量、污染来源与结构等指标产生必然影响。经济系统特征值在时间序列上的演变特征与环境指标变化间的关系一直为研究者所关注，探究经济系统结构演变与环境间关系的时间演变模式，一度成为研究的热点：①经济增长与环境污染水平的关系即为环境库兹涅茨曲线（EKC）理论所涵盖的内容，重点研究人均国内生产总值与环境污染排放量间的关系，在此基础上发展了环境污染量与经济增长倒"U"形理论；②产业结构演变与环境之间的关系，侧重从第一、二、三产业结构及各产业内部结构演变的角度去阐析环境污染的变化，产业结构演变的过程伴随着主导产业转换的过程。产业结构演变的一般趋势是沿着以第一、第二、第三产业的方向依次发展的，而主导产业的转换则沿着农业—轻纺工业—原料工业和燃料动力工业等基础工业为重心的重化工业—低度加工组装型重化工业—高度加工组装型工业—第三产业—信息产业的顺序更替。而随着第一、二、三产业结构的转变及主导产业的更替，人类社会经济活动也伴随着对资源环境利用逐渐增强到利用过度，再到治理和谐的过程；③从工业化进程来看，沿着工业化初期—工业化中期—工业化后期—后工业时期的顺序演进。工业化演进过程中伴随着工业结构的变化，表现为霍夫曼系数随着工业化阶段的更替而不断降低，工业结构逐渐倾向于"重工业化"趋势，在这个过程中，势必导致工业污染的增加；④城市化

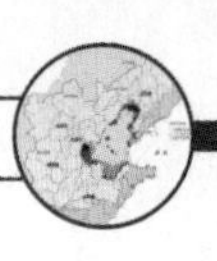

进程是指农村地区转变为城市地区，农村人口转变为城市人口的过程，城市化水平的高低，模式的合理性直接影响社会经济生活生产对环境的污染输入。研究区域经济系统结构变化的经济增长、产业结构演变、工业化演进等特征因子与环境系统间的内在联系，是研究区域经济活动对环境污染压力影响的理论基础之一。

（三）环境库兹涅茨曲线理论

1955年，美国经济学家库兹涅茨选取了普鲁士（德国）国家1854—1875年、1875—1892年、1893—1913年这三个时间段（分别对应资本主义第二次经济周期的涨潮、落潮和第三次经济周期的涨潮时期）的时序数据，发现人均收入水平的差异随着经济水平的提高经历了扩大到缩小的过程，二者关系在笛卡儿平面直角坐标系中的拟合曲线近似倒“U”形，后人称此为库兹涅茨曲线（KC），经过大量现实经济数据的验证，得到众多学者的认可。

20世纪90年代初，美国经济学者格鲁斯曼（Gene M.Crossman）和克鲁格（Alan B.Krueger）基于42个国家的数据研究环境—经济关系时发现，随着人均国内生产总值的增加，环境污染水平呈现先上升后下降的倒“U”形，这与KC曲线所描述的人均收入差距随人均国内生产总值的变化规律类似，1993年，哈佛大学学者潘那优拓（Panayotou）利用30个国家的数据验证了Crossman和Krueger的结论，并首次将其名为“环境库兹涅茨曲线”，即EKC曲线（图6.1）。

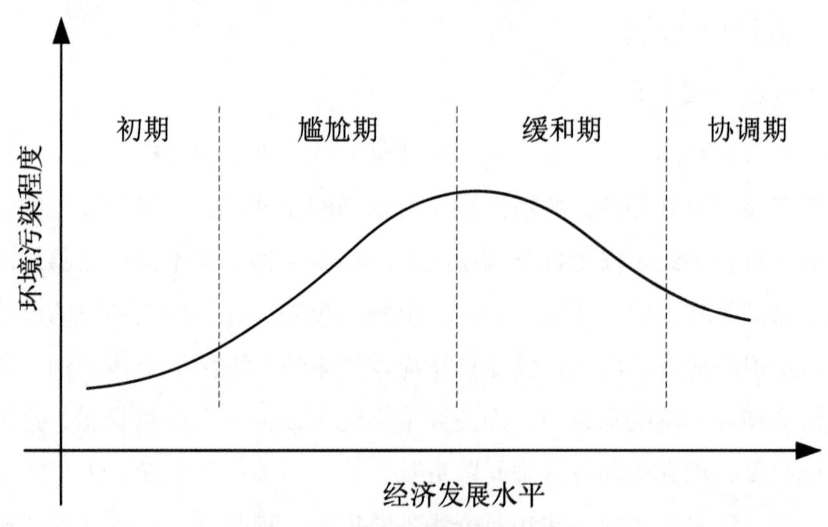

图6.1　环境库兹涅茨曲线示意图

环境库兹涅茨曲线理论认为环境与经济的关系是从不协调到协调的过程，即随着经济系统能值的上升，环境系统会出现一个先恶化后改善的过程。具体来说：经济发展水平较低时，社会生产和生活的规模较小，对环境的污染较轻；经济进入快速发展阶段，工业化出现，重污染工业迅猛增长，出现对资源的过度开发利用，人口逐渐增多，经济系统对环境输出的负效应增多，污染日益严重；当经济发展至成熟阶段，生产方式从粗放向集约转变，经济结构逐渐优化，重污染产业被调整或转移，经济积累开始为环境治理提供资金支持，人们对环境的诉求提高，环保意识增强，污染开始减少，环境质量得到改善，经济发展也逐渐进入高水平阶段，逐渐与环境协调，图6.1显示了该过程的演变。因此，依据EKC曲线理论，社会经济的发展基本遵循“先污染，后治理”的发展模式。

（四）环境外部性理论

1. 外部性

外部性亦称外部成本、外部效应或溢出效应，可分为正外部性和负外部性。外部性是指一个经济主体（生产者或消费者）在自己的活动中对旁观者的福利产生了一种有利影响或不利影响，这种有利影响带来的利益（或者说收益）或不利影响带来的损失(或者说成本)，都不是经济主体（生产者或消费者）所获得或承担的，是一种经济力量对另一种经济力量“非市场性”的附带影响。“外部性”概念的产生和发展源于马歇尔、庇古和科斯三位经济学家。马歇尔作为新古典经济学派的代表于1890在《经济学原理》中提出“外部经济”的概念。庇古在1920年出版的《福利经济学》中首次用现代经济学的方法从福利经济学的角度系统地研究了外部性问题，在“外部经济”概念的基础上扩充了“外部不经济”的概念和内容，将外部性问题的研究从外部因素对企业的影响效果转向企业或居民对其他企业或居民的影响效果。国内外学者也从外部性的影响效果、产生领域、时空性、稳定性、方向性等角度对外部性理论进行了广泛的研究和应用。

2. 环境污染的外部性

环境作为一种公共物品，具有非竞争性和非排他性，具有明显的外部性特征。环境的外部性也分为正外部性和负外部性，环境保护具有很强的正外部性，保护环境的个体所获得的利益小于社会的收益，因此，仅受自身利益激励的环境保护个体不会有足够的动力去提供社会所需要的环境保护。相应地，环境污染具有很强的负外部性，污染环境的个体所承担的成本远小于社会所承担的成本，因此，仅受自身成本约束的环境污染个体，由于约束力不足，终将会使环境污染超过环境的承载力，而使环境系统难以恢复至健康状态，这不仅会影响到环境资源的优化配置，而且使环境污染问题更加严重。当前中国，随着人口的增加及经济增长，环境资源已经变得日益稀缺，其相对价格不断提高。但目前实行的环境资源接近零价格的制度没有正确反映其稀缺性，导致了消费环境资源的个体的边际净收益远大于社会边际净收益，刺激了企业对资源的掠夺性开采，这种行为选择从私人决策者角度来看是最优的决策，从社会角度看却是极其无效率的。目前，我国农业污染的外部性尤其突出，表现在监管乏力，污染成本近乎为零，环保意识淡漠，这意味着环境的负外部性没有得到有效控制，导致了环境资源的过度开发和环境质量的进一步降低。要从根本上解决环境污染问题，分析其产生源头，探究污染压力机制尤其重要，将环境污染的风险追踪至社会经济活动环节，通过

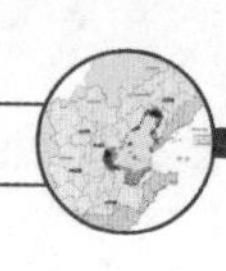

改善经济增长模式、加强污染行业管理和规范排污主体行为等途径来降低社会经济活动对环境的污染程度，尽可能降低环境的负外部性。

3. 环境管理的理论与途径

外部性往往导致“市场失灵”和“政府失灵”，若不能及时引导和管理很容易出现“公地悲剧”现象。针对环境污染外部性强的特点，要解决环境污染问题的思路就是找到合适的机制，把环境的价值体现出来，并使其加入经济主体的生产成本，实现环境外部性的内部化，从而调动经济主体环保行为的主动性和自律性。环境外部不经济性内部化主要包括命令控制型和经济刺激型两种方法。

命令控制方法本质上是一种强制管理调整方法，是指有关行政当局根据相关的法律、规章条例和标准等，直接规定经济主体产生外部不经济的允许数量及其方式，迫使污染者将原转嫁给社会承担的污染治理费用转化为污染者自身的生产成本，从而消除污染物排放的外部不经济性。环境污染是“市场失灵”的典型现象，仅靠市场手段无法解决环境污染问题，必须由政府出面进行干预，对环境污染实行管制，这也成为西方国家政府干预经济活动的最早原因之一。

经济刺激型方法，是指利用经济手段，间接作用于政策对象，刺激其改变行为的方法。主张外部效应是由于边际私人成本与边际社会成本、边际私人收益与边际社会收益的背离造成的。当存在外部性时，市场的价格不能反映生产的边际社会成本，市场机制不能靠自身运行达到资源配置的帕累托最优状态。为解决市场失灵，政府应当采取适当的经济干预政策来消除这种背离，建议对边际私人成本小于边际社会成本的部门征税，税额大小等于这一差额。通过征税，使消费者和公民增加环境保护责任，使企业改变生产技术和流程或投入预防性措施减少污染物的排放，促使企业发展新的环境技术，从而使得环境外部性通过征收“庇古税”而内部化。另一种经济刺激方法为科斯手段，侧重于运用产权理论利用市场机制解决环境资源生产与消费中的外部性问题，排污许可证交易制度是产权理论在解决环境污染问题中的具体运用，具有强烈的激励作用，但前提需要明确界定环境资源产权，需要确定可接受的排污总量，需要建立良好的排污权交易秩序。

二、相关研究现状

（一）经济增长与环境污染关系研究

经济增长与环境污染之间的关系已成为经济学的一个重要课题。Crossman和Krueger的研究发现随着人均国内生产总值的增加，环境污染水平呈现先增加后减少的倒“U”形，Panayotou通过大量数据验证了该曲线的存在，并将其名为“环境库兹涅茨曲线”（EKC）。EKC曲线理论已成为研究经济增长与环境污染间关系的最基本方法。具体研究方法上，是通过建立计量模型来研究环境与经济增长间的关系，即在环境质量各种单个指标或综合指标与人均收入间建立多元回归模型，如$Y=a_0+a_1X+a_2X^2$等，其模型形式包括一次、二次、三次以及带有对数形式的一次、二次和三次等。

1. 环境库兹涅茨曲线存在性的研究

EKC提出以来，为确定经济发展与环境污染间是否存在环境库兹涅茨曲线规律，国内外学者做了大量的验证研究。梳理不同空间尺度、不同地区、不同学者的研究成果，对于环境库兹涅茨曲线存在性的研究结论包括以下几方面：①在全球尺度上以各国的研究较为集中，且半数以上文献证明了环境库兹涅茨曲线的存在；②在以单个国家为研究对象的空间尺度上，对美国的研究得到了大致相同的结论，约70%的研究认为环境倒"U"形曲线是存在的，但对其他单个国家的研究中，结论并不统一，甚至出现相悖的结论；③对于中国环境库兹涅茨曲线的研究，全国和各个省、市范围都有较多研究，目标多集中在对EKC适用性的验证。

国际上研究区域涉及美国、意大利、英国等30多个国家和地区，据统计，1991—2010年，来源于国际期刊的有关EKC研究论文达260多篇；Shafik，Selden等学者根据发达国家跨国数据对废气指标与人均国内生产总值进行拟合，证明了EKC曲线的倒"U"形存在。De Bruyn等对单一国家的环境污染物（废水和废气）与人均收入进行EKC拟合，指出单一国家EKC曲线的存在性值得怀疑。特别是2000年以后，国内外对EKC的研究文献可谓层出不穷，形成了新一轮的研究热潮。

国内研究虽然起步较晚，但做了许多扎实的工作，相关研究论文达480多篇，研究空间尺度涵盖各个层级，且研究结论不一。国内学者沈满洪、张捷、高振宁等对浙江、广东、江苏等省进行研究，发现EKC的倒"U"形较弱或波动，而陈艳莹、陈华文、王志华等对北京、上海进行EKC拟合，发现较明显的倒"U"形关系。陆虹考察了中国人均二氧化碳排放量与人均国内生产总值的关系，表明人均国内生产总值与人均二氧化碳排放量的当前值与前期值之间确实存在相互之间的交互影响作用，但不是呈简单的倒"U"形关系。朱智洺根据中国1991—2001年数据，采用指数回归模型，认为中国水环境与水利经济发展的关系位于环境库兹涅茨曲线的上升阶段。李周在对相关变量进行预测的基础上，模拟了工业三废和国内生产总值总量间的关系。范金发现除氮氧化物外，其余污染物与收入之间存在倒"U"形关系，但二氧化硫和总悬浮颗粒物的转折点处于几乎不可能达到的高收入水平上。张鹏则得出环境库兹涅茨曲线存在与否与污染物类型有关。有的以省、市数据作为样本，如吴玉等利用北京市1985—1999年经济与环境数据，研究了北京市人均国内生产总值与三类典型的环境质量指标之间的关系，得出结论，自1985年以来北京市随着经济增长其环境恶化程度在降低，且已进入经济与环境协调发展的后期阶段。凌亢等根据南京市1988—1998年数据对3种污染进行了分析，发现南京经济发展水平和城市化进程不能用倒"U"形假说找到拐点，环境污染呈扩大趋势。陈华文等根据上海市1990—2001年数据通过一个简化型模型的回归结果发现，除二氧化硫外，其他3种环境质量指标均表现出随经济增长呈现先恶化后改善的现象。另外，刘

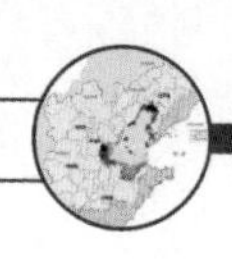

耀彬等根据武汉市1985—2000年数据、李义根据陕西省1981—1998年数据、张云根据北京市1990—2001年数据、杨凯根据上海市1978—2000年数据、谢贤政根据安徽省1990—2001年数据、沈满红根据浙江省1981—1998年数据、田立新根据江苏省1994—2002年数据进行了相应的分析，这些研究的共同点大都是直接假定EKC曲线存在，直接运用时间序列数据拟合二次多项式或三次多项式，并根据求导的方法求出拐点，以验证EKC曲线是否存在。分析结果表明，研究得到的结论不完全统一，全国尺度上，60%以上的文献证实了环境库兹涅茨曲线倒“U”形关系的存在，但各省、市的研究结论多样，没有有力的论据说明EKC在各省、市的普遍存在性，且环境-经济关系曲线的形状表现为“U”形、倒“U”形、“V”形、倒“V”形、“N”形、倒“N”形、“U+V”形等多种形态，这些为研究我国经济增长与环境保护提供了大量的实证分析和研究素材。

2. EKC曲线形成机理的理论与实践解释

国外学者对其形成机理的研究相对成熟和丰富。Crossman G.等发现了环境质量随着人均收入变化呈现倒“U”形曲线关系的同时，也从产业结构升级角度剖析了EKC形成的原因。Thampapillai R E.等研究认为，自然资源本身的稀缺性和“环境-资源”市场的逐渐形成，使得企业为了降低成本而减少对资源的消耗，该过程保护了环境污染，促使EKC曲线的出现。Manuelli R E., Lopez R.等指出，各国家（地区）成员的收入水平不同，对环境质量的需求也不同，Panayotou等也指出，随着人均收入的提高，当人们对环境质量的需求弹性大于1时，会为了环境质量的改善而舍弃经济利益，EKC曲线将会下降。O-sung等认为，个体成员的环境需求效用对物质消费的边际替代弹性大于1时，将会促使EKC曲线下降阶段的到来。Selden T M，Markus P Stokey等研究认为，随着人均收入的增长、经济水平的提高，科技日益进步，对资源的利用效率得到改善，对环境的破坏也得到抑制，因此环境随着经济发展得到改善。Arik Levinson分析了美国制造业中的技术进步对环境的影响，研究发现，美国制造业环境质量的改善，主要是依靠技术进步，而不是工业经济结构优化。Copeland B R，Taylor M S等学者认为发达国家与发展中国家间的经济差距、产业转移和环境需求差距促进了发达国家进入EKC曲线倒“U”形的下降阶段，而对发展中国家带来的影响恰恰相反。Torras M，Boyce J等指出，发达国家比发展中国家更倾向于实施环境友好的政策，因此，其EKC曲线的下降拐点会更早到来，或是曲线表现得更平缓。

国内研究方面，一些研究是以国内具体区域的数据验证了国外学者的结论，也有学者对EKC曲线形成机制的解释进行了丰富，陈艳莹认为污染治理的规模收益递增导致了环境库兹涅茨曲线，但她同时认为这并不意味着经济增长本身就是解决污染问题的最好药方，在没有外力干预的情况下，污染治理的规模收益递增特征虽然决定了污染与收入之间存在倒“U”形关系，但据此得出的污染将在收入达到足够高的时候减少为零的结论只是一种推测。我们无法判断什么样的水平才是足够高的，也无法确定一个国家能不能达到这一水平。王学山则

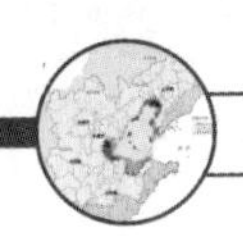

认为在不考虑自然因素的条件下，区域环境质量演化曲线取决于当地社会经济的发展状况，而不仅仅取决于经济增长状况，李树认为在接受倒“U”形关系的同时，应采取一定政策措施降低环境库兹涅茨曲线的峰值。另外还有一些专家学者对环境库兹涅茨曲线进行了拓展，如孙立在传统环境库兹涅茨曲线的基础上，得出了激进变形线、理想线和保守变形线。张子龙、陈兴鹏等利用SDA模型将因变量的变动分解为有关自变量变动的和，以测算各自变量变动对因变量变动贡献的大小，有助于揭示环境压力和各驱动因子之间的关系，从而更好地掌握经济增长和环境压力之间的关系。

总结分析发现，EKC形成机理可以从以下几方面来解释：①国家（地区）的经济水平、规模和产业结构变化是导致EKC倒“U”形产生的主要原因。随着经济水平提高、规模增大和产业结构高级化，环境质量会受到重视，环保投入将增加，产业结构也将倾向于环境友好的方向发展，最终使环境质量改善。②受到“环境与资源”供需市场机制形成及变化的影响。即认为环境和资源作为生产需要的“要素”，其稀缺性的特点致使生产成本不断提高，同时随着人均收入水平的提高，人们对环境的需求会增多，从而引起政府和企业重视提高资源利用效率和降低环境污染危害，从而使环境得到改善。③技术进步是影响因素之一。工业化中期后，以技术进步为主体推动的内涵式增长使得资源利用高效率，产业结构高级化，促使环境质量改善。④受到国际贸易和国际间产业转移的影响，这是发达国家和发展中国家处于EKC倒“U”形曲线不同阶段的主要原因之一，即发达国家将高污染、高耗能的产业转移到发展中国家生产，使得本国提前进入下降拐点，而推迟了发展中国家EKC拐点的到来。⑤国家政策的影响。伴随着工业化进程中日益破坏的环境和耗尽的资源，经济水平逐渐提高，国家开始重视环境问题，经济实力可以提供污染治理投资的保障，从而实现了后期环境质量的改善。

（二）主要污染物的研究

社会经济发展中产生和排放的各种污染物是造成环境污染的最主要因素，国内外针对具体污染物的研究主要是从环境学的角度分析污染物的化学、生物或生态学特征，对社会经济发展与具体污染物排放之间关系的研究较少，已有的研究角度也较为零散，归纳起来有以下3个角度：污染物特征与来源分析；污染物排放的负荷量估算；影响污染物排放量变化的社会经济因素分析。研究选择化学需氧量、氨氮和重金属作为主要污染物，并重点梳理了相关研究文献。

1. 关于化学需氧量污染的研究

Wang Cui等研究了福建7个海湾的污染来源，研究发现排入湄洲湾的化学需氧量最多，海湾污染主要来源于陆域，而农业污染的贡献大于工业污染。朱梅、吴敬学对海河流域农业生产和生活的化学需氧量污染进行了系统研究，发现畜禽养殖污染已成为农业污染的主要方面。Amaya, F. L.等利用包含污染消减模块的污染负荷估算模型对菲律宾Biñan流域BOD的负荷量进行了估算。结果表明，居民生活的污染贡献为60%，畜禽养殖业占23%，工业和其他非点源污染占17%。Y.T.Lu基于效应分解模型分析了中国工业化学需氧量排量的变化，研究表

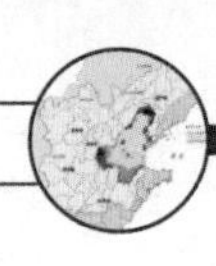

明，规模增大是化学需氧量排放量增加的主要原因，化学需氧量排放量对工业结构变化的敏感度较小，技术进步对化学需氧量排放量的减少呈现明显的促进作用。赵宪伟、沈照理等研究了河北化学需氧量排放趋势和减排措施，发现河北化学需氧量排放空间分布格局同当地的产业结构和经济发展水平关系密切，采用回归分析法针对河北化学需氧量排放进行了预测并提出减排的措施。关于辽河流域化学需氧量和氨氮污染的研究多集中在辽河水体中化学需氧量污染物含量变化方面，常原飞、贾振邦等研究发现辽河流污染的主要因子是化学需氧量、氨氮、石油和生化需氧量，而氨氮和化学需氧量占90%以上，说明水质污染属于有机好氧型污染，河流化学需氧量污染严重；马溪平等对辽河流域主要干流水质进行评价，并结合多元统计分析方法对辽河流域干流水体中主要污染物进行源解析，表明城市生活污水和工业废水是耗氧有机物污染物的主要来源。张峥、周丹卉等研究发现2001年后辽河径流变小，工业废水和生活污水污染的特征凸现出来，造纸业对河流水质影响较大；张帆、徐建新等针对污染物估算了辽河流域水环境容量，并提出典型河流沿岸排污口的来源及排污特征。

2. 关于氨氮污染的研究

XiaoMa等利用输出系数模型从农村生活垃圾、畜禽养殖场、肥料和土壤侵蚀4个方面估算了三峡库区氮的总污染负荷量，分析了氮污染状况与富营养化间的关系；马广文等、岳勇等对松花江流域的非点源氮磷负荷及其差异特征、非点源污染负荷估算与评价、农业面源污染特征等进行了研究。夏立忠、刘庄、李恒鹏等估算了太湖流域的非点源污染负荷，并提出污染控制对策等。盛学良等根据太湖流域同类型污水中总氮、总磷的浓度和当前废水治理技术及接纳水体的环境质量等分析，确定了太湖流域三级保护区内各类排污单位总氮、总磷允许排放浓度。薛利红等在太湖主要入湖河流直湖港下游开展了5种氮肥管理模式的田间小区试验，实测了稻田的径流和淋洗氮损失，研究了不同氮肥管理模式下的稻田氮素平衡特征和环境效应。乔俊等通过设置不同轮作制度及施氮量，研究其对稻季的田面水氮素含量、氮素径流损失、产量及土壤养分的影响。苏丹等分析了辽宁省辽河流域工业废水污染物排放的变化趋势及氨氮等重点污染物排放的时空变化规律，指出了各单元控制的重点。

从化学需氧量和氨氮的研究中可得出：①现有研究更多是侧重污染物自身特征的研究，缺少对社会经济因素的分析；②对主要污染物产生的社会经济原因给予了肯定，但缺乏各类社会经济活动在污染来源机制方面的系统分析；③在数据处理上同样很少考虑流域内社会经济分布与污染产生的空间关系。

3. 重金属污染物的研究

国内外学者对工业重金属污染的研究多集中在污染现状的分析上。研究内容上，主要分析重金属污染的空间分布、空间变异和污染风险评价方面；研究思路上，多以实地样点监测数据为基础，通过适当的差值方法反演重金属污染的空间分布，进而采用潜在生态风险指数、地质累积指数法或健康风险评价模型对污染的风险进行评价；研究区域上，包括入海河口、海湾、工业企业遗址、工业用地、城市周边区域、农业用地等。以上重金属研究的视角与本项目的研究视角有所差别，现有研究更多的是对已排放至环境中的重金属的自然属性进行分析，属于事后分析，其研究成果对监测数据的处理、样点面状化、污染风险评价研究提供了重要的方法支撑，成果比较成熟，也比较丰富，但对重金属污染的预警分析比较缺乏，不能防范潜在的风险事件，另外，也主要从农业、工业、城市交通等方面分析重金属污染的来源，对污染源的判断比较粗泛，缺少从污染源的角度研究重金属污染的潜在风险及污染的空间分布等问题。该部分拟从重金属污染源头出发，在行业与企业层面研究工业重金属污染的风险评价，将风险评价由事后提前至事前，最大限度地防止污染事件的发生。

（三）产业角度的污染研究

1. 工业污染

众多研究表明，工业发展不可避免地会导致环境污染，但最终会与环境协调发展。工业增长是人类社会和技术进步的重要标志，同时工业也是制造环境污染的重要力量。据我国环保部估计，工业污染占全国污染总量最高的时候达70%，其中包括70%的有机水体污染，72%的二氧化硫排放量，75%的烟尘。近年来，随着环境问题的日益严重，环境污染治理开始了一个从宏观到微观、从行业到企业、从企业末端治理到企业全过程防治的主动预防、积极治理的关键时刻。工业污染总体上符合EKC曲线理论，即随着人均收入的不断增长，工业污染也将逐渐减轻。根据Dasgupta、Mody、Roy和Wheeler（1995）关于经济发展对印度尼西亚、菲律宾及孟加拉等国环境保护作用的研究结果，人均国民收入与环境法规的严格程度之间有一定的持续关系（图6.2）。图6.2反映出随着人均收入的增长，环境控制的程度逐渐加强，且这种关系呈现出一定的持续增长状况。

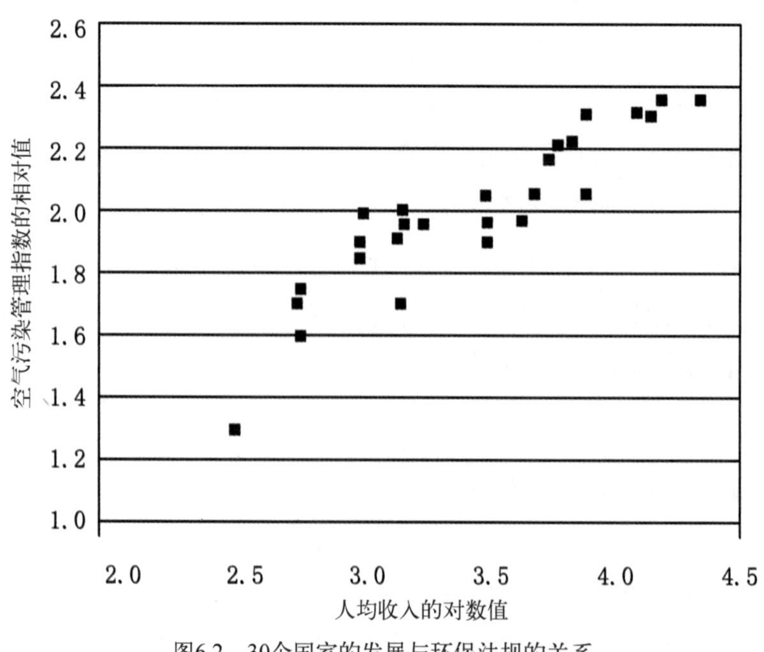

图6.2　30个国家的发展与环保法规的关系

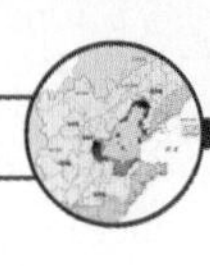

根据世界银行对巴西、中国、芬兰、印度、印度尼西亚、韩国、墨西哥、中国台湾、泰国等12个国家和地区的数据分析，人均收入每上升一个百分点，有机水污染的强度下降一个百分点，随着人均收入从500美元上升到20 000美元，污染程度下降了90%，且在达到中等收入水平之前，污染减少得最快（图6.3）。

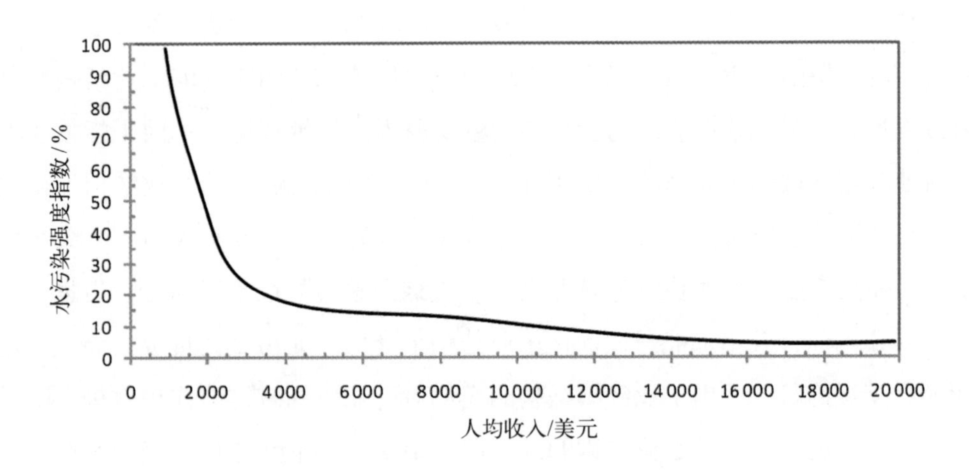

图6.3 人均收入和工业水污染强度的关系

除经济发展水平与工业污染关系研究以外，众多研究集中在工业发展本身对工业污染排放的影响，学者们对影响环境污染的工业因素主要概括为工业规模、工业结构和技术进步。为定量研究工业污染排放与工业规模和工业产业结构的关系，DeBruyn（1997）运用Divisia指数分解方法分析了1980—1990年荷兰与西德的二氧化硫排放情况，发现两国单位产出的二氧化硫排放减少主要归功于技术效应，结构变化所起的作用非常有限。Selden，Forrest和Lockhart（1999）运用迪氏指数分解法对美国1970—1990年6种污染物排放进行了考察。他们将污染分解为规模效应、结构效应、能源消耗强度、能源消耗结构以及其他技术效应。结果表明，结构效应可以减少污染，但作用不明显，污染下降主要是由于能源消耗强度降低和其他技术效应的作用。Bruvoll和Medin（2003）对1980—1996年挪威的10种空气污染物排放进行了分解，结果大致相同。能源消耗强度以及其他的技术效应是污染减少的主要原因；而生产结构以及能源种类的变化对减少污染所起的作用不明显。Hamilton和Turton（2002）使用几乎相同的方法研究了OECD国家1982—1997年的二氧化碳排放，发现人口和人均国内生产总值的增长提高了整体污染水平；而能源消耗强度、化石能源使用以及污染排放密度是污染排放减少的主要影响因素。Stern（2002）构建了一个可计量的分解模型，对64个国家1973—1990年的二氧化硫排放的分析表明，规模效应和技术效应分别是污染变化两方面的重要原因。而投入结构和产出结构的变化，对污染的影响存在较大的国别差异。

Zhang对中国1980—1997年的二氧化碳排放进行了分解，认为人均国内生产总值和人口是污染增加的主要因素；能源消耗强度的下降是污染减少的主要因素。刘星将工业污染排放的变化分解为工业规模效应和结构效应，工业规模的增大导致工业污染排放的增加，而工业产业结构的变化导致工业污染排放的减少，工业规模的增大所导致工业污染排放的增加大于工业产业结构的变化导致工业污染排放的减少。齐力、梅林海研究发现工业的发展对废水污染强度有双重影响，合理的工业结构，较为发达的工业发展水平，其废水排放总量反而更小，工业结构的环境效应明显。张伟在对四川工业结构的污染效应分析中得出，支柱产业经济效益差、水污染贡献大，产业结构不合理是造成水环境问题的主导因素。刘希宋、李果对哈尔滨工业结构与环境影响关系的多维标度分析表明，以传统工业为主导的工业结构既制约着经济的可持续发展，同时也是造成结构性污染的主要原因。吴艳红运用单因子指数法和综合污染指数法对傅疃河流域的水环境污染现状进行了评价，由于流域内的工业结构不合理、工业企业技术工艺落后，造成大量污染物的产生和排放，从而使工业废水成为本区域水环境污染的主要来源，提出工业结构调整成为促进流域环境综合整治的最重要途径。但也有一些研究发现随研究对象不同，并不都能通过优化工业结构来降低工业污染物排放，而技术进步的效应非常明显。李斌的研究得出工业经济结构的变化对工业废气减排的作用效果不明显，环境技术进步在一定程度上弥补了工业结构的不合理。Arik Levinson分析了美国制造业中的技术进步对环境的影响，研究发现，美国制造业环境质量的改善，主要是依靠技术进步，而不是工业经济结构优化。彭水军、包群考察了经济增长对环境质量、污染排放的影响，也得出产业结构与环境污染基本呈现负相关关系的结论。黄菁利用对数平均Divisia指数方法分析我国4种主要的工业污染物的产生，结果表明规模效应的影响是工业污染增加的主要原因，技术效应是减少污染的最重要力量，结构效应的变化在一定程度上增加了我国的工业污染。对工业污染研究的总结发现：①工业规模、结构的演变对区域环境污染状况具有一定的解释能力，两者的相互联动效应在特定的时期具有同步的特征，尤其是在工业整体生产水平较低时，工业的规模与结构基本决定了污染的压力；②随着工业整体水平的提高这种相互对应关系弱化，甚至出现相反的影响关系，而技术进步的效应逐渐显现。

2. 农业面源污染

造成农业面源污染的成因主要包括土壤侵蚀、农业化肥农药过量施用、畜禽养殖业排污、农村居民生活污染和大气干湿沉降。与点源污染相比，农业面源污染自身的特征使对其的研究以及监测、防治与管理工作更为困难。国外农业面源污染研究集中于农业面源污染的控制措施方面。主要的观点包括：通过限定农场投入数量，对污染物课税，限定污染物数量；提出推出限制过多施用化肥农药的政策，并利用税收补贴污染；制定基于一个地区某一种污染物浓度的收费制度，称为环境浓度费；对生产中使用化肥、农药这些具有负外部性的投入征收统一的氮税、磷税等，对购买污染控制设备，施用有机肥等具有正外部性的投入实施补贴；通过氮税、磷税等可以使一些作物退出生产或导致农民从氮肥，磷肥大量使用的作物转向少量使用的作物等。国外的研究以农业污染很强外部性为前提，努力将负外部性转化为经济主体的成本，从而缓解污染。

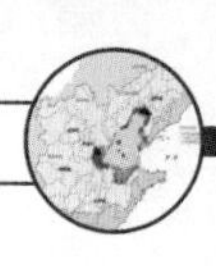

国内对农业面源污染多数是从技术与工程层面上对面源污染进行定量分析，从经济学与公共政策角度分析该问题的较少。Wen Qingchun等研究发现辽河流域农田径流污染占农业非点源污染比重较大，且主要集中在辽河干流区域。王西琴提出了污染物总量控制、加强工业点源与农业面源污染的综合治理；张秋玲、马蔚纯、程炯等提出面源污染负荷定量化研究是流域污染治理的重要基础工作，利用面源污染模型估算与模拟面源污染负荷是研究其变化规律的基本方法。国内近年来在汉江流域、三峡库区、黄河流域、松花江流域等开展了一系列的大尺度流域非点源污染负荷定量研究，相关研究方法包括平均浓度法、二元结构法、水文分割法、经验统计法等以及国外经验（如USLE等）与机理模型（如SWAT）的引入与应用。郝芳华等得出海河的陆源非点源总氮、总磷负荷分别为17.5万吨和13万吨，辽河流域陆源非点源总氮、总磷负荷分别为10.8万吨和12.3万吨。刘娟研究了滦河流域的农业污染情况。随着技术的发展，以GIS为核心的3S技术，即GIS（地理信息系统）、RS（遥感技术）和GPS（全球定位系统），在面源污染研究领域得到了迅速应用，并逐渐成为面源污染负荷定量计算、管理和规划等研究的主要手段，并一直是国内外面源污染研究的热点。

近些年农业污染越来越严重，到了必须关注和治理的时候，部分学者注意到农业面源污染影响因素与经济发展有关：许刚、邢光熹认为经济水平决定人的生产生活方式，社会经济因素主要通过社会经济活动，影响土地利用方式、农业生产方式及管理水平、产业结构、农村庭院养殖集中程度和规模、居民环境保护意识等；Hamilton对我国的调查发现农村人口现状及增长速度直接影响耕地利用方式及利用程度、农业面源污染物的产生总量；谢红彬在我国太湖流域的调查发现，水环境与社会经济因子关系的研究结果表明：太湖水体水质变化及整个流域的水质环境变化与该流域的人口增长、经济发展、土地利用、城市化发展之间存在着较好的对应关系；他的另一研究认为太湖流域人类活动与水环境之间的互动关系大致经历了干预、干预—弱制约、干预—制约、干预—强制约四个阶段，每个阶段对应着不同的人类活动特征；焦锋认为农业化学需氧量排放主要受农业发展、人口增长及城市化影响；另有部分学者的研究表明工业化与城市化及居民生活水平的提高以及不合理的农业生产方式，使水环境面临巨大的压力，环保意识落后、治理能力不足、管理体制不合理是水环境恶化的根本原因。

对农业面源污染相关文献的总结发现，国内已有研究侧重于污染物形成的自然机理，多为基于农业面源污染物形成、传输和迁移、流失的自然过程，结合降水量因子、地表径流系数、土壤类型、土壤渗透系数、污染物自然降解率等指标，根据自然机理模型估算面源污染物负荷量。部分研究已经开始关注面源污染物产生的社会经济因素，但是从污染物来源角度，系统分析不同社会经济活动的压力机制和构成仍较为缺乏，而这正是从根源上发现和控制污染问题的必要条件。

综上所述，国内外学者针对社会经济发展与环境污染之间的关系从不同角度进行了大量的研究，研究对象包括国内生产总值增长与环境污染的关系、工业发展与污染关系、农业生产的面源污染等；研究区域从国家、区域、流域、省市到企业；研究内容有污染源甄别、结构影响、政策建议等，关于两者间的辩证关系和实证分析有充足的资料来支撑，对该课题的研究具有十分重要的参考意义。

第七章 构建社会经济影响海洋环境的评价指标体系

在辽河流域范围内研究社会经济活动对化学需氧量和氨氮污染物的影响机制，分析污染物的社会经济来源及构成。选择辽河流域作为研究范围，是基于以下几点考虑：①本书是在研究陆域经济活动对海洋环境影响的大背景下展开的，是国家海洋公益性行业科研专项“基于环境承载力的社会经济活动对海洋环境的影响及耦合机制研究”的阶段性成果，而陆域污染是通过陆域水体，经地表径流排放入海，最终对海洋环境造成污染，流域是必经载体，研究陆域经济活动对海洋环境的影响，以流域为研究范围，具有较强的针对性；②选择辽河流域作为研究对象，可以将社会经济活动及其产生的污染物界定在相对统一的空间范围内，使两者间关系的分析具有空间上的因果一致性；③以流域作为研究范围，可以通过监测河流污染物的入海通量来检验研究结果的精确性。

对总氮污染物的研究，从农田化肥流失、畜禽养殖、居民生活、城市径流和工业生产5个方面估算了辽河流域氮污染负荷总量，对辽河流域氮污染的来源和强度进行了较为全面的剖析；对化学需氧量污染物的分析，对农业生产、居民生活、工业生产的化学需氧量排放量进行了估算，深入分析了化学需氧量的来源、构成和强度；对于重金属污染的研究，是以辽宁省为研究范围，在确定各工业行业产污强度的基础上，对重金属污染风险进行评估，并分析了污染风险的空间分布。

一、指标选取的原则

（1）系统性。指标选取从影响渤海环境变化的各个社会经济层面出发，在分析单项指标的基础上构建影响渤海海洋环境的指标体系。指标体系间应具有一定的层次感，体系完整。

（2）代表性。严格意义上，环渤海地区陆域社会经济活动都或多或少地影响着渤海海洋环境，在研究过程中需要甄别具有代表性的经济活动，选择切实可以反映主要影响海洋环境的经济活动，对其他相关但相关性不强的经济活动进行必要的剔除，从整体上把握指标体系的代表性。

（3）有效性。选择的指标应具有良好的时间序列、量纲、通用性等共性，可以满足研究中对指标的处理、对比。如可以采用产量的指标尽量采用产量，避免产值因素中的价格波动影响。

（4）可操作性。指标体系应该具有可操作性强的特点，要尽可能简单实用，充分考虑数据获取、定量化、处理的可行性，尽可能保证数据的可靠性，力求简单清楚，不宜过多。

二、指标确定的方法

将污染物入海的途径分析（排污口、河流入海、海岸地表径流、沉降）和社会经济活动的产污排污分析结合起来，指标筛选需同时考虑排放强度和源强规模（图7.1）。

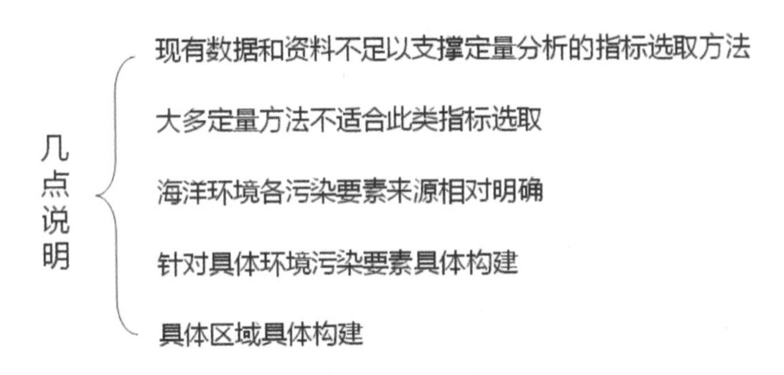

图7.1　指标筛选说明项

（1）以分析海洋环境污染要素为基础，追根溯源。海洋污染物类型（化学需氧量、有机氮、活性磷酸盐、重金属、石油烃）；入海污染物途径分析（排污口、河流入海、海岸地表径流、沉降）；每种污染物的来源分析（图7.2）。

图7.2　指标筛选方法的确定依据各行业产排污系数

（2）依据社会经济活动的分类提取不同层面指标。将社会经济活动污染以点源和面源污染特征分类，分别对工业、农业和城市生活进行分类。

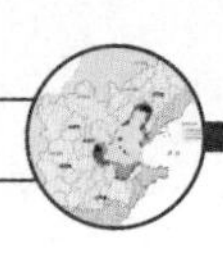

（3）利用规模比重和排污能力选择行业指标。依据工业行业规模、行业排污总量、排污入海总量和污染物构成特征，筛选主要影响的指标项。计算辽宁近10年各工业行业实际排放量，采用公式$P = \alpha \cdot s \cdot \beta$（排放系数×行业规模×废水处理率），将各行业每年$P$进行排序，选择比重累积达80%以上的所有工业行业作为指标（表7.1）。

表7.1　工业行业指标筛选思路

步 骤	参考信息
1. 社会经济活动标准分类	参考统计年鉴分类方法
2. 依据污染物的产排污系数提取具体行业	污染手册或国家、行业排放标准
3. 依据行业规模进行筛查并剔除	产值或主要产品产量
4. 选取操作性强，获取相对容易的产生类指标	产生类指标
5. 选取对污染物产生、分布影响较大的影响类指标	影响类指标
6. 依据研究结论对指标进行再调整	根据实际，剔除冗余，选取主要指标项
7. 确定指标体系	具体确定产值（产量）

各类系数的来源具体参考表7.2。

表7.2　各行业产污排污系数来源

各类系数	来源/方法	
产污系数	种植业	化肥、有机肥实际施用量
	畜牧业	排泄系数
	工业各行业	工业污染普查手册 工业各行业废水排放标准（GB）
	居民生活（城镇+农村）	城镇生活源产排污系数手册
排污系数	种植业	吸收率、流失率
	畜牧业	平均浓度估算法 排泄系数估算法
	工业各行业	工业污染普查手册 工业各行业废水排放标准（GB） 统计数据的反演
	居民生活（城镇+农村）	城镇生活源产排污系数手册
入河系数	文献资料；点源污染物（0.8～0.9）；面源污染物（0.02～0.2）	

三、指标体系的构建

指标体系按社会经济分为五大类，包括总体指标类、农业指标类、工业指标类、城镇生活类、环境保护类。表7.3为社会经济主要指标项。

表7.3　影响污染物排放的主要社会经济指标

类型层	行业层	指标层（变量层）		备注
总体指标		人口	非农人口	数量
			农业人口	数量
		经济发展水平	国内生产总值	数量
			第一产业国内生产总值	数量
			工业国内生产总值	数量
			三产国内生产总值	数量
		土地利用	建成区面积	数量
			工业用地面积	数量
农业生产	种植业	化肥	N	数量
			P	数量
			K	数量
			复合肥	数量
			有机肥	数量
		农药	主要农药种类	数量
		生产水平	耕地面积	数量
			灌溉面积	数量
			机械化水平	投入量
	畜牧业	种类	猪	数量（产量）
			牛	数量（产量）
			羊	数量（产量）
			鸡等	数量（产量）
		粪便	猪牛羊鸡等	数量*排污系数
	渔业	产量	产量（产值）	数量（产值）
		饵料	投入量	数量
		粪便	排污系数	数量*排污系数

续表

类型层	行业层	指标层（变量层）		备注
工业生产	内陆工业（污水排放重点行业）	黑色金属矿采选业	生铁、钢	产量
		黑色金属冶炼及压延业	生铁、钢	产量
		石油和天然气开采业	原油	产量
		石油加工业	乙烯	产量
		化学原料及化学品制造业	化学纤维	产量
		塑料制品业	塑料	产量
		煤炭开采业	煤炭	产量
		装备制造业	产值	产值
		食品加工业	产值	产值
		医药制造业	产值	产值
		造纸及纸制品业	产值	产值
		纺织业	产值	产值
	临海产业	港口工业	吞吐量	数量
		造船工业	造船吨位	数量
		海水淡化产业	淡化水量	数量
		海水运输业	运输量	数量
		海水油气开发	产量（比重）	数量（比重）
城镇生活	居民生活及服务业	（第三产业）	产值	产值
	城市径流		径流数据	数量

四、氮污染排放的社会经济来源与结构分析

辽东湾海域作为辽河入海口，是我国严重污染海域之一，主要污染物为无机氮、活性磷酸盐和石油类。水体中的氨氮是主要的耗氧污染物，大量的氨氮也是导致水体富营养化的主要原因，对鱼类及水生生物有毒害，也是破坏水体生态平衡的重要污染物。来自沿海陆域区域农业、工业、居民生活废水排入湾内，加上海水养殖产生的废弃物以及海上其他经济活动产生的含氮污染物共同加剧了海湾氮素的集聚。辽河每年携带大量陆源污染物排入辽东湾，虽治理了15年，但目前辽河流域水环境污染仍十分严重。因此，拟以流域内氮污染为研究对象，追溯陆域氮素排放的来源与强度，从源头探索影响流域氮污染的主要社会经济活动。

五、构建影响氮污染的社会经济指标体系

将辽河流域社会经济活动划分为农业生产活动、工业生产活动和居民生活三大类，指标选取具体方法为：①依据氮污染特征，参考产排污系数，筛选出与氮排放有关的生产生活活动；②通过统计数据的分析筛选出规模大、强度大的社会经济活动；③在此基础上选择能很好反映该社会经济活动的操作性强、获取相对容易的统计指标；④参考已有文献研究对指标进行修正和补充。依据以上思路确定了影响流域氮污染的社会经济指标34个（表7.4），具体分为总体指标类、农业生产类（种植业和畜禽养殖业）、工业生产类和土地利用类。

表7.4　影响辽河流域氮污染的主要社会经济指标

指标类		指标项	
总体指标		国内生产总值	第三产业国内生产总值
		第一产业国内生产总值	城镇常住人口数
		工业国内生产总值	农村人口数
农业指标	种植业	氮肥施用量	机耕面积
		复合肥施用量	旱地面积
		有机肥施用量	水田面积
	畜牧业	猪存/出栏量	蛋鸡存栏量
		奶牛存栏量	肉鸡存/出栏量
		肉牛存/出栏量	
工业指标（产值或产量）		化学原料及化学制品制造业	造纸及纸制品业
		石油加工、炼焦及核燃料加工业	黑色金属冶炼及压延加工业
		农副食品加工业	食品制造业
		饮料制造业	医药制造业
土地利用指标		城镇用地面积	丘陵旱地面积
		农村居民点面积	丘陵水田面积
		其他建设用地面积	山地旱地面积
		平原旱地面积	山地水田面积
		平原水田面积	

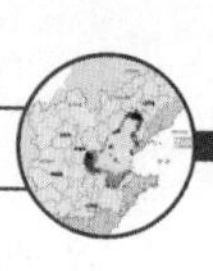

六、影响化学需氧量排放的社会经济活动指标体系

从影响化学需氧量排放的众多社会经济活动中甄别其主要影响因素是研究的基础。将辽河流域社会经济活动依然划分为农业生产活动、工业生产活动和居民生活三大类，在指标选择过程中充分考虑了社会经济活动的类型、规模、强度以及化学需氧量产排系数。在各类社会经济活动产排污系数和统计数据分析的基础上，筛选确定了32个影响流域化学需氧量污染的社会经济指标，具体见表7.5。

表7.5　影响辽河流域化学需氧量污染的社会经济指标

<table>
<tr><th colspan="2">指标类</th><th colspan="2">指标项</th></tr>
<tr><td colspan="2" rowspan="3">总体指标</td><td>国内生产总值</td><td>第三产业国内生产总值</td></tr>
<tr><td>第一产业国内生产总值</td><td>城镇常住人口数</td></tr>
<tr><td>工业国内生产总值</td><td>农村人口数</td></tr>
<tr><td rowspan="5">农业指标</td><td rowspan="2">种植业</td><td>有机肥施用量</td><td>旱地面积</td></tr>
<tr><td>机耕面积</td><td>水田面积</td></tr>
<tr><td rowspan="3">畜牧业</td><td>猪存/出栏量</td><td>蛋鸡存栏量</td></tr>
<tr><td>奶牛存栏量</td><td>肉鸡存/出栏量</td></tr>
<tr><td>肉牛存/出栏量</td><td></td></tr>
<tr><td colspan="2" rowspan="4">工业指标
(产值或产量)</td><td>造纸及纸制品业</td><td>饮料制造业</td></tr>
<tr><td>化学原料及化学制品制造业</td><td>农副食品加工业</td></tr>
<tr><td>黑色金属冶炼及压延加工业</td><td>医药制造业</td></tr>
<tr><td>石油加工、炼焦及核燃料加工业</td><td>纺织服装、鞋、帽制造业</td></tr>
<tr><td colspan="2" rowspan="5">土地利用指标</td><td>城镇用地面积 (建成区面积)</td><td>丘陵旱地面积</td></tr>
<tr><td>农村居民点面积</td><td>丘陵水田面积</td></tr>
<tr><td>其他建设用地面积</td><td>山地旱地面积</td></tr>
<tr><td>平原旱地面积</td><td>山地水田面积</td></tr>
<tr><td>平原水田面积</td><td></td></tr>
</table>

第八章
社会经济要素的空间分析研究

一、社会经济要素空间分析研究现状

区划泛指各种区域的划分，是对区域地域分异规律的认识和反映，在揭示地理环境空间演化规律的基础上，为人类开发、利用各种资源提供科学决策依据。区划研究源自对自然要素地域分异的研究，其发展主要经历了自然地理区划、生态区划、功能区划3个阶段，其发展过程呈现出综合化、生态化的特征，研究的目的也逐渐从理论认识研究向管理决策研究转变。分区的方法最初以实地调查、地图叠置、经验判断为主的自上而下的方法；随着数据采集获取的方式越来越便利，数据量越来越大，精度越来越高，GIS技术和数量分析方法应用越来越广泛；以GIS为平台，定性分析与定量分析相结合，自上而下与自下而上相结合的方法成为分区的主要方法。

（一）分区理论的研究进展

区划研究源自自然地理要素的地域分异研究，伴随着地域分异规律研究一同发展，并在地域分异规律的基础上形成了自然区划理论。18世纪末到19世纪初是自然地域系统研究的初期阶段，已经产生了分区的思想，地理学区域学派的创始人赫特纳（A·Hettner）指出区域的概念是整体的一种不断分解，区划就是整体分解后在空间上是互相连接的部分，且部分的类型是分散分布的。19世纪初，近代地理学奠基人，德国地理学家亚历山大 · 冯 · 洪堡研究了世界气候在纬度、海拔高度、距海距离、风向等综合因素影响下的分布特征，指出了植被的地带性分布规律，被认为是最早的自然区划研究。霍迈尔（H.G.Hommeyer）提出了地表自然区划和主要单元内部逐级分区的概念，开创了现代自然区划的研究。罗士培（P.M.Roxby）、翁斯台（J.F.Unstead）提出类型的和区域的两类区划概念，丰富了自然区划理论。19世纪末20世纪初，俄国土壤学家道库恰耶夫（Dockuchaev）在土壤的地带性研究基础上，创立了自然地带学说和自然综合体学说，奠定了自然区划的理论基础。1898年迈里亚姆（Merriam. C. H.）对美国的生命带和农作物带进行了详细的划分，这是世界上首次以生物作为分区的指标。1899年，道库恰耶夫从自然地理带的概念发展了生态地区（Ecoregion）概念，提出了气候、植物、动物在地球表面上的分布有严密的顺序，由北而南的规律地排列，因而可将地

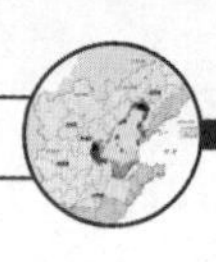

球表层分成若干个带。1905年，英国地理学家赫伯森首次提出世界大自然区的划分，依据地形、气候和植被的组合将世界划分成6大自然区域和12个副区。1931年柯本（Koeppen）的气候—植被分类方案，根据通过植被界线修正气候分区。1947年，Holdridge则基于气象数据按照降水量、可能蒸发率和生物湿度对世界植被形成的分区。20世纪40年代，应政府和农业部门的要求，苏联学者开展了综合自然区划研究，对综合自然区划的理论和实践做了较系统的研究和总结。

国内学者普遍认为1929年竺可桢发表的《中国气候区域论》标志着我国现代自然地域划分研究的开始。黄秉维于1940年首次对我国植被进行了区划，李旭旦1947年发表的《中国地理区域之划分》在当时已达到了较高的研究水平。新中国成立初期，为了开展大规模的经济建设，迫切需要对全国自然条件和自然资源有全面的了解，自然区划工作被列为国家科学技术发展规划中的重点项目，并集中力量先后开展了三次全国自然区划的研究，林超、罗开富、黄秉维、任美锷、侯学煜先后提出了全国自然区划的不同方案。1954年，林超先后撰写了《中国自然区划大纲》和《中国综合自然区划界线问题》等重要论文，这些工作为我国以后的综合自然区划起了奠基作用。黄秉维提出的《中国综合自然区划》方案，将全国划分为3大自然区，6个温度带，18个自然地区和亚地区，28个自然地带和亚地带，90个自然省，揭示并肯定了地带性规律的普遍存在，使自然地域分异规律成为自然区划中最基本的理论依据，其方案是我国自然地域分异规律研究的里程碑，同时也被作为经典的区划方法论。此后，综合自然区划的思想得到了广泛的认可，全国性综合自然区划和部门区划工作得到全面发展，省区级的区域研究和各类部门区划工作也同期在全国展开。20世纪60—80年代部门自然区划成为了研究的热点，如气候区划、水文区划、经济区划、农业区划、植被区划、动物区划、能源区划、景观区划、地震区划等被广泛研究。20世纪80年代，改革开放和重点发展观对区划工作提出了新的需求，经济区划研究也成为这一时期区划研究的重点。农业经济区划、能源经济区划、综合经济区划被广泛研究。“七五”计划中还提出了东、中、西三大经济带的区划方案。

20世纪60年代以后，生态区划逐渐成为国外区划研究的重点，并广泛应用于生态环境保护与区域管理。1962年，加拿大森林学家Orie Loucks提出了生态区的概念，为生态区划的产生和发展奠定了理论基础。1965年，Krajina对英属哥伦比亚省进行了生态地理气候分区研究。1967 年，加拿大生态学家Crowley根据气候和植被的宏观特征，绘制了加拿大生态区地图。1972年，Rowe对加拿大森林生态系统进行了分区研究。1976年，Bailey为了在不同尺度上管理森林、牧场和有关土地，提出了一个具有真正意义的生态地域划分方案，他认为区划是按照其空间关系来组合自然单元的过程，生态地域分类的目的在于将“一个区域景观”划分为不同尺度的生态系统单元，这些单元是评估生态系统生产力和对管理实践响应的基础，这对于资源开发与环境保护双方都具有重大的意义，并按照地域、区、省和地段 4 级划分出美国的生态区域。德国生态学家沃尔德（H. Walter）等对全球自然陆地生态系统进行划分，从气候的观点将世界划分为等级生态系统的方案，按气候等因子划分出9个地带生物群落。此后，生态区划成为地理学和生态学研究的热点，1981年，Rowe通过调查方法开展了生态分区研究。1982年Wike开展了加拿大的生态区划研究。1985年Bailey完成了美国和加拿大的生态区划工作。1989年，Bailey在研究北美和美国生态区域的基础上，将“全美潜在自然植被图”与气候区域图拼接，并采用1：500万地形图修订后作为划分生态区域的基础图件，又以1：750万世界气候图和1：200万北美气候图作为区域划分的依据，编制了世界各大陆的生态区域图。20世纪80年代中期，生态系统观点和生态学原理和方法逐渐被引入我国自然地域系统研究，1988年侯学煜以植被分布的地域差异为基础编制了全国自然生态区划，并与大农业生产相结合，对各级区的发展策略进行了探讨，是中国最早直接冠以生态区划的研究成果。生态地理区划在借鉴自然区划原理和方法的基础上发展，是综合自然区划的深入，是从生态学的视角诠释区划。但与植被区划、单要素的自然区划或综合自然区划不同，生态地理区划基于生态系统概念和理论，重视系统的整体性，关注的是具有相似生物潜力、相似结构特征和相似生态危机的生态单元，侧重于生态系统及其组合的功能特征，是单项生物要素地域划分的综合，突出生态过渡区及特殊地面组成物质区的独立，注意生态系统在空间场景上的同源性和相互联系性，以及生态环境的敏感性、胁迫性和脆弱性。

1992年联合国环境与发展大会通过的《21世纪议程》中提出了整体环境的方法，用生态环境概念取代了原有环境的概念，将环境保护和生物多样性的概念结合，使污染、生物栖息地、物种保护被整合在生态系统框架中。1995年，Bailey在大量实际调查研究的基础上编制了北美和美国范围内的陆地生态区划图和海洋生态区划图，德国学者Schultz进行了世界生态区划研究。1996年美国生态学大会上所展示的包括大、中、小等不同尺度的生态区划研究成果。在长期的区划工作基础上，Bailey于1996年提出了生态系统地理学（EcosystemGeography）的概念，强调从整合的观点出发，采用生态系统地理学的方法进行生态区划，并于1998年完成了世界海洋与大陆的生态区划。1992年联合国环境与发展大会以后，李博、傅伯杰、倪健、陈百明等我国的众多学者也对生态区划的目的、原则、方法等问题进行了深入的研究并提出了各自的生态区划方案。

进入21世纪，生态区划被广泛的应用到生态环境保护、修复与管理工作中。2001年，美国波特兰通过生态环境区划，保护生态环境敏感地区，如湿地，河岸走廊和山地森林。Noelwah R. Netusil（2005）的研究指出生态环境区划类型影响住宅销售价格。T.S. Silva（2012）的研究详细介绍了巴西南部南里奥格兰德州沿海平原的环境保护计划，指出巴西海岸管理政策依托于生态环境区划，GIS和遥感技术是进行生态环境分区的主要技术方法。Van Butsic等（2013）研究指出生态区划在美国已经被频繁地应用于以保护生态环境为目的的房屋开发管理。生态区划还被应用于指导大尺度的生态修复工程，如“大西洋森林修复条约”

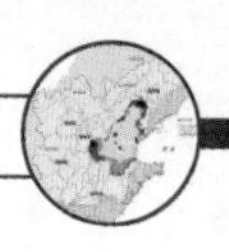

（The Atlantic Forest Restoration Pact）计划在2050年恢复15万公顷的巴西大西洋森林。

20世纪70年代以后，区划研究进入综合区划阶段，综合区划对区域自然、生态、环境要素及社会经济要素进行综合分析，目的是对区域功能类型进行定位，实现功能在空间上的合理分布。综合区划研究源自20世纪70年代兴起的土地利用规划，以实现区域合理利用，减少不同利用方式间的冲突最小化为目的。随着社会经济发展过程中人口资源环境问题的出现，在"协调发展观"的指导下，功能区划为主题的研究成为20世纪90年代综合区划研究的重点内容。20世纪90年代，可持续发展理念的促使欧、美等发达国家的规划理论和实践更加关注空间发展的整体性和协调性，空间规划成为实现区域可持续发展的重要管理工具，区划通过分区表达功能在空间上合理布局，是空间规划的重要内容。国外功能区划的研究包含在空间规划的研究中。国外也有学者在海洋空间规划的基础上，提出全面的海洋区划，认为缺乏配套区划的海洋空间规划是不完整的管理手段，突出海洋区划对于管理的重要性，指出海洋区划是在生态系统或更大尺度开展海洋管理的有力工具（Tundi Agardy，2010）。我国则在水利、海洋、环保部门率先开展了功能区划的研究。21世纪初已经形成比较成熟的水功能区划、海洋功能区划、环境功能区划，并且成为各部门重要的管理手段。针对长期以来，政府对异质区域进行同质化管理引发区域发展的不协调，党的十六届五中全会提出，要通过主体功能区划，加强对区域经济发展的分类指导促进区域协调发展。2006年国务院发出了《关于开展全国主体功能区划规划编制工作的通知》，正式启动了主体功能区划的编制工作，主体功能区划成为了最新的研究热点。主体功能区划是在自然区划的基础上，考虑区域在国家或高一级区域经济、社会、生态发展中的地位和作用，划分出具有某种主导功能的区域单元，不同级别区域单元构成具有从属关系的等级系统。主体功能区划较各部门的功能区划具有更强的综合性。区划研究逐渐从理论认识研究向管理决策研究转变。

海洋区划主要以海洋空间规划，海洋功能区划研究为主。国外主要包含在海洋空间规划的研究当中。海洋空间规划从保护完整生态系统功能的角度，权衡开发与保护的关系，协调各种用海活动间的关系，合理分配用海活动的空间与时间，通过适应性管理实现社会、经济及生态环境保护目标，是实现基于生态系统的用海管理工具。MSP已经得到了广泛的关注和认同。2002年欧盟在关于海岸带综合管理的建议中就支持将MSP作为实现海岸带综合管理的关键组分。欧盟海洋主题战略也采用了MSP的支持框架。欧盟的海事政策也提出了通过MSP实现在保证海事经济增长的同时，有效管理经济活动，实现生态保护目标。近些年，很多国家将MSP作为减少冲突，实现海洋资源的可持续利用，实现经济与生态环境保护等多目标的有效途径。我国于1989年开展了第一次全国海洋功能区划工作，1997年形成了《海洋功能区划技术导则》，2002 年，国家海洋局发布了《全国海洋功能区划》。《中华人民共和国海域使用管理法》与《中华人民共和国海洋环境保护法》明确指出海洋功能区划为我国海域使用管理和海洋环境保护的科学依据。关于海洋功能区划理论与方法的相关研究一直是我国海洋区划研究的重点。Fanny Douvere认为我国的海洋功能区划已经是开始了MSP的实践或是探索，可以通过海洋功能区划实现经济和环境保护的目标。随着全国主体功能区划工作的开展，海洋主体功能区划理论与方法的研究成为了海洋区划研究新的热点。海洋功能区划指导具体的海洋开发活动，海洋主体功能区划从战略性的角度解决海洋发展战略等宏观性问题（李东旭，2011）。

我国现有海域环境分区的研究较少。林文生对厦门西海域沿岸带的污染环境进行了系统的区划。赵章元提出对我国近岸海域环境尽快实施分区管理的建议，并指出海域中的陆源污染物多数是通过岸边的入海河口进入的，然而这些污染物的来源涉及整个流域。一般较大流域面积可达数百至数千平方千米，如果只按行政区域，将流域内水系统进行分割管理，或将海、陆两部分脱节，是不科学的，都不能达到保护环境的目的，要控制污染物入海量必须对全流域的污染源进行综合控制，必须建立我国入海河流全流域水环境综合管理体制。近岸海域环境功能区划划分具体的、以海水水质类别为表征的环境保护目标区。王茂军指出海洋污染是海岸带经济系统与海域环境系统相互耦合的产物，其防治必须海陆一体，将经济系统和环境系统有机结合起来进行。王金坑提出了海洋环境分类管理分级控制区划，根据社会经济发展需要和不同海域在环境质量现状、环境承载力和主导海洋功能上的差异，提出海洋环境分类管理分级控制区划方案。王芳提出应利用生态系统管理的理念和方法，打破行政区划界线，实施“河海陆统筹一体化”管理。

（二）分区方法的研究进展

早期的自然区划研究阶段主要通过地面调查获取数据，依靠专家经验进行区域划分。随着区划向综合化的方向发展，区划要素逐渐增多，数据量逐渐增大，区划要求的数据精度也不断提高，仅依靠专家经验能以满足区划要求，基于GIS实现多元数据集成，定性与定量相结合的方法成为了区划的主要技术方法。自然地理和生态分区研究也在探索通过各种数学模型实现定量分区的方法。基于DEM的流域提取技术是水文区划、生态区划及水环境功能区划等区划研究的主要技术方法。

早期的自然区划研究阶段，区划以自然地理要素为区划对象，主要依靠地面调查和专家经验，形成了经典的区划方法包括“自上而下”和“自下而上”的方法。“自上而下”的方法，以空间异质性为基础，按区域内差异最小，区域间差异最大的原则，以及区域共轭性划分最高级区划单元，再依此逐级向下划分。一般大范围的区划和区划高、中级单元的划分多采用这一方法。“自下而上”的方法，从划分最低等级区域单元开始，然后根据相对一致性原则和区域共轭性原则将它们依次合并为高级区域单元。实际应用中与类型制图法、遥感影像解译结合，以类型图为基础进行区划。刘卫东采用自下而上的方法进行了江汉平原综合自然区划研究。黄秉维在综合自然区划中提出的自上而下和自下而上相结合的方法，也被广泛采用。调查 制图法是经典区划方法分区成图的主要技术手段。国外早期的自然区划及生态区

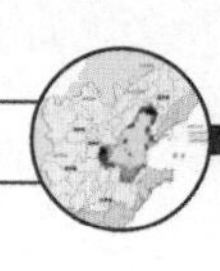

划，我国早期的部门自然区划如农业区划、水文区划、植被区划等都采用这样的技术方法。综合自然区划的分区还需要专家个人或会商进行定性分析的集成方法，在确定大尺度地域分异框架方面表现出分区定性确切、空间位置基本准确等独特的优势。然而受先验知识制约，在分区指标和具体界线走向等问题的确定上，主观性较强，不同方案之间差异较大。从分区的指标来看，早期的综合自然地理区划以发展农业为目的，着重对地质、地貌、水文、土壤、气候、植被等自然环境要素的研究，对社会经济要素的关注较少。

随着区划向综合化的方向发展，区划要素逐渐增多，数据量逐渐增大，区划要求的数据精度也不断提高，仅依靠专家经验能以满足区划要求。随着科学技术发展，数据获取的方法逐渐转向“地面调查＋遥感观测＋台站监测＋模拟数据”的多源数据获取，基于GIS实现多元数据集成，定性与定量相结合的方法成为了区划的主要技术方法。基于GIS的评价分区技术流程被广泛应用于综合自然区划、生态区划和功能区划等研究中。马保成采用该方法进行了公路综合自然区划研究，郑丙辉采用该方法完成了渤海海岸带生态分区研究，岳书平进行了中国东北样带生态环境综合区划研究，朱传耿将其作为地域主体功能区划的基本方法。该方法主要包括确定空间单元、构建指标体系、空间单元赋值、计算指标权重、评价结果分类等关键的技术流程。空间单元是定量评价的空间基础，承载着各种要素的属性值，需要能够表达区域差异，空间单元确定取决于数据分析的精度及管理决策的要求。区划一般以行政单元或一定空间分辨率（如1千米）栅格单元作为分区单元，通常基于某一级别的行政单元，汇水单元或一定尺度的栅格格网。构建指标体系是区划研究的核心工作，一直是区划研究的重点，通常根据区划的目的、原则构建指标体系，因为指标体系构建及分区方案的确定仍需地域分异、发生学、相对一致性等原则的指导；自然区划、生态区划、功能区划的指标体系的研究呈现出综合化的趋势，即对自然环境、生态、社会经济影响因素的综合考虑。指标权重计算方法主要采用delphi法、因子分析法、主成分分析、层次分析法，灰色关联分析。评价结果分类通常采用给定的标准进行判别分类，或采用聚类的方法。

各种数学模型及数学方法的定量分区方法被广泛应用于自然地理及生态分区研究。丁裕国等学者提出统计聚类检验与旋转经验正交函数或旋转主分量分析（REOF/RPCA）用于气候聚类分型区划，并用仿真随机模拟资料和实例计算证实了这种方法的有效性及其优点。从威青等学者总结出一套基于不确定性推理的斜坡类地质灾害危险性区划的方法体系。人工神经网络模型也是区划工作常用的数学方法。近年来很多区划研究使用自组织特征映射网络（SOFM）模型。张静怡等学者利用SOFM神经网络分区方法应用于水文分区研究。孙强等学者建立了中国耕地压力分类的SOFM网络模型。蔡博峰等学者以土壤侵蚀、地表水环境、地下水环境和生境等生态敏感性因子为网络输入参数，构建了SOFM模型，对北京市房山区的生态敏感性进行了分区。黄姣将GIS技术和SOFM网络聚类应用到中国综合自然区划。杨东等运用突变级数法将突变理论和模糊数学相结合，采用多准则多目标决策问题的基本思想，对流域单元进行了危险性评价和分区。李双成等学者提出空间小变换与GIS结合是提高生态地理分界线识别与定位科学性的有效方法，是对专家系统划分界线方法的有力补充和完善。

基于DEM的流域提取技术成为水文区划、生态区划及水环境功能区划等区划的空间单元划分的主要技术方法。随着GIS技术的广泛应用以及不同精度DEM数据的方便获取，从DEM数据中提取水系网络和流域边界两大地貌特征备受关注，成为GIS应用于水文及环境研究的重点。徐新良在1：25万DEM的基础上利用ARC/INFO的地表水文分析模块，将全国流域划分为14大流域片，并在每一流域片内分别提取流域，并以海河流域作为实验区将抽样测量结果和自动提取结果进行了实验对比分析，结果表明该方法提取的流域数据与利用手工方法绘制的流域基本一致，证明该方法的有效性。游松财等学者也基于SRTM30数字高程模型数据，通过ArcGIS Spatial Analyst工具，提取了中国的数字流域。翁明华等学者在90米×90 米 DEM数据的基础上，实现了对呈村流域的数字化。蒙海花等学者以喀斯特后寨河流域为例，基于DEM在ArcGIS环境下提取了河网及流域特征信息，与实际河流水系特征基本吻合。张超等学者以北京市1：10000地形图等高线数据为基础构建DEM，对流域特征自动提取，以SPOT5和DEM数据制作三维景观对流域边界进行局部调整，得到北京市大流域划分数据。唐从国等学者介绍了Arc Hydro Tools工具及其提取流域特征的基本流程，以贵州省内乌江流域为研究区进行了试验，试验结果表明：提取结果的精度在总体上是符合要求的，但在地势平坦区或人类活动干扰较大的地区，提取的结果与实际相差较大。曾红伟等学者分析比较了HYDRO1K，SRTM3-2，ASTER GDEM 3种数据源基本特征，以洮儿河流域为研究对象，分析了有无河网辅助条件下，3种初始DEM在不同地貌类型中数字河网提取、流域及子流域划分的准确度。

从分区的指标来看，这个阶段分区指标呈现出明显的“综合性”和“生态化”。郑度提出综合地理区划以可持续发展为目标，涉及自然因素和人文因素，经济社会发展同样有明显的地域分异规律，对构建综合地理区划的轮廓框架有重要的指导作用，综合地理区划除自然因素外，还要考虑社会和经济因素，如以人均国内生产总值或人均GNP为衡量的区域经济发展水平。生态区划也在国家级的生态区划方案的基础上，注重综合分析社会经济发展与生态环境保护的关系。一方面，社会经济指标作为衡量人类活动对生态环境产生的压力，即胁迫性分析被纳入生态功能区划方案当中。苗鸿和王效科等提出中国生态环境胁迫过程区划方案，采用人口密度、工业总产值密度、农业总产值密度衡量人类活动和工、农业生产的经济开发强度对环境和资源的干预程度。另一方面，从自然生态环境和社会经济复合系统总体结构和功能出发，揭示区域生态经济系统结构与功能特点，社会经济指标被纳入综合分析评价区域生态与经济协调发展的生态经济区划。孟令尧构建的指标体系包含了人口、土地利用、经济密度、经济发展战略、社会条件、社会经济优势、发展潜力7类社会经济指标。刘秀花构建的指标体系包括经济发展规模、结构、效益、可持续度的经济指标，人口规模、素质、生活质量及教育与科技的社会指标。王传胜在生态经济区划

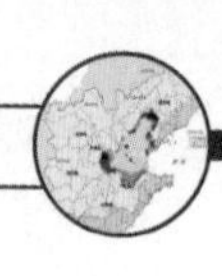

研究中，划分一级生态经济区采用了人口和国内生产总值作为计算人类活动强度指数的指标，三级生态经济区划分使用了城镇化率、第二产业产值结构和城镇工矿及交通用地类型、粮食产量和农业产值结构指标。马蓓蓓在生态经济区划研究中，采用社会固定资产投资总额、财政收入总额、人均工农业总产值、人均国内生产总值计算了生产指数，居民消费价格指数、人均工资、人均居住消费和人均病床数计算了生活指数。刘玉龙在县域生态经济功能区划研究中采用的社会经济指标包括工业总产值密度、农业总产值密度、人口密度、农民人均纯收入、非农业人口比重。祝志辉在生态功能区划中在二级区划采用了人均国内生产总值、城镇职工平均工资、人均工业产值、人均农业产值和农民人均收入；三级区划采用了人口密度、化肥使用量、农药使用量、地膜使用量、公路里程、农业生产能力和单位面积产值。

实现区域可持续发展是综合区划阶段各种区划共同追求的目标，与此同时，社会经济指标在区划中应用的比重越来越大。主体功能区划在自然区划的基础上，考虑区域在国家或高一级区域经济、社会、生态发展中的地位和作用，强调对区域经济发展的分类指导促进区域协调发展。主体功能区划的特点与其他区划不同，是在国家顶层设计的指导下进行，指标体系通常都分为资源环境承载力、开发强度和发展潜力。社会经济指标主要衡量开发强度和发展潜力。米文宝采用人均国内生产总值、人口密度、固定资产投资、城市化水平、人均居住面积、电话普及率、卫生院床位数衡量开发强度，采用第三产业贡献率、地方财政收入占国内生产总值比重、职工年平均工资、城镇登记失业率、每万人口在校学生数衡量发展潜力。王建军认为开发强度指标包括单位面积人口密度、国内生产总值密度、建设用地比重、水资源开发利用水平等，发展潜力指标包括国内生产总值增长率，人均国内生产总值增长率，第一、第二和第三产业增长率，产业结构状况，科技进步对经济增长的贡献率，研究开发经费占生产总值的比重等。唐常春采用人口密度，国内生产总值密度，人均国内生产总值，第二、第三产业比重，城镇人口比重和城镇用地比重衡量开发强度，采用人均固定资产投资、人均消费水平、人均财政收入、交通线密度衡量发展潜力。罗守贵比较全面地回顾了国内外可持续发展指标体系研究的成果，指出现有研究成果存在内容庞杂，指标数量相差悬殊，应用性差，缺乏模型支持等问题。他从中选取重复使用率最高的62个指标，归纳为人口数量与质量、经济增长、社会发展、资源利用、环境及其治理、制度与管理6类。根据指标的可量化性分为难量化、较难量化、容易量化几类，制度与管理类指标是难以量化的，只能采取问卷调查之类方法获得，主观成分较大。资源利用类指标本属客观对象，但因实际资料较难获得，计算方法也没有统一规范，所以较难量化。人口数量与质量、经济增长、社会发展大类中容易量化的指标主要包括人口密度、人口自然增长率、人均粮食占有量、万人大学生比率、科技人员比重、义务教育普及率、农民人均纯收入、城市居民人均年收入、人均社会消费品零售额、人均居住面积、城市化水平、人均年末储蓄余额、失业率、千人医生（或病床）、人均国内生产总值、国内生产总值增长率、工业产值增长率、农业产值增长率、工业全员劳动生产率、农业全员劳动生产率、科研教育经费占国内生产总值比重、乡镇企业产值增长率等。

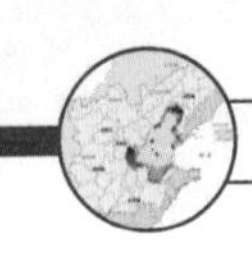

二、基本理论与方法

渤海的环境问题是一个复杂的系统问题，涉及多学科的相关理论，本书主要以系统理论、分区管理理论、环境经济相关理论为基础。①统筹的概念建立在系统理论的基础上，系统理论是陆海统筹管理分区问题整体研究的理论基础，根据系统理论的基本原理将陆海统筹管理分区问题划分为陆域子系统的分区、海域子系统分区，根据渤海环境污染的自然过程，以污染物为纽带建立陆海子系统联系并进行陆海统筹分析。②分区管理理论是分区研究的理论基础，也是分区调控的理论基础。分区管理理论指导分区认识氮污染形成的自然过程，对海域环境资源进行因地制宜的管理，为以海定陆的分区管理调控提供科学依据。③环境经济学理论对环境问题进行了经济学解释，是运用经济学的方法研究解决环境问题的理论基础，环境—经济协调发展理论指导陆海统筹管理分区调控目标及管理对策的制定。

（一）系统理论

系统是由相互依存相互联系的要素构成的有机整体。系统在一定的环境下生存，与环境进行物质、能量和信息的交换。系统从环境输入资源，把资源转换为产出物，一部分产出被系统自身消耗，其余部分输出到环境中。系统在投入—转换—产出的过程中，不断地进行自我调节，以获得自身发展。对系统进行研究时，根据需要，可以从结构或功能的角度，将系统划分为子系统，从研究子系统及其之间的关系入手。系统分析强调把研究对象视为一个整体，探求系统内各要素的相互作用及系统的整体行为与调控机理。从系统整体出发确定目标，从子系统着手确定局部要解决的任务，研究子系统之间及其与总目标之间的关系及相互影响，寻求实现总体目标的最佳方案。

陆大道院士从系统论的角度探讨人类活动与自然环境的关系提出人地关系地域系统。人地关系地域系统是以地球表层一定地域为基础，由地理环境子系统和人类活动子系统构成的复杂的开放的巨系统，子系统在特定的地域中通过物质循环和能量转化相结合，形成了一定的结构、功能及发展变化的机制。区域经济社会发展的过程是人类系统与地理环境系统物质能量交换的过程，这个过程中人类不断开发利用自然资源，并不断将废弃物排放到自然环境中，也正是这个过程，人地关系紧密结合构成了人地关系地域系统。栾维新指出陆域社会经济活动影响海洋环境存在链条式的污染机理，社会经济系统与自然环境系统之间存在一种胁迫与约束关系。

陆海统筹管理分区的系统分析需要在人地关系地域系统理论的基础上，对地理环境子系统和人类活动子系统进行陆海空间上的进一步划分，形成陆域地理环境子系统、陆域人类活动子系统、海域地理环境子系统、海域人类活动子系统。渤海环境污染的自然过程揭示了环渤海地区人类活动子系统与渤海地理环境子系统之间的联系。陆源水污染是渤海最

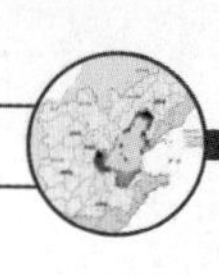

主要的污染源，环渤海地区社会经济活动产生的水污染（包括点源污染、非点源污染），以流域为边界不断汇聚，最终通过入海口（包括入海排污口）进入渤海，污染物入海后在海水流场的作用下扩散，形成一定浓度的污染分布范围，直接对海洋生物产生不利影响，直接或间接地影响人类的海域开发利用活动。这一过程可以通过陆海人-地关系地域系统结果进行表示（图8.1），陆域人类活动子系统产生的污染物进入陆域地理环境子系统，污染物通过输移过程进入海域环境子系统，污染物在海域扩散后对海域生态环境及用海活动产生负面影响，这种负面影响伴随着海域资源的开发利用间接地影响陆域人类活动子系统。陆海统筹管理分区建立在系统分析的基础上，根据渤海环境污染的自然过程，从陆域社会经济活动实现对海洋环境污染的分区调控。

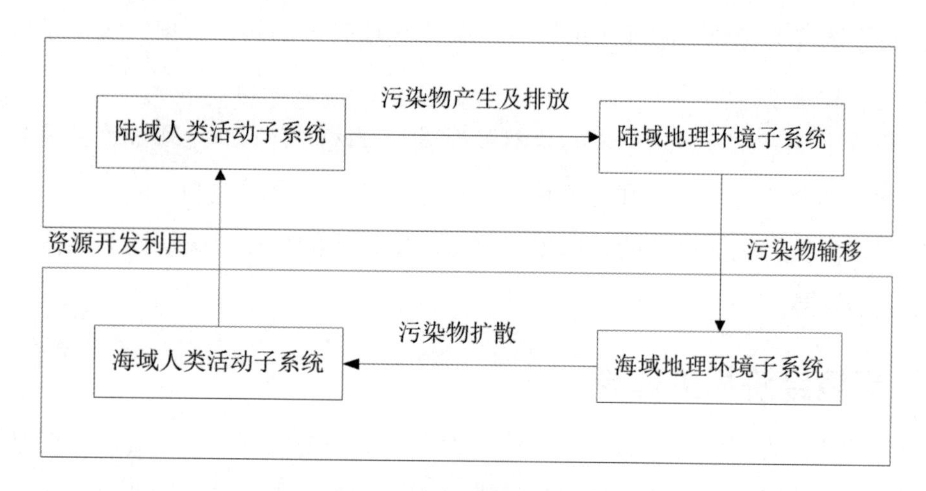

图8.1　陆海人地关系地域系统结构

（二）分区管理理论

分区管理将管理活动与空间范围联系起来。从原始社会的部落开始，管理活动已经存在地域范围的约束。随着国家的产生，统治阶级为了统治的需要施行行政分区管理。18世纪末出现了以认识自然地域系统为目的的分区研究，随着分区研究的发展，分区的目的从认识地域特征开始了为人类生产及管理决策服务。早期的自然区划研究被广泛应用于指导农业生产，之后产生了与管理工作联系更紧密的农业区划。在管理需求的驱动下，分区理论与方法不断发展，服务于部门管理的农业区划、水文区划、环境区划、经济区划等分区管理方案不断出现，作为管理政策、制度实施的基础，成为各部门重要的管理手段。部门区划管理的理论以地域分异理论为基础，并与经济理论相结合形成因地制宜的管理理念，即通过分区管理合理利用资源。资源的空间分布是不均匀的，存在区域差异，且有些资源具有不可流动性，对于不可流动的资源，必须结合其分布位置开发利用，有些资源移动需要高额的成本，只有就地开发利用才能实现效益的最大化。随着部门分区管理的不断发展，部门间分区管理的矛盾日益显现，综合分区管理需求应运而生。20世纪末提出的可持续发展理论也在全球范围内推动了注重整体性和协调性的综合分区管理理念。近年来，我国开展的主体功能区划、海洋功能区划均属于综合分区管理。主体功能区划是政府为优化国土资源利用实施的综合分区管理手段，以主体功能区为基础实现政府的发展思路及政策导向。通过对地域单元资源环境承载能力、现有开发密度和发展潜力的综合分析评价赋予其功能类型，以功能类型区为对象，因地制宜的优化产业合理规模和布局，引导各种生产要素的合理流动，逐步形成主体功能清晰、发展导向明确、开发秩序规范，经济发展与人口、资源环境相协调的区域发展格局。海洋功能区划是为合理开发利用海洋资源，协调涉海部门关系制定的海域综合分区管理方案。根据海域自然属性和社会经济属性对海域进行功能类型界定，通过确定主导功能实现海域资源合理利用，发挥最佳效益。在管理实践中，海洋功能区划还作为依法行政的依据，具有法律效力，作为海域资源管理、海域使用管理、海洋环境管理的法律依据，实现了海域的综合管理。

分区管理理论既是对氮污染形成的自然过程进行分区研究的理论基础，也是分区管理调控的理论基础。海域环境作为一种资源具有不可流动性，需要因地制宜的管理，这就形成了从海域管理需求出发，以海定陆的管理思路。氮污染形成的自然分区认识为以海定陆的分区管理提供了科学依据。

（三）环境经济相关理论

环境经济学理论为“环境”赋予了经济学含义，对环境问题进行了经济学的解释，并提出了解决环境问题的经济学方法。环境经济学认为环境是一种资源，即环境资源。起初环境资源并不存在稀缺性，属于“自由取用的物品”，也不存在环境问题。随着人口膨胀，工业发展，环境不断恶化，环境资源变得日益稀缺，使环境资源变为“经济物品”。社会经济发展是环境资源稀缺最主要的原因，环境资源具有稀缺性，是采用经济学的方法研究解决环境问题的前提。

经济学家早在20世纪初就开始应用经济学理论解释环境问题。20世纪20年代，马歇尔的学生庇古在亨利·西季威克和阿尔弗雷德·马歇尔提出的外部性的概念的基础上，进一步提出了“内部不经济”和“外部不经济”的概念，从社会资源最优配置的角度出发，应用边际社会净产值和边际私人净产值，解释了经济活动中的外部不经济，形成了外部性理论。庇古认为，在经济活动中，如果某厂商给其他厂商或整个社会造成不须付出代价的损失，那就是外部不经济，环境问题就是一种外部不经济，表现为厂商的边际私人成本小于边际社会成本。庇古认为，通过这种征税和补贴，就可以实现外部效应的内部化，这种政策建议后来被称为“庇古税”。在外部性理论的基础上，福利经济学派认为市场机制无法有效解决外部性问题，需要引入政府进行适当干预，通过税收与补贴政策解决外部性的问题。政府可以对边际私人成本小于边际社会成本的部门实施征税，即存在外部不经济效应时，向企业征税，对边际私人收益小于边际社会收益的部门实行奖励和津贴，即存在外部经济效应时，给企业补

贴。20世纪40年代，科斯指出外部性中的损害问题具有相互性，外部性的产生是由于产权缺乏清晰界定，而不是市场机制本身。解决外部性问题关键在于以实现社会产值的最大化为解决问题的目标，当交易费用为零时，只要产权得到清晰界定，市场机制可以实现资源的最优配置，不需要政府的干预，私人之间的契约同样可以解决外部性问题。现实中，交易的实施需要参与交易的双方支付某些费用，当交易费用不为零时，不同的产权界定导致不同的资源配置效率。张五常在科斯理论的基础上，进一步指出市场主体在市场决策中会权衡界定产权的交易费用与产权清晰节约的交易费用，所谓的外部性是并非经济决策中的外生因素，而是由于交易费用存在而引起的效率损失，因而只能实现次优结果。新制度经济学派认为外部性问题可以通过市场机制来解决。政府的责任是清晰界定并保护产权，使这些权利可以通过市场进行交易，最终通过市场机制实现资源的最优配置。例如，建立排污权及其交易市场，使市场机制在控制污染排放中发挥资源优化配置的作用。

20世纪60年代以来，发展经济学家、生态学家和环境学家更加关注经济社会发展及日趋严峻的环境问题。1972年罗马俱乐部在《增长的极限》中提出以人口、资源、环境与经济协调发展作为衡量发展的主张。经济学家通过经济增长理论解释经济与环境协调发展问题。新古典增长理论认为伴随着经济增长，自然环境资源会变得稀缺，此时价格机制将发挥其作用，稀缺品价格的提高会迫使生产者和消费者寻求缓解环境压力的替代投入品以促进经济增长。Beckerman（1992）认为经济发展的同时，环境需求的增加，环保型产品的需求提高，污染型产品的需求减少也会导致环境的改善。内生增长理论认为技术进步和资源的循环利用会提高自然资源的利用效率，减少污染物的排放。Panayotou（1993）指出，经济发展本身就是改善环境质量的前提条件，尤其是对于发展中国家而言，促进经济增长是保护环境资源的有效手段。环境-经济协调发展理论否定了将经济发展与环境保护对立起来，割裂环境系统与社会经济系统联系的传统观念，明确了环境保护与经济社会发展是对立统一的辩证关系。高污染、低产出的区域经济发展模式会导致环境污染问题的产生与加剧，环境污染反过来又会制约区域经济发展。环境保护对区域经济发展也具有一定的消极作用，过于严厉的环境保护也影响区域经济发展速度。经济发展能够提高环境治理能力和环境资源的利用率进而改善环境。经济发展为环境保护提供资金、技术与基础设施支持，是环境保护的物质基础。环境的改善有助于区域经济的发展，良好的环境能降低区域经济发展成本，通过生态农业、生态旅游业、低耗高产的新型工业，促进区域产业结构不断优化升级，通过清洁生产和循环经济模式形成环境-经济相协调的良性运行机制。

环境经济理论为陆海统筹管理分区调控渤海环境问题提供了理论基础。首先，理论上解释了渤海环境问题是陆域社会经济发展产生的外部性不经济，可以应用经济学的方法进行调控。陆海统筹管理分区通过陆海一体的分区，把污染影响范围与污染来源区域结合在一起调控，是把陆源水污染负外部性内部化的过程。其次，环境-经济协调发展理论指导分区调控的目标和区域发展的思路。外部性中的损害问题具有相互性，有些地方政府也认为环境保护制约经济发展，环境-经济协调发展理论消除了对经济发展与环境保护关系的认识上的偏差，并指明了环境的改善有助于区域经济的发展，坚持长期的环境保护目标及策略，通过大力发展绿色产业，清洁生产和循环经济模式促进产业结构的优化升级，能够形成环境-经济相协调发展的良性运行机制。

三、陆域污染输出分区研究思路

陆域氮污染输出分区研究的目的是以氮污染要素为纽带，通过社会经济数据分析渤海环境污染根源的位置、强度、规模、空间集聚特征。从根源入手，分析陆域社会经济活动的空间分布特征，是认识和解决海洋环境问题的前提，是统筹分区研究的基础，为统筹分区实施差异化的管理政策提供科学依据。本研究重点解决三个问题。

（一）通过流域分区研究解决哪片陆域社会经济活动影响哪个位置海域的问题

首先，以行政单元为空间基础不适应环境研究和环境管理的需要，分析陆域社会经济要素与海洋环境地域关联问题需要以流域分区为基础。行政单元为空间基础的自然分区可以表达地域自然环境差异，但不便于分析地域关联问题。例如，并不是辽宁省陆域范围内的社会经济活动都会对渤海环境产生影响，某些区域的社会经济活动并不对渤海环境产生影响。目前国内外水环境管理的经验和研究成果均以流域作为分析研究与管理的空间基础。流域分区通过入海口位置可以解释哪些区域影响哪个位置海域的问题，可以作为分析陆域社会经济要素与海洋环境地域关联问题的空间基础。其次，流域分区方法需要在现有流域分区方法的基础上，进一步解决水陆交界区域污染输出空间单元的划分问题。现有研究中的流域划分结果在水陆交界位置相邻流域边界界定比较模糊。流域是一个扇形区域，相邻流域与水陆交界区域之间必然还存在一个三角区域。现有研究往往以人为划分的方式将相邻流域间的区域分划到相邻流域。然而，水陆交界区域也是重要的水污染源分布区域，不应模糊界定。水陆交界区域（特别是海陆交界区域）是社会经济活动最活跃的区域，由于距离水域的距离很近，污染的影响程度更大，这个区域的模糊界定可能会导致分析结果的不准确，直接影响管理决策的准确性和有效性。

（二）通过陆域社会经济要素空间分析方法研究解决社会经济要素在各区域分布多少的问题

首先，陆源水污染分区与行政单元分区不一致，需要估算陆源水污染分区单元的社会经济统计数据值。其次，社会经济统计数据的空间分布特征需要客观表达。现有以流域为单元

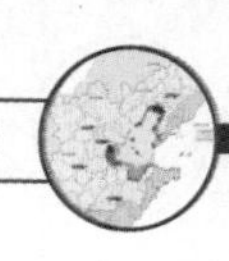

的区划研究多采用简单面积权重法估算流域单元的统计数据值。然而，简单面积权重法假设社会经济统计数据在行政单元内是均匀分布的，估算时易产生很大的误差，难以准确地反映陆域社会经济要素的空间分布特征。

（三）通过氮污染输出分区分析陆源氮污染主要位于哪里，来自哪些社会经济活动

选取产生氮污染相关的社会经济指标分析环渤海地区工业、农业、城镇要素的空间分布特征，在此基础上，进一步分析社会经济活动产生的氮污染压力的空间分布特征。

陆域氮污染输出分区的研究思路（图8.2），以陆海人地关系地域系统结构及渤海环境污染的自然过程为理论基础，从陆域地理环境子系统的空间分异规律入手，通过分区研究表达水污染输出特征，构建陆域社会经济活动影响海洋环境的空间耦合关系；然后以流域分区为基础，进一步分析陆域人类活动子系统中社会经济要素空间分布特征；最后根据各种社会经济要素估算氮污染产生量，形成氮污染输出分区。

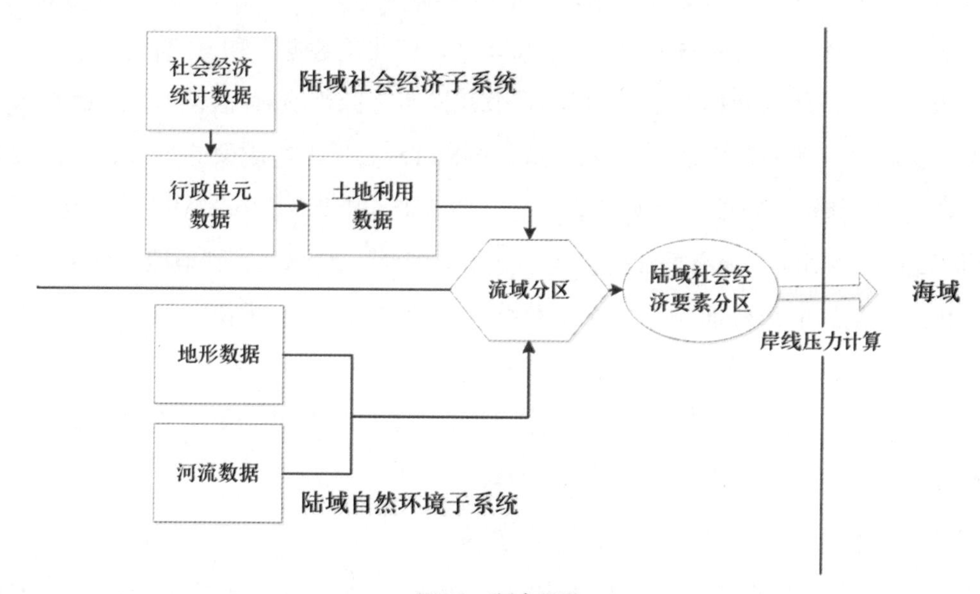

图8.2 研究思路

四、流域分区研究

（一）基于DEM数据的流域提取方法研究

基于DEM数据的水文信息计算机自动提取是流域提取的主要技术手段。现有研究中采用最多的是基于GIS的水文分析工具，如ARC/INFO GRID模块，ArcView水文分析扩展模块（Hydrologic Functions），ArcGIS空间分析工具（spatial analyst）中的水文分析（hydrologic analysis）以及最近两年成为研究热点的Arc Hydro Tools水文分析工具。

1. 关于DEM数据

目前水文分析中应用的DEM数据源主要有4种：矢量化地形图等高线、HYDRO1K、SRTM3和ASTER GDEM。矢量化地形图等高线可以通过GIS中的3D空间分析工具生成DEM数据。地形图等高线生成的DEM数据水平分辨率与高程分辨率依赖于地形图的比例尺，目前使用最多的是1∶25万地形图，DEM数据的水平分辨率可通过设置栅格大小进行自定义，多设置在100 米，高程分辨率5—50 米。HYDRO1K 是 USGS-EDC 与 UNEP/GRID 联合制作的一个除格陵兰岛及极地以外的全球DEM，1996年发布，水平分辨率为1千米，采用兰伯特等积方位投影。HYDRO1K的数据基础是 GTOPO30，并结合主要来自DCW 的实际河网和流域边界，使其水文特征得到加强。 GTOPO30 是一个全球性的DEM，由USGS-EDC与多家机构合作，基于 8 种不同矢量、栅格数据源综合制作而成，水平分辨率是30″（约1千米），垂直精度取决于所在区域的源数据精度，例如，欧亚大陆大多数区域使用的由NIMA制作的DTED，垂直精度为±30 米，置信度 90%。SRTM 是在德国和意大利航天机构的参与下，由NASA和NGA共同合作完成。该雷达影像数据的覆盖范围为60°N—56°S，超过地球陆地表面的80%。SRTM 数据有 SRTM1（水平分辨率为 1″，约30 米，仅北美数据）和 SRTM3（水平分辨率为 3″，约90 米，覆盖全球）两种，于2003年6月公开发布，标称绝对高程精度是±16 米，置信度为 90%，标称绝对平面精度是±20 米。原始的SRTM由于雷达成像的特征，产生很多数据空洞，经多版插补修正，目前已经发布第4版。ASTER GDEM 是由 NASA 和 METI 于 2009 年6 月共同发布的最新的全球高程数据。覆盖范围为83°N—83°S，达到地球陆地表面的99%，是迄今为止最完整的地形数据。自2000年至今，ASTER 还在不断获取和更新 DEM 数据。ASTERGDEM 的水平分辨率为30米，垂直精度是±20 米，水平精度是±30 米，置信度均为95%。由于云层覆盖、边界堆叠或其他异常的影响，ASTER GDEM第一版本原始数据局部地区存在异常。

2. 传统基于DEM数据的流域提取方法

传统基于DEM数据的流域提取方法主要采用ARC/INFO GRID模块，ArcView水文分析扩展模块（Hydrologic Functions），ArcGIS空间分析工具（spatial analyst）中的水文分析（hydrologic analysis）。主要技术流程（图8.3）主要包括洼地填充、流向计算、汇流能力计算、生成流域四部分。

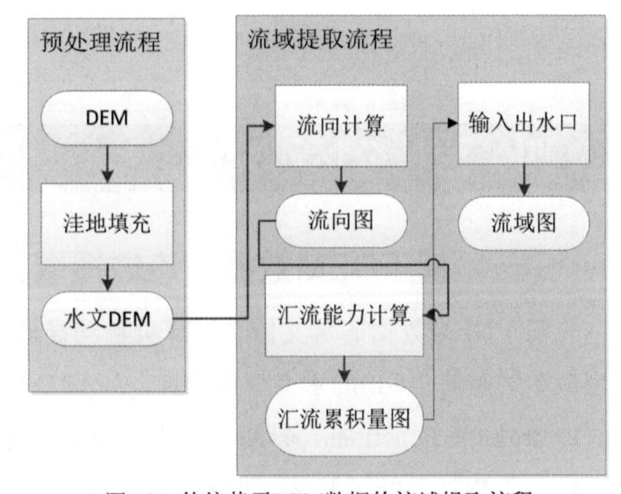

图8.3　传统基于DEM数据的流域提取流程

1）洼地填充

DEM中存在多种洼地或凹陷，有些是真实地形实际存在的，有些是数据采集和处

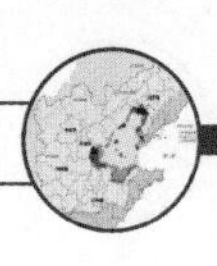

理时误差造成的。洼地会引起水流的汇集，导致水流无法到达集水区边界。常用的流域提取方法都定义流域排水系统为枝状排水系统（dendritic drainage pattern），即集水区内部没有集水盆地，水流都从干流流出集水区。因此，根据枝状排水系统的定义，保证集水区内没有集水盆地，处理的基本思想就是增加洼地高程去除洼地。

2）流向计算

计算每个栅格的水流流出的方向，GIS水文分析工具都采用D8算法进行水流流向的计算。这种算法首先计算单元格与周围8个单元格间的坡度，然后根据最陡坡度原则确定单元格的流向。为栅格单元的8个邻域栅格编码，分别用1、2、4、8、16、32、64和128来表示东、东南、南、西南、西、西北、北和东北8个方向，栅格单元水流方向最终用坡度最大方向的编码值来表示。

3）汇流能力计算

根据流向计算结果可以计算出每个栅格点上游像元的个数，即汇流能力。由于栅格固定大小，实际上汇流能力也计算了上游栅格的面积，即集水面积。

4）生成流域

通过汇流能力阈值或出水口定义流域。出水口位置可以根据需要自行设定，或者将出水口位置设定为河网的交点，对汇流能力计算结果设定阈值可以提取河网交点，阈值表示了最小的集水面积。

传统流域提取方法往往由于DEM数据的误差或流向计算采用的D8算法的缺陷（D8算法是一种单流向算法，在平缓地区会产生平行水流，而且不能模拟分流），造成提取的河网和流域边界与实际情况不匹配，这种情况在提取平原地区的河网和流域边界时很常见。特别是在进行大范围的流域提取时，DEM数据水平分辨率和高程精度较低（如HYDRO1K 为1千米、SRTM3 为90米），平原地区的划分结果很不理想。环渤海地区有大面积的平原区域，传统的流域提取方法显然无法完成流域提取工作。

3. 已知河网校正的流域提取方法

Arc Hydro Tools是由美国环境系统研究所（ESRI）公司和美国得克萨斯州奥斯汀大学水资源研究中心（Center for Research in Water Resource, CRWR）联合开发的水文模型，作为组件运行于ArcGIS平台。Arc Hydro Tools提供了基于DEM数据的完备的水文特征提取方法，并基于已知河流、湖泊、水库等辅助信息，提供了地形修复、河道校正等功能，可以有效解决平原地区河网提取及流域提取的问题。相关研究已经表明，基于高分辨率的DEM 数据，应用Arc Hydro Tools进行地形修复和河道校正，可以很好地解决平原地区河网提取及流域提取的问题，并且通过设定不同集水面积阈值，可以实现多级河网提取、子集水区及流域提取。

Arc Hydro Tools基于DEM数据的流域提取的基本流程如图8.4所示，其中洼地填充、流向计算、汇流能力计算和传统方法的实现方式一致。Arc Hydro Tools不再通过出水口定义流域，而是首先通过设定汇流能力的阈值先定义河网，然后根据河网的交点划分河段，由河段确定集水区，最后根据河网关系，连接集水区形成流域。

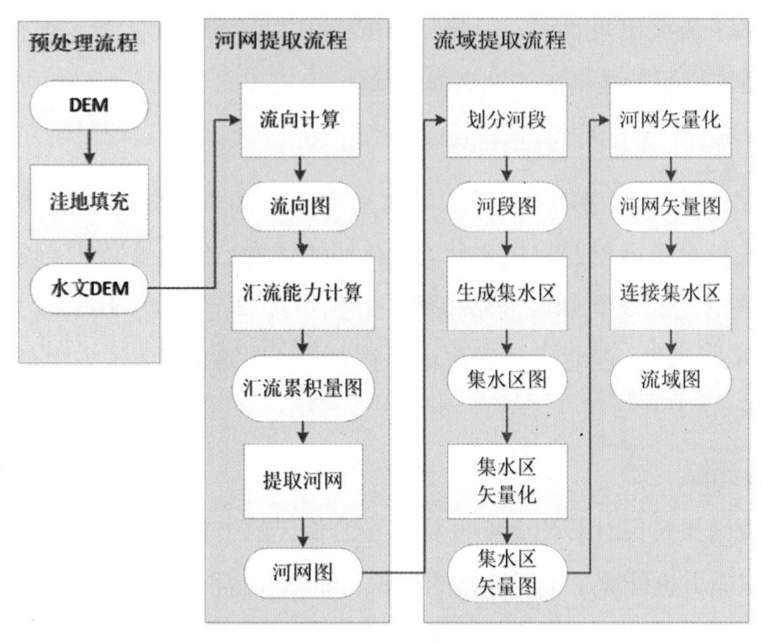

图8.4　Arc Hydro Tools基于DEM数据流域提取的基本流程

Arc Hydro Tools仅仅基于DEM数据提取河网划分流域的结果与传统基于DEM数据的流域提取技术得到的结果基本一致。仅基于DEM数据进行流域提取有时难以得到满意的结果，例如，由于DEM的误差或流向计算采用的D8算法的缺陷，在地势平缓的地区生成的河网与实际河网往往不匹配。因此，Arc Hydro Tools提供了基于辅助信息的数据处理方法，以河道、湖泊、水库、流域边界、河流分支等已知水文要素数据为辅助信息，用辅助信息对DEM数据进行校正，进而改进流向计算的结果，最终把辅助信息的水文模式刻画在DEM数据提取的水文特征中。

Arc Hydro Tools提供了地形修复和河道校正的功能，可以将已知河网作为辅助信息对DEM数据进行地形修复和流向校正处理（图8.5），将已知河网的水文模式刻录在（burning）DEM数据中，改进了流向计算结果，使基于DEM数据提取的河网与已知河网相吻合。

Arc Hydro Tools通过地形修复将已知河道信息刻录在DEM数据中。地形修复采用的AGREE算法，是利用具有代表性的矢量河网降低DEM数据中与矢量数据重叠的网格单元的高程值，以矢量线为基准进行缓冲区分析，选出水系邻近区域，再采用线性插值的方法获得各个网格的高程，进而修改原始DEM数据，将已知河网的径流模式融合到DEM中，从而改进流向计算结果，使之与已知河网的径流模式相吻合。已知河网数据需要满足以下要求：只包含干流的枝状河网，且径流下游要延伸出其流域边界，设定的缓冲区宽度要保证在集水区内。经过地形修复和之后，都必须重新进行洼地填充，以避免上述数据处理过程中使DEM数据形成了新的洼地。地形修复可以有效解决平原地区河网提取结果与实际河网不匹配的问题。

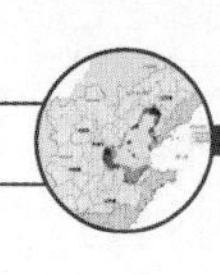

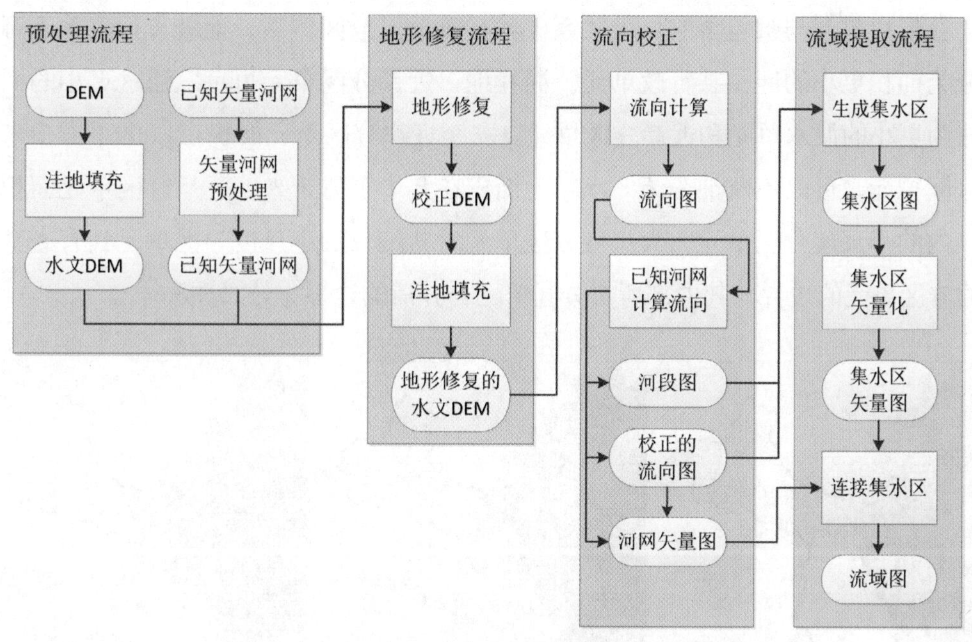

图8.5　Arc Hydro Tools基于已知河网的流域提取流程

流向校正用来解决河网中存在流向计算错误、分支或辫状河流的问题。首先，D8算法无法处理河网存在分支的情况，因为一个栅格位置不能存储两个流向。其次，由于缺乏高程精度不足，在地平地区容易出现流向计算错误。流向校正通过已知矢量河网数据的流向对DEM数据流向计算结果进行校正，与进行地形修复相比，用于流向校正的已知河网数据必须保证各河段的流向正确。

（二）流域分区方法研究

1. 分区思想

应用Arc Hydro Tools结合高分辨率DEM数据，通过已知河网校正的流域提取方法能够提取到汇水面积很小的（1平方千米）的汇水区。

定义相邻流域边界和水陆分界线（岸线）构成的三角形区域为近岸分区单元，则研究区域被划分为汇水单元和近岸分区单元。汇水单元和近岸分区单元陆源污染的输出特征存在显著的差异：汇水单元是一个扇形区域，陆源污染汇聚于河口入海。近岸分区单元是一个三角形区域，陆源污染不存在汇聚作用，可视为通过岸线入海。假设面积相同的一个汇水单元和一个近岸分区单元，承载的陆源污染总量也相同，汇水单元的陆源污染通量（单位长度岸线的污染物的量）是近岸分区单元的数倍，甚至数十倍。

近岸分区单元可以进一步细分为面积更小（汇水面积更小）的汇水单元和近岸分区单元。面积更小的汇水单元和近岸分区单元刻画了上一级近岸分区单元，即水陆交界区域污染输出的细节，可以更加准确地确定陆源水污染入海的位置。不断地重复这个过程可以形成多尺度的层级嵌套的分区体系。层级嵌套是指一个分区单元可以被进一步细分为面积更小的多个单元，并形成包含与被包含的层级关系。如行政单元分区体系，地级市行政单元可以被进一步细分为面积更小的区、县行政单元。同样地，近岸分区单元也可以通过更小的汇水面积阈值划分为更小的汇水单元和近岸分区单元。一个近岸分区单元面积在1 000平方千米以上的大尺度分区单元，可以不断细分为汇水单元面积在几十平方千米，近岸分区单元面积在10平方千米以内的小尺度分区单元。大尺度分区单元对其细分的小尺度分区单元具有嵌套性，即被细分的分区单元的边界与其内部所有分区单元合并后的边界一致（图8.6）。

图8.6 不断细分的过程

流域分区是先细化再概化的过程。细化的目的是对水陆交界区域陆源水污染的输出位置进行清晰的界定，是一个追求自然规律的过程，而概化的目的一是数据分析的需要；二是实现管理的需要。首先，地理现象在一定尺度才能被观察到，过于细化的结果，不能呈现要素的区域差异，因此需要在细化结果的基础上根据需要归并；其次，管理需要可操作性，细化结果产生的上千个分区单元难以管理，实现管理需求需要对细化结果进行归并。陆源水污染物入海后在海水动力的作用下发生扩散，邻近位置污染输出的扩散范围会融合在一起，在空间上成为一个整体（如两个邻近的排污口或河口的污染范围融合在一起）。为了简化，可以将同一污染海域对应的流域分区单元进行合并。流域分区的整个过程实现了在不违背自然规律的情况下实现管理需求。

2. 流域分区技术流程

流域分区技术流程如图8.7所示，其中汇水单元的划分流程采用图8.5所示的技术流程。

第一步，基于DEM数据设定一定径流累积量阈值提取集水区。

第二步，归并汇水单元，如果是第一次划分流域，可以根据河网关系，通过连接集水区归并汇水单元，也可以直接提取已知河网的流域。如果不是第一次划分流域，而是要将近岸分区单元细化，则通过ArcMap中的select by location命令用近岸分区单元选择新提取的集水区，此时新提取的集水区即是近岸分区单元内更小尺度的入海河流的流域。

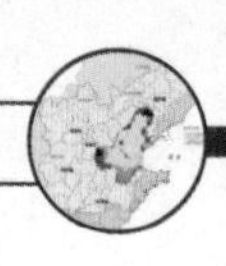

第三步，划分近岸分区单元，如果是第一次划分近岸分区单元，以研究区域和上一步刚划分的流域单元为输入参数进行Identity 叠加分析，即可得到新的近岸分区单元。如果不是第一次划分近岸分区单元，以上一次操作得到的大尺度的近岸分区单元和刚划分的流域单元为输入参数进行Identity 叠加分析即可得到新的小尺度的近岸分区单元。

第四步，判断汇水单元和近岸分区单元结果是否能满足应用的尺度要求，如果满足，操作完毕，如果不满足，用近岸分区单元剪裁DEM数据，重新回到第一步（如果有必要可以基于更大比例尺的已知河网数据进行地形修复和流向校正），设定更小的集水面积阈值，基于近岸分区单元内的DEM提取集水区。

第五步，通过地图叠加显示，综合分析各分区单元的面积、污染输出类型、土地利用类型、地貌特征、海域污染特征及邻接单元的特征，将特征相似的流域分区单元进行合并。入海口邻近的流域及中间所夹的岸线分区合并为一个大的输出分区单元。合并时采用 merge 数据编辑工具。

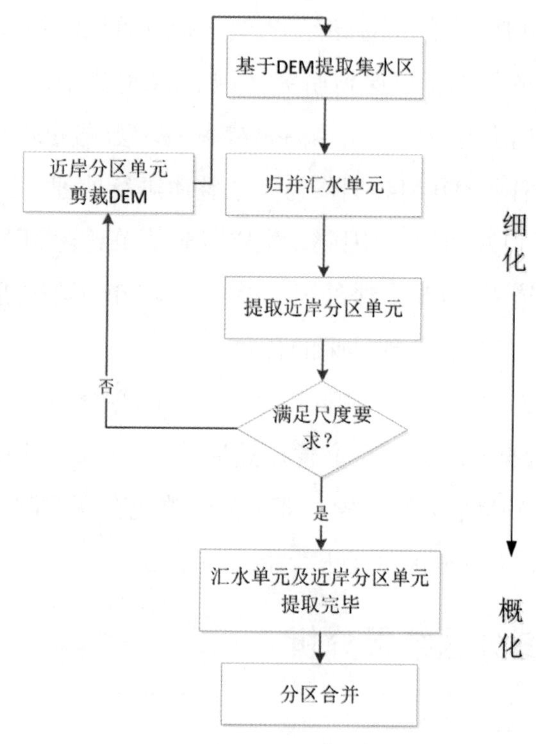

图8.7 流域分区技术流程

3. 数据来源

DEM数据采用来源于中国科学院计算机网络信息中心国际科学数据服务平台（http://datamirror.csdb.cn）的水平分辨率为30 米的ASTERGDEM DEM数据。环渤海三省两市的行政界线来自国家基础地理信息系统全国1：400万地形图，河流数据分别来自国家基础地理信息系统全国1：400万地形图以及近海区域我国近海海洋综合调查与评价专项成果的1：25万基础地理数据。

4. 数据处理

整个数据处理分为数据预处理、多尺度分区处理、数据后处理及分区合并4个过程。

数据预处理内容包括投影坐标系的转换、数据格式转换、数据编辑处理。

投影与坐标系转换是因为数据来自不同的数据源，DEM数据、行政单元数据、河流数据的投影与坐标系不同，为了实现在GIS中的叠加显示和分析必须统一投影与坐标系统。

数据格式转换主要指是对DEM数据的整型化处理。DEM数据对高程值的存储有浮点型和整数型。这一流程往往被人忽视，Dean通过实验对比分析了这一流程的重要性，浮点型虽然能够带来一些精度的提高，但其对结果的影响极为有限，整型化的DEM能够大大提高数据处理的性能。由于整个流域提取过程中要对DEM数据进行多次计算处理，因此，一开始进行整数型DEM转换是影响整个流域提取流程性能的关键一环，特别在使用高分辨率DEM进行大范围流域提取的情况下，这一处理流程对提高效率非常重要。

数据编辑处理，主要是对DEM数据的合并与裁剪。首先，DEM数据是分幅下载的，需要将其合并为一个文件。其次，要用环渤海三省两市行政单元的外边界将环渤海地区的DEM数据进行裁剪，去掉多余的数据，仅保留研究区域的DEM数据，以提高后续数据处理的效率。最后，需要对DEM数据进行分割。采用高分辨率DEM数据处理的一个问题是数据量太大（4.2GB），将环渤海三省两市DEM数据作为一个整体进行处理，在进行洼地填充计算时会造成死机（程序无响应超过12小时），因此，决定以省为单元对DEM数据进行分割。分割前首先分别对各省行政单元边界做1千米缓冲区，然后再对DEM数据进行分割，这样处理是为了保证有重叠区域，便于后续数据处理结果的合并。

数据后处理指完成各省的汇水单元和近岸分区单元的划分后，最后将所有结果进行合并处理，通过merge功能将数据合并为一个文件，然后用dissolve工具将省界位置重叠的分区单元合并为一个单元。由于DEM数据的缘故，部分分区单元存在坑洞，需要手工编辑完成。最后完善各分区单元的属性，对各分区单元进行命名和编码。

（三）环渤海流域分区结果分析

1. 细分结果

以1：400万地形图的1—5级河流为辅助信息，采用Arc Hydro Tools基于已知河网提取流域的流程（图8.8）提取了环渤海地区主要流域。结果显示：环渤海地区入渤海的主要河流47条，主要河流的流域单元覆盖了辽宁省面积的70%，京津冀地区面积的95%，山东省面积的48%，代表了陆源水污染最主要的输出范围，据此可以确定陆源水污染主要影响的海域位置。辽宁省内面积最大是辽河流域，约40 110.2平方千米，占辽宁省面积的27.6%；其次是大辽河流域，约28 083.7平方千米，占辽宁省面积的19.3%；大凌河流域，约20 070.4平方千米，占辽宁省面积的13.8%。这三大流域的入海位置均位于辽东湾顶部，加上排在第四位小凌河流

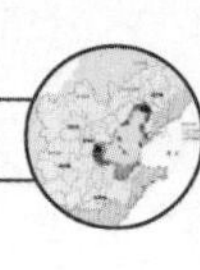

域，整个辽东湾顶部承载着辽宁省64.3%面积的陆源污染。京津冀地区入海河流众多，位于渤海湾北部流域面积最大的是滦河流域，约46 418.9 平方千米，占京津冀地区面积的21.6%。海河流域覆盖了京津冀大部分地区，约156 516.1 平方千米，约占京津冀地区面积的72.8%。海河流域分布有5大水系，由北向南分别是"北三河"（蓟运河、潮白河、北运河）、永定河、大清河、子牙河及南运河。"北三河"在渤海湾西北部入海，面积约33 545.5平方千米，约占京津冀地区面积的15.6%。清河、永定河主要通过海河及独流减河在渤海湾西部入海，面积约57 368.7平方千米，约占京津冀地区面积的26.7%。子牙河及南运河通过南北排水河及宣惠河在渤海湾西南部入海，面积约62 955.8平方千米，约占京津冀地区面积的29.3%。渤海湾顶部承载了覆盖京津冀地区面积72.8%的陆源污染。山东省内面积最大的是黄河流域，约16 071.4平方千米，占山东省面积的10.4%。其次是徒骇河流域，约11 230.3平方千米，占山东省面积的7.3%，加上德惠新河、马颊河、秦口河及漳卫新河，山东省内影响渤海湾（南部）的流域面积约39 182.1平方千米，占山东省面积的25.4%。山东省北部流域面积最大的是小清河流域，约10 725.2平方千米，占山东省面积的7%，其次是潍河流域，约6 753.7 平方千米，占山东省面积的4.4%，胶莱河流域，约4 004.2平方千米，占山东省面积的2.6%，山东省北部还有弥河、白浪河、淄脉沟河、泽河均在莱州湾顶部入渤海，莱州湾顶部约承载着占山东省面积的19.3%的陆源污染。

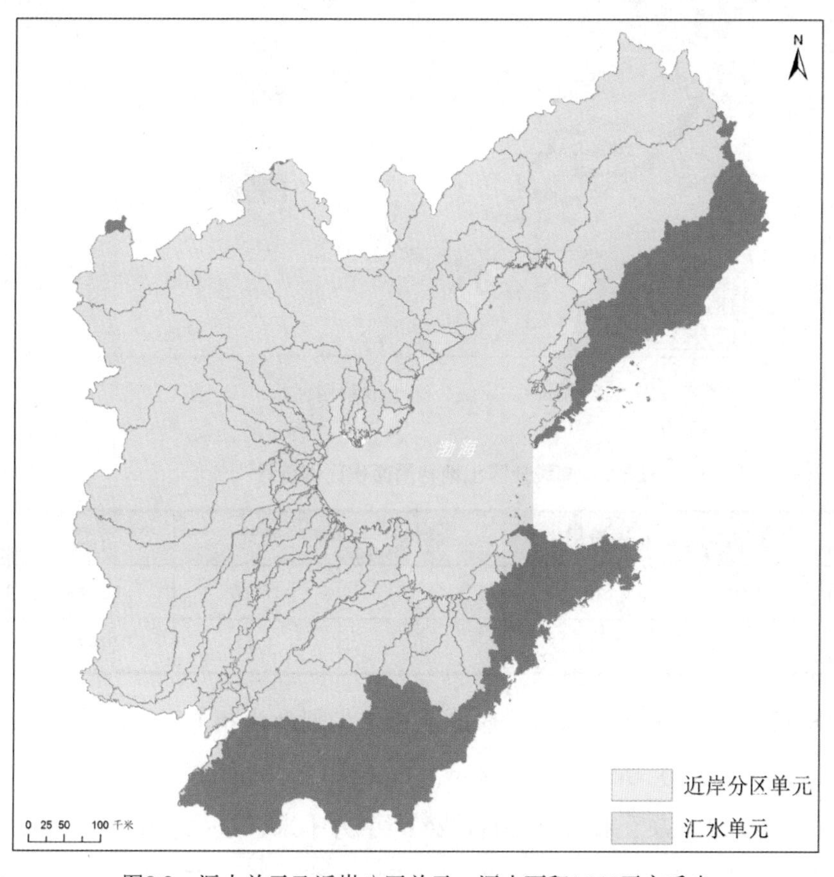

图8.8　汇水单元及近岸分区单元，汇水面积1 000平方千米

主要入海河流流域间存在大面积的近岸区域，划分为37个近岸分区单元，近岸区域覆盖了沿海县级行政单元面积的34.2%，包括大面积的建设用地及耕地（表8.1），是社会经济活动的重要区域（图8.9）。辽宁省内最大的近岸分区单元面积约3 490.4 平方千米，占辽宁省面积的2.4%，京津冀地区最大的近岸分区单元面积约1 190.7平方千米，山东省内最大的近岸分区单元面积约1 523.6 平方千米。大连市、瓦房店市、营口市、兴城市、秦皇岛市、昌黎县、乐亭县、莱州市等部分县市大面积处于近岸分区单元。近岸分区单元涵盖的岸线长度都在几十至上百千米，仅通过主要入海河流流域间的近岸分区单元无法确定近岸区域陆源污染物输出的重点位置及对应范围。

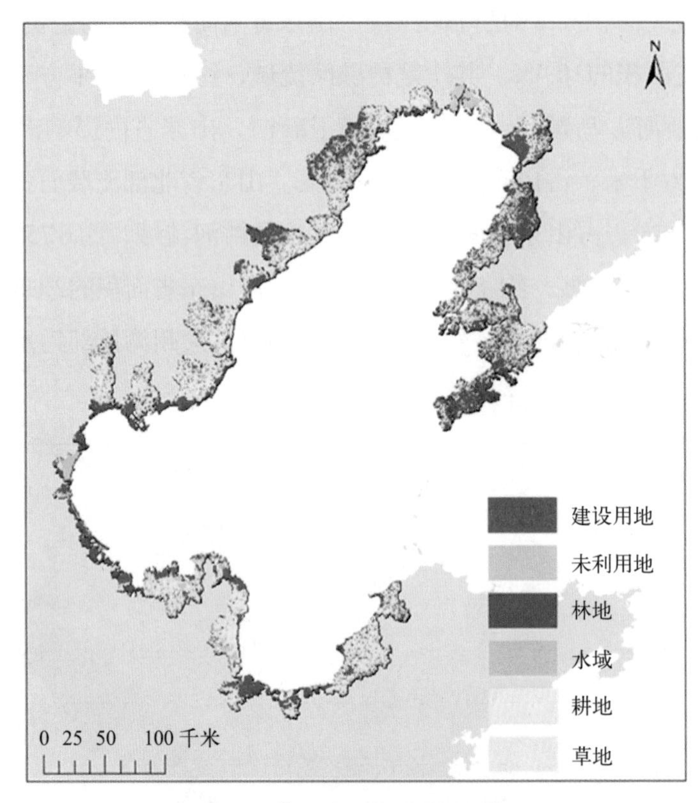

图8.9　岸线分区土地利用现状

表8.1　岸线分区土地利用面积比例统计（%）

统计量	耕地	建设用地	林地	草地	水域	其他
最大值	76.01	86.29	46.75	16.16	100.00	9.69
平均值	34.24	34.67	7.06	3.04	20.39	0.59

以汇流面积100平方千米为阈值对近岸区域进一步划分为46个近岸汇水单元和86个近岸分区单元，结果如图8.10（a）所示。近岸区域有56.5%的面积形成了汇水单元，新的划分出的汇水单元最大面积825.7平方千米，平均面积267.5平方千米，进一步细化了近岸区域污染输出的重点位置。新的近岸分区单元最大面积666.1平方千米（除辽东半岛），平均面积92.6平方

千米，岸线分区涵盖的岸线长度大部分在20千米以内（除辽东半岛）。以汇流面积10平方千米为阈值对上一步得到的近岸分区单元进一步划分后，得到177个汇水单元和244个近岸分区单元，结果如图8.10（b）所示，近岸区域有57.3%的面积形成了新的汇水单元，新划分出的汇水单元最大面积96.6平方千米，平均面积29.3平方千米，更进一步细化了近岸区域污染输出的重点位置。新的岸线分区涵盖的岸线长度大部分在10千米以内。新的近岸分区单元最大面积301.7平方千米（位于曹妃甸的填海造地区域），平均面积15.8平方千米。

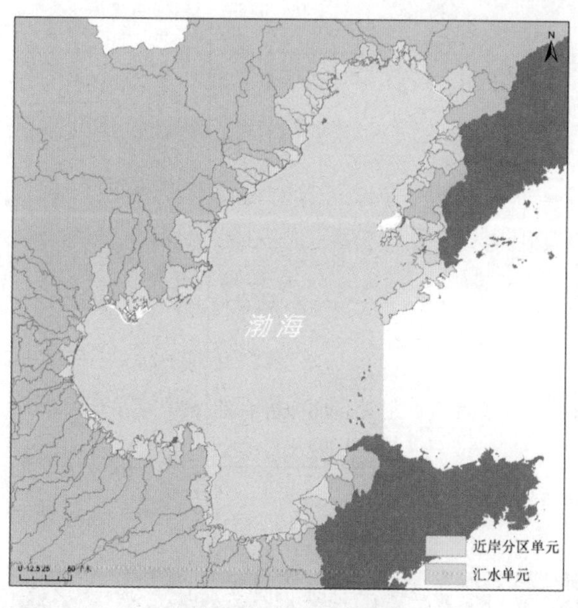

(a)汇水面积100平方千米

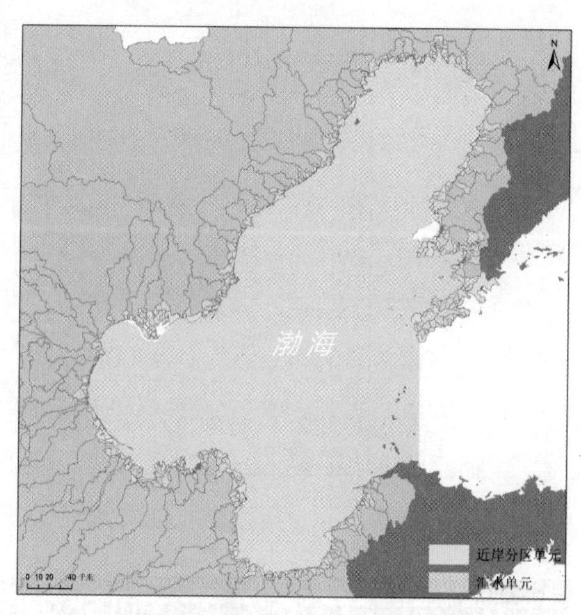

(b)汇水面积10平方千米

图8.10　近岸区域的汇水单元及近岸分区单元

辽东半岛区域在汇流面积100平方千米为阈值提取后仍然是一个完整的区域单元，辽东半岛西岸濒临渤海，东岸濒临黄海，需要通过图8.10所示的流程才能划分出入渤海分区单元。图8.10（b）显示了汇流面积10平方千米为阈值仍然无法完全区分入海位置，最终通过1平方千米阈值提取汇水单元可以区分入渤海的分区单元。

2. 合并后的结果

在细化分区结果的基础上，根据分区单元入海口的邻近关系及岸线分区面积大小，将邻近的两个汇水单元及其所夹的近岸分区单元进行合并，细化分区的结果被归并为119个分区单元（图8.11）。其中汇水面积1 000平方千米以上的划分汇水单元27个，面积1 000平方千米以下的为近岸分区单元共92个。面积前五，流域面积在30 000平方千米以上的大型流域，占环渤海流域分区面积的55%以上，流域面积在10 000平方千米以上，排在前6—12位的较大流域，占环渤海流域分区面积的30%以上。面积在4 000平方千米以上的中型流域占环渤海流域分区面积的5%，近岸区域占环渤海流域分区面积的5%。研究所关注的重点区域（如北戴河区域）保留了小面积的分区单元，呈现比较细致的分区特征。

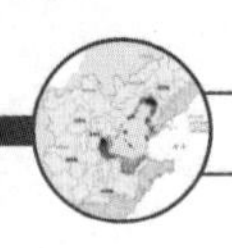

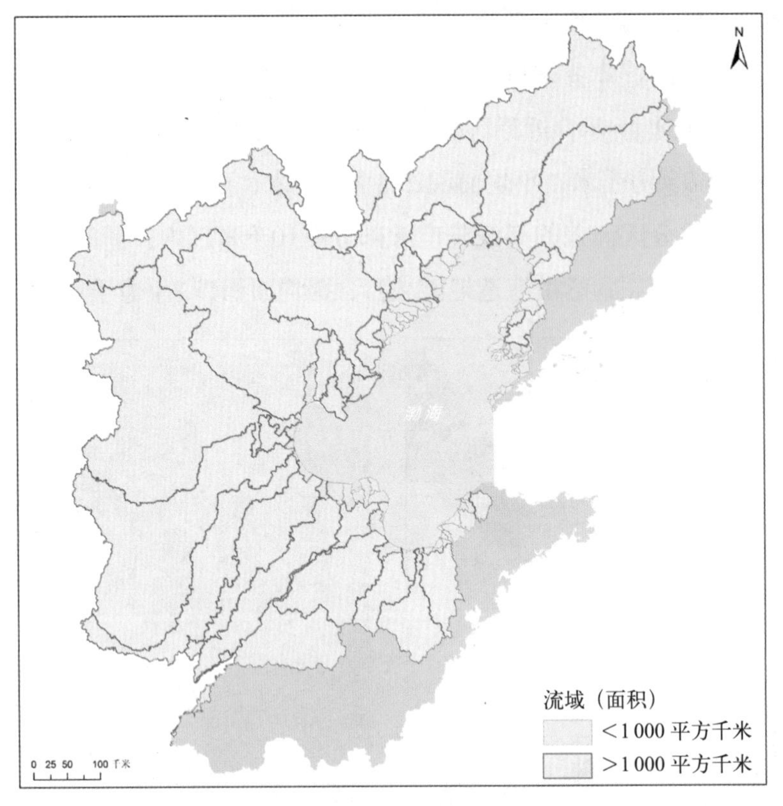

图8.11　合并后的结果

五、社会经济要素空间分析的基本过程

社会经济要素空间分析将表格形式的统计数据、实现地图可视化及分区转换的过程归结为源数据准备、空间分布模拟、目标分区指标值计算三个主要环节（图8.12）。

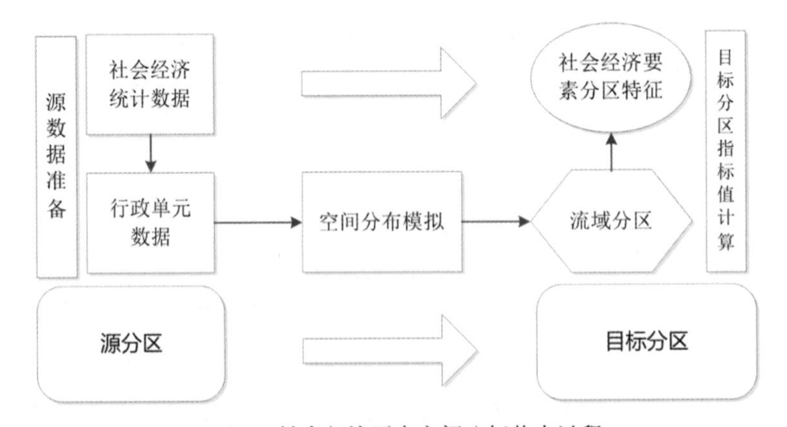

图8.12　社会经济要素空间分析基本过程

源数据准备过程：一是准备整理表格统计数据，表格数据的形式是由地名和统计指标构成的二维矩阵；二是准备表格地名对应的空间数据，通常是行政单元数据。GIS中可以通过地名为关键字实现地理数据与表格统计数据的连接，得到具有统计指标属性的空间数据作为后续分析操作的源（source）。

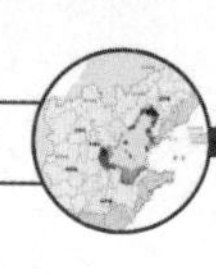

空间分布模拟过程：这是空间化分析的核心。这一步通过赋予统计数据空间基础，计算空间单元的统计指标密度（单位面积指标值），模拟统计数据在空间上的分布。不同的方法实现过程差别很大，既可以采用栅格数据模型，以一定分辨率的网格作为空间基础，也可以采用矢量数据模型实现，以面状地理要素，或是多个面状地理要素叠加分析的结果作为空间基础。计算指标密度，模拟空间分布可以采用单因子分析法，也可以采用多因子综合分析法。指标密度计算，可以采用综合权重法，也可以采用多元回归法。空间分布模拟最终得到以空间化因子为空间基础，以统计指标密度为属性数据的模拟结果。

目标分区指标值计算过程：空间分布模拟结果已经得到了统计数据空间分布的密度值，目标分区与空间分布模拟结果叠加分析后得到目标分区单元内各类密度范围覆盖面积，最终计算出目标分区单元的统计指标值。

（一）简单面积权重法

简单面积权重法在进行空间分布模拟时，假设统计数据在行政单元内是均匀分布的，直接以行政单元占目标分区单元的面积比重作为权重计算目标分区单元的统计指标值，是统计数据空间化最简单，且被广泛应用的方法。简单面积权重法通过下式计算目标分区的统计指标值：

$$y_t=\sum_{st}^{n} A_{st}\frac{y_s}{A_s}$$

式中，y_s为源分区单元的指标值；A_s为源分区单元面积；y_t为目标分区单元的指标值；st为源分区单元与目标分区单元相交形成的空间单元；n为交集单元个数；A_{st}为相交形成的空间单元的面积。

（二）用地面积权重法

用地面积权重法在空间分布模拟时，通过将统计数据的空间基础从行政单元替换为与之关联的土地利用类型单元（以下简称用地单元），实现行政单元内统计数据的不均匀分布。用地面积权重法需要在GIS环境下实现，环渤海三省两市土地利用数据量超过1GB，多边形单元数量超过37万个，整个数据处理及分析过程需要借助GIS数据存储、处理及空间分析的强大功能。

其原理是：统计指标是对社会经济活动的定量表达，其发生的位置存在空间差异。土地利用是人与自然相关的核心，土地利用是人类生产活动及科学研究和自然环境关系表现得最为具体的景观，通过研究土地利用可了解人地关系的主要问题（陆大道）。土地利用类型是人类社会经济活动对地球表面综合作用的结果，可以表征社会经济活动发生的空间位置。因此，以人类社会经济活动为纽带，建立统计指标与土地利用类型的关系，将统计指标分配到与之对应的用地单元上，只有与之相关的用地单元才被赋予统计指标值，其他位置不存在统计值。这种分配方法打破了行政单元内每个位置都存在统计指标值，即统计指标值均匀分布的假设，实现了行政单元内统计数据的不均匀分布。每个统计指标对应一种或多种土地利用类型的用地单元。统计指标值在行政单元内同一种用地单元上的分布是均匀的，即同一种用地单元的统计指标密度值相同，不同类型的用地单元的统计指标密度值可能相同也可能不同，通过赋权的方法表达统计指标在不同类型用地单元的不均匀分布。

用地面积权重法的源数据准备过程与简单面积权重法相同。空间分布模拟过程，包括指标——土地利用类型映射关系，源数据——用地面积统计，指标密度计算3个主要步骤。

指标——土地利用类型映射关系，首先要确定指标分配的土地利用类型。如果指标对应多种土地利用类型，要确定指标在不同土地利用类型上分配的密度是否相同。如果不同，通过权重确定指标值分配于各种土地利用类型上的比重。

源数据——用地面积统计在ArcGIS实现过程如下。

（1）调用Identity叠加分析，设置Input Features为土地利用数据，Identity Features为源数据，结果得到源——土地利用数据（图8.13）。

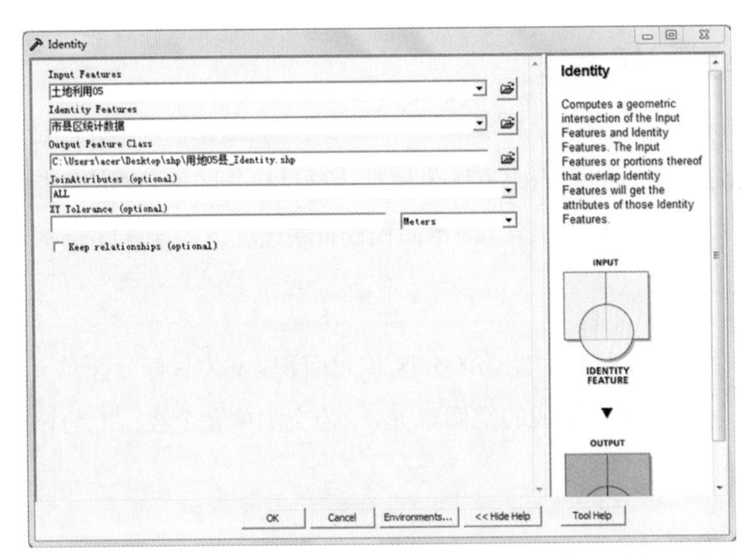

图8.13　Identity叠加分析界面

（2）打开属性表对面积字段调用Calculate geometry，重新计算面积（图8.14）。

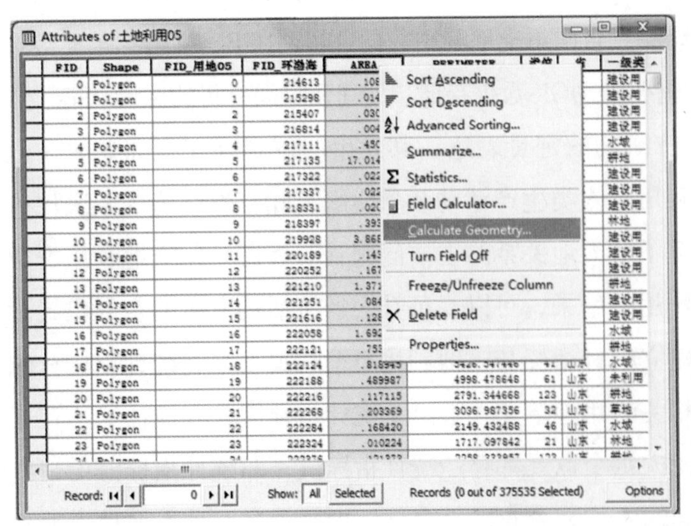

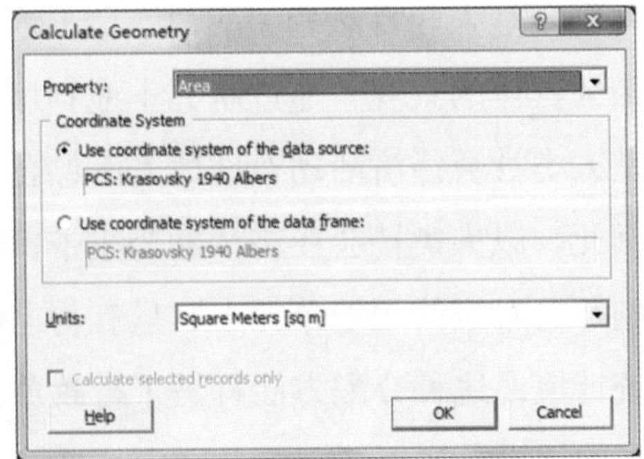

图8.14　Calculate geometry界面

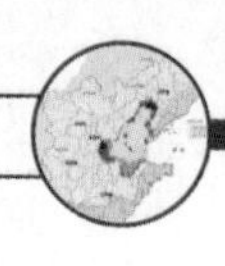

（3）调用Summery Statistics设置Statistics Fields为面积字段，统计类型为sum，Case Field添加省、市、县、（土地利用类型）一级类、二级类分类字段，对各行政单元的土地利用类型面积进行汇总（图8.15）。

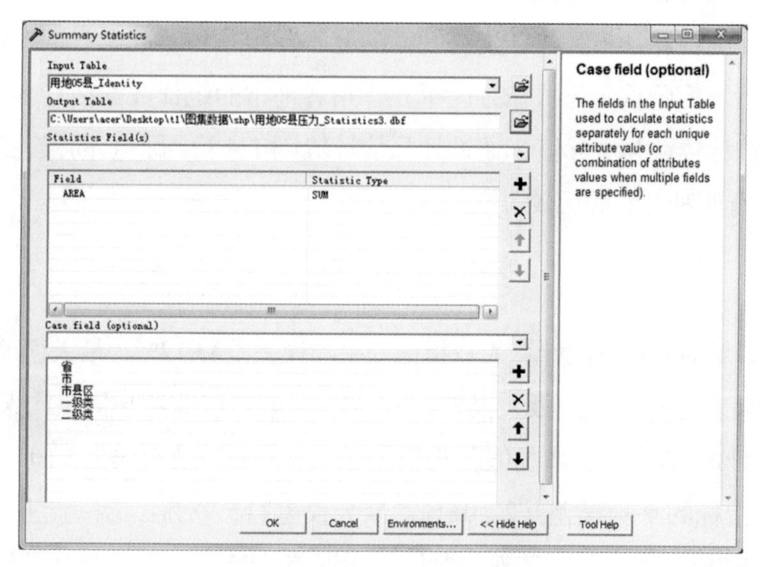

图8.15　Summery Statistics界面

（4）通过下面公式计算每个行政单元内土地利用类型单元的指标密度值：

$$d_i=\begin{cases}\dfrac{S}{\sum_i^n A_i} & W_{\mathrm{i}}=1\\[2ex] \dfrac{S\times W_{\mathrm{i}}}{A_i} & W_{\mathrm{i}}\neq 1\end{cases}$$

式中，n为统计指标对应的行政单元内土地利用类型总数；i为其中一种土地利用类型；d_i为行政单元内第i种土地利用类型单元的指标密度值；A_i为行政单元内第i种土地利用类型的面积；S为行政单元的统计指标值；W_i为第i种土地利用类型上分配指标值S的权重，W_i等于1，统计指标在其对应的几种土地利用类型上分布的密度相同，W_i不等于1，统计指标在其对应的几种土地利用类型上分布的密度不相同。

目标分区指标值计算过程在ArcGIS实现过程如下。

（1）调用Identity叠加分析，设置Input Features为源—土地利用数据，Identity Features为目标分区数据，结果得到目标分区——源—土地利用数据。

（2）打开属性表对面积字段调用Calculate geometry重新计算面积。

（3）调用Summery Statistics设置Statistics Fields为面积字段，统计类型为sum，Case Field添加目标分区单元名字段、土地利用类型字段，对各目标分区单元的土地利用类型面积进行汇总。

（4）通过下面公式计算每个目标分区单元内土地利用类型单元的指标值。

$$S=\sum_i^n d_i A_i$$

（三）用地面积权重法分析更准确

选择应用最为广泛的人口、第一产业增加值、第二产业增加值、第三产业增加值四项指标进行简单面积权重法和用地面积权重法的比较。数据采用《中国区域统计年鉴》2005年地市级行政单元统计资料和县市级统计资料。以河北省、山东省、辽宁省地市级行政单元为源分区单元，以县市级行政单元为目标分区单元，用各地市的统计数据估计各县市的统计指标值。最后以县市统计资料为实际值，通过计算估计值y'相对于实际值y的误差的绝对值与实际值的百分比e，进行两种方法的比较。

$$e = \frac{|y' - y|}{y}$$

结果显示，简单面积权重法计算人口指标的平均误差是43.12%，最大误差527.81%；第一产业增加值平均误差是47.03%，最大误差1 194.11%；第二产业增加值平均误差是144.40%，最大误差1 711.11%；第三产业增加值平均误差是135.56%，最大误差2 101.10%。用地面积权重法计算人口指标的平均误差是22.06%，最大误差115.98%；第一产业增加值平均误差29.84%，最大误差295.33%；第二产业增加值平均误差是52.18%，最大误差460.54%；第三产业增加值平均误差是45.29%，最大误差476.03%。图8.16显示了各指标误差升序排序后的统计图，简单面积权重法不论哪一种指标，均会造成很大的误差。用地面积权重法的平均误差和最大误差较简单面积权重法小很多，并且可以保证90%以上单元的误差控制在实际值的1倍以内。因此，与简单面积权重法相比，用地面积权重法能够有效地控制误差，平均误差综合降低了52%，提供了更高的统计数据空间分析准确度。

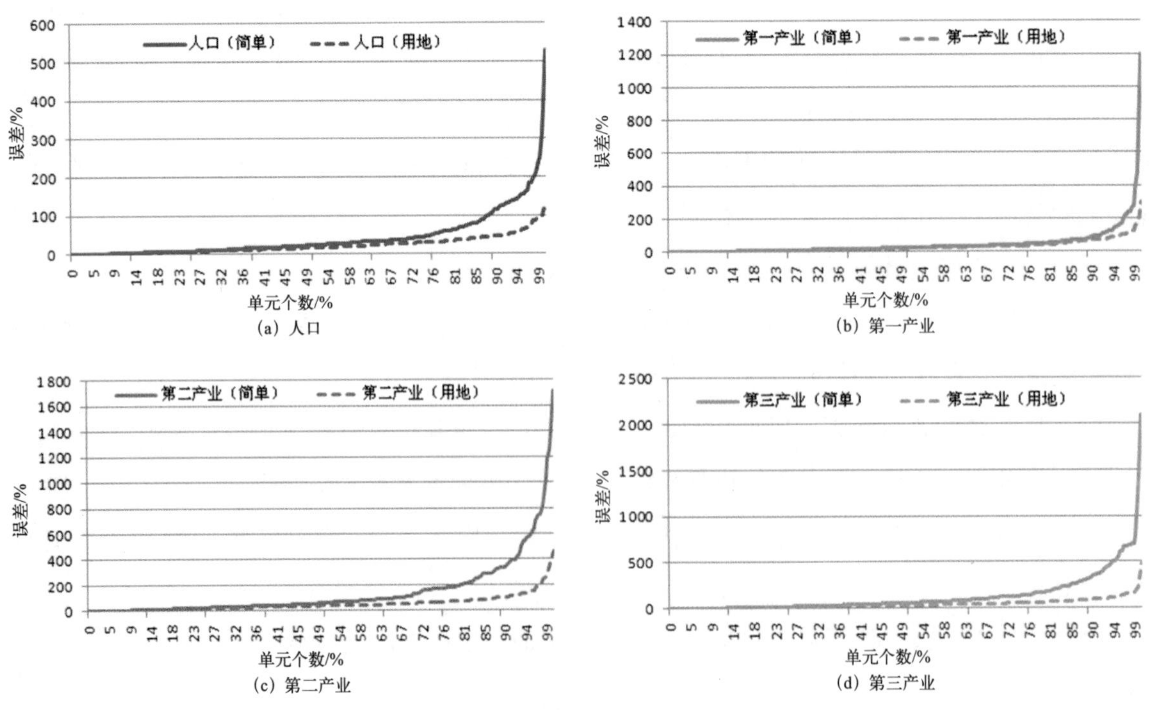

图8.16　两种方法的比较结果

（四）用地面积权重法更客观地表达统计数据的空间分布

从结果的地图渲染来看，面积权重内插法的结果通过行政单元进行地图渲染，人口密度在整个行政单元范围内是均匀分布的，无法显示人口分布的特征。用地面积权重法地图渲染的结果（图8.17）能够客观地显示人口分布特点。以辽宁省为例：①用地面积权重法呈现了地形对人口分布的影响，辽宁省西部和东部地势高的山区，人口密度低；辽宁省中部地势平缓的地区，人口密度高。②用地面积权重法呈现人口向海分布的特征，沿海岸带地区的人口密度整体较高。③用地面积权重法呈现了河湖水系对人口分布的影响，河流沿线人口密度较高。④用地面积权重法呈现了交通线路对人口分布的影响，铁路、国道沿线人口密度较高，采用用地面积权重法的空间分布模拟过程中并没有考虑距海岸线、河流、交通线距离以及地形等因素，但结果仍然能够客观地体现出这些自然因素和社会经济因素所影响的人口分布特征。

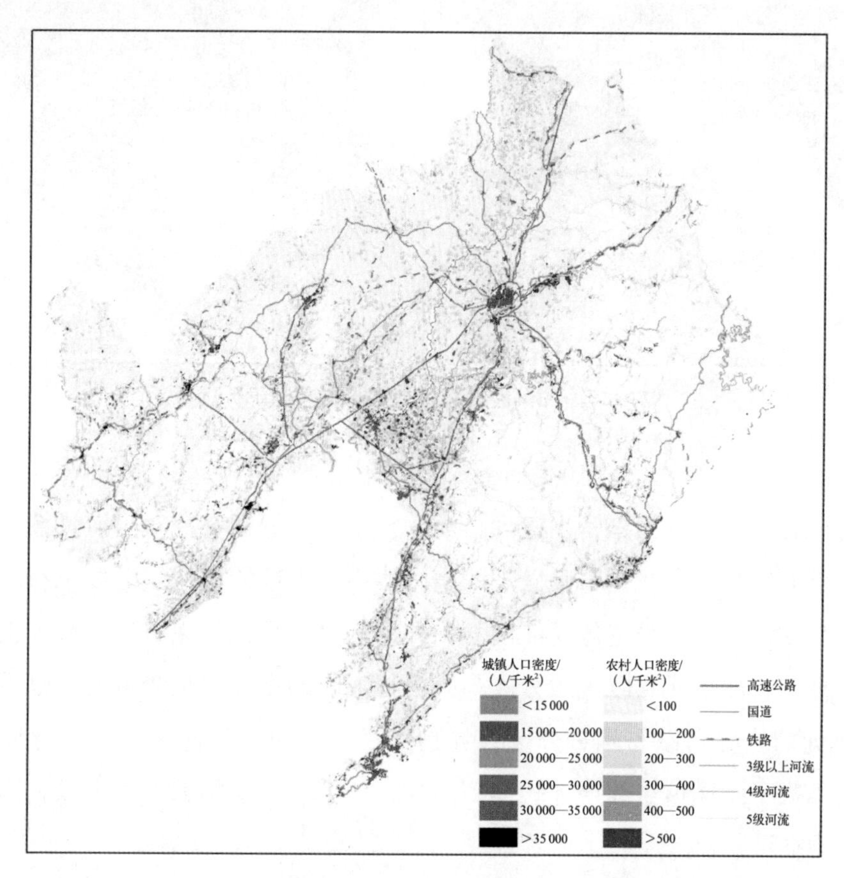

图8.17　用地面积权重法对人口数据的空间分析结果

（五）较简单面积权重法用地面积权重法呈现更真实的区域差异

用地面积权重法较简单面积权重法不仅精度提高，还反映出了均匀分布掩盖的区域差异，这对分区转换有重要的意义。图8.18是辽宁省人口数据采用两种方法地图渲染的结果。简单面积权重法缺乏现实基础，导致其结果：①不能正确地反映城乡差异，图8.18（a）中1标注位置可以看出锦州、盘锦、大连地区城区所在分区的人口数少于乡村地区人口数；②不能反映面积相近区域的区域差异，图8.18（a）中2标注位置可以看出阜新、铁岭地区两个分区的面积相当，简单面积权重法没有表现出两区域差异；③不能很好地反映近岸特征，如由于近岸区域流域分区面积大小相近，因此，简单面积权重法难以表达社会经济要素近岸空间分布特征。用地面积权重法在上述区域与简单面积权重法呈现了完全不同的结果［图8.18（b）］，主要原因在于其进行空间分布模拟时基于土地利用数据，具有现实基础，因此，其结果能够呈现更真实的区域差异。

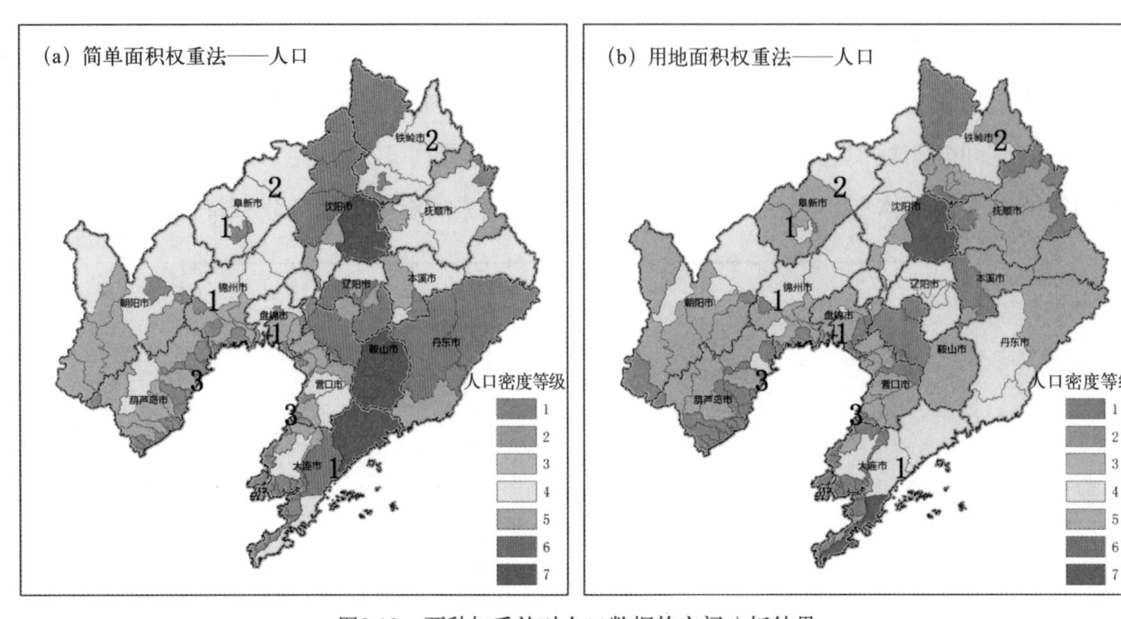

图8.18　两种权重法对人口数据的空间分析结果

以流域分区单元作为一个完整的单元，不考虑内部分异，便于分析陆海人地关系。从管理的角度，可以根据陆源水污染输出机理结成一定范围的管理对象，可以作为一个相对完整的管理单元。然而行政区是我国行政管理的空间体系，管理的执行层需要以行政区为基础。县级行政区被广泛地用于省级主体功能区划，数据的可获得性和完整性较好，也是我国行政管理体系中重要的管理单元。以流域分区与县级行政区的空间交集为单元（以下简称交集单元），分区单元的边界可以与两种分区边界吻合，进而保证了跨区协调与行政单元的完整性；数据分析结果可以通过空间统计转换到两种分区单元；交集单元还可以表达要素在两种分区体系内部的空间分异。

本书后续内容分别通过流域分区单元和交集单元进行社会经济要素空间分布特征分析。以流域单元为空间基础分析社会经济要素的规模，以交集单元为空间基础分析社会经济要素的强度。

第九章 社会经济活动主要污染物压力研究

为能更好地验证社会经济活动的环境污染压力机制的研究结果，本研究选择一个典型的入海流域作为研究范围，之所以选择一个入海流域作为研究污染压力机制的空间范围是基于以下考虑：首先，一个完整的入海流域可以认定其为一个边界相对封闭的污染源，其内部社会经济活动所产生的废水最终都将从河口排入海中，从总体上把握了研究结果的精度；其次，通过流域河口的环境监测可以从总量上统计入海污染物数量，可用于验证环境污染压力机制研究结果；再次，一个完整的入海流域影响的海域区域也相对稳定，可将相应海域环境状况和陆域流域的污染压力状况结合起来分析，有利于污染压力机制的研究。因此，在研究社会经济的污染压力机制时选择辽河流域作为典型区域。研究方法可进一步推进至整个环渤海各个流域，进而完成对整个区域的研究。

一、研究区域社会经济发展与环境污染概况

（一）经济发展概况

1. 社会经济快速发展造成环境压力巨大

2010年辽河流域内主要社会经济指标均超过辽宁全省各指标的50%（农业增加值除外），人口占全省人口的52.8%，其中农业人口1 004万人，非农人口1 231万人，流域内农业、工业和第三产业增加值分别占全省的46%、60%和57%，农村居民点和城镇面积均超出全省相应用地总面积的50%。流域内社会经济密度较大，社会经济相对活跃，辽河流域以全省43%的土地面积承载了超过全省半数以上的社会经济产值。以沈阳为核心的“五带十群”发展规划指出，至2015年地区生产总值年均增长达14%以上，规模以上工业增加值年均增长16%，城镇化率要达到80%以上，要支撑如此大规模快速的发展，环境压力可想而知。

2. 土地利用格局易于污染物入河入海

流域内土地利用类型以耕地和林地为主（表9.1），林地占整个流域面积的33.3%，主要分布在流域的东西两侧，海拔相对较高。与人类活动关系密切的耕地、城镇用地、农村居民点、其他建设用地分别占流域面积的40.8%、1.5%、5.5%和0.7%，且主要分布在流域中部的辽河平原。这种两侧高中间低的地形使得流域内人类活动产生的污染物更易随径流入河入海。

表9.1 辽河流域土地利用结构

土地类型	1. 城镇用地	2. 其他建设用地	3. 农村居民点	4. 旱地/包括	5. 水田/包括
	—	—	—	平原旱地	平原水田
				丘陵旱地	丘陵水田
				山地旱地	山地水田
面积/千米^2	930	439	3 476	25 726	7 332
占流域比例/%	1.47	0.70	5.51	40.78	11.62
土地类型	6. 林地/包括	7. 草地/包括	8. 水体/包括	9. 滩涂等/包括	10. 裸地沙地/包括
	灌木林	低覆盖度草地	河渠	滩地	裸土地
	有林地	中覆盖度草地	湖泊	滩涂	裸岩石砾地
	疏林地	高覆盖度草地	水库坑塘	盐碱地	沙地
	其他林地			沼泽地	
面积/千米^2	20 981	1 103	1 037	2 049	14
占流域比例/%	33.26	1.75	1.64	3.25	0.02

（二）环境污染概况

在“十一五”期间，辽河流域“结构减排、工程减排和管理减排”的措施取得了明显效果，水质恶化的趋势已经基本得到遏制，2010年干流河段化学需氧量已基本消除劣V类，但大部分河段氨氮仍超过V类水质标准，支流水体污染依然十分严重，氨氮含量维持在2.0毫克/升以上，个别断面浓度更高。国控监测断面水质数据表明，氨氮已成为导致流域水质达标率较低的重要污染因子，流域内部分水库总氮、总磷严重超标，个别水库富营养化问题严重。2011年辽河流域水质月报资料同样显示该流域主要污染指标为氨氮。

二、数据来源与处理

本研究所用数据来源于：①社会经济数据来源于辽宁省及各市《社会经济统计年鉴》，部分县区资料来源于中国县(市)《社会经济统计年鉴》；②地图资料为辽宁省基础地理数据，来源于国家基础地理信息系统，土地利用数据为中科院2005年辽宁土地利用资料，采用土地利用二级分类数据；③估算2010年工业污染的基准数据来自第一次全国污染普查资料（2008年数据）和《中国环境统计年鉴》；④各社会经济活动排污系数来自第一次全国污染源普查各系数册，还有部分系数收集整理于公开发表或出版的文章和著作。

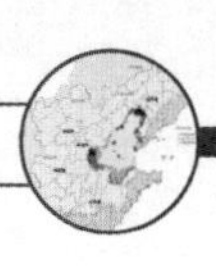

三、流域氮污染排放量的估算方法

结合影响流域氮污染的社会经济指标和污染源特征，将辽河流域的氮污染源分为农业生产污染（包括种植业和畜禽养殖）、农村生活污染、城镇生活污染、城市径流污染和工业污染，根据不同污染源类型选择不同的污染估算方法。具体污染估算项目的构成如下所示：

总氮=农业生产源+居民生活源+工业源

=种植业+畜牧业+城镇生活+农村生活+主要工业行业

=水田+旱地+园地+各类畜禽+各级城镇+各地区农村生活+主要工业行业

=各个区县的（水田+旱地+……+主要工业行业）

采用排污系数法估算农业面源污染和城市居民生活污染；通过校正胡成等人研究结论估算城市径流污染；通过修正污普资料估算工业污染。

（一）农业生产和居民生活氮排放估算方法

农业生产污染包括种植业农田径流和畜禽养殖污染，居民生活污染包括城镇居民和农村居民生活排放，这几类污染源的氮污染负荷估算采用排污系数法，该方法也称源强估算法，是一种基于各种非点源污染源的数量及其排污系数的估算方法。总氮排放量的估算公式如下：

$$P_{TN}=\sum_{i=1}^{n}(Q_{(TN)i}\times\beta_{(TN)i}\times T)$$

式中，P_{TN}为污染物中总氮TN的年排放总量；$Q_{(TN)i}$为产生总氮污染的第i类禽畜或人口的数量；$\beta_{(TN)i}$为第i类禽畜或人口的总氮排污系数；n为类别总数；T为估算周期。化肥流失率、畜牧业产排污、居民生活废水排放等相关系数在参考第一次全国污染源普查各类社会经济活动产排污系数手册的同时，依据研究区域的具体情况进行了必要调整。

农田总氮径流流失系数。辽河流域属东北半湿润平原区，根据种植作物类型将农田划分为旱地大田、水田、菜地和园地，各类型用地总氮径流流失率（包括基础流失和本年流失）分别为1.2%、2.2%、4.1%和1.0%，系数来源于《第一次全国污染源普查农业污染源肥料流失系数手册》。

畜禽养殖氮排放系数。东北区根据不同养殖规模总氮系数计算分3种类型，即养殖专业户、养殖场和养殖小区，其中养殖专业户的规模介于另外两者之间，数量较多，具有一定的代表性，本研究采用养殖专业户排放系数作为各类畜禽污染排放系数。在具体系数确定中，猪采取保育期系数和育成期的均值、奶牛为育成期和产奶期均值、肉牛为育肥期系数、蛋鸡为育雏育成期和产蛋期均值、肉鸡为商品肉鸡期。以上各类型在总氮排污系数确定中采用干清粪和水冲清粪排污系数的均值。具体系数见表9.2。

表9.2　畜禽养殖总氮排污系数　　单位：克/（天·只）

系数	猪	奶牛	肉牛	蛋鸡	肉鸡
总氮系数	14.60	125.60	24.50	0.36	0.91
氨氮系数	2.7	3.5	6.6	0.08	0.02

资料来源：《第一次全国污染源普查畜禽养殖业源产排污系数手册》。

居民生活氮排放系数。辽宁属于一区，确定各城市的类别后，确定其居民生活污染物产生排放系数，具体系数见表9.3。相对于城镇居民，农村居民生活污水和废水排放量均较少，占城镇居民的40%—65%，根据辽宁具体情况农村居民生活用水及污水排放取相应城镇系数的50%。

表9.3　城镇居民生活源污染物排放系数

地区	生活污水系数/升·（人·天）$^{-1}$	氨氮系数/克·（人·天）$^{-1}$	总氮系数/克·（人·天）$^{-1}$
一类城市：—	—	—	—
二类城市：沈阳、鞍山、锦州	135.00	8.60	11.50
三类城市：本溪、抚顺、辽阳、盘锦	125.00	8.00	9.90
四类城市：阜新、铁岭、营口	115.00	7.50	9.40

资料来源：《第一次全国污染源普查城镇生活源产排污系数手册》。

（二）城市地表径流氮排放估算方法

胡成等利用城市地表径流模拟方法估算了辽河流域各城市2006年城市径流污染，该方法对年降雨量和城市用地类型特征有较好的响应关系。假定城市内部各用地类型比例基本稳定，利用2010年各城市降雨量与建成区面积修订2006年氮污染量来估算2010年的氮污染值。估算公式如下：

$$TN_{ib}=TN_{ia}\times\frac{AR_{ib}}{AR_{ia}}\times(1+\beta_i)$$

式中，TN_{ia}和TN_{ib}分别为第i个城市2006年和2010年城市径流总氮量；AR_{ia}和AR_{ib}分别为第i个城市2006年和2010年的年降雨量；β_i为i城市2010年相对2006年的建成区面积增加率，用来反映城市规模变化。

（三）工业氮排放估算方法

工业行业众多，生产工艺多样，排污特征千差万别，对各行业排污的普查是比较准确的估算方法。2008年全国第一次污染源普查辽宁省内普查的工业污染源47 948个，获取了大量的工业排污数据，其中累计氮排放超过总量80%的行业由大到小依次为：化学原料及化学制品

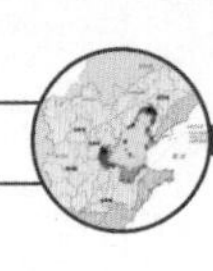

制造业、石油加工炼焦及核燃料加工业、农副食品加工业、饮料制造业、造纸及纸制品业、黑色金属冶炼及压延加工业、食品制造业、医药制造业。以2008年辽河流域内8个行业污染普查数据为基准，污染治理投资增长水平在2008—2010年保持基本稳定，以各地区8个主要氮排放行业2008年的万元增加值氮排放强度和2010年各行业增加值为基础，利用行业分类计算法估算2010年流域内工业的氮排污量，具体公式如下：

$$TN_{\mathrm{ind}}=\sum_{i=1}^{n}[X_i\times\delta_i\times(1-\rho)^2]$$

式中，TN_{ind}为2010年流域工业总的氨氮排放量（吨）；X_i为第i个行业2010年产值（亿元）；δ_i为第i个行业的排放强度（吨/亿元）；ρ为工业废水排放强度平均递减率，由2000—2009年辽宁工业增加值与废水排放量统计数值估算。

四、流域氮排放量的估算与结构分析

（一）种植业农田氮流失量

2010年流域内氮肥施用为55万吨（折纯量），提取流域内各类型农业用地面积，依据农业用地类型总氮流失率计算出2010年各地区种植业农田总氮径流流失量（表9.4）。2010年辽河流域农田化肥经地表径流流失的总氮约7 000吨，流失量部分随雨水进入沟渠，汇至河流最终排入渤海。

表9.4　辽河流域农田氮流失量

地区	沈阳	鞍山	抚顺	本溪	锦州	营口	阜新	辽阳	盘锦	铁岭	流域合计
纯氮施用量/(万吨/年)	13.49	5.95	3.95	1.09	5.25	1.68	4.86	4.89	3.29	10.46	54.92
总氮径流量/(吨/年)	1 343	793	408	80	776	215	599	700	660	1 422	6 995

（二）畜牧业氮排放量

辽宁省畜牧业以猪、奶牛、肉牛、蛋鸡和肉鸡为主，流域内各养殖种类存栏数占全省总存栏数分别为：55.4%、61.3%、44.5%、65.9%和25.4%。本书基于以上5种畜禽分析流域内畜牧业氮污染。其中猪依照5个月出栏，肉鸡50天出栏计算，表9.5列出了辽河流域各畜禽种类的总氮和氨氮排放量。

表9.5　辽河流域畜禽养殖总氮及氨氮排放量　　单位：吨/年

项 目	猪	奶牛	肉牛	蛋鸡	肉鸡	排放合计
总氮	19 420	5 562	4 094	16 040	6 790	51 906
氨氮	3 595	155	1 103	3 564	149	8 566

（三）工业生产的氨氮排放量

辽河流域沿岸分布着数座重化工城市以及数千家污染企业。以第一次污染普查资料为基准，计算得出2010年辽宁省工业生产排放废水8.2亿吨，废水中氨氮含量达 6 346 吨。依照流域范围折算，流域内工业废水排放为 3.3 亿吨，占全省的 40.2%，氨氮排放量为 3 797 吨，占全省的59.8%。流域内各地区具体排放量见表9.6。

表9.6 辽河流域工业生产废水产排及氨氮排放量

行政区	用水总量/(万吨/年)	废水产生量/(万吨/年)	废水排放量/(万吨/年)	氨氮排放量/(吨/年)
沈阳	62 506.7	37 178.3	6 625.4	1 156.4
鞍山	297 048.0	285 684.8	5 454.8	374.6
抚顺	16 944.7	11 197.8	5 463.8	347.7
本溪	229 672.7	66 220.2	4 997.1	851.1
锦州	1 124.1	994.6	774.6	97.8
营口	63 981.0	3 920.5	1 677.8	100.1
阜新	718.7	512.8	157.0	30.9
辽阳	23 759.7	18 671.6	3 688.6	247.3
盘锦	7 461.4	4 992.6	2 717.1	480.4
铁岭	88 950.0	24 907.8	1 511.9	110.2
流域	792 176.8	454 289.0	33 072.1	3 797.2

（四）居民生活氮排放量

以流域内城镇用地和农村居民点用地匹配各行政区人口统计数据，计算得流域内城镇居民1 203万人，农村居民1 074万人，利用排污系数法估算流域内居民生活氮污染排放，城乡居民生活污水总量81 430万吨，其中总氮排放量6.7万吨，氨氮排放量5.2万吨，流域内各地区具体排放量见表9.7。

表9.7 辽河流域居民生活氮污染排放量

行政区	城镇居民			农村居民		
	生活污水量/（万吨/年）	总氮排放/（吨/年）	氨氮排放/（吨/年）	生活污水量/（万吨/年）	总氮排放/（吨/年）	氨氮排放/（吨/年）
沈阳	22 836	17 969	14 384	6 053	4 875	3 831
鞍山	7 921	6 748	5 046	3 373	2 874	2 149
抚顺	6 384	5 141	4 086	1 459	1 313	934
本溪	4 412	3 561	2 824	598	525	383
锦州	1 079	919	687	2 490	2 122	1 587
营口	3 330	2 722	2 171	1 070	875	698

续表

行政区	城镇居民			农村居民		
	生活污水量/（万吨/年）	总氮排放/（吨/年）	氨氮排放/（吨/年）	生活污水量/（万吨/年）	总氮排放/（吨/年）	氨氮排放/（吨/年）
阜新	269	220	175	1 474	1 205	961
辽阳	3 795	3 053	2 429	2 302	1 976	1 473
盘锦	2 861	2 655	1 831	1 552	1 440	993
铁岭	3 761	3 074	2 453	4 409	3 606	2 876
流域	56 646	46 061	36 086	24 784	20 811	15 886

（五）城市径流氮排放量

城市径流产生的污染负荷已占工业和生活总和的18%左右。城市地表径流中悬浮物、化学需氧量、BOD、总氮、氨氮为主要污染物，通过降雨量和建成区面积两个参数修正，胡成等对辽河流域径流污染负荷总量的估算和各城市径流氮排量见表9.8。

表9.8　辽河流域各城市径流中总氮和氨氮含量　　单位：吨/年

行政区	沈阳	鞍山	抚顺	本溪	营口	辽阳	盘锦	铁岭	流域合计
总氮	2 458.1	943.35	657.1	769.36	736.42	547.61	313.55	450.2	6 875.6
氨氮	883.19	339.16	235.59	276.37	263.33	195.47	112.8	159.91	2 465.8

城市径流污染负荷量与城市规模具有很强的相关性，杨珂玲等的研究也表明，城镇化水平对总氮污染物排放量的影响最大，辽河流域内沈阳的城市径流总氮和氨氮量最大，2010年流域城市径流总氮污染负荷总量为6 875吨，氨氮为2 466吨。

（六）流域氮污染负荷及结构分析

前文从农田化肥流失、畜禽养殖、居民生活、城市径流和工业生产5个方面估算了辽河流域氮排放情况，各类生产生活排放的总氮及氨氮量汇总如图9.1所示（其中工业氮污染以氨氮为主，总氮排放量汇总中工业也采用氨氮排放量）。

2010年辽河流域社会经济活动排放总氮和氨氮的总量分别为13.6万吨和6.78万吨。图9.2反映了总氮和氨氮排放的来源结构，其中居民生活和畜禽养殖两类社会经济活动的氮排放占氮排放总量的90%，两者成为流域内总氮和氨氮污染的主要贡献者。

居民生活总氮和氨氮排放占总量的比重分别为49%和77%，生活污水氨氮含量一般为20—40毫克/升，有些甚至更高，目前辽宁省每天污水处理量占县级以上城市工业和生活污水总量的70%以上，总氮去除率为70%—80%，计算得出城市生活污水中总氮仅有50%—60%的去除率，而且部分县市根本没有污水处理厂，生活废水经化粪池沉淀后通过管道直接排入环境水体，化粪池对氮的平均削减率约15%，入河系数较高。生活污水排量大，处理水平低，入河系数高是导致城市污水的重要原因。

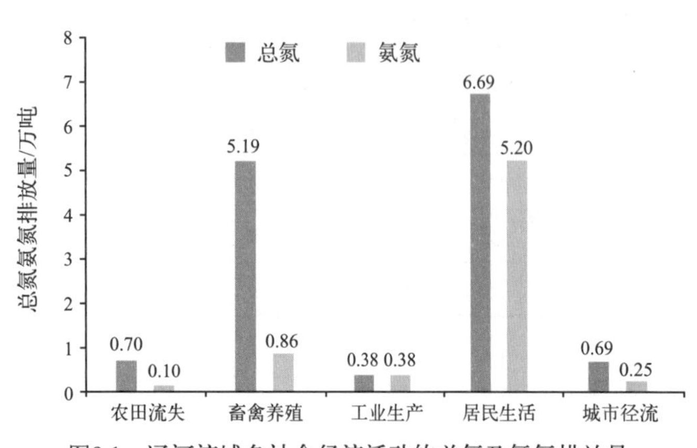

图9.1　辽河流域各社会经济活动的总氮及氨氮排放量

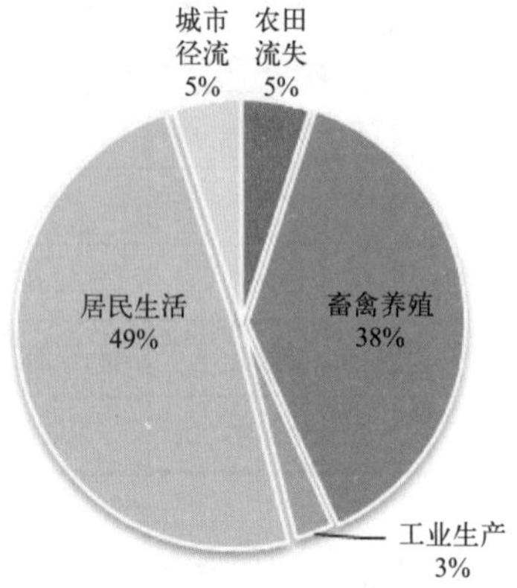

城市径流 5%
农田流失 5%
居民生活 49%
畜禽养殖 38%
工业生产 3%

图9.2 辽河流域总氮排放结构

流域内畜禽养殖的总氮排放量占总量的38%，是氮污染的第二大源头。流域内畜禽业发展速度快，规模大，2010年流域内畜牧业产值是1990年的4.7倍，畜牧业产值占农业总产值的比重也由1990 年的27.6%增加到 2010 年的40.9%，远高于30.9%的全国平均水平，形成了几十万头大牲畜、近千万头猪、上亿只蛋鸡和肉鸡的养殖规模。流域内畜禽养殖70%以养殖专业户为主，排污集中，浓度大，且多分布于村庄、道边、河畔，畜禽粪便收集并堆积在养殖场周围空地比较普遍，在雨水冲刷下很容易进入附近水体。同时，东北区畜禽养殖排污系数相对较高，处理效率低，污染物在处理之前和处理过程中流失较多，随着养殖规模的扩大，快速发展的畜牧业已成为辽河流域水体氮污染的重要源头。

工业生产、农田径流和城市径流的氮排放占总量的10%。流域内工业生产排放的氨氮量3 797吨，占总氨氮排放量的5%（占总氮3%），可见工业生产并不是流域氮污染的主要影响因素。工业生产过程中产生氨氮的绝对量大，但工业内部废水回用率高，氨氮回收利用和削减率较高，废水排放系数低。2010年辽宁工业废水的平均排放率约11%，产生的工业废水真正排放到环境中的量较小，对环境造成的氮污染有限。流域内农田径流和城市径流的总氮排放量均占流域总氮排放量的5%，即农田和城市径流并不是流域氮污染的主要来源。

（七）流域氮污染分析小结

1. 居民生活和畜禽养殖业排放是辽河流域氮污染的主要来源

2010年流域内社会经济活动排放的总氮和氨氮污染负荷总量分别为13.6万吨和 6.78万吨。总氮排放量中居民生活排放占49%，畜禽业排放占38%；氨氮排放总量中居民生活排放占77%，畜禽业排放占13%，居民生活与畜禽养殖产生的氮污染已成为辽河流域环境氮污染最重要的两个来源。

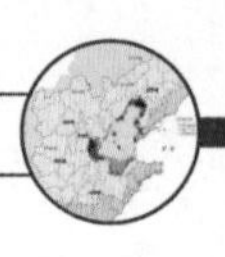

2. 工业废水排放对环境氮污染影响有限

工业生产主要产生和排放含氨氮的废水，单从产生量上看，工业是氨氮废水的主要产生者，流域内工业废水中的氨氮量占总氨氮产生量的1/3，但工业废水排放量较低，产排比为6.2∶1，工业产生的氨氮大约有16%排入环境中。流域内工业氨氮排放仅占总氨氮排量的5%，绝大多数并未形成排放量。因此，与居民生活和畜禽养殖业相比，工业的氨氮排放量几乎可以忽略，但对于工业企业集中布局的河段，对工业废水排放应给予重点关注。

3. 短期内辽河流域氮污染的压力依然严峻

流域内人口达2277万，畜禽业形成了几十万头大牲畜、近千万头猪、上亿只蛋鸡和肉鸡的养殖规模，集中了辽宁多个重化型工业城市，经济活动强度大，产生的氮污染总量基数大。农村生活和畜禽养殖排放粗放，城市居民生活的氮污染削减量不足，而且目前工业污染的产排比已经比较高，大幅提高的空间有限，需通过提高城市污水处理率和处理程度、改变农村居民生活习惯、改善畜禽养殖业废水排放方式、完善乡村污水排放管网来削减氮污染，但这些措施都需要较高的投资和较长时期的引导，因此，短期内辽河流域氮污染的压力依然严峻。

4. 加强和改善排放方式是缓解氮污染最有效的措施

居民生活和畜禽养殖的氮污染是生命体维持正常代谢过程产生的废弃物造成的，因此，氮的产生量与人口数量和畜禽养殖规模有着稳定的线性关系，通过控制人口数量和减少畜禽养殖量来减少氮的产生量缺少现实性，控制该部分氮污染的工作重点应放在排放环节。提高城镇生活污水集中处理率，避免污水直接排入雨水管道以及河流、湖泊、水库等环境水体；加强畜禽养殖的粪便处理，避免粪便的露天堆放，推进集中饲养，粪便集中处理，加快粪便进沼气池，粪便有机肥转化工作。

五、化学需氧量排放的社会经济来源与结构分析

化学需氧量是反映水体中有机质污染程度的综合指标，化学需氧量含量过高会导致水生生物缺氧以至死亡，水质腐败变臭。“十一五”期间，辽河流域的污染治理措施起到了明显效果，水质恶化的趋势已经基本得到遏制，2010年干流河段化学需氧量已基本消除劣V类，但部分支流化学需氧量污染依然严重，2009年进行监测的41条支流当中，3条支流化学需氧量在60毫克/升以上，11条支流化学需氧量在40毫克/升以上，27条支流化学需氧量在30—40毫克/升。资料显示，多数河段化学需氧量含量依然超标。辽宁省内辽河流域社会经济活动的化学需氧量排放量占流域总排放量的比重高达86.5%，辽河流域治理的“十二五”规划中流域性总量控制指标依然包括化学需氧量。以辽宁省内辽河流域的化学需氧量污染为研究对象，追溯陆域化学需氧量排放的来源与强度，可从源头探索影响流域化学需氧量污染的社会经济活动，为缓解和改善辽河流域及辽东湾环境污染提供决策依据。

（一）流域化学需氧量排放量估算方法

依据以上指标类型，将社会经济活动的污染源分为农村面源污染（农田径流、畜禽养殖、农村居民生活污染）、城市径流污染、城市居民生活污染、工业污染。采用排污系数法估算农业面源污染和城市居民生活污染；通过校正胡成等研究结论估算城市径流污染；通过修正污普资料估算工业的化学需氧量污染。

1. 农业生产和居民生活化学需氧量排放估算方法

农业污染包括农田径流和畜禽养殖污染，居民生活包括城镇居民和农村居民。化学需氧量排放量的估算采用排污系数法，该方法也称为源强估算法，是基于各种非点源污染源的数量及其排污系数的估算方法。总化学需氧量排放量估算公式如下：

$$P_{\mathrm{COD}} = \sum_{i=1}^{n} [Q_{(\mathrm{COD})i} \times \beta_{(\mathrm{COD})i} \times T]$$

式中，P_{COD}为污染物中化学需氧量的年排放总量；$Q_{(\mathrm{COD})i}$为产生化学需氧量污染的第i类禽畜或人口的数量；$\beta_{(\mathrm{COD})i}$为第i类禽畜或人口的化学需氧量排污系数；n为类别总数；T为估算周期。公式中涉及的农田流失率、畜牧业产排污系数、居民生活排放系数等参考第一次全国污染源普查各类社会经济活动产排污系数手册，并依据研究区域的具体情况进行适当调整。

农田化学需氧量径流流失。来自农田的化学需氧量污染主要源于作物秸秆流失。辽河流域种植业60%—80%秸秆被焚烧，10%—30%用于做饲料，剩下一小部分被丢弃或还田，秸秆随降雨径流的数量有限。张桂英、汪祖强研究表明，苏南农业种植农田排水中有机物质对水系水质污染很小，全国第一次污染源普查也得出种植业化学需氧量排放量不足农业源化学需氧量总排放量的5%，因此，农田化学需氧量排放量相对较小，不列入本次估算。

畜禽养殖化学需氧量排放系数。东北区根据不同养殖规模化学需氧量系数的确定分3种类型，即养殖专业户、养殖场和养殖小区，其中养殖专业户的数量较多，具有一定的代表性，本书采用养殖专业户的系数标准估算污染量。具体系数确定中：猪采取保育期系数和育成期的均值、奶牛为育成期和产奶期均值、肉牛为育肥期系数、蛋鸡为育雏育成期和产蛋期均值、肉鸡为商品肉鸡期。考虑到辽宁地区清粪方式以干清粪为主，在化学需氧量排污系数确定中采用干清粪排放系数的75%和水冲清粪排污系数的25%加和，具体系数值见表9.9。

表9.9　畜禽养殖化学需氧量产排污系数　　单位：克/（天·只）

畜禽	猪	奶牛	肉牛	蛋鸡	肉鸡
产污系数	299	4 675.6	3 086.4	17.3	34.15
排污系数	90	1615	270	1.3	7.05

资料来源：《第一次全国污染源普查畜禽养殖业源产排污系数手册》。

居民生活化学需氧量排放系数。依据生活污染源手册标准，辽宁属于一区，依据城市的

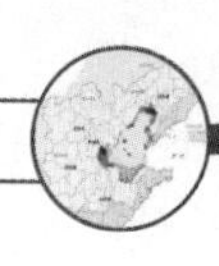

类别，确定各城市居民生活污染物产生排放系数（表9.10）。相对于城镇居民，农村居民生活污水和废水排放量均较少，占城镇居民的40%—65%，根据辽宁具体情况农村居民生活用水及污水排放取相应城镇系数的50%。

表9.10　城镇居民生活源污染物排放系数

项目	二类城市	三类城市	四类城市
	沈阳、鞍山、锦州、盘锦	本溪、抚顺、辽阳	阜新、铁岭、营口
生活污水系数/升·（人·天）$^{-1}$	135	125	115
化学需氧量系数（产/排）/克·（人·天）$^{-1}$	69/56	66/54	63/52

资料来源：《第一次全国污染源普查城镇生活源产排污系数手册》。

2. 城市地表径流化学需氧量排放估算方法

胡成等通过城市径流实测数据，利用城市地表径流模拟方法估算了辽河流域各城市2006年城市径流污染，该方法主要对年降雨量和城市用地类型特征有较好的响应关系。本书采用该方法的结论，假定研究区各城市内部各用地类型比例基本稳定，利用2010年各城市降雨量与建成区面积修订2006年化学需氧量污染量来估算2010年的化学需氧量污染值。估算公式如下：

$$COD_{ib}=COD_{ia}\times\frac{AR_{ib}}{AR_{ia}}\times(1+\beta_i)$$

式中，COD_{ia}和COD_{ib}分别为第i个城市2006年和2010年城市化学需氧量径流量；AR_{ia}和AR_{ib}分别为第i个城市2006年和2010年的年降雨量；β_i为i城市2010年相对2006年的建成区面积增加率，用来反映城市规模变化。

3. 工业化学需氧量排放估算方法

工业累计化学需氧量排放超过总量80%的行业由大到小依次为：造纸及纸制品业、饮料制造业、农副食品加工业、化学原料及化学制品制造业、石油加工炼焦及核燃料加工业、医药制造业、服装鞋帽制造、黑色金属冶炼及压延业。以2008年辽河流域8个行业污染普查数据为基准，假定污染治理水平在2008—2010年保持基本稳定，以各地区8个行业2008年的万元增加值化学需氧量排放强度和2010年各行业增加值，利用行业分类计算法估算2010年流域内工业的化学需氧量排污量，公式如下：

$$COD_{\text{ind}}=\sum_{i=1}^{n}\left[X_i\times\delta_i\times(1-\rho)^2\right]$$

式中，COD_{ind}为2010年流域工业总的化学需氧量排放量（吨）；X_i为第i个行业2010年产值（亿元）；δ_i为第i个行业的排放强度（吨/亿元），由2008年污染普查数据确定；ρ为工业废水排放强度平均递减率，由2000—2009年辽宁工业增加值与废水排放量统计数值估算。

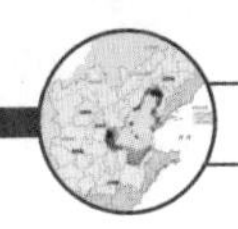

（二）流域化学需氧量污染排放的估算与分析

1. 畜禽养殖业化学需氧量污染排放估算

基于辽宁省主要畜禽养殖种类估算出畜禽养殖业化学需氧量污染物排放量，2010年估算值为34.7万吨，且集中分布于辽河平原地区。辽宁省畜牧业养殖以猪、奶牛、肉牛、蛋鸡和肉鸡为主，流域内以上各养殖种类存栏数比重占全省总存栏数分别为：55.4%、61.3%、44.5%、65.9%和25.4%。本书基于以上5种畜禽估算流域内畜牧业化学需氧量污染，计算过程中猪依照5个月出栏，肉鸡50天出栏，其他不出栏畜禽按1年计算，最终估算2010年流域内畜禽养殖化学需氧量总污染负荷值为34.7万吨。从畜禽养殖化学需氧量污染物在辽宁省的空间分布来看，沈阳市周边、黑山县、昌图县、辽中县、新民县、海城市的畜禽养殖规模大，6个县市的化学需氧量污染排放量占整个流域的47.7%，图9.3反映了畜禽养殖化学需氧量排放的空间分布状况。图9.3显示，辽河平原是畜禽养殖的集中区域。分析其原因，近年流域内畜禽养殖业发展迅速和污染治理不完善是主要原因。

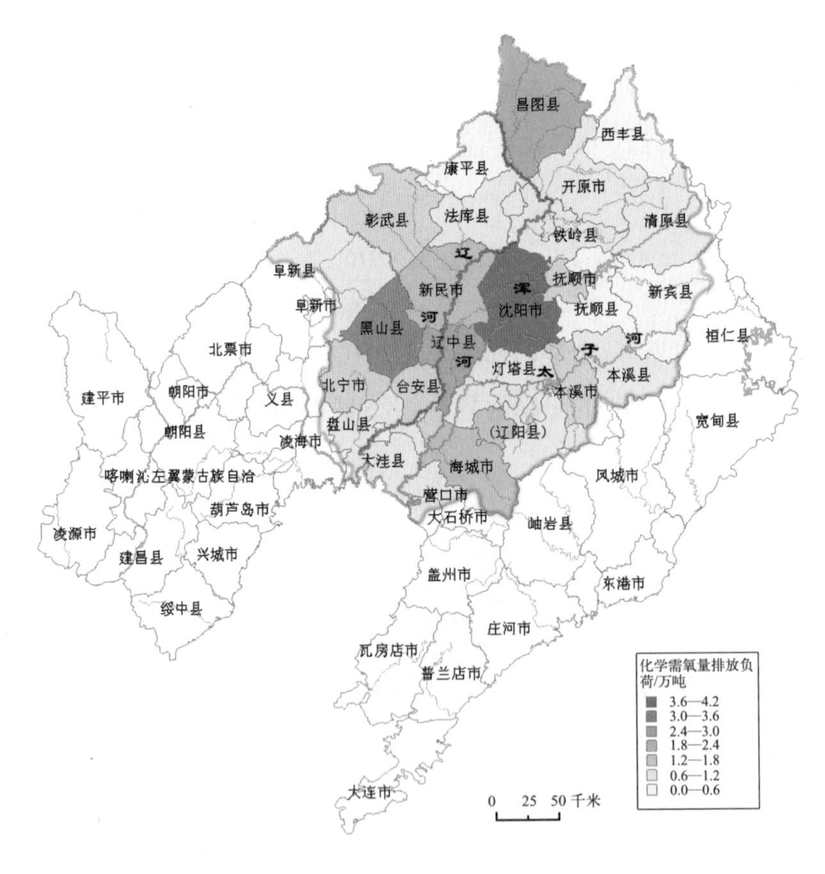

图9.3 畜禽养殖业化学需氧量污染排放空间分布

流域内畜牧业的快速发展和日益扩大的养殖规模是化学需氧量污染排放增加的主要原因。依据《中国环境经济核算技术指南》，北方畜禽养殖污染物的入河系数取0.2，粗略估计辽河流域畜禽养殖化学需氧量入河量约为7万吨。畜禽养殖已成为农业化学需氧量排放的最主

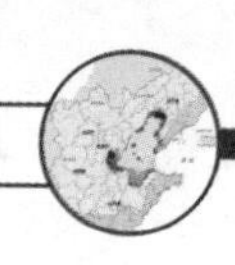

要方面，也成为环境水体污染的重要源头。

农村地区缺乏完善的排污处理设施和管理手段，治理的乏力助长了农业化学需氧量污染排放的增加。流域内畜禽养殖70%以养殖专业户为主，且东北区畜禽养殖排污系数相对较高，加之处理效率低，污染物在处理之前和处理过程中流失较多。

2. 工业生产化学需氧量污染排放估算

依据公式，结合流域内化学需氧量污染排放的工业行业产值、行业化学需氧量排放强度及其年均递减率系数估算出2010年辽河流域工业化学需氧量负荷量为11.2万吨。辽河流域沿岸分布着数座重化工城市，数千家污染企业。计算得出流域内工业废水排放为3.3亿吨，得到工业化学需氧量污染负荷量估算值为11.2万吨，其中排放较严重的河段有辽河干流铁岭段和浑河抚顺段，水体中化学需氧量含量超标倍数多在1—4倍（表9.11）。

表9.11　2010年辽河流域工业废水化学需氧量排放量　　单位：万吨/年

行政区	沈阳	鞍山	抚顺	本溪	锦州	营口	阜新	辽阳	盘锦	铁岭	流域
化学需氧量排放量	3.04	1.22	1.24	1	0.42	1.58	0.04	0.55	1.16	0.92	11.18

流域化学需氧量产生的行业构成分析显示，造纸及纸制品业、饮料制造业、农副食品加工业、化学原料及化学制品制造业、石油加工炼焦及核燃料加工业、医药制造业、服装鞋帽制造、黑色金属冶炼及压延业是化学需氧量污染的重点行业，8个行业排放占整个工业化学需氧量排放的80%以上，其中造纸业排放的工业化学需氧量占总量的60%。

造纸行业对工业化学需氧量的贡献在所有行业中位列第一，排放路径直接，对环境的危害大。2008年辽宁400多家造纸厂化学需氧量排放占整个辽宁化学需氧量排放的25%，占工业化学需氧量总排放的62.5%，造纸厂废水中化学需氧量含量超出一般工业废水几倍甚至十几倍，排放集中，且大多直接排入河道，造成水中溶解氧降低，导致水中需要氧气较多的生物死亡，使厌氧菌泛滥生长，“活水”将变为“死水”，被称为辽河污染的“第一杀手”。自2008年以来，辽宁省关闭了269家造纸厂，改造了100多家后，工业化学需氧量排放量减少了约10万吨，缓解了长期以来辽河化学需氧量污染严重的状况。

相对而言，其他污染行业具有排放前的去除过程，对水体污染的严重程度不及造纸行业。目前饮料生产、农副食品加工、化学原料及化学品制造业化学需氧量排放量成为流域内化学需氧量污染的主要工业行业，相对于造纸业化学需氧量排放的特点，这些工业污水中化学需氧量含量相对较低，且排放前具有一定的去除率，很少出现大量高浓度污水集中直接排放至河道中的现象，因此对水体造成的污染不会和造纸废水一样严重。但从图9.4可以看出，辽河、浑河和太子河中下游仍是化学需氧量高排放区域，沈阳、抚顺、鞍山、营口、盘锦排放量均超过1万吨。

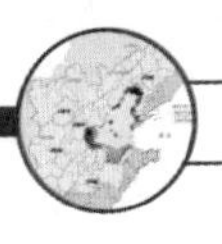

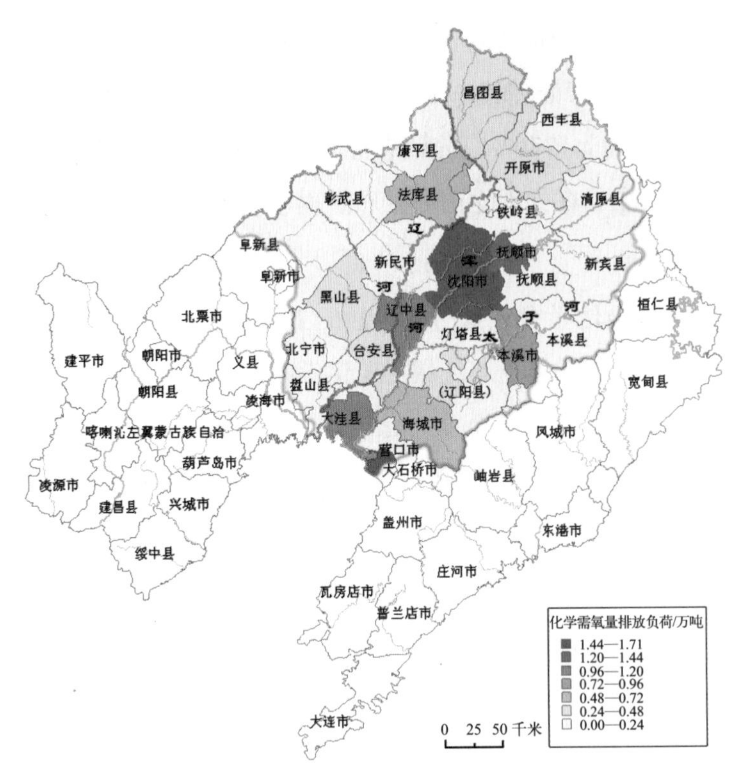

图9.4 工业化学需氧量污染排放空间分布

3. 居民生活化学需氧量污染排放量估算

依据公式，结合经济统计指标，得到居民生活化学需氧量的估算值为46.9万吨，城镇居民生活对化学需氧量污染的贡献远高于农村，污染压力集中于辽河平原。流域内城镇居民1 203万人，农村居民1 074万人，利用排污系数法对流域内居民生活化学需氧量排放进行估算，得出城乡居民生活污水总量81 430万吨，其中化学需氧量排放量46.9万吨（表9.12）。

表9.12 辽河流域居民生活化学需氧量污染排放量

单位：万吨/年

区域	城镇居民		农村居民		流域合计
	生活污水量	化学需氧量排放	生活污水量	化学需氧量排放	化学需氧量排放
沈阳	22 836	9.50	6 053	5.20	14.70
鞍山	7 921	3.29	3 373	2.84	6.13
抚顺	6 384	2.82	1 459	1.48	4.30
本溪	4 412	1.95	598	0.60	2.55
锦州	1 079	0.45	2 490	2.08	2.53
营口	3 330	1.51	1 070	0.98	2.49
阜新	269	0.12	1 474	1.34	1.46
辽阳	3 795	1.67	2 302	2.20	3.87
盘锦	2 861	1.51	1 552	1.64	3.15

续表

区域	城镇居民		农村居民		流域合计
	生活污水量	化学需氧量排放	生活污水量	化学需氧量排放	化学需氧量排放
铁岭	3 761	1.70	4 409	4.00	5.70
流域	56 646	24.52	24 784	22.36	46.88

辽河平原农村居民点分布密集，城市众多，人口相对集中，辽河、浑河和太子河贯穿而过，图9.5反映了流域内生活污染源的压力状况。自北至南生活废水化学需氧量排放压力与农村居民点和城镇的布局一致，压力主要体现在辽河平原。

城市居民生活的化学需氧量污染产生量大，处理率不高，是影响化学需氧量水平的重要原因。辽宁省县级以上城市每天排放各类污水近900万吨，根据全国第一次污染源普查数据，2008年以前，全省城市污水处理率仅为50%。大量的生活污水未经处理直接排入河道，生活污水化学需氧量含量一般为200—350毫克/升，有些甚至更高，是导致辽河流域污染的主要原因之一。近些年虽处理水平有所提高，但整体水平仍偏低，部分县市没有污水处理厂，生活废水直接排入河道。目前辽宁省每天污水处理量占县级以上城市产生的工业和生活污水总量的70%以上，监测数据显示，高浓度城市污水经过处理后，化学需氧量平均去除率为76.7%，即城市生活污水中的化学需氧量仅有54%的去除率。依据以上污水处理水平扣除削减量后，2010年流域城镇居民生活废水中仍有11.3万吨的化学需氧量排入环境水体中，较低的生活污水处理水平成为影响环境水体化学需氧量水平的基本因素。

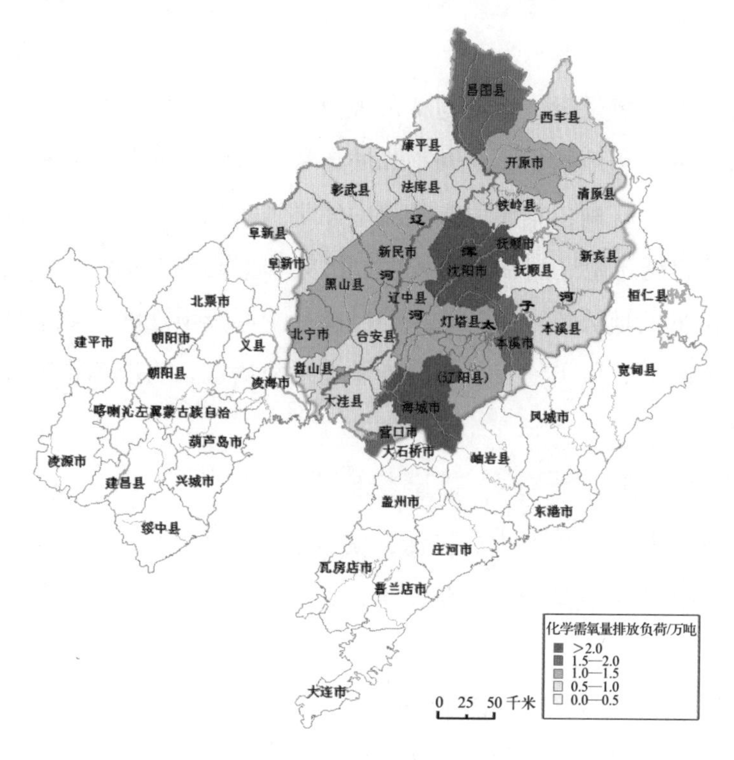

图9.5　居民生活化学需氧量排放空间分布

相对城镇居民，农村居民生活废水排放量虽然较少，但缺乏污水排放管网等设施，仍可对化学需氧量污染的增加起到推波助澜作用。辽宁农村并没有污水排放管网，房前屋后和附近农田成为居民废水排放的主要场所。农村居民厕所主要为浅坑旱厕，进行不定期的清掏，绝大部分粪便被作为有机肥还田，这部分对水体造成污染的途径主要集中在降雨产生的农田径流和乡村径流。根据文毅等的研究，取0.128作为辽河流域乡村径流入河系数，则2010年农村居民生活污水中有2.85万吨的化学需氧量进入流域水体。

4. 城市径流化学需氧量污染负荷量估算

目前，城市降水径流污染已经成为地表水环境污染的主要原因之一，城市地表径流污染是仅次于农村非点源污染的第二大非点源污染源。城市地表径流中悬浮物、化学需氧量、BOD、总氮、氨氮为主要污染物，城市降雨径流污染的明显特征是：污染源时空分布的离散性和不均一性、污染途径的随机性和多样性、污染成分的复杂性和多变性。本书通过降雨量和建成区面积两个参数修正了胡成对辽宁城市径流污染负荷总量（表9.13）。2010年流域内城市径流化学需氧量污染负荷总量近8.77万吨。其中，沈阳化学需氧量径流量最多，达3.23万吨，其建成区面积也最大，这也反映出城市径流污染负荷量与城市规模的相关性。

表9.13　各城市径流中化学需氧量污染负荷　　单位：万吨/年

项目	沈阳	鞍山	抚顺	本溪	锦州	营口	阜新	辽阳	盘锦	铁岭	合计
化学需氧量径流	3.23	1.24	0.86	0.82	—	0.56	—	0.71	0.35	0.66	8.77

注：“—”表示该城市没有数据。

辽宁城市径流化学需氧量污染物量与城市规模直接相关，空间分布不均，且将随着城市化率的增加而扩大。城市用地结构、管网率和城市环卫工作也对其产生影响，由于城市规模相对较大，沈阳、鞍山、抚顺、本溪城市径流中化学需氧量含量占城市径流化学需氧量总量的61%，但盘锦和营口两市距辽河和渤海较近，污染物更易进入水体，辽河流域东西高，中部低，北部高，南部低的地势特点使各城市的径流易于汇集至辽河。随着城镇化率的大幅提高，城市规模将不断扩大，城市地表径流污染量也逐渐增加，将成为影响环境水体化学需氧量污染的又一重要方面。

5. 流域化学需氧量污染负荷总量及构成分析

该部分从畜禽养殖排污、工业生产排污、城镇及农村居民生活排污、城市径流污染4个方面估算了辽河流域化学需氧量的污染负荷量，各类生产生活化学需氧量污染负荷量及构成如图9.6和图9.7所示。

2010年辽宁省内辽河流域社会经济活动的化学需氧量污染负荷估算总量为101.5万吨，集中分布于辽河平原地带，居民生活源和畜禽养殖业是化学需氧量污染的主要贡献者。居民生

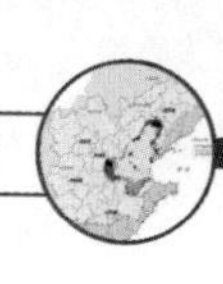

活源和畜禽养殖业的污染贡献占流域总负荷量的80%，其中居民生活污染贡献46%（城镇居民24%，农村居民22%），畜禽养殖业贡献34%。工业和城市径流产生的污染各占总负荷量的11%和9%。从社会经济活动化学需氧量污染负荷的总量来看，辽河流域化学需氧量污染压力主要集中在图9.8虚线框中的区域，该区域多为辽河平原范围，可以认为辽河流域化学需氧量污染主要集中在辽河平原地带，北高南低，东西高中间低，形成了一个斜坡扇形区，城镇、农村居民点、各污染企业分布其中，3条主要河流贯穿而过，每年携带约30万吨化学需氧量入河入海，成为辽东湾海域化学需氧量污染的主要来源。

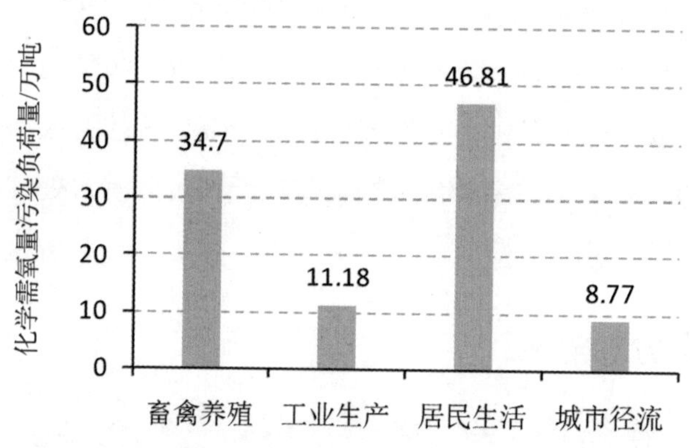

图9.6　辽河流域各社会经济活动化学需氧量污染排放量

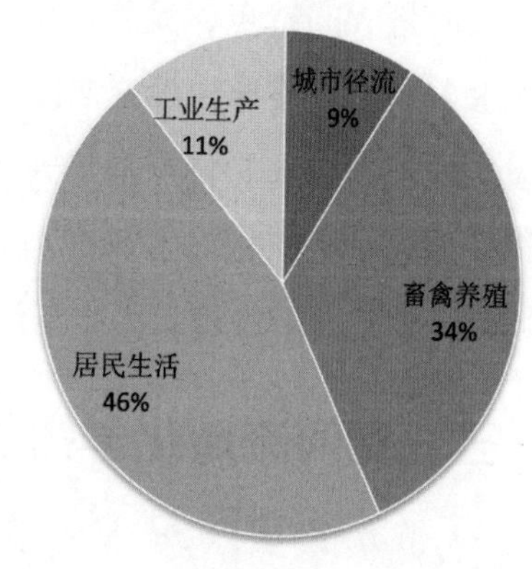

图9.7　辽河流域各社会经济活动化学需氧量排放构成

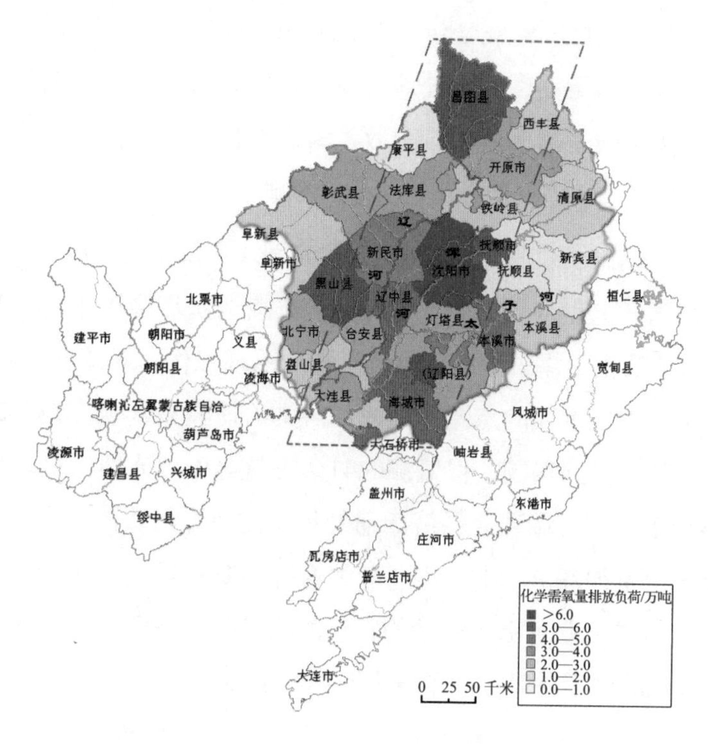

图9.8　辽河流域化学需氧量污染排放总量空间分布

工业化学需氧量排放浓度高、排放直接、排放集中、入河量大，是造成水体重度污染的主要原因。仅就化学需氧量产排的总量而言，流域的化学需氧量污染负荷中农业生产活动是最主要贡献者，农村生活污染源与畜禽养殖业的化学需氧量污染负荷占流域总负荷量的56%，其中畜禽养殖污染贡献突出。而工业源化学需氧量污染负荷仅占总量的11%，相比之下工业排污量远小于农业排污量，单从这点我们可以认为工业生产对水体影响不大，但造成河流水体化学需氧量严重污染的往往是工业排放。原因在于农业生产污染物常伴随着大范围降雨径流才能进入河流水体，这一过程中地表径流既是污染物的携带者，又是污染物的稀释者，降雨带走大量污染物入河的同时也降低了污染物的浓度，这往往是汛期河流水体污染物浓度增高的主要原因，但并不是引起水体严重污染的根本原因。而部分工业入河废水常具有高浓度、集中排放、入河量大的特点，尤其是造纸废水，化学需氧量浓度高达1 500—2 500毫克/升，这样的工业废水入河将直接导致部分河段水体的严重污染，因此，工业废水是造成水体重度污染的主要原因。城镇源污水的特点是每天持续不断排放，部分经过污水处理厂排放，部分直接排入河道，化学需氧量浓度相对工业废水低很多，是水体化学需氧量含量的基本来源，加强污水处理的规模和水平是缓解城镇居民生活污染的最有效措施。

（三）辽河流域化学需氧量污染分析小结

1. 城镇居民生活和畜禽养殖排放是流域化学需氧量污染的主要源头

2010年流域内城镇居民生活的化学需氧量污染负荷为24.5万吨，畜禽养殖的化学需氧量负荷34.7万吨，两者占流域化学需氧量污染总负荷的58%。由于城镇居民生活废水经管道排放，容易排入河道，入河系数高，污水处理规模和程度较低，导致城镇居民生活产生的化学需氧量入河量较大。流域内畜禽养殖比较分散，畜禽粪便露天堆积加之处理程度低，随降雨径流流失较大，成为流域化学需氧量污染的另一污染源。

2. 辽河流域非点源污染突出，化学需氧量污染压力短期内依然严峻

当点源污染控制到一定程度后，非点源污染势必成为水环境污染的主要来源。2008年至今，辽宁省针对辽河流域化学需氧量污染进行了专项治理工作，对流域内417家造纸厂进行了关闭或整改，消除了一大批重要的点源污染源，污染治理效果显著，截至2009年，辽河流域水质恶化的趋势已经基本得到遏制，但监测的41条支流当中，水体污染现象依然存在，部分河段污染突出。2010年辽河流域社会经济活动的化学需氧量污染的总负荷约101.46万吨，粗略估计化学需氧量入河量约29.2万吨，其中畜禽养殖、农村居民生活和城市径流的非点源污染量高于城镇居民生活和工业点源污染量的85%，非点源污染源广泛，入河途径复杂，短期内难以控制，辽河流域的化学需氧量污染压力短期内依然严峻。

3. 加强和改善排放方式是缓解化学需氧量污染最有效的措施

居民生活和畜禽养殖产生化学需氧量是生命体维持正常代谢过程产生的废弃物，因此，化学需氧量的产生量与人口数量和畜禽养殖规模有着稳定的线性关系，通过控制人口数量和减少畜禽养殖量来减少其产生量缺少现实性，控制该污染的工作重点应放在排放环节。应做

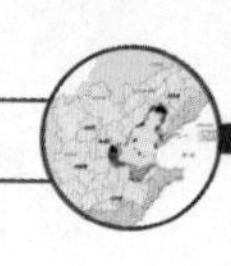

好以下工作：提高城镇生活污水集中处理率，避免污水直接排入雨水管道以及河流、湖泊、水库等环境水体；加强畜禽养殖的粪便处理，尤其要避免粪便的露天堆放，推进集中饲养，粪便集中处理，加快粪便进入沼气池，粪便有机肥转化工作；另外，控制工业排放，尤其是造纸、化工、饮料、制药、石油加工、食品加工等行业，坚决实施达标排放，必要时可选择合适的时间窗口进行规划排放，尤其是做好污染企业集中布局河段的排污控制，避免因工业集中排污造成河段水体的严重污染。

第四部分
环渤海地区社会经济活动的污染压力研究

第十章
环渤海地区社会经济活动的污染压力估算与风险评估

以第三部分研究思路与方法为基础，充分利用社会经济统计资料、土地利用资料、污染普查资料等对整个环渤海地区的社会经济污染物排放压力进行估算，并以估算结果作为二次研究对象，以区域地理数据为基础对社会经济污染排放的空间分布进行系统研究，并将污染的空间分布转化为岸线压力强度，为后期陆海统筹分区研究提供研究基础。

一、污染压力估算思路

以社会经济活动指标的规模强度及空间分析为基础，通过引入排污系数估算各类社会经济活动的污染排放量，在污染物区县分布基础上，合并为各个流域的污染物分布，运用陆海统筹的管理分区划分结果，将各个陆域分区单元上的污染压力映射至相应的岸线上来，最终形成环渤海地区社会经济活动污染排放的岸线压力（图10.1）。

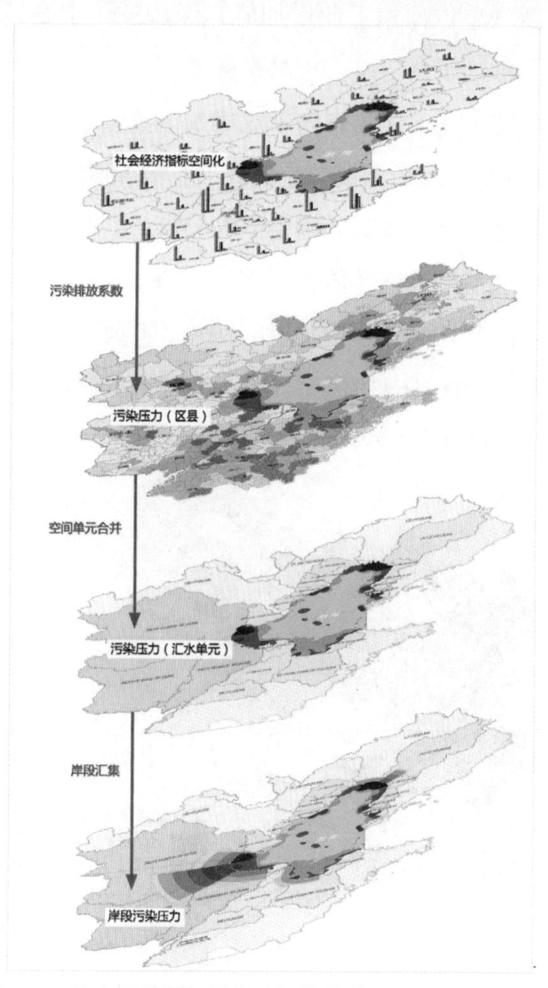

图10.1　社会经济指标转化为污染物岸线压力的基本流程

二、社会经济指标的空间化与压力估算

参与估算污染物排放的社会经济指标众多，包括：各工业（行业）产值、城镇人口数、城镇生活用水量、城镇用地面积、各类型耕地面积、化肥施用量、农村人口数、各类型畜禽养殖数等。本书中不一一列出每类指标的空间化结果，只选取具有代表性的指标进行必要的说明。

（一）工业要素的空间分布特征分析

1. 工业增加值空间分布

以工业增加值作为衡量区域工业发展规模的主要指标。图10.2显示了陆源水污染分区单元工业增加值总量的空间分布状况。

从整体来看，整个陆源水污染分区的工业增加值占环渤海地区总和的63%，高值的区域位于W5、W6、W4、W1、W12，其总和超过了整个陆源水污染分区的53%，环渤海地区工业增加值的1/3，其中最高值位于W5达到4 844.92亿元。较高的区域包括W9、W10、W3、W8、W11、W18，其总和占整个陆源水污染分区的19%，环渤海地区工业增加值的12%。工业增加值高密度（单位面积工业增加值）区域位于主要城市及其周边地区以及大连、营口、盘锦、唐山、天津、东营、潍坊市沿岸区域。

从区域来看，辽宁省内工业增加值高值区域位于W6，达到4 494.97亿元，约占辽宁省工业增加值的40%。辽东湾顶部是承载工业增加值的重点位置，该区域承载的工业增加值达到6 059.8亿元，超过了辽宁省工业增加值的53%，主要来自沈阳、营口、抚顺、鞍山、盘锦。京津冀地区工业增加值的高值区域位于W1、W5、W4，达到11 931.2亿元。其中该区域承载的工业增加值约占京津冀地区工业增加值的60%，主要来自北京和天津。山东省内工业增加值高值区位于W12、W9，达到4 692.7亿元，约占山东省工业增加值的19%，主要来自济南、淄博、泰安。

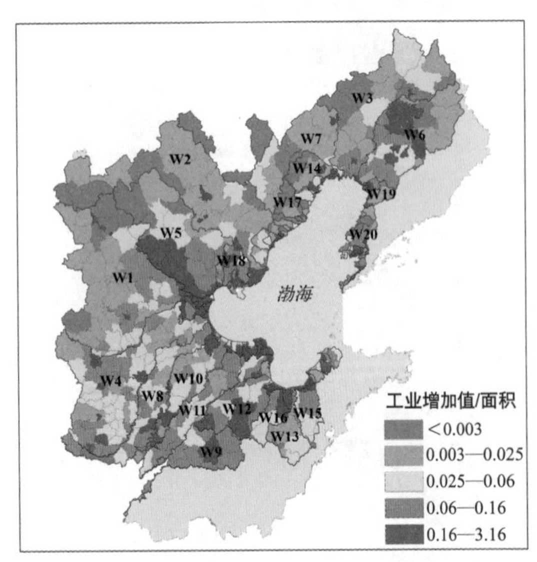

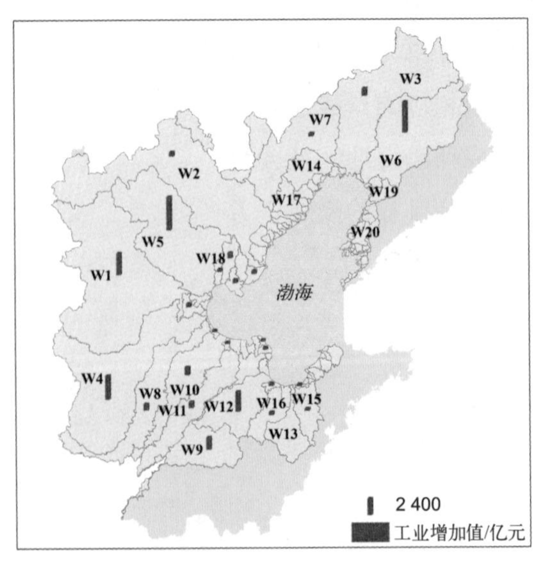

图10.2　环渤海地区各流域工业增加值空间分布

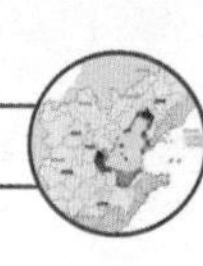

2. 工业废水排放量空间分布

图10.3显示了陆源水污染分区单元工业废水排放量的空间分布状况。

从整体来看，整个陆源水污染分区的工业废水排放量占环渤海地区总和的64%，高值的区域位于W1、W4、W12，其总和占整个陆源水污染分区的1/3，环渤海地区工业废水排放量的1/5，其中最高值位于W4达到38 956.05万吨。较高的区域包括W5、W6、W8、W10、W11，其总和占整个陆源水污染分区的31%，环渤海地区工业废水排放量的1/5。工业废水排放量高密度区域与工业增加值高密度区域不完全吻合，其空间分布更加集中，天津、河北、山东沿岸区域是工业废水排放量高密度区域，辽宁沿岸工业废水排放量高密度区域位于大连、营口和锦州。

从区域来看，辽宁省内工业废水排放量高值区域位于W6，达到19 808.44吨，约占辽宁省工业增加值的22%。辽东湾顶部仍然是承载工业废水排放量的重点位置，该区域承载的工业废水排放量达到29 839.05吨，占辽宁省工业废水排放量的1/3，主要来自沈阳、鞍山、抚顺、本溪和营口。京、津、冀地区工业废水排放量的高值区域位于W1、W4，达到73 362.38吨。其中该区域承载的工业废水排放量约占京、津、冀地区工业废水排放量的46%，主要来自河北。山东省内工业废水排放量高值区位于W12，达到29 019.42吨，约占山东省工业废水排放量的12%，主要来自济南和淄博。

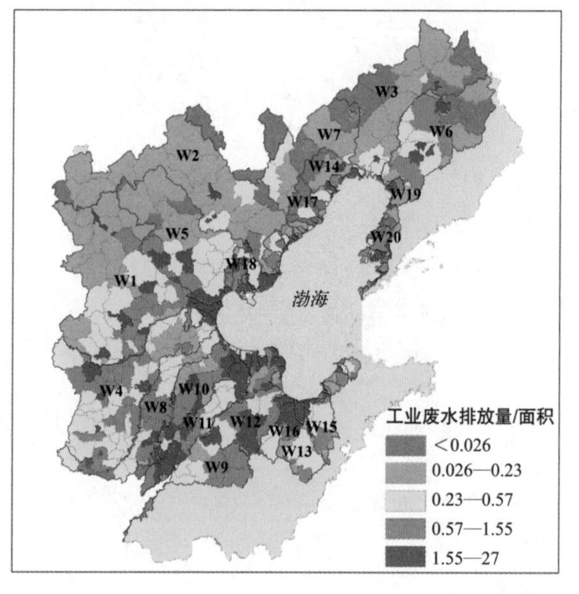

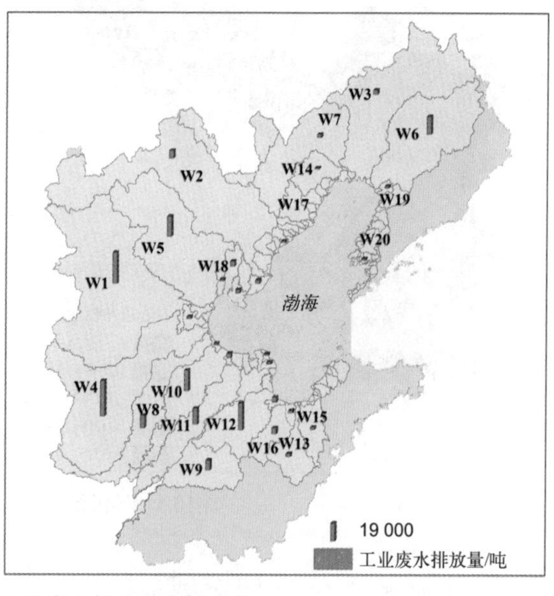

图10.3　环渤海地区各流域工业废水排放量空间分布

综上所述，工业指标的空间分布特征表现为高强度区域呈离散分布，以高强度区域为中心向外围存在强度逐级递减的辐射特征，工业指标总量集中分布在大辽河、海河和小清河流域。

（二）农业要素的空间分布特征分析

以农、林、牧、渔业总产值作为农业经济活动规模的主要指标，图10.4显示了陆源水污

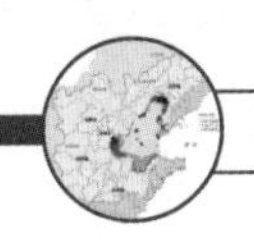

染分区单元农业总产值的空间分布状况。

1. 农业总产值空间分布

从整体来看，整个陆源水污染分区的农业总产值占环渤海地区总和的67%，高值的区域位于W1和W4，其总和占整个陆源水污染分区的28%，环渤海地区的1/5，其中最高值位于W4达到8 902 380.52万元。较高的区域包括W3、W5、W8、W9、W10、W11和W12，其总和占整个陆源水污染分区的45%，环渤海地区的30%。农业总产值密度的整体上南高北低，其空间分布更加集中，唐山、廊坊、石家庄、邯郸、聊城、济南和潍坊。

从区域来看，辽宁省内农业总产值高值区域位于W3，达到4 673 208.76万元，约占辽宁省农业总产值的34%。辽东湾顶部仍然是农业总产值的重点位置，该区域承载的农业总产值达到8 377 122.07万元，占辽宁省农业总产值的62%，主要来自沈阳、铁岭、盘锦、锦州和阜新。京津冀地区农业总产值的高值区域位于W1和W4，达到15 920 255.09万元，该区域承载的农业总产值超过了京津冀地区农业总产值的51%，主要来自河北。山东省内农业总产值高值区位于W9、W11和W12，达到10 322 624.38万元，占山东省农业总产值的25%，主要来自济南、聊城、德州、泰安、莱芜和滨州。

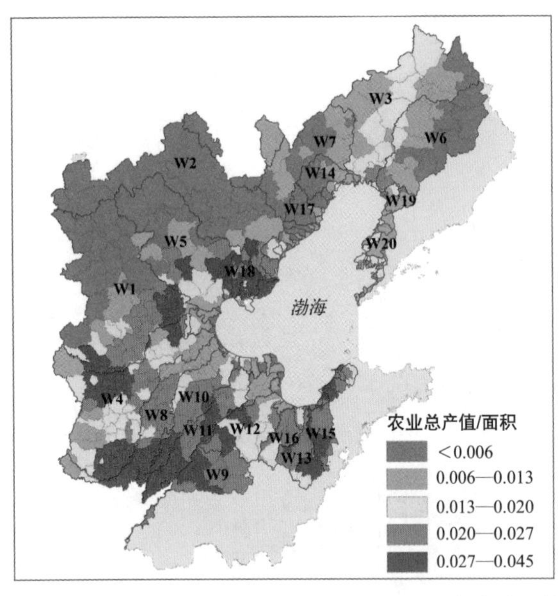

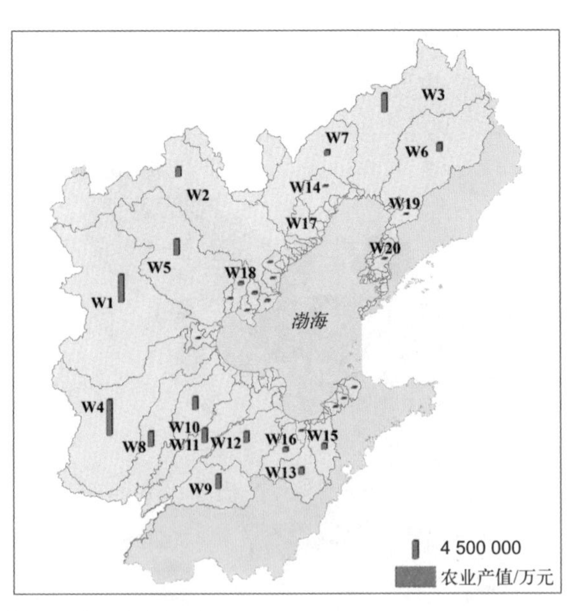

图10.4 环渤海地区流域农业总产值空间分布

2. 牧业总产值空间分布

整个陆源水污染分区的牧业总产值占环渤海地区总和的72%，高值的区域位于W1、W3和W4，其总和占整个陆源水污染分区的37%，环渤海地区的26%，其中高值位于W4达到5 111 267.5万元。较高的区域包括W2、W5、W6、W7、W8、W9、W10、W11和W12，其总和占整个陆源水污染分区的46%，环渤海地区的33%。牧业总产值高密度区域主要集中在沈阳及其周边地区、秦皇岛、唐山、廊坊、石家庄、邯郸、德州和潍坊。

从区域来看，辽宁省内牧业总产值高值区域位于W3，达到509 102.6万元，占辽宁省牧业总产值的35%。辽东湾顶部仍然是牧业总产值的重点位置，该区域承载的牧业总产值达到9 780 775.4万元，占辽宁省牧业总产值的68%，主要来自沈阳及其周边地区，包括锦州、盘锦、辽阳和铁岭。京津冀地区牧业总产值的高值区域位于W1和W4，达到9 098 269.6万元，该区域承载的牧业总产值超过了京津冀地区牧业总产值的54%，主要来自廊坊、石家庄和邯郸。山东省内牧业总产值高值区位于W9、W10和W11，达到5 263 434.7万元，占山东省牧业总产值的27%，主要来自济南、德州、淄博、泰安和莱芜（图10.5）。

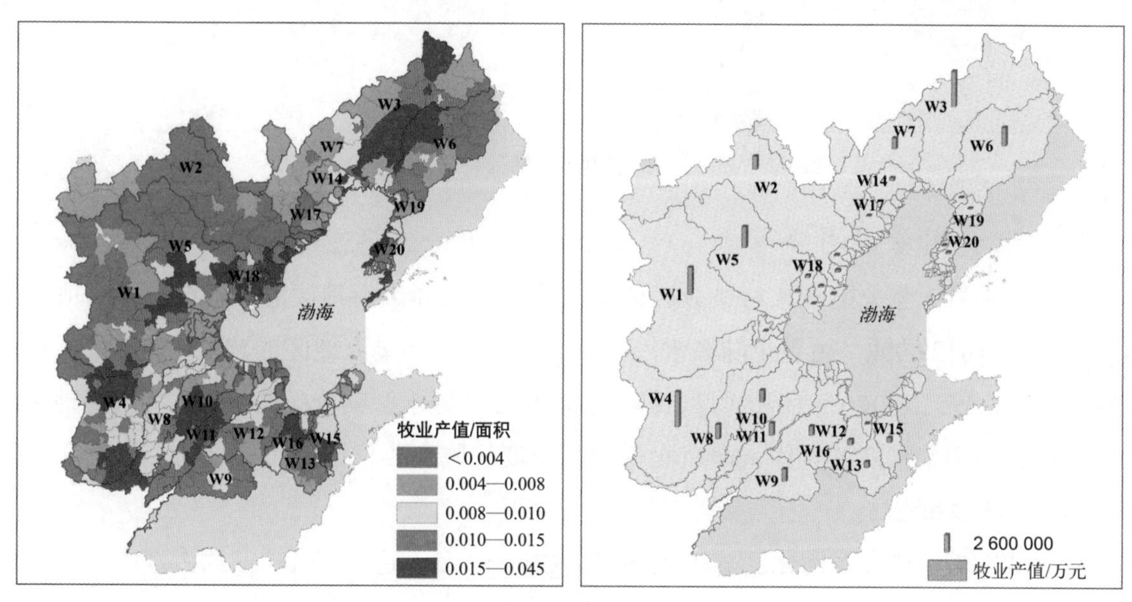

图10.5　环渤海地区各流域牧业产值空间分布

3. 农作物播种面积空间分布

从整体来看，整个陆源水污染分区的农作物播种面积占环渤海地区总和的69%，高值的区域位于W4，达到3 412.5平方千米。其总和占整个陆源水污染分区的18%，环渤海地区的12%。较高区域包括W1、W3、W8、W9、W10和W11，其总和占整个陆源水污染分区的49%，环渤海地区的34%。农作物播种面积密度整体上南高北低，高密度区域在石家庄、衡水、邢台、德州和聊城呈面状分布。

从区域来看，辽宁省内农作物播种面积高值区域位于W3，达到18 876平方千米，约占辽宁省农作物播种面积的40%。辽东湾顶部仍然是农作物播种面积的重点位置，该区域承载的农作物播种面积达到32 485平方千米，占辽宁省农作物播种面积的69%，主要来自沈阳、铁岭、盘锦、锦州、阜新。京津冀地区农作物播种面积的高值区域位于W4，该区域承载的农作物播种面积约京津冀地区农作物播种面积的33%，主要来河北南部地区。山东省内农作物播种面积高值区位于W10和W11，达到32 485平方千米，占山东省农作物播种面积的20%，主要来自滨州、德州和聊城（图10.6）。

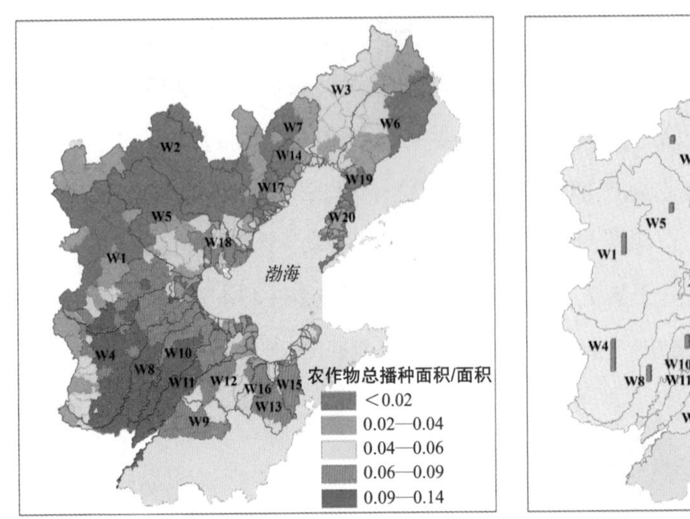

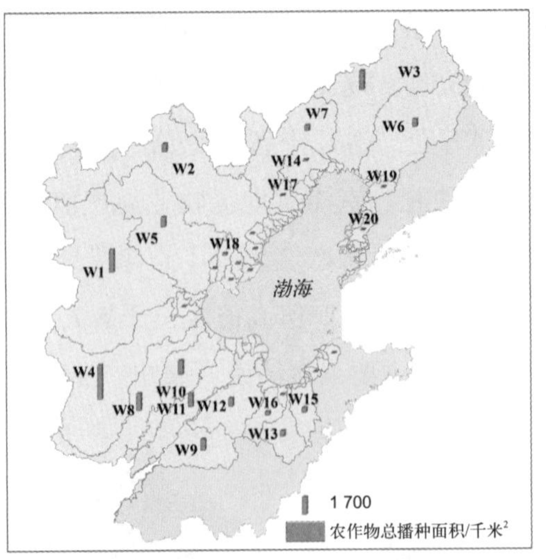

图10.6　环渤海地区流域农作物播种面积空间分布

4. 化肥施用量空间分布

从整体来看，整个陆源水污染分区的化肥施用量占环渤海地区总和的66%，高值的区域位于W4，约129.9吨，占整个陆源水污染分区的18%，环渤海地区的12%。较高的区域包括W1、W3、W5、W8、W10和W11，其总和占整个陆源水污染分区的46%，环渤海地区的30%。化肥施用量密度的整体上南高北低，高密度区域主要位于唐山、廊坊、石家庄、邯郸、聊城、济南和潍坊。

从区域来看，辽宁省内化肥施用量高值区域位于W3，达到60.1吨，约占辽宁省化肥施用量的38%。辽东湾顶部仍然是化肥施用量的重点位置，该区域承载的化肥施用量达到101.5吨，占辽宁省化肥施用量的63%，高密度区域主要位于营口、盘锦、锦州、铁岭和鞍山。京津冀地区是环渤海地区化肥施用量最重的区域，主要位于W1、W4、W5和W8，占到京津冀地区总量的80%。山东省内化肥施用量整体处于中高水平，占山东省化肥施用量的40%，高密度区域位于济南、聊城和潍坊（图10.7）。

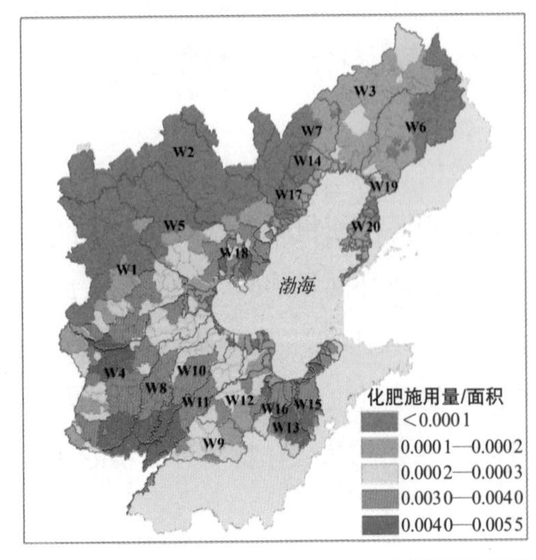

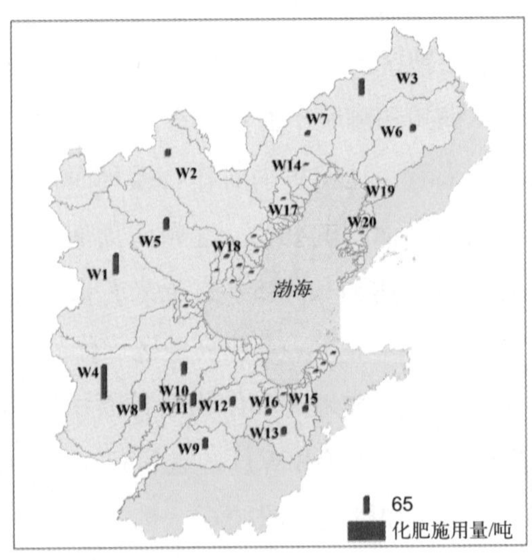

图10.7　环渤海地区流域化肥施用量空间分布

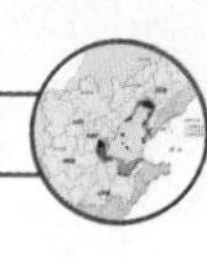

5. 农业人口空间分布

从整体来看，整个陆源水污染分区的农业人口占环渤海地区总和的65%，高值的区域位于W4，约1 772万人，占整个陆源水污染分区的16%，环渤海地区的10%。较高的区域包括W1、W5和W8，其总和占整个陆源水污染分区的28%，环渤海地区的18%。农业人口密度的整体上南高北低，高密度区域主要位于唐山、保定、石家庄、邯郸、聊城、济南和潍坊。

从区域来看，辽宁省内农业人口高值区域位于W3，达到654万人，约占辽宁省农业人口的27%。辽东湾顶部仍然是农业人口的重点位置，该区域承载的农业人口1389万人，占辽宁省农业人口的58%，高密度区域主要位于营口、盘锦、锦州、铁岭和鞍山。京津冀地区是环渤海地区农业人口最重的区域，主要位于W1、W4、W5和W8，占到京津冀地区总量的77%。山东省内农业人口主要位于W9和W12，占山东省农业人口的15%，高密度区域位于济南、聊城和潍坊（图10.8）。

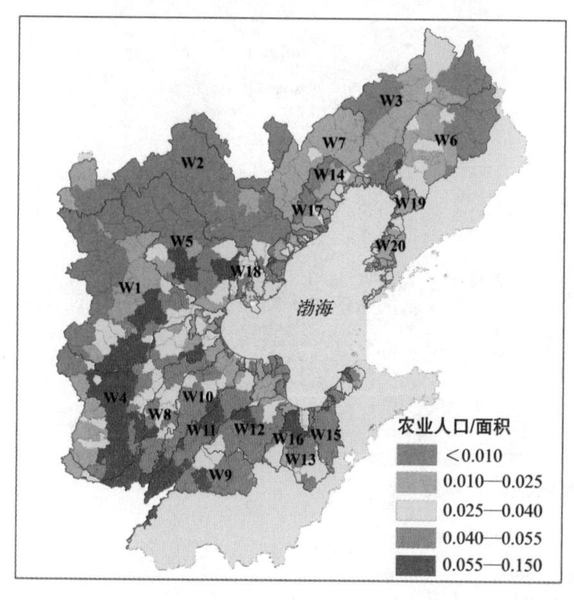

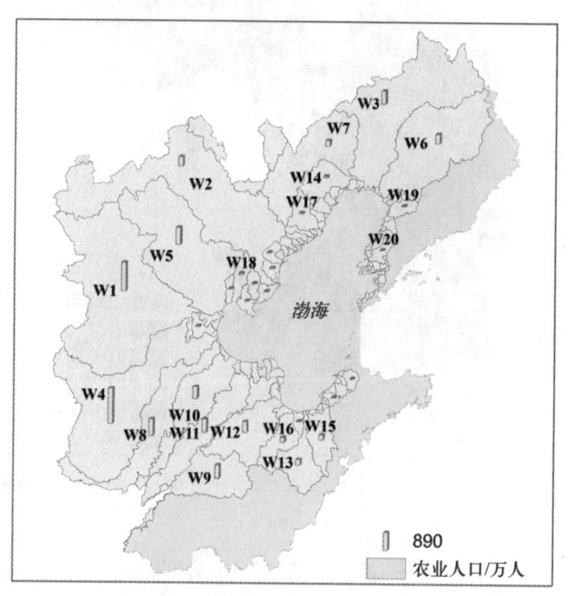

图10.8　环渤海地区流域农业人口空间分布

农业要素面源特征明显，受流域面积规模影响大。农业人口、农作物播种面积与化肥施用量存在明显的南北差异，农作物播种面积主要集中在河北南部及鲁西地区。牧业在各流域单元间的区域差异较小。

（三）城镇要素的空间分布特征分析

以城镇人口、国内生产总值作为城镇规模的主要指标，图10.9显示了陆源水污染分区单元城镇人口的空间分布状况，图10.10显示了陆源水污染分区单元国内生产总值的空间分布状况。

1. 城镇人口空间分布

从整体来看，整个陆源水污染分区的城镇人口占环渤海地区总和的68%，高值的区域位于W1、W4、W5和W6，其总和占整个陆源水污染分区的58%，环渤海地区的39%，其中高值位于W5，达到1 144.46万人。较高的区域包括W3、W9和W12，其总和占整个陆源水污染分区

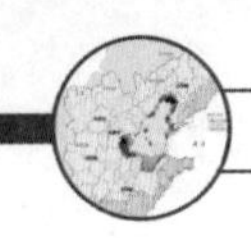

的16%，环渤海地区的11%。城镇人口都集中于城镇区域，高密度区域主要位于北京、天津、沈阳、石家庄、济南等直辖市和省会城市。

从区域来看，辽宁省内城镇人口高值区域位于W6，达到940.94万人，约占辽宁省城镇人口的37%。辽东湾顶部仍然是城镇人口的重点位置，该区域承载的城镇人口达到1 511.13万人，占辽宁省城镇人口的60%，主要来自沈阳、鞍山和本溪。京津冀地区城镇人口的高值区域位于W1、W4和W5，达到3 023.09万人，该区域承载的城镇人口超过了京津冀地区城镇人口的71%。山东省内城镇人口高值区位于W9和W12，达到780.59万人，占山东省城镇人口的23%，主要位于济南和淄博（图10.9）。

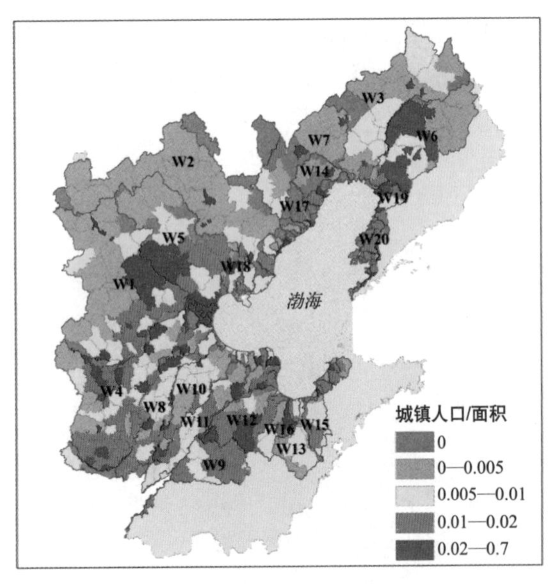

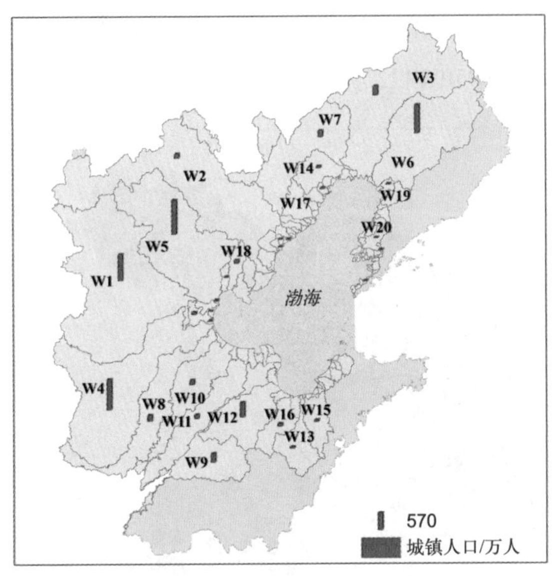

图10.9　环渤海地区各流域城镇人口空间分布

2. 国内生产总值空间分布

从整体来看，整个陆源水污染分区的国内生产总值占环渤海地区总和的64%，高值区域位于W5，其总和占整个陆源水污染分区的21%，环渤海地区的14%，其中高值位于W5，达到17 179.62亿元。较高区域包括W1、W4、W6和W12，其总和占整个陆源水污染分区的39%，环渤海地区的25%。国内生产总值高密度区域北部主要位于沈阳、盘锦、鞍山、营口和大连，中部集中在北京、天津和唐山，南部主要集中在济南、泰安、淄博、莱芜和潍坊。

从区域来看，辽宁省内国内生产总值高值区域位于W6，达到9 020.27亿元，约占辽宁省国内生产总值的37%。辽东湾顶部仍然是国内生产总值的重点位置，该区域承载的国内生产总值达到13 074.82亿元，占辽宁省国内生产总值的53%，主要来自沈阳、鞍山、本溪、营口和辽阳。京津冀地区国内生产总值的高值区域位于W1、W4和W5，达到33 605.02亿元，该区域承载的国内生产总值超过了京津冀地区国内生产总值的66%。山东省内国内生产总值高值区位于W9、W11和W12，达到12 485.37亿元，占山东省国内生产总值的24%，主要来自济南、泰安、淄博和莱芜（图10.10）。

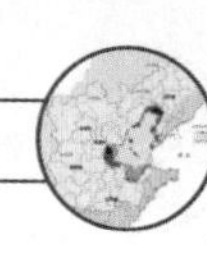

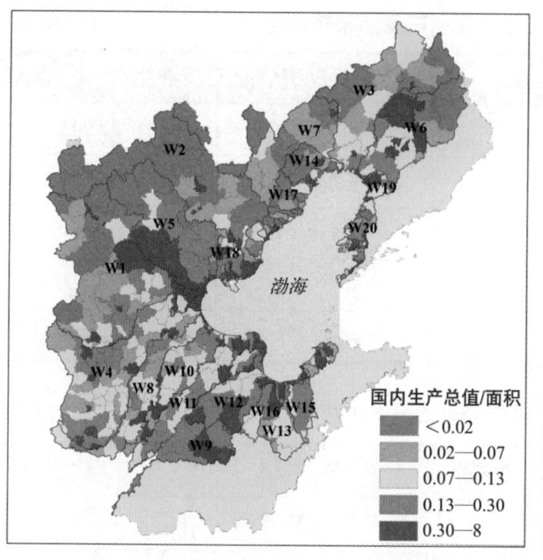

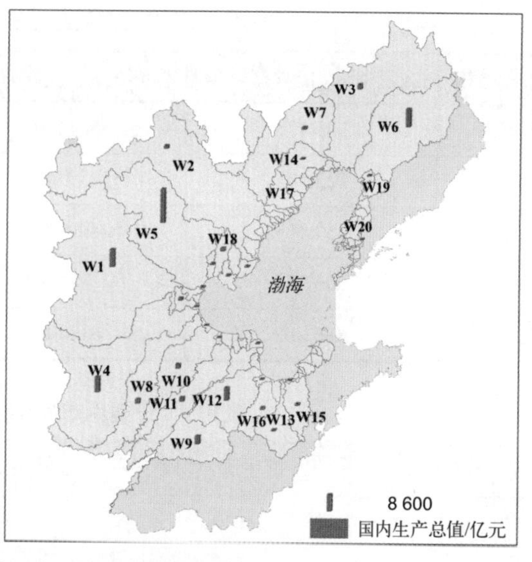

图10.10 环渤海地区流域国内生产总值空间分布

综上所述，城镇要素空间分布特征以主要城市（直辖市、省会城市）为主导。表现在主要城市位置对于分区的经济、人口规模有决定性作用；主要城市对周边区域经济、人口规模呈现辐射特征，随着距离主要城市所在分区的距离越远，区域经济和人口规模递减。

（四）环渤海地区氮污染的空间分布

应用项目前期的研究成果，在社会经济要素分区结果的基础上进一步计算得出总氮、化学需氧量和总磷污染压力的分区结果（表10.1至表10.4）。

表10.1 三省两市社会经济活动总氮污染排放量 单位：吨

省、直辖市	城镇生活_总氮	乡村生活_总氮	畜禽_总氮	农田_总氮
北京市	56 341	11 693	4 812	355
天津市	22 645	7 397	5 182	2 406
河北省	83 997	89 272	69 622	55 341
辽宁省	94 169	41 422	47 266	11 942
山东省	150 663	118 681	185 705	44 782

表10.2 三省两市社会经济活动氨氮污染排放量 单位：吨

省、直辖市	城镇生活_氨氮	乡村生活_氨氮	工业_氨氮
北京市	45 100	9 369	1 123
天津市	18 103	5 931	1 826
河北省	67 058	71 270	28 221
辽宁省	75 326	33 116	40 420
山东省	117 180	92 013	31 824

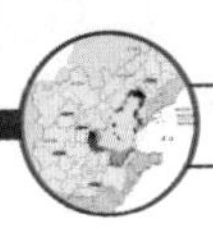

表10.3　三省两市社会经济活动化学需氧量污染排放量　　单位：吨

省、直辖市	城镇生活_化学需氧量	乡村生活_化学需氧量	畜禽养殖_化学需氧量	工业生产_化学需氧量
北京市	305 425	61 854	89 158	22 944
天津市	122 081	39 085	101 276	26 221
河北省	459 415	488 730	959 458	461 065
辽宁省	506 243	223 905	400 119	392 171
山东省	836 002	654 169	1 944 998	473 676

表10.4　三省两市社会经济活动总磷污染排放量　　单位：吨

省、直辖市	城镇生活_总磷	乡村生活_总磷	畜禽_总磷	农田_总磷
北京市	4 014	848	1 132	68
天津市	1 654	544	1 231	195
河北省	5 988	6 343	23 180	4 888
辽宁省	6 767	2 958	19 124	1 626
山东省	12 217	9 552	141 105	3 879

本研究对环渤海地区444个县区各类型社会经济活动的氮污染物排放量都进行了估算，表10.1和表10.2中数据仅列出了以省为单位的相关数据，空间氮污染曲线分布情况见图10.11。

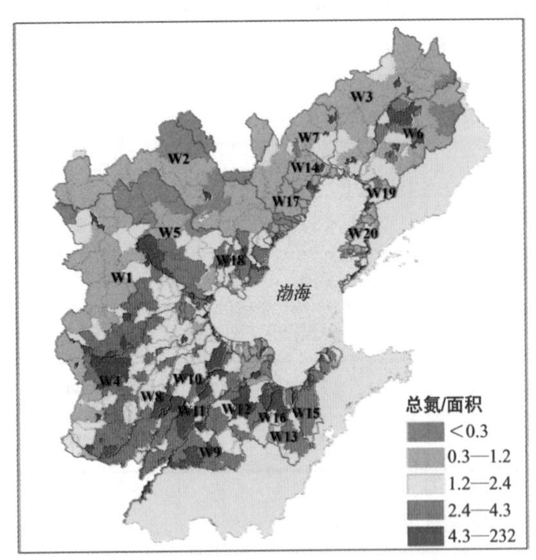

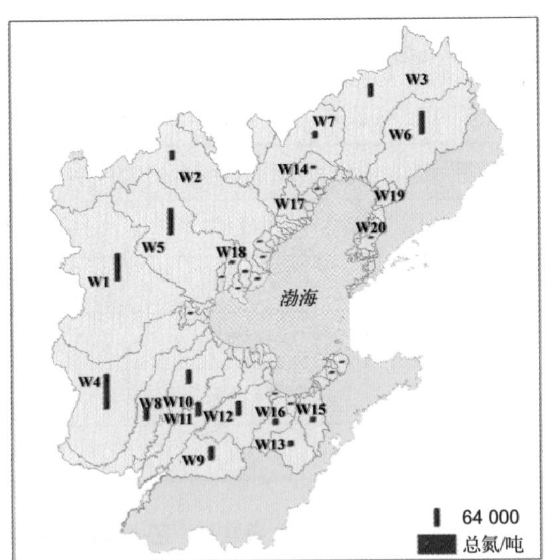

图10.11　环渤海地区各流域总氮空间分布

从整体来看，整个陆源水污染分区的总氮占环渤海地区总和的77%，高值的区域位于W4，达到128 631.11吨，其总和占整个陆源水污染分区的14%，环渤海地区的11%。较高的区域包括W1、W5和W6，其总和占整个陆源水污染分区的32%，环渤海地区的25%。总氮高密度区域北部主要位于沈阳及其周边地区、营口与大连近岸地区，中部集中在北京、天津、保定及其周边地区、唐山，南部主要集中在济南、泰安、淄博、莱芜和潍坊。

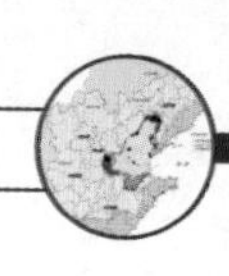

从区域来看，辽宁省内总氮高值区域位于W6，达到84 688.12吨，约占辽宁省总氮的45%。辽东湾顶部仍然是总氮的重点位置，该区域承载的总氮达到153 025.73吨，占辽宁省总氮的81%，主要来自沈阳、鞍山、本溪、营口和辽阳。京津冀地区总氮的高值区域位于W1、W4和W5，达到440 239.09吨，该区域承载的总氮约占京津冀地区总氮的75%。山东省内总氮高值区位于W9、W11和W12，达到147 878.66吨，占山东省总氮的28%，主要来自济南、泰安、淄博和莱芜。

综上所述，氮污染的空间分布特征是社会经济活动综合作用的结果，最终在空间上呈现出以围绕主要城市及主要河流分布的特征。

化学需氧量和总磷的污染物估算工作已经完成，正在形成系统的研究报告。

三、辽宁工业重金属污染的来源与风险评价

随着我国城市化和工业化进程的推进，重金属污染成为环境污染的重要方面，国土资源部曾公开表示，我国受铬等重金属污染的耕地面积近2 000万公顷，约占耕地总面积的20%，而且现阶段我国正处于高速的城市化和工业化进程中，因此，也正处于重金属污染事件的频发期，自2009年以来，我国已发生30多起重特大重金属污染事件（表10.5），仅2010年就发生血铅事件6起，重金属污染问题已成为社会关注的焦点。

辽宁省长期以来形成了以煤炭、石油、钢铁、化工、冶金等重工业为主的工业结构，污染排放强度高，工业废水排放量约占废水总量的1/3，矿物加工和冶炼、电镀、塑料、电池和化工等行业是排放重金属的主要工业源，除了水体里的重金属污染外，目前土壤里的重金属也是一大公害。该研究部分以工业源为研究对象，对重金属污染源特征进行分析，在系统分析重金属排放行业的规模、空间布局和排放强度特征的基础上，结合辽宁水系分布，划分辽宁省工业重金属污染的风险等级及其空间分布特征。

表10.5　2009—2011年重金属污染事件

年份	月份	事件
2009年	6月	湖南娄底双峰县发生铬污染事件
	7月	浏阳爆发某化工厂引起的恶性镉污染事件
	8月	陕西凤翔县发生铅排放导致大量儿童血铅含量严重超标 昆明东川区发生200余名儿童血铅超标事件 湖南武冈某工厂超标排铅，造成附近1 300多名儿童中铅毒
	9月	福建某厂排放含铅的烟尘和废水导致逾百名儿童血铅超标
	10月	河南济源因铅冶炼企业造成1 000余名儿童血铅超标
	12月	山东临沂境内含砷污水下排，使整个南涑河流域及其下游的江苏邳州水体砷超标 广东清远44名儿童被检出血铅超标 据环保部统计，2009年环保部接报的12起重金属、类金属污染事件，致使4 035人血铅超标，182人镉超标

续表

2010年	1月	江苏大丰51名儿童被查出血铅超标
	3月	四川隆昌县渔箭镇部分村民血铅检测结果异常 湖南郴州儿童铅中毒
	6月	湖北崇阳30人查出血铅超标，其中16名儿童
	7月	福建紫金矿业含铜酸性废水渗漏，造成汀江大面积恶性污染
	7月	云南大理鹤庆39名儿童血铅超标
	12月	安徽怀宁因附近电源厂污染导致100余名儿童血铅超标
2011年	3月	浙江德清县因当地电池企业污染导致300余人血铅超标 浙江台州上陶村因蓄电池排放废水废气造成100余名村民血铅超标

注：资料来源于网络新闻。

（一）数据选择与处理

本研究所用数据来源：①工业行业数据来源于各行业的企业汇总数据，其中企业数据包括企业名称、所属行业、通信地址、员工数、营业额等信息，为体现各行业的空间分布特征，依据各企业地址确定了企业的经纬度信息，并利用GIS技术将企业信息空间化；②地理空间数据：地图资料为辽宁省基础地理数据，来源于国家基础地理信息系统；③产排污强度数据：工业各行业工序复杂多样，各企业间的生产工艺也有所差别，且产排污环节纷繁复杂，因此，要从产排污角度提取各行业统一的产排污系数不具有操作性，通常以行业的产污或者排污强度来表示行业的平均产排污水平。产污或排污强度一般以行业每万元产值的产污或排污量来表达，2007年我国开展了第一次全国污染源普查，普查中包括重金属污染的详细调查，其数据覆盖面广，调查单元分辨率高，因此，依据污染普查数据和各行业总产值数据计算得出各个行业的产排污强度（克/万元）可信度高，具有一定的普适性，利用该数据作为分析辽宁各行业重金属产排量合理可行。

（二）重金属污染研究思路与方法

以辽宁7个重点重金属污染行业的企业数据为基础，利用GIS工具将企业数据空间化，在研究各类企业空间分布基础上总结各个行业的空间分布特征，结合企业规模信息，划定重点污染行业分布的空间聚集区域；以各工业行业重金属产排强度为基础，以企业为单元估算各类重金属的产排污量，并采用等标污染负荷法将各个行业产生和排放的各类重金属污染物量转换为等标污染负荷量；在等标污染负荷的统一平台上对比辽宁省各类重金属污染的程度，重点分析各行业重金属污染物产生量的空间分布特征，依据产生量大小划分污染风险等级及重点区域，进一步确定污染等级较高区域的防控重点行业与污染类型。

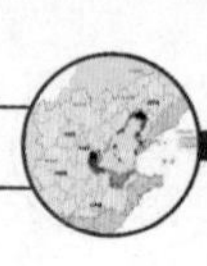

1. 行业及重金属类型的界定

（1）重金属类型的界定。现阶段对人类和环境造成危害的重金属主要有砷、铬、铅、镉和汞5种，国家也重点监测该5种重金属污染数据，众多学者关于重金属的研究也主要集中在这5种污染类型上，因此，本书选择以上5种重金属类型作为研究辽宁省工业重金属污染。

（2）重金属污染工业行业类型的界定。目前我国39类工业行业中并不是每类行业都产生重金属污染，通过对第一次全国污染源普查数据的分析，辽宁省重金属产生与排放的重点行业为：有色金属冶炼及压延加工业、有色金属矿采选业、化学原料及化学制品制造业、金属制品业、黑色金属冶炼及压延加工业、交通运输设备制造业、通信设备计算机及其他电子设备制造业及皮革毛皮羽毛（绒）及其制品业8个行业，以上各行业的重金属产排量占重金属总产排放量的85%—99%，可以认为这8个行业代表辽宁重金属排放的重点工业行业。由于未能获取皮革毛皮羽毛（绒）及其制品业的企业数据，因此本章选择了前7个工业行业作为研究辽宁工业重金属污染的重点行业，总计整理企业个数6 905个（表10.6）。

表10.6 重金属排放行业及企业个数

行业	化学原料及化学制品制造业	黑色金属冶炼及压延加工业	有色金属冶炼及压延加工业	有色金属矿采选业	金属制品业	交通运输设备制造业	通信设备、计算机及其他电子设备制造业
行业简称*	化学制品业	黑色金属业	有色金属加工	有色矿开采	金属制品业	交通设备业	通信电子业
企业数/个	1 240	1 235	622	423	1 521	1 323	541

注：*以下出现行业名称时使用行业简称。

2. 各行业重金属污染产排强度的确定

通过污染普查数据的整理和分析，按照每类行业每类重金属的污染进行统计，并依据以下方法计算每个行业的每类重金属污染的产生和排放强度：

$$S_{ij} = \frac{\sum P_{ij}}{\sum V_i}$$

式中，S_{ij}为第i类行业产生或排放第j种重金属污染物的强度，单位：克/万元；P_{ij}为某年内第i类行业产生或排放的j类重金属污染物的量；V_i为该年第i类行业的年产值。

表10.7列出了辽宁7大重金属排放行业的各类重金属产排强度，其中化学原料及化学制品制造业、有色金属冶炼及压延加工业和有色金属矿采选业在生产过程中5种重金属均有产排。不同行业的重金属污染从污染类型或污染强度上均有较大差别，有色金属相关产业和化学原料及化学制品制造业的重金属污染类型多样，且污染强度较大，其他行业污染类型相对单一，污染强度较弱。

表10.7 辽宁省7大重点工业行业的重金属产排强度　　单位：克/万元

项目	砷（As）		铬(Cr)		铅(Pb)		镉(Cd)		汞(Hg)	
	产污强度	排污强度	产污强度	排污强度	产污强度	排污强度	产污强度	排污强度	产污强度	排污强度
化学原料及化学制品制造业	8.562 1	0.025 8	0.028 3	0.001 7	0.013 2	0.001 7	0.000 1	0.000 1	0.016 3	0.011 8
黑色金属冶炼及压延加工业	—	—	0.241 0	—	0.000 3	0.000 3	—	—	—	—
有色金属冶炼及压延加工业	17.012	0.028 0	0.008 0	0.001 8	14.184	0.054 2	16.451	0.007 9	0.014 3	0.001 0
有色金属矿采选业	1.982 9	0.770 2	0.010 9	0.002 9	1.128 8	0.372 7	0.052 7	0.016 7	0.033 4	0.012 7
金属制品业	—	—	6.391 5	0.210 8	0.001 7	0.000 1	—	—	—	—
交通运输设备制造业	—	—	0.290 9	0.004 2	0.008 7	0.008 1	0.001 3	0.000 3	—	—
通信设备、计算机及其他电子设备制造业	—	—	0.031 5	0.008 4	0.010 1	0.002 1	—	—	—	—

注：“—”表示小数点后4位为零的数据或该项没有产排。

3. 重金属污染负荷的估算方法

企业的生产规模、生产水平、技术工艺和治污投资等都是影响企业重金属产生和排放的因素，每个企业的各种影响因素各有差别，很难在考虑各个具体因素的前提下估算污染负荷，但在一定的技术水平下，企业的生产规模基本决定了企业产生和排放重金属污染物的数量，正是基于该假设，以各个企业的生产规模估算各企业产生和排放重金属量：

$$q_{ik} = V_i \times S_{ik}$$

式中，q_{ik}为行业i全年产生或排放的污染物k的总量；V_i为企业年产值；S_{ik}为行业i产生或排放污染物k的强度，单位：克/万元，该值由2007年全国第一次污染源普查中的工业污染普查数据计算得出。

工业门类多、工序多、原材料种类多的生产特点决定了工业重金属污染的复杂性，一种污染物可以由多个行业产生，而一个行业也可以同时产生多种污染物，不同污染物对环境造成的污染程度不同，所以，对不同行业重金属污染的评价需采用一个标准的评价方法。在一个研究区内确定主要污染源和主要污染物时，通常采用等标污染负荷法作为统一比较的尺度，可对各污染源和各污染物的环境影响大小进行比较，因此，本书采用等标污染负荷法对

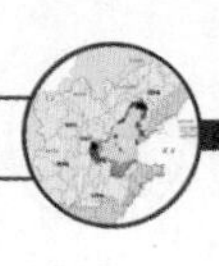

多个污染源及其排放的多种污染物进行评价。等标污染负荷和单位产值等标污染负荷的计算公式为：

$$P_{ijk}=\frac{Q_{ijk}\times C_{ijk}}{C_{0ik}}=\frac{q_{ijk}}{C_{0ik}}$$

式中，P_{ijk}为分区j中行业i排放的污染物k的等标污染负荷；C_{ijk}和C_{0ik}分别为分区j中行业i排放的污染物k的平均浓度和排放标准；Q_{ijk}为分区j中行业i的废水排放量；q_{ijk}为分区j中行业i全年排放的污染物k的总量，本项目中以企业为基本研究单元，因此在计算等标污染负荷时也以企业污染物排放量为基本单元，行业和行政区相关指标值也来源于企业数据的汇总。该部分q_{ijk}单位：千克/年，C_{0ik}单位：毫克/升。

本章评价标准采用国标《污水综合排放标准》（GB 8978—1996）中第一类污染物最高允许排放浓度：汞0.05毫克/升，砷0.5毫克/升，总铬 1.5 毫克/升，铬0.5毫克/升，铅1.0毫克/升，镉0.1毫克/升。

（三）重金属污染行业分布及污染特征

因历史原因辽宁工业结构中重工业比重突出，形成了多个典型重工业城市，但由于资源禀赋、交通条件、政策引导等因素的不同，沈阳、鞍山、大连、抚顺和本溪等城市各有优势行业，因此，各重金属污染行业的空间分布也各具特点。

1. 有色金属矿采选业

图10.12显示了辽宁有色金属矿采选业的空间分布情况，矿产的自然分布决定了该行业的分布，辽宁有色金属矿采选业集中布局在抚顺的新宾县和清原县、鞍山市岫岩县、葫芦岛市和丹东的宽甸县，其中，抚顺矿产企业规模大，企业数量较少，而岫岩和葫芦岛的矿采企业平均规模较小，但数量众多。我国有色金属矿共生与伴生的有用组分较多、选矿工艺流程较复杂。由于各地原矿石成分的差异以及采选工艺的多样性，在洗矿和精选工序中会产生和排放复杂的污染物，包括重金属排放。虽然与其他采掘业相比，有色金属矿的废水处理费用、投资系数和环保投资比例都是最高的，但这也说明企业会更关注核算环保投资对利润的影响，容易出现为追求利润而人为缩减环保投资的现象。

2. 有色金属加工业

相应地，有色金属加工业分布受有色矿采选业分布的影响，图10.13显示了有色金属加工业的空间分布，可以看出，葫芦岛、沈阳、辽阳和锦州为该产业聚集地区，约占全省该行业总产值的70%，葫芦岛有色工业的规模为全省的1/3。有色金属冶炼产生的废水成分复杂，废水处理难度也大，废水处理运行单价和治理投资系数都高于采选，也高于平均水平。从有色金属工业污染物平均排放浓度来看，重金属排放浓度基本全部超过最高允许排放标准。有色金属加工业生产过程中会排放汞、镉、铅、砷和铬等多种重金属污染物，是重金属污染的重要来源行业之一。

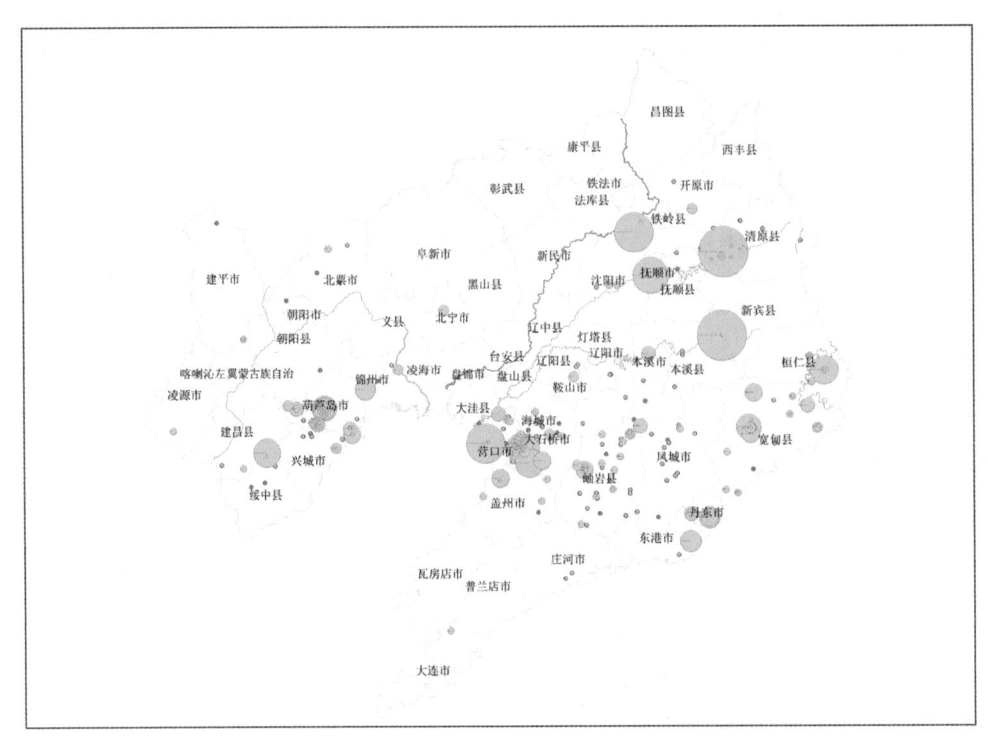

图10.12　有色金属矿采选业空间分布

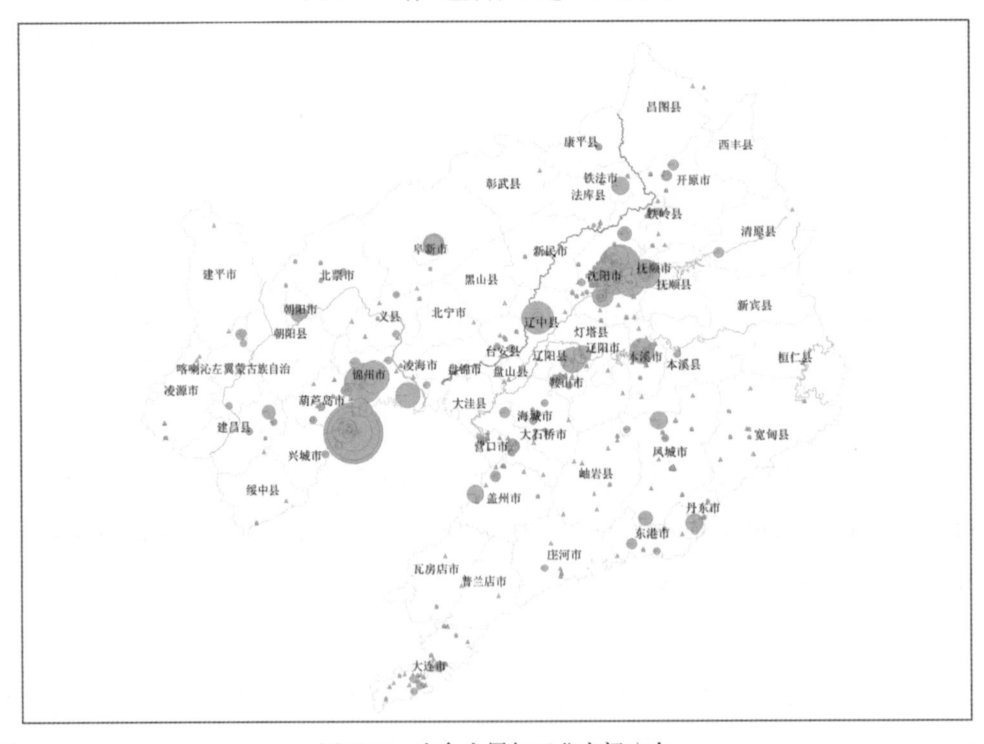

图10.13　有色金属加工业空间分布

3. 金属制品业

金属制品业包括结构性金属制品制造、金属工具制造、集装箱及金属包装容器制造、不锈钢及类似日用金属制品制造等，图10.14反映了金属制品业的空间分布情况，全行业约90%的产值集中分布在沈阳、鞍山、大连和营口。金属制品业的重金属污染物主要是铬和铅。铬主要用于金属加工和电镀等行业。

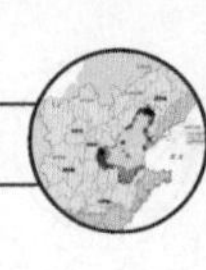

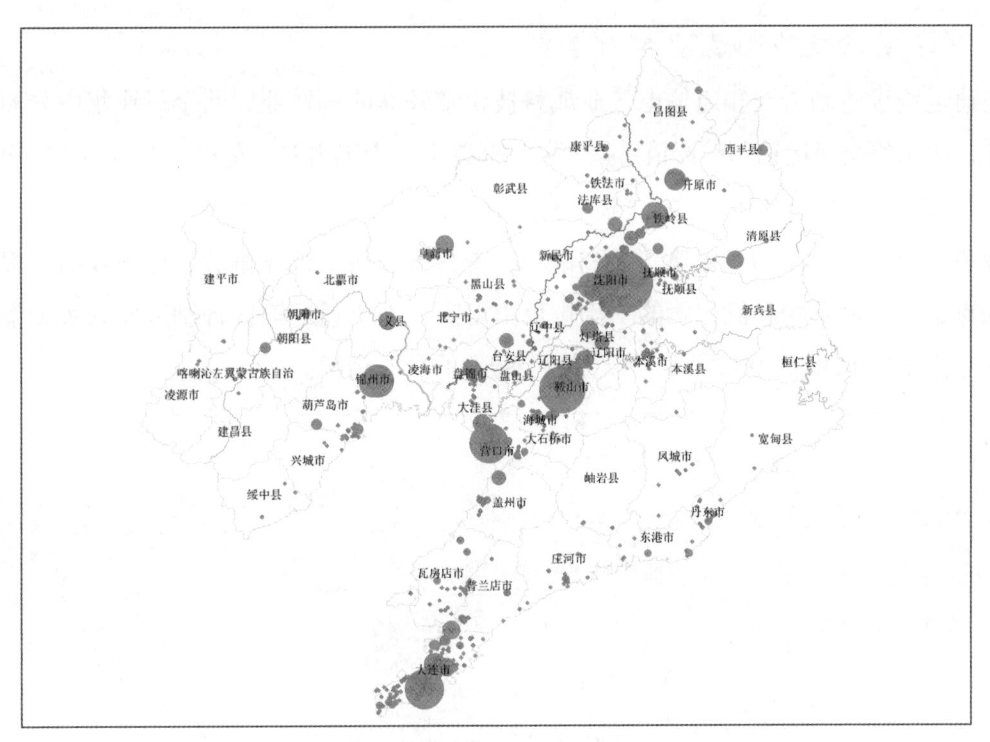

图10.14　金属制品业空间分布

4. 黑色金属冶炼及压延业

辽宁省黑色金属冶炼及压延业主要分布在鞍山和本溪，主要代表企业为鞍钢和本钢两大钢铁集团，两市该行业产值占全省的76%以上，沈阳、抚顺、大连和锦州分布的企业数量较多，但规模较小（图10.15）。黑色金属冶炼及压延工业主要产生铬与铅污染，其他污染物产生量较小。

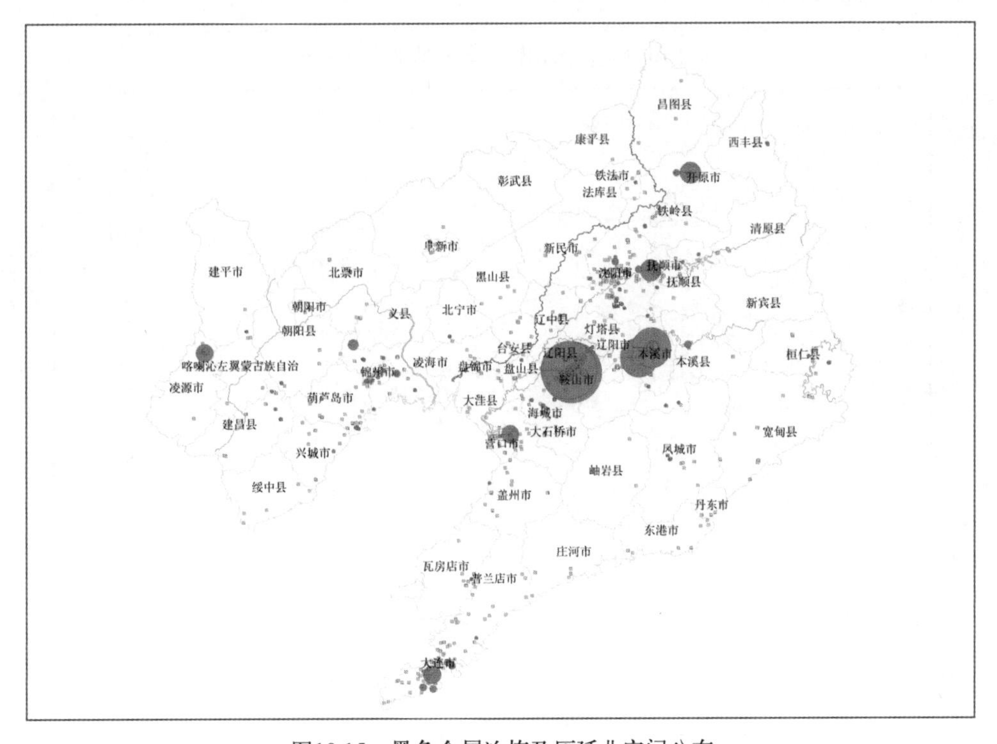

图10.15　黑色金属冶炼及压延业空间分布

5. 交通运输设备制造业和通信电子业

交通运输设备制造业和通信电子业属科技含量较高的制造业，两个行业集中分布在沈阳和大连，沈阳的交通运输制造产值占全省的50%以上，大连占25%左右；大连的通信电子业产值占全省的80%，沈阳占15%左右。鞍山、营口和锦州的两个行业规模不大，其他地区分布零散且规模很小。两行业均产生铬、铅和镉的污染，虽然两个行业排放达标率较高，但通信电子业的重金属、挥发酚和氰化物的平均排放浓度高，而交通运输设备制造业的汞和镉排放浓度居首位。图10.16和图10.17显示了以上两个行业的分布情况。

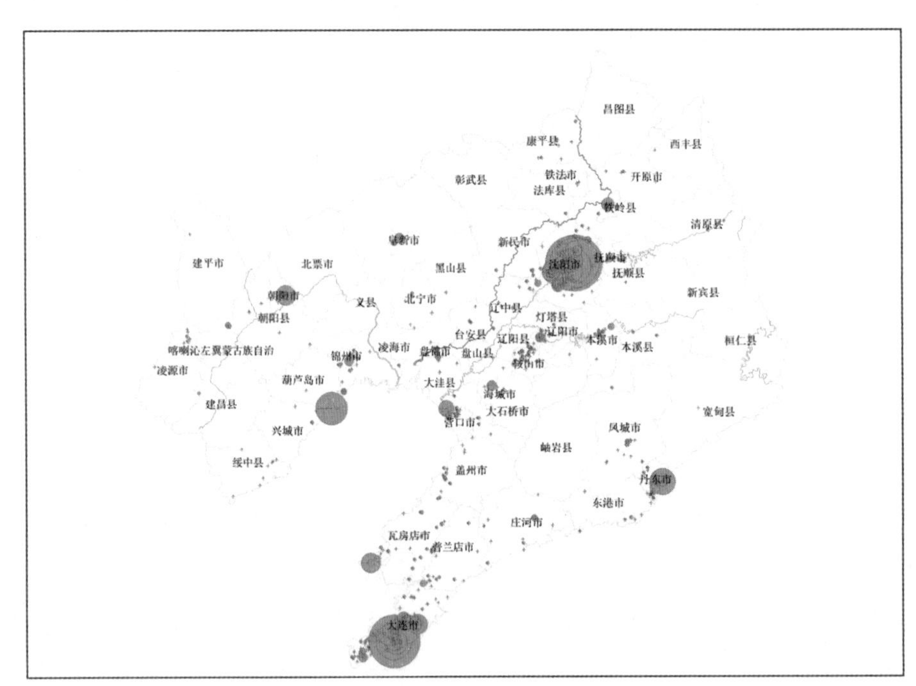

图10.16 交通运输设备制造业空间分布

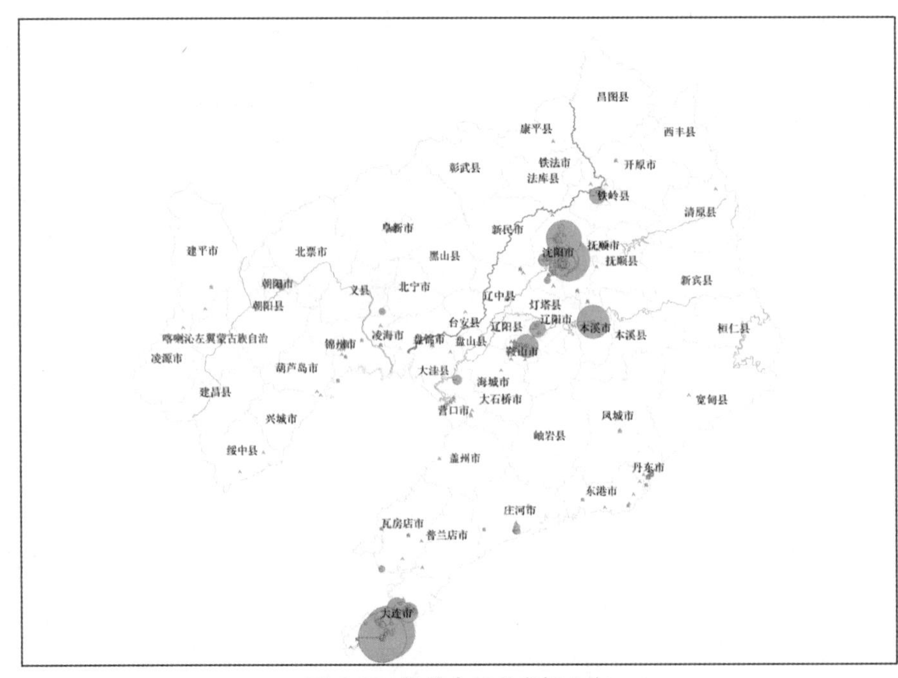

图10.17 通信电子业空间分布

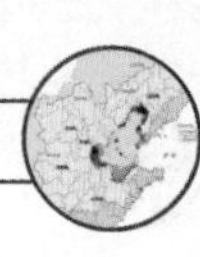

6. 化学制品业

取决于资源禀赋和港口条件，辽宁化学制品业主要分布在大连、辽阳、盘锦、抚顺和葫芦岛（图10.18），随着“十二五”期间大连石化的炼油、辽阳石化的对苯二甲酸、本溪的大尿素、抚顺石化炼油、华锦集团的乙烯和炼油项目的进一步落实，辽宁着力打造大连石化基地、抚顺石化基地、辽阳芳烃和化纤原料基地的同时，发展沈阳的橡胶和精细化工，发展鞍山和本溪的煤焦化工业，可以明确辽宁石化规模将大幅增加。化工业由于其原料、产品复杂多样，生产工艺千差万别，所排放的废水中包含了各种污染物，其中重金属污染物类型有砷、铬、汞、铅和镉。

辽宁省重金属污染行业（有色金属采选业除外）总体呈现“两点一线”的空间分布。可通过图10.19看出7个重金属污染重点行业空间分布的叠加情况，除有色金属矿采选业外，其他6个行业的分布基本遵循了“两点一线”的分布格局，“一线”即依“抚顺—沈阳—鞍山—营口”自东北至西南呈线性布局，“两点”为“大连和锦州—葫芦岛”两个重点布局地区。其中大连、葫芦岛和营口均为沿海城市，众多企业布局在沿海地区，污染物易于排入海中造成海洋环境污染；布局在“一线”地区的企业在空间上与辽河、浑河、太子河流域重叠，部分沿河或近河布局的企业也容易将污染物排放至河中引起河流污染。因此，从7个行业的整体布局来看，沿海沿河布局比重高，污染物输移相对容易，引起的环境污染和扩散风险较高。

图10.18　化学制品业空间分布

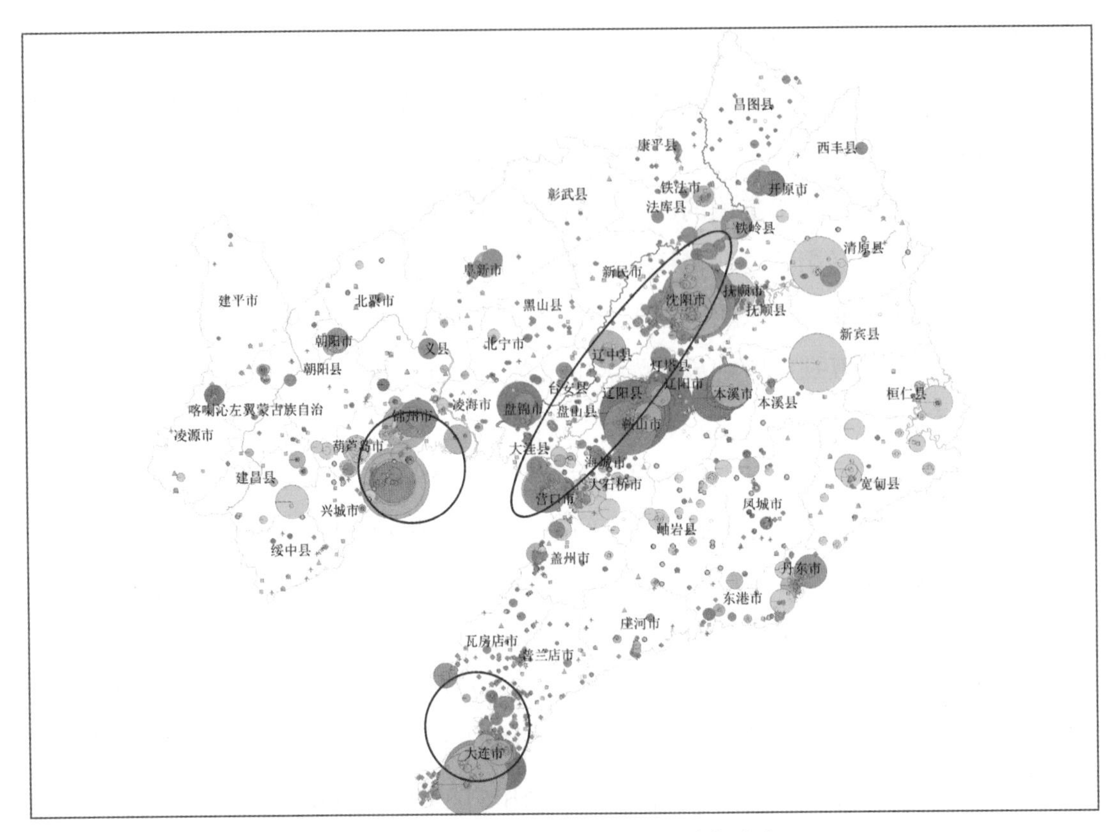

图10.19　辽宁省7个重点工业行业空间分布

（四）工业重金属排放量估算及风险分析

1. 重金属排放总量及各行业排放量估算

参考第一次污染普查数据，以各行业重金属污染特征为基础，以企业为单元估算每个企业的重金属产排量，通过行业汇总得到2010年辽宁省 7 个主要重金属污染行业重金属总产生与排放量（表10.8）。2010年辽宁省 7 个行业的重金属总排放量约 6 575千克，其中有色金属矿采选业排放量最多，达2 617千克，其他依次为金属制品业、有色金属加工业、化学制品业、交通运输设备制造业、通信电子业和黑色金属冶炼及压延业。从各污染物类型上看，5种重金属污染物的排放量差别较大，排放量较大的砷和铬排放量均在2 300千克左右，几乎分别为汞和镉排放量的10倍和20倍，镉的排放量为119千克，为5种污染物中最小，重金属铅的排放量居中。依据污染物绝对排放量从大到小依次为：砷、铬、铅、汞、镉。

表10.8　2010年辽宁省7个主要工业行业各类重金属产生及排放量　　单位：千克

项目	砷（As）		铬(Cr)		铅(Pb)		镉(Cd)		汞(Hg)	
	产生量	排放量	产生量	排放量	产生量	排放量	产生量	排放量	产生量	排放量
化学原料及化学制品制造业	133 011	400	439	26	204	26	1	1	252	183
黑色金属冶炼及压延加工业	—	—	12 646	—	16	16	—	—	—	—

续表

项目	砷（As）		铬(Cr)		铅(Pb)		镉(Cd)		汞(Hg)	
	产生量	排放量	产生量	排放量	产生量	排放量	产生量	排放量	产生量	排放量
有色金属冶炼及压延加工业	157 845	220	74	17	131 608	503	152 640	73	132	10
有色金属矿采选业	4 418	1 616	24	6	2 515	830	118	37	74	28
金属制品业	—	—	63 714	2 201	17	1	—	—	—	—
交通运输设备制造业	—	—	6 481	104	195	180	30	7	—	—
通信设备、计算机及其他电子设备制造业	—	—	181	48	58	12	—	—	—	—
合计	295 274	2 236	83 559	2 403	134 612	1 567	152 788	119	459	220

2. 基于等标污染负荷法的污染强度分析

不同类型的重金属对环境的影响程度不同，因此，对比两种不同重金属的环境污染不能仅比较数量上的多少，更要参考环境对污染物的敏感度，等标污染负荷方法为对比行业内、行业间和不同类型的重金属污染对环境的影响程度提供了统一的平台，表10.9是依据等标污染负荷法的数据进行了转换。等标污染转换后镉和汞的等标污染排放量明显扩大，全省的砷、铬和汞的等标污染排放量都约为4 500千克，铅为1 567千克，镉为1 189千克，可以认为辽宁工业污染中砷、铬和汞为重金属主要污染类型，且污染强度相当，铅污染次之，镉的污染相对较轻。砷和铬之所以成为辽宁工业重金属污染的主要类型是因为两种重金属排放的绝对数量较大，而汞在排放量并不大的情况下也成为主要污染类型的原因在于汞对环境的影响程度较大，1千克汞对环境的影响相当于10千克的砷或六价铬。

表10.9　2010年辽宁省7个工业行业各类重金属产生及排放的等标污染负荷量　　单位：千克

项目	砷（As）		铬(Cr)		铅(Pb)		镉(Cd)		汞(Hg)	
	产生量	排放量	产生量	排放量	产生量	排放量	产生量	排放量	产生量	排放量
化学原料及化学制品制造业	266 022	800	878	52	204	26	8	8	5 049	3 651
黑色金属冶炼及压延加工业	—	—	25 292	—	16	16	—	—	—	—
有色金属冶炼及压延加工业	315 690	440	148	34	131 608	503	1 526 399	734	2 646	194
有色金属矿采选业	8 836	3 232	48	12	2 515	830	1 175	373	1 488	564

续表

项目	砷（As）		铬(Cr)		铅(Pb)		镉(Cd)		汞(Hg)	
	产生量	排放量	产生量	排放量	产生量	排放量	产生量	排放量	产生量	排放量
金属制品业	—	—	127 428	4 402	17	1	—	—	—	—
交通运输设备制造业	—	—	12 962	208	195	180	297	74	—	—
通信设备、计算机及其他电子设备制造业	—	—	362	96	58	12	—	—	—	—
合计	590 548	4 472	167 118	4 806	134 612	1 567	1 527 879	1 189	9 183	4 409

3. 重金属污染负荷的空间分布

对辽宁重点重金属污染行业的空间分布进行了分析，就某个行业而言，其重金属污染的空间分布与行业分布具有绝对的相关性，但由于不同行业会产生同一类重金属污染物，所以，重金属污染总的分布状况取决于多个行业空间分布的叠加，为了能更好地反映行业间和地区间重金属污染具体状况，在绘制重金属排放量的空间分布时将各企业的重金属排污量和各市县区的重金属排污合计量分别制图，并分别绘制了砷、铬、铅和镉、汞5种重金属类型的空间分布图。

（1）砷的空间分布。图10.20显示了砷污染负荷的空间分布状况，可以看出，营口、葫芦岛和新宾县砷负荷相对集中，3个地区有色矿采选业规模大，砷污染主要源自于矿采业的排放，另外，化学工业也是砷污染的主要来源，辽阳、大连和沈阳化工规模较大，也成为砷污染负荷相对较高的地区。

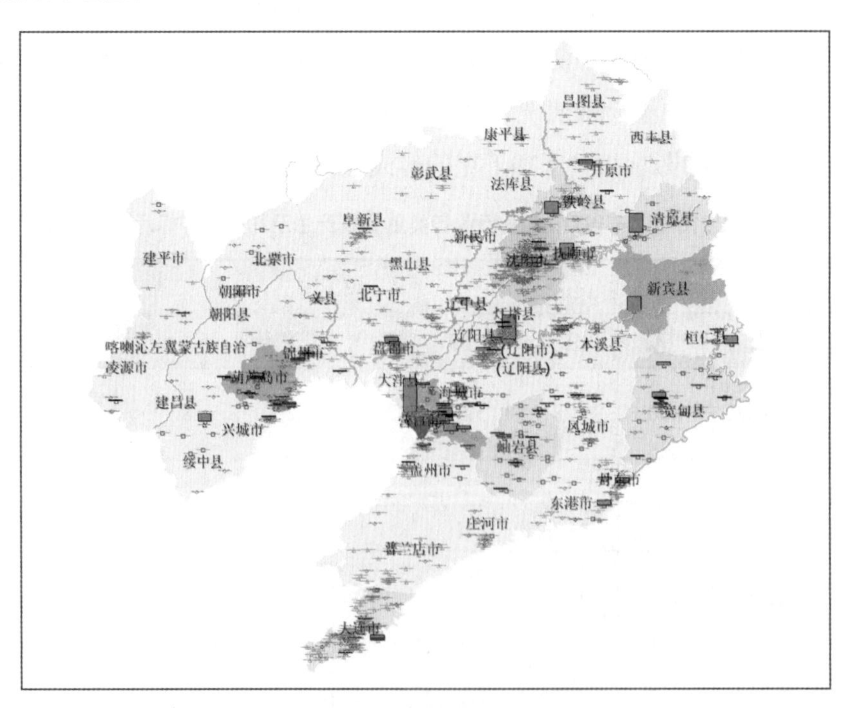

图10.20　辽宁砷污染负荷空间分布

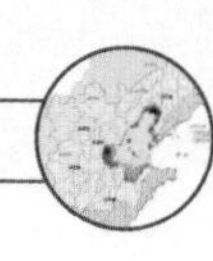

（2）铬的空间分布。图10.21表明了辽宁省铬污染负荷的空间分布，沈阳、大连、鞍山、营口和锦州是铬污染集中分布地区，占全省的72%以上，铁岭市区和开原分布也较大。金属制品业是铬排放的主要行业，全省90%以上的金属制品业产值分布在沈阳、大连、鞍山和营口，沈阳地区河流灌渠沿岸农田表层部分地区受到铬污染，部分受到严重污染，沈阳地区农田表层土壤铬具有块状和连续分布特点；铬、铜元素有南高北低的特点。沈阳河水铬平均浓度最高是在细河，污染来源主要是污水排放和固体废弃物、施用磷肥或粪肥和冶金、电镀和不锈钢产业的排放。

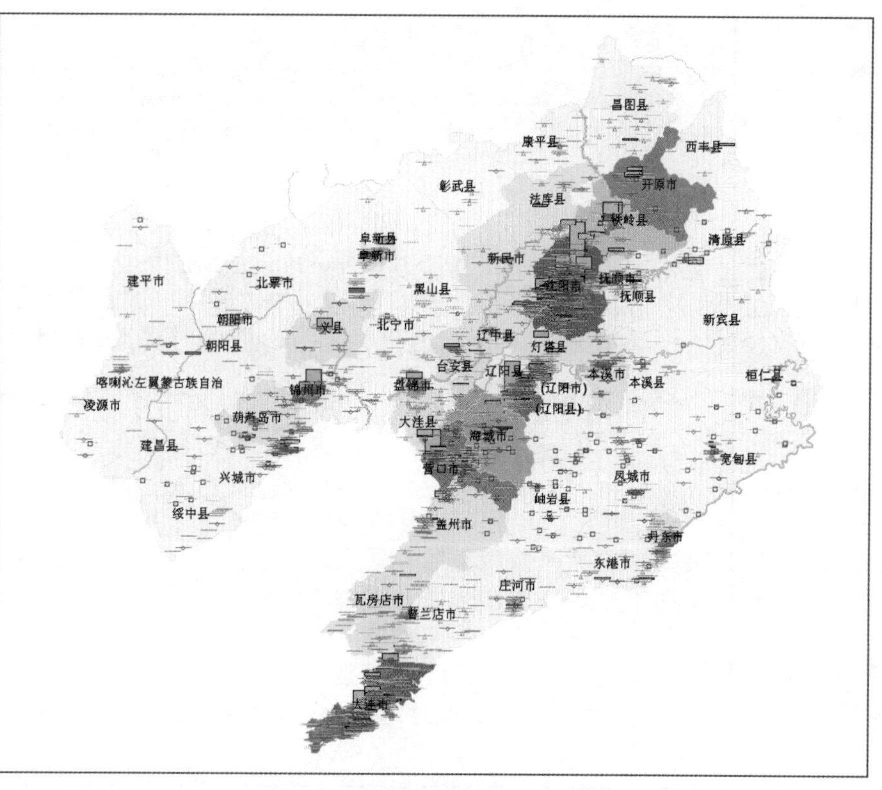

图10.21　辽宁铬污染负荷空间分布

（3）铅的空间分布。图10.22显示了铅污染负荷在空间上的分布，从图10.22中可以看出，营口、葫芦岛、沈阳及抚顺的新宾县是铅污染负荷较集中地区，占全省铅污染负荷约55%。有色金属矿采选业和加工业是铅污染来源的主要行业，所排放的铅数量占总量的85%。沈阳和葫芦岛有色金属加工企业众多，整体规模较大，成为产生铅污染的重点地区，铅污染负荷量占全省的25%，另外，葫芦岛和营口还有一定规模的有色矿采选业，铅污染状况相比其他地区较高。铅污染最直接的行业是铅酸蓄电池制造业，该行业在辽宁总体规模不大，主要集中在沈阳和大连，该行业不可避免地增加了两个地区铅污染负荷。

（4）镉的空间分布。镉和铅都来源于有色金属工业的排放，所以在空间分布上两者基本相同，图10.23显示了镉污染负荷的空间分布，可以看出镉和铅的空间分布基本一致，都是以葫芦岛、沈阳和营口为主要分布区域，3个地区的镉排放量占全省总排放量的50%以上，其中葫芦岛的排放量占全省的1/5。已有相关的文献研究表明，沈阳周边农田和土壤，以及周边的河流中都发现了铅和镉的分布，部分地区分布呈条状，部分地区分布呈连续状。另外，在沈阳经济技术开发区铸锻工业园、郊区蔬菜基地、西郊污灌区农田、细河沿岸土壤中发现了镉污染的超标，部分地区污染严重。

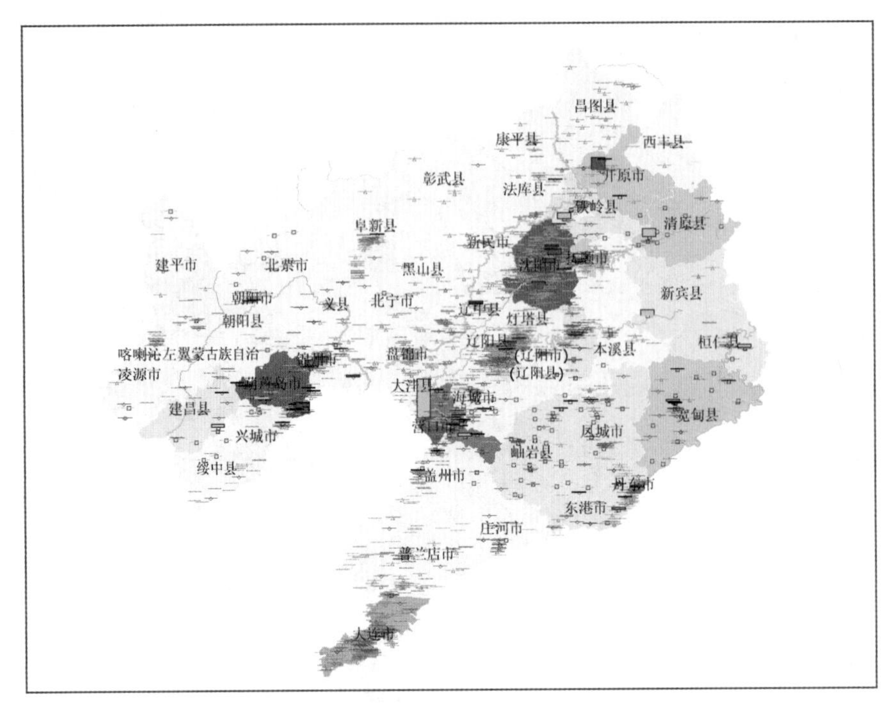

图10.22 辽宁铅污染负荷空间分布

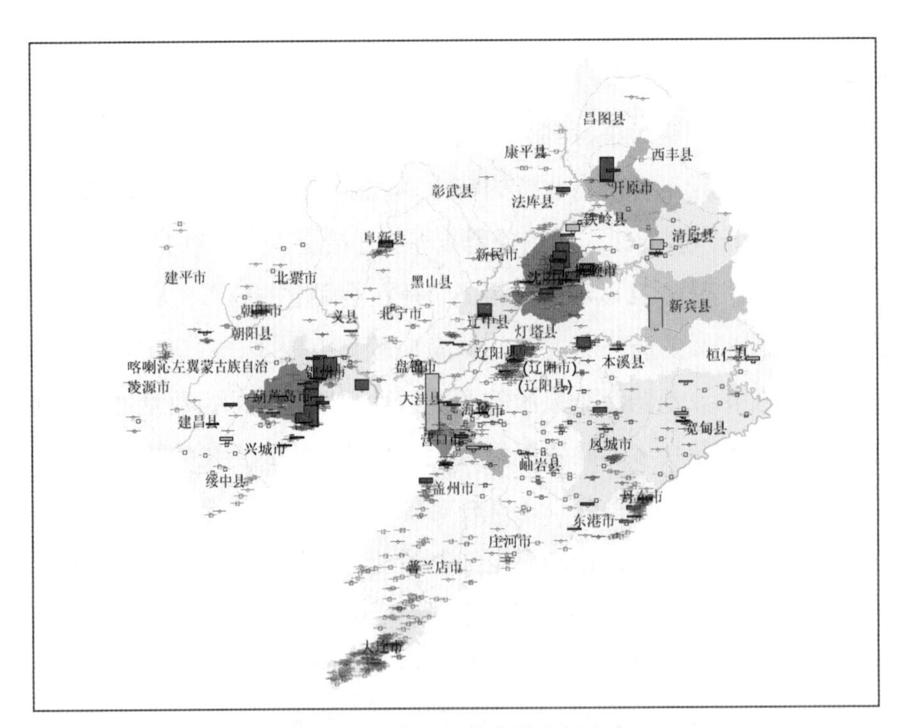

图10.23 辽宁镉污染负荷空间分布

（5）汞的空间分布。辽宁省汞污染主要来源于化学工业和有色金属工业，大连、沈阳、盘锦、葫芦岛和营口为排放负荷较大的地区（图10.24），从估算数值来看，化学工业汞排放占主要部分。已有关于辽宁汞污染的研究区域主要集中在葫芦岛和沈阳地区，葫芦岛炼锌业规模大，汞的排放量占全省比例较大，代表企业为葫芦岛锌业股份有限公司，薛力群（2009）对该公司的汞污染现状进行了调研，研究表明企业周边的河流水质、底质、土壤和

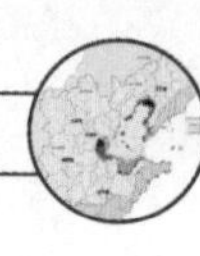

植物都不同程度地存在汞污染情况。

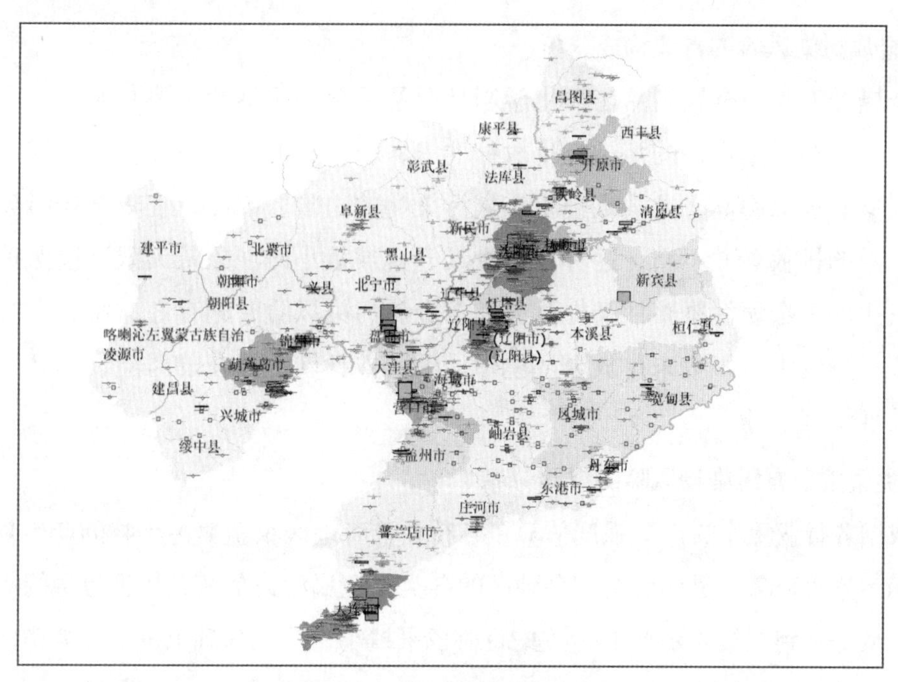

图10.24　辽宁汞污染负荷空间分布

小结：依据重金属污染负荷的估算，辽宁重金属污染集中分布在沈阳、葫芦岛、营口和大连（图10.25），这几个城市是有色金属加工、金属制品业和化学制品业集中分布的地区，重金属污染与污染源的分布紧密相关，砷污染分布集中在有色矿采选地，葫芦岛的有色金属加工和金属制品业规模较大，所以，铬、镉、铅、汞的污染压力较其他地区更大。沈阳是各工业行业密集分布地区，行业门类全，企业数量多，成为各类重金属污染的集中地区。

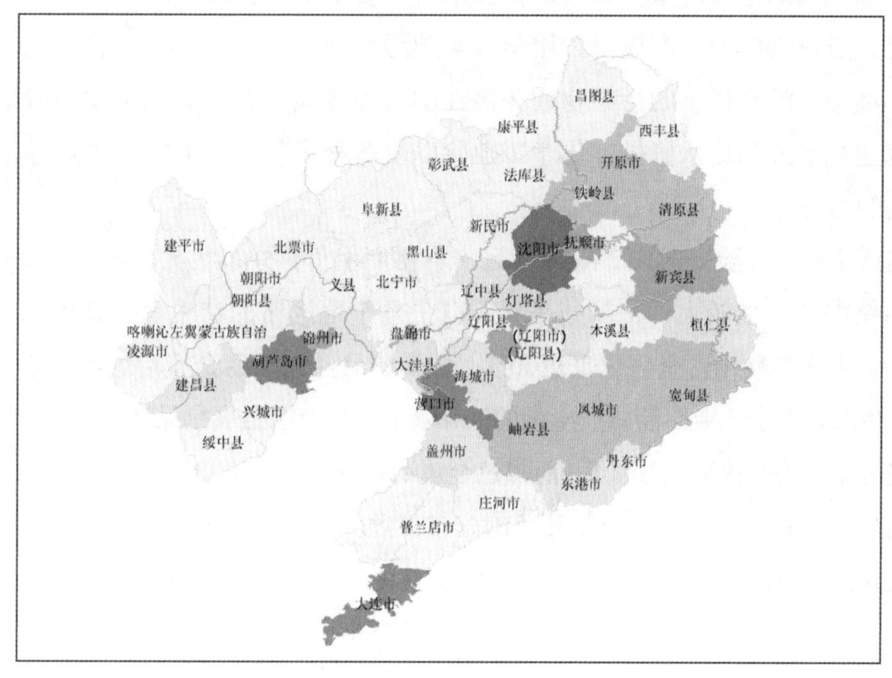

图10.25　辽宁重金属总污染负荷空间分布

4. 重金属污染风险分析

1）重金属污染风险的行业构成分析

有色金属加工业、金属制品业和化学制品业是重金属污染的主要来源，其产生重金属污染物量大，但在国家严格的污染物排放标准下，相对其他工业行业，这些行业的废水处理率高，污染物去除率高，尤其重视重金属污染物的去除，因此，在重金属污染物大量产生的同时，总的排放量并不高。这种产生量大，排放量小的现象最大限度地保护了环境，但近些年发生的重金属污染事件又提醒人们重金属污染风险时刻存在。虽然生产过程中产生的重金属污染物绝大多数未排放至环境中，但其本身就是潜在的风险，一旦泄漏将造成严重的污染事件。

2）各类型重金属污染物风险的空间分布

本书依据各行业重金属产生强度估算了各行业及各地区重金属污染物的产生量，并将其转化为等标污染负荷量，进而将全省各地区的各类重金属污染负荷量依据等量间隔法划分为五个等级，从一级到五级表示产生的污染负荷越来越小，在此基础上分析了各类污染物的空间分布特征，具体情况如下。

（1）砷污染潜在风险。葫芦岛、沈阳、大连、辽阳和盘锦地区砷潜在污染风险较大（图10.26），总负荷量占全省60%以上。有色金属加工和化学制品业产生的砷污染较大，根据污染普查资料计算得出，辽宁地区有色金属加工业砷污染的产排比约为600：1，即产生600个单位的砷污染物会排放1个单位，而有色金属矿采选业的产排比高达2.5：1，是加工业产排比的240倍，但加工业砷污染产生量是矿采选业的36倍，所以在控制砷污染风险的思路上，对有色金属加工业应重点将其产排比维持在更低水平，而对矿采选业在努力降低产排比的同时，应谨慎扩大生产规模。化学工业砷污染产排比为330：1，也是绝大多数污染物未排出环境中，没有排出的污染物成为潜在的污染风险。有色金属工业的污染风险在于固体废弃物违规堆放和废水偷排，化学工业除以上两种风险外，火灾、爆炸等意外事件也是引起污染的方式。

（2）铬污染潜在风险。图10.27显示了辽宁省铬产生负荷分布状况，沈阳、大连、鞍山、本溪与营口铬的产生量较大，估算结果显示以上几个地区铬的产生负荷量占全省的70%以上，而沈阳、大连与鞍山占全省比重达60%。金属制品业和黑色金属冶炼及压延业是铬污染的最重要产生源，占全工业铬污染产生量的90%以上，其中以金属制品业占76%，粗略估计金属制品业铬污染物的产排比为30：1，而黑色金属冶炼及压延工业产生的铬几乎不排出，可以说铬的污染风险分布基本上与金属制品业的分布一致。沈阳、大连、鞍山和营口的金属制品业产生铬数量的比例约为：8：4：2.5：1.4：1。沈阳金属制品业规模最大，铬污染的风险相对也较大。

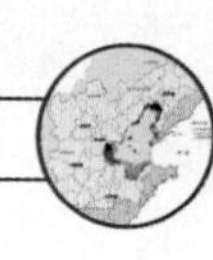

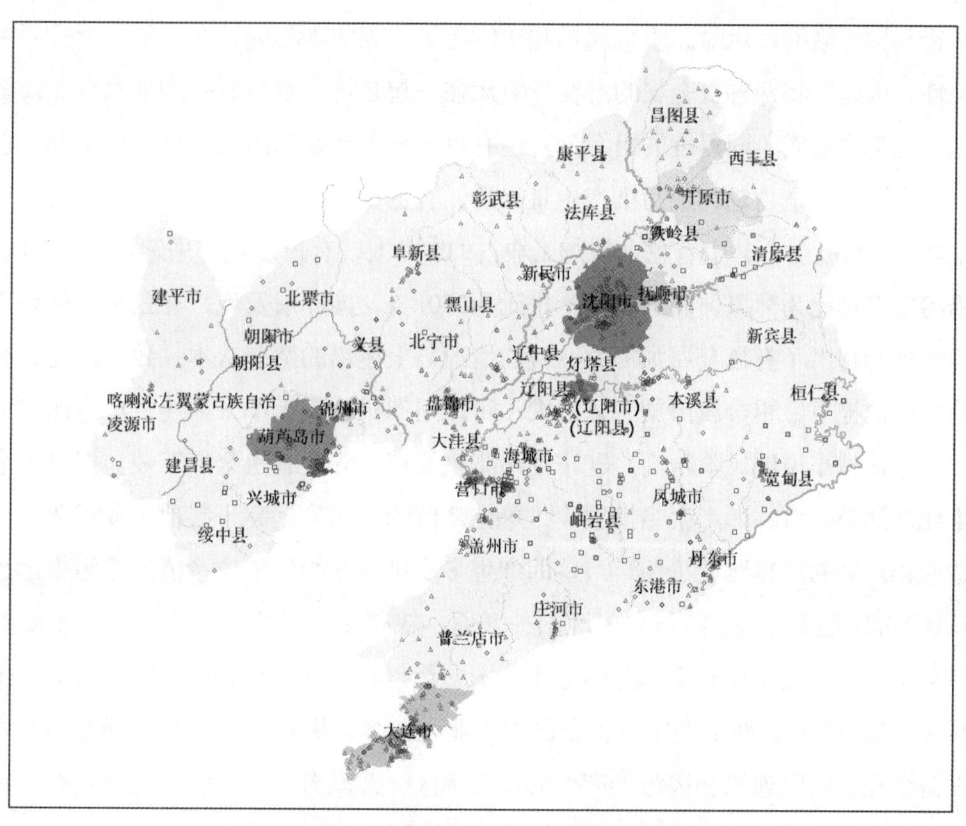

图10.26　辽宁砷污染潜在风险空间分布

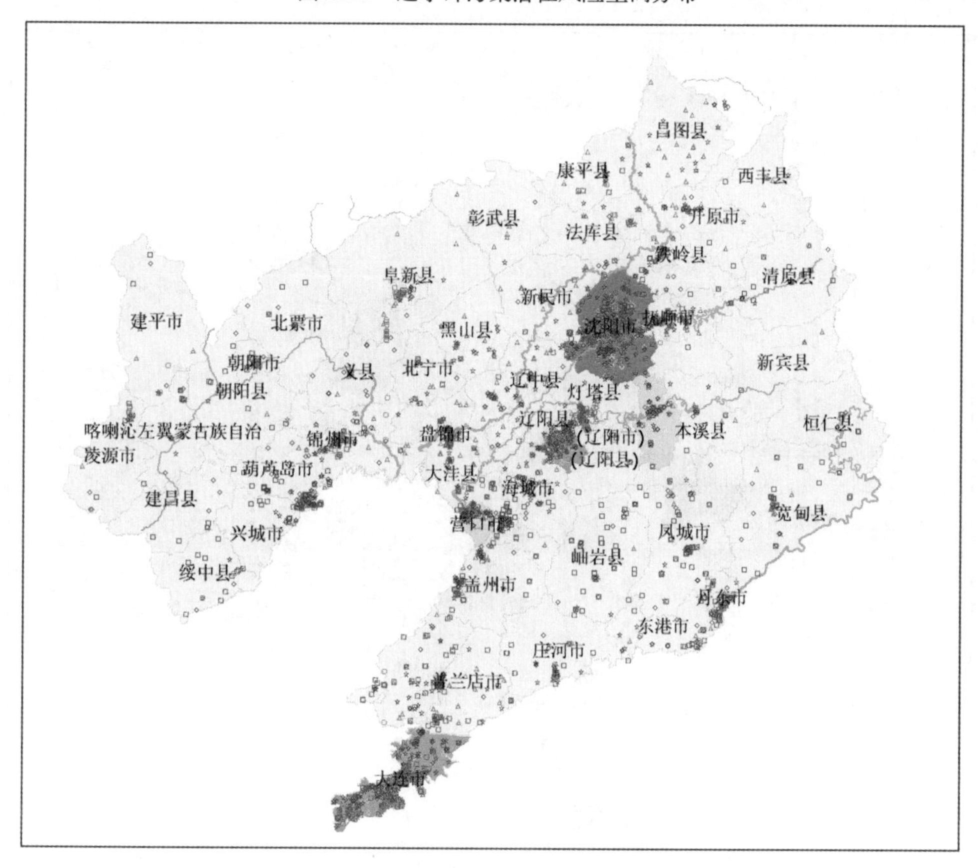

图10.27　辽宁铬污染潜在风险空间分布

（3）铅与镉污染潜在风险。重金属铅和镉的污染来源基本相同，在污染产生过程中具有高度的相关性，因此，将两种重金属的潜在风险放在一起分析。重金属铅的来源行业众多，几乎所有重化工业都会造成不同程度的铅污染，但有色金属工业是铅污染的最主要来源，也是镉污染的最主要来源。从全省铅和镉污染产生量来看，有色金属工业的铅污染产生量占整个工业铅污染产生量的95%以上，其中有色金属加工业占93%以上，有色金属矿采选业仅占2%，但矿采选业的铅污染产排比为3∶1，而加工业产排比为250∶1，换算后发现，有色金属矿采选业所造成的实际污染却超出了有色金属加工业。镉的情况与上述铅的情况基本一致。因此，在生产规模基本稳定的前提下，重金属污染的风险大小可以用产排比的大小来描述，产排比越大说明风险越低，产排比越小说明风险越高。辽宁铅污染主要产生源是有色金属工业，但有色金属铅污染的产排比高达250∶1，即产生多排放少，单位产值的铅污染远高于其他工业行业，交通运输设备制造业铅污染的产排比近乎为1∶1，即产生多少排放多少，单位产值的铅污染远小于其他行业。从图10.28可以看出，葫芦岛、沈阳、开原、锦州和抚顺为铅污染产生的主要地区，与有色金属加工业和有色金属矿采选业的分布基本一致，其中葫芦岛和沈阳的铅污染产生量占全省近50%（镉为43%），两个地区有色金属加工业企业多，规模大，沈阳布局有相当规模的交通运输设备企业，所以属铅和镉污染产生的重点地区。开原有色金属矿采选业具有一定规模，产生的铅和镉污染物排放率高使开原成为污染高风险区（图10.29）。

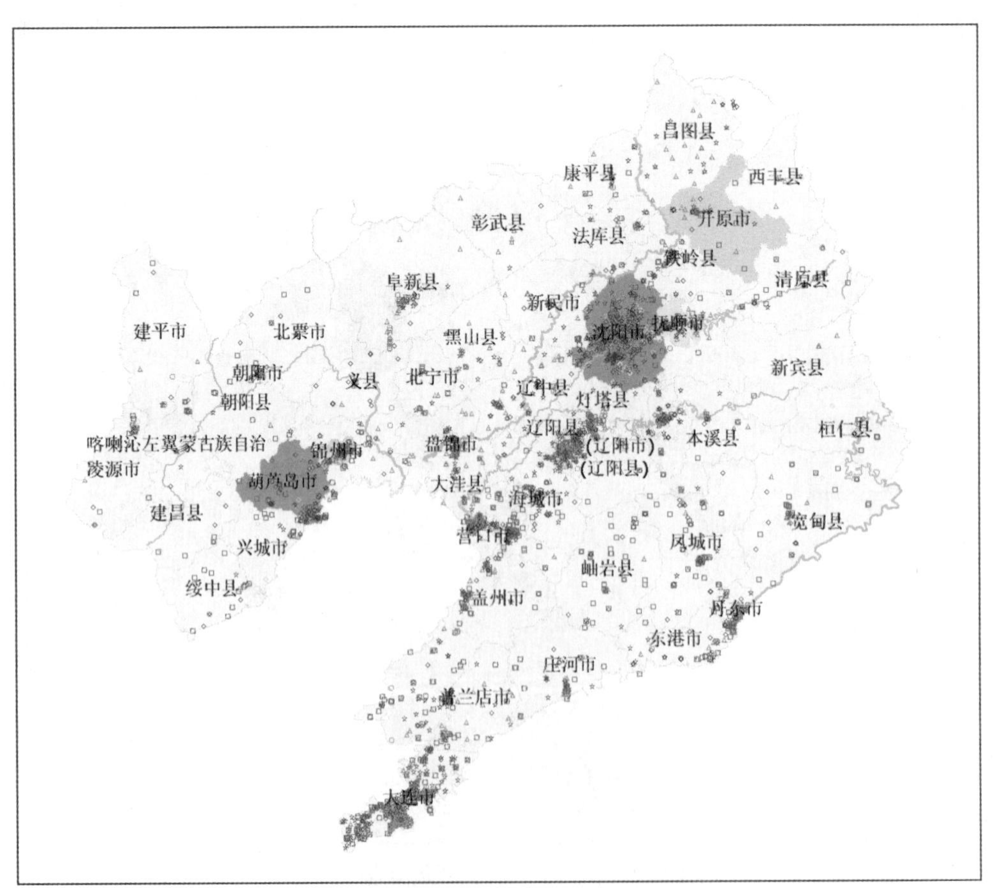

图10.28　辽宁铅污染潜在风险空间分布

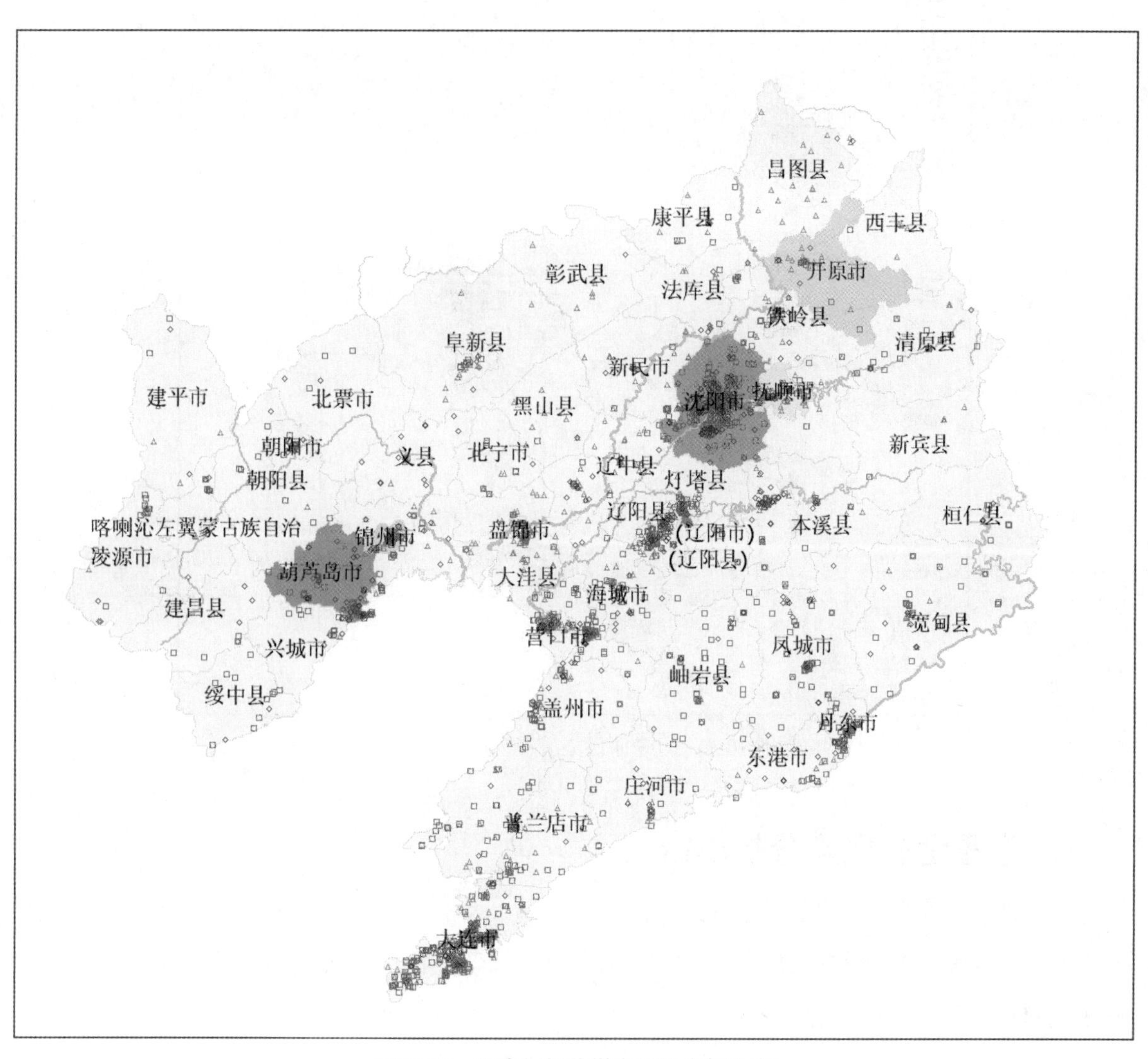

图10.29　辽宁镉污染潜在风险空间分布

（4）汞污染潜在风险分析。图10.30显示了汞污染产生负荷在辽宁各地区的分布情况，估算结果显示葫芦岛汞污染的潜在风险最高，沈阳和大连市风险较高，营口、辽阳、开原及新宾县也存在一定的风险。汞污染主要来源于化学制品业和有色金属工业，相对于其他重金属类型，污染物汞的绝对产生量小，尽管国家对汞的排放要求非常严格，依照等标污染负荷换算后的汞的污染物产生负荷量仍比其他类型重金属污染产生负荷量少一个数量级。但相对其他类型重金属，汞污染的产排比不大，也就是说产生的汞污染有相当一部分被排放至环境中，造成实际污染。汞污染的另一特性是污染集中，扩散性相对较差，在河段内的污染范围为2—3千米，因此，汞污染一般以企业所在区域为污染重点范围呈点状分布。由于汞污染物的绝对产生量不大，全省每年不超过400千克，典型排放企业数量有限，目前工业生产中的汞污染都是由于生产、泄漏、消耗产品的处理或焚化过程中释放出来的，因此，监测汞排放企业是控制汞风险最有效的措施。

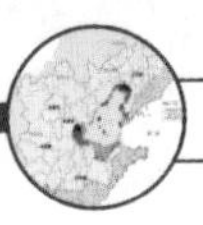

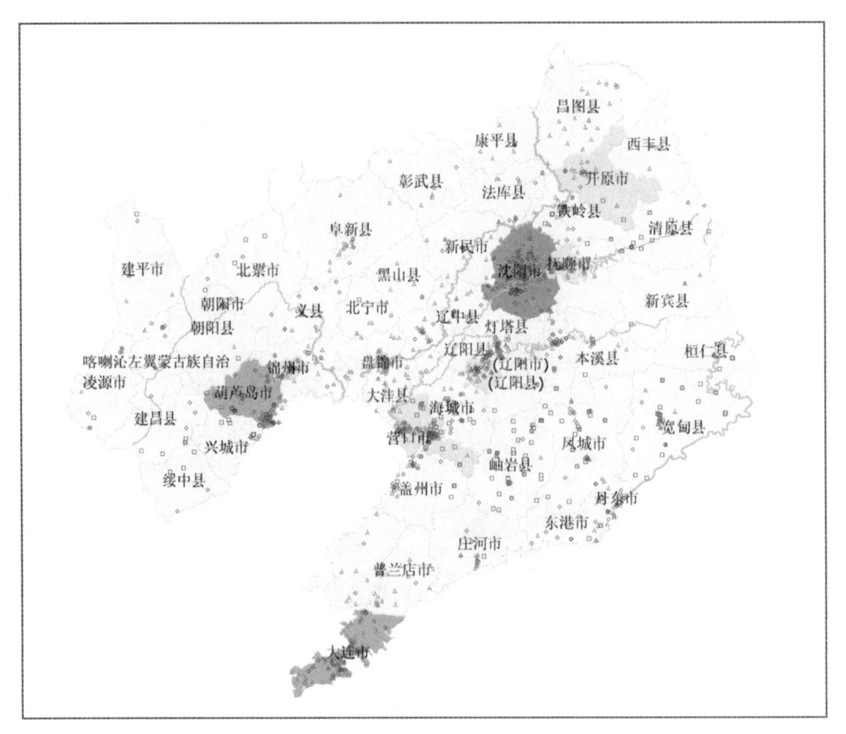

图10.30　辽宁汞污染潜在风险空间分布

（五）重金属风险分析小结

本研究以辽宁为例，从污染物类型、行业排放、空间分布3个方面对工业重金属污染的排放特性进行了分析，并在辽宁工业企业分布特征基础上探讨了各类重金属污染的风险分布（图10.31），得出以下结论。

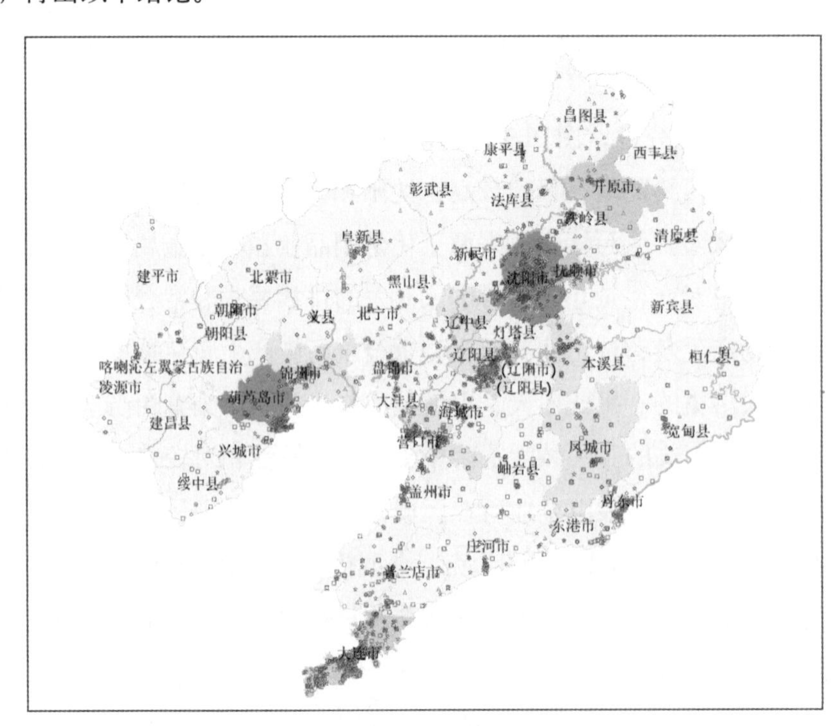

图10.31　辽宁五类重金属污染潜在风险空间分布

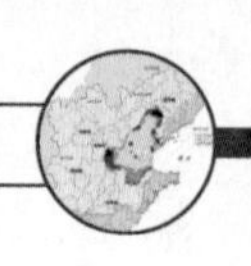

（1）辽宁省工业污染源排放的5种重金属中，六价铬的等标污染负荷最大，其次为砷、汞、铅和镉，其中六价铬、砷和汞的污染负荷量差别不大，是辽宁省重金属污染的主要类型，铅和镉负荷量分别占重金属总负荷量的9.5%和7.2%。

（2）重金属污染主要分布在沈阳、辽阳、葫芦岛、大连、营口等地区，新宾县、开原、凤城等地区因有色金属矿采业的分布，重金属污染也相对较强。辽宁重金属污染的空间分布与工业行业分布具有很强的相关性，其中有色金属加工业、有色金属矿采选业和金属制品业，这3个行业几乎对每类重金属污染都有很强的贡献度，其空间分布基本上决定了辽宁重金属污染的空间分布。而化学工业、黑色金属冶炼及延压业、交通运输设备制造业和通信设备制造业都是对某类重金属污染有比较大的贡献，在决定重金属污染的空间分布中只能起到较弱影响作用。

（3）重金属污染的潜在风险来源于生产过程中产生的但未被排放和利用的重金属废料或废水，产生能力越大，污染风险越大。通过对各地区各行业重金属污染物产生量的估算，对各地区重金属污染的潜在风险进行分析，结果表明，辽宁各地区重金属污染的风险从高到低依次为：葫芦岛、沈阳、铁岭、锦州、辽阳、抚顺、大连、营口，这8个区域的重金属污染物产生负荷占全省的70%以上，其中葫芦岛和沈阳分别占23.8%和17.9%。葫芦岛的有色金属矿采选业和加工业企业众多，规模大，成为重金属污染的集中区域，除铬以外其他四类重金属都存在较大的污染风险；锦州的行业分布情况和重金属污染情况与葫芦岛相似，但工业规模相对较小，重金属风险防范可参考葫芦岛；沈阳工业门类齐全，规模大，各类重金属污染同时存在，鉴于行业分布特征，需防范六价铬和铅进一步污染的风险；辽阳化学工业特别突出，应防范汞污染风险；抚顺有色金属加工业规模较大，砷和镉的产生量多，存在进一步污染的风险，需要严格控制好污染物产排比；大连除有色金属两个行业之外其他5个行业规模都比较大，砷、铬和汞污染的风险较大；营口有色金属加工业具有一定规模，镉的产生量较大，存在偷排引起的镉污染风险。

（4）重金属污染风险与行业产污能力直接相关，与排污水平直接相关，产污能力越强，污染的风险越大；排污率越低，风险越小。在削减重金属污染时，应根据不同行业、不同污染类型、不同地区的综合分析并选择高效的削减措施。如要减轻汞污染，努力提高排污去除率是最有效措施，而通过提高金属制品业的排污去除率可大幅减轻铬的污染；要减轻有色金属矿采选业的重金属污染，控制其行业规模是现阶段最有效的控制污染的措施；要降低某个地区的重金属污染风险，关键是降低该地区最主导的重金属污染，如大连砷和铬的污染风险较大，可以重点防范这两类污染，从而降低该地区的重金属污染风险。

本节从工业重金属排放方面研究了辽宁重金属污染状况，利用各行业企业的空间分布与规模信息分析了各类重金属污染的空间分布特征，对重金属污染的类型、源头、强度在空间上进行了详细的分析，为削减重金属污染，预防重金属污染风险以及治理重金属污染提供了必要的参考，也为产业结构调整提供了积极的参考。

四、社会经济发展与环境污染关系实证研究

基于前期研究中对影响化学需氧量、氨氮和重金属三类污染物的社会经济活动来源和构成分析，确定了影响污染物产生和排放的工业、农业以及与居民生活相关的经济指标，有助于从社会经济发展角度更加清晰地、有针对性地研究各类污染物排放与社会经济发展的演变关系。本研究通过分析辽宁1981—2010年的化学需氧量和氨氮污染排放量与社会经济发展水平间的关系，挖掘不同经济发展水平下污染物排放压力的变化规律，并对未来社会经济发展的污染排放压力进行情景分析。具体研究内容包括：确定各类污染物排放变化与社会经济发展水平的宏观关系；研究确定各相关社会经济指标对各类污染物排放的贡献度；从污染物的形成机制出发，构造社会经济活动的污染压力指数，并以此为基础，对辽宁省社会经济发展的环境污染压力趋势进行情景分析。

（一）研究方法

1. VAR模型研究环境-经济关系的适用性

EKC模型分析是利用环境污染指标和经济增长指标，基于单方程回归分析方法，集中考量环境污染变量与经济增长变量之间的二次或三次多项式函数的曲线关系，而EKC单方程回归分析，在时序数据的平稳性和协整性检验方面有所欠缺。EKC模型对环境经济问题的分析大多基于各地区的时间序列数据，主要研究地区经济增长对环境变化的单方向影响关系，并不能体现环境变化对经济增长的反馈，即缺少经济-环境间动态关联效应分析。

本节在研究经济发展与污染物排放量之间关系时，拟采用EKC模型作为污染物变化趋势的初步判断方法，对EKC模型分析的步骤为：首先对参与分析的各经济指标的平方项、立方项方程进行估计，并根据估计系数的t统计值、R^2、调整R^2和F统计值来确定曲线关系。

2. 污染压力指数的构造方法

环境污染来源于社会经济的发展，污染物排放量是社会经济活动对环境产生压力的数量表征，随着各种经济活动的变化，各类污染物的排放也会发生相应的变化，两者间存在相对稳定的对应关系，因此，我们可以通过分析社会经济发展的变化来预测其对环境污染的压力状况。为了深入研究辽宁省社会经济活动对化学需氧量和氨氮污染物排放变化的影响，预测污染物排放的未来变化。该部分拟在研究各经济影响因子对污染物贡献的基础上，借助相对贡献率统计值，构造各类污染物的社会经济影响压力指数，并通过研究压力指数的时间变化，对未来社会经济发展的环境压力进行预评估，以期为相关环境管理决策提供参考。社会经济的污染压力指数估算公式如下：

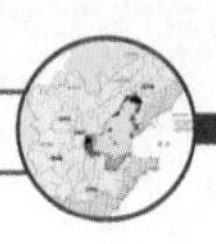

$$P_{it}=\frac{\sum_{j=1}^{k}(\frac{F_{jt}}{F_{j0}}\times w_{ij})}{\sum_{j=1}^{k}w_{ij}}$$

式中，P_{it}为社会经济活动在第t时期对第i类污染物的环境压力指数；F_{j0}为第j个影响因子的基期指标值；F_{jt}为第j个影响因子报告期指标值；W_{ij}为第j个影响因子对第i类污染物排放量变化的影响权值，其数值依据方差分解的贡献度确定。预测的基本步骤为：在建立脉冲响应函数的基础上，对影响各类污染物的社会经济因子进行预测方差分解；确定各社会经济因子对污染物排放量的贡献度；依据不同经济增长情景预测各社会经济指标发展趋势；通过压力指数公式估算社会经济发展的污染压力指数与污染物可能的排放量。

鉴于经济发展对环境影响的复杂性和环境污染治理效应的波动性，同时考虑到模型的稳定性，结合国家和辽宁的环境管理与治理规划，本研究确定情景分析时段为2011—2020年。

3. 模型指标的选择

参与环境-经济关系模型的各类指标应具代表性，不宜过粗或过细。社会经济活动指标根据环境污染的经济活动来源与构成分析，筛选并确定影响化学需氧量和氨氮污染物的社会经济影响指标。所选指标除EKC模型选用的人均国内生产总值外，还选取了第一、第二、第三产业的人均国内生产总值作为关系模型的变量，同时，选取各产业的增加值比重、畜禽养殖业产值、轻重工业比重、城市人口数、农村人口数、环境污染治理投资、废水排放达标率等指标参与模型构建与分析。该部分重点研究化学需氧量和氨氮污染物，环境污染指标选取了废水排放总量、生活污水排放量及工业废水排放量、工业化学需氧量污染排放量、农业化学需氧量污染排放量、生活化学需氧量污染排放量、工业氨氮污染排放量、农业氨氮污染排放量、生活氨氮污染排放量，同时依据数据的可获取性，重点分析辽宁省1981—2010年近30年的时间序列数据。

（二）废水排放量与社会经济发展的关系研究

化学需氧量、氨氮和重金属3种污染物的排放载体是社会经济活动产生的废水，3种污染物排量与废水排放量间有密切的关系。因此，该部分在研究各类污染物与经济发展关系之前，分析了各类废水排放量与经济发展水平的关系，分析的结果将有助于理解和解释各类污染物与经济发展水平间的变化关系。

（相关说明：该部分中对于“拐点”一词的解释并不是严格意义上数学曲线的拐点，而是指污染排放量开始稳定下降时的曲线上的点）

1. 废水排放总量与经济发展的关系

废水排放总量包括工业废水排放量和城镇居民生活废水排放量，本节构建了废水排放总量与人均国内生产总值的VAR模型，并与EKC模型结果作比较。

（1）EKC模型不能有效反映废水排放总量与经济发展水平间的关系。对辽宁省的废水排放

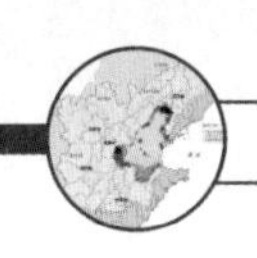

总量（FSH_TOTAL）与人均国内生产总值（国内生产总值_Per）建立EKC的3次多项式回归模型，具体模型与曲线见图10.32。模型结果显示：拟合曲线呈N型，但拟合优度$R^2=0.44$，调整的拟合优度$\overline{R}^2=0.38$，模型没有通过统计准则检验，参照散点图，三次多项式曲线所体现的模型规律性较弱；另外从经济发展与废水排放的客观实际来看（图10.33），随着人均国内生产总值的增长废水排放总量并未表现出同步增加的情况，只是在均值附近上下波动。近30年来，辽宁废水排放总量在21亿吨左右徘徊，因此，辽宁废水排放总量与人均国内生产总值的实际关系不能证明EKC曲线的存在，无法利用模型进一步分析人均国内生产总值对废水排放总量的影响。

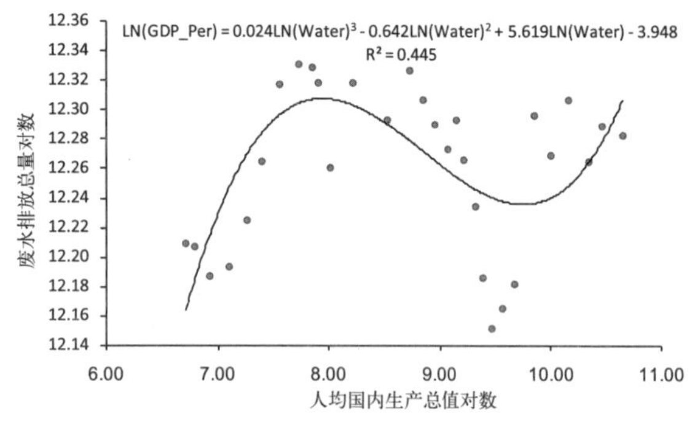

图10.32 废水排放总量与人均国内生产总值的EKC拟合

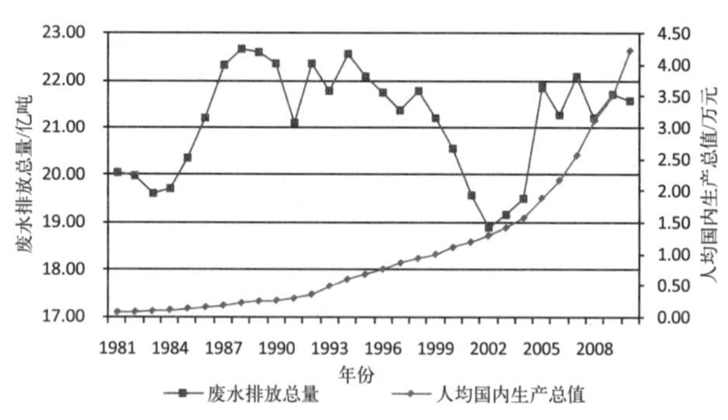

图10.33 1981—2010年辽宁人均国内生产总值与废水排放总量变化

（2）VAR模型结果显示经济增长对废水排放总量的影响趋于稳定。本书建立了人均国内生产总值和废水排放总量的双对数向量自回归模型。根据自回归（AR）特征多项式的逆根检验，逆根的模均小于1，处在单位圆内，说明VAR模型平稳。根据LR: sequential modified LR test statistic；FPE: Final prediction error；AIC: Akaike information criterion；SC: Schwarz information criterion；HQ: Hannan-Quinn information criterion等准则，确定最优滞后阶数$p=3$。

图10.34（a）显示了废水排放总量对人均国内生产总值冲击所产生的反映，选取了20个脉冲期，结果表明，废水排放总量在1—11期对经济增长响应剧烈，波动较大，而12—20期响应趋于平缓，总体上看，该响应曲线呈现“N”加倒“U”形；从影响效应看，第1—5期经济增长对废水排放的影响为正效应，即随着经济增长废水排放量同时增加，且影响波动较大，第6—12期经济增长对废水排放的影响呈现负效应，即废水排放总量随着经济增长而降低，第13—20期经济增长与废水排放总量间的关系呈弱倒“U”形，且响应值徘徊在零值上下，说明该阶段废水排放总量的变化受经济增长的影响较小，两者间由于变动产生的冲击效应很弱。脉冲分析结果与废水排放总量实际变化态势基本一致。相对于EKC的分析，VAR模型在分析人均国内生产总值和废水排放总量关系中更细致。

VAR模型脉冲函数分析结果显示：辽宁废水排放总量变化表现出“污染—治理—再污染”的基本态势，但这种态势在研究后期逐渐趋于稳定，废水排放总量表现出对经济增长“免疫”的现象，废水排放总量不随着经济增长而发生较大波动，而是维持一个稳定的水平，该现象说明现阶段辽宁社会经济增长的废水排放与治理达到了一个相对稳定的状态。格

兰杰因果检验表明，人均国内生产总值对废水排放总量的Granger因果关系较弱，因此，研究废水排放总量与经济增长间的关系对分析辽宁经济发展与环境污染意义不大，需研究经济增长与各社会经济活动类型废水排放间的关系。

图10.34（b）是人均国内生产总值对废水排放总量冲击的响应，脉冲曲线显示，废水排放总量对经济增长的影响总体呈正效应，但影响很弱，格兰杰因果检验也表明废水排放不是经济增长的Granger原因，因此，上述结论不成立。

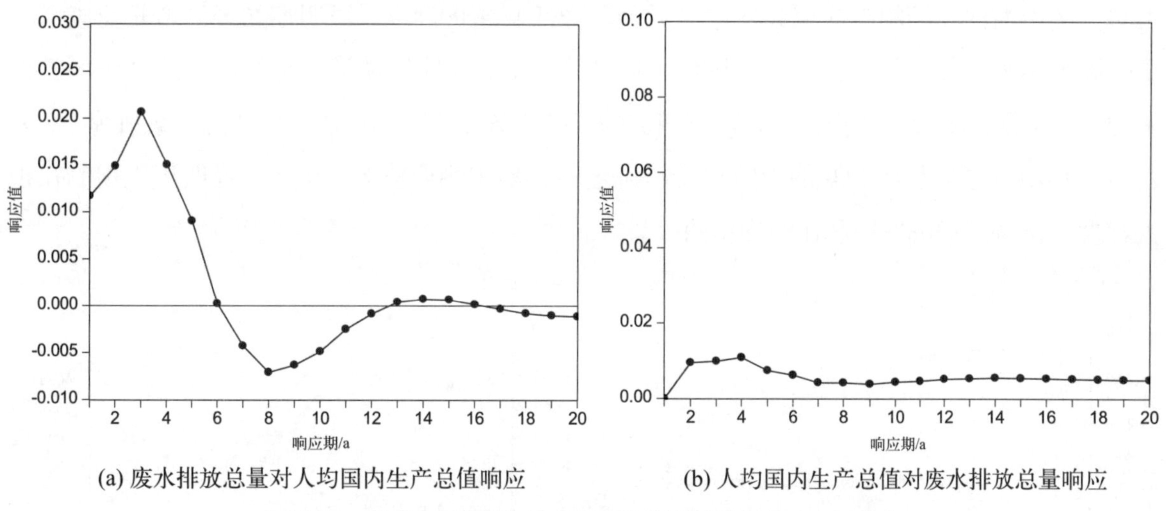

(a) 废水排放总量对人均国内生产总值响应　　(b) 人均国内生产总值对废水排放总量响应

图10.34　总废水排放量与人均国内生产总值的相互冲击与响应

2. 工业废水排放量与经济发展的关系

工业废水排放与经济发展的关系是以往关于环境污染与经济关系模型的重点研究内容之一。EKC模型表明工业废水排放与人均国内生产总值间的关系曲线呈倒“U”形。图10.35为人均国内生产总值与工业废水排放量的双对数拟合结果，曲线拟合优度$R^2=0.926$，拟合效果良好。曲线可近似看作为倒“U”形，整体呈下降趋势，说明随经济的增长辽宁工业废水排放量逐渐降低。图10.36显示了1981—2010年辽宁工业废水排放量和人均国内生产总值的变化情况，工业废水排放量年际间虽有上下波动，但总体为下降趋势，排放量从1980年初的16亿吨降至2010年的7亿余吨，工业废水排放量与人均国内生产总值的总体变化趋势呈“X”形交叉，实际情况与EKC模型吻合。

为规避EKC模型在处理时间序列问题中的伪回归风险和分析环境-经济关系中可能存在的双向影响，建立VAR模型。对人均国内生产总值和工业废水排放量分别取自然对数，建立了双对数向量自回归模型。根据AR逆根检验结果，变量逆根的模均小于1，处在单位圆内，VAR模型平稳，并确定最优滞后阶数$p=2$。VAR模型系统平稳，可进一步做变量间的脉冲响应分析。

VAR模型分析结果表明，辽宁经济增长对工业废水的影响由早期的促进增长转变为后期的主动削减。图10.37（a）显示了工业废水排放对经济增长冲击的响应情况，前3期，经济增长带给工业废水排放量的效应为正向，但该效应逐期减弱，第4期后转变为负效应，且该负效应逐渐加强，至第11期后达最大值，并在之后各期趋于稳定，响应值为－0.02，累积值为－0.274，说明随着辽宁经济的增长，工业废水排放量短期内仍会以稳定的幅度减少。仅从工业废水排放量而言，辽宁已跨越了经济发展与环境污染的尴尬期，进入了经济发展和环境改善的双赢轨道。

图10.37（b）为人均国内生产总值对工业废水排放量冲击的响应曲线，反映的是工业废水排放量变化对人均国内生产总值增长的影响关系，弥补了EKC模型不能反映环境对经济的影响。图中曲线初期的响应值为零，之后逐渐降低显现负效应，说明期初经济增长受废水污染的影响不大，经济发展仍是首要目标，环境保护意识还比较淡漠，环境污染给经济增长带来的反馈有限。随着时间推移，脉冲响应值的下降趋势在第11期后达平稳状态，数值为－0.04左右，环境污染对经济增长的影响程度越来越强，累积响应值为－0.59，说明环境规制在很大程度上协调了经济发展和保护环境两个目标。

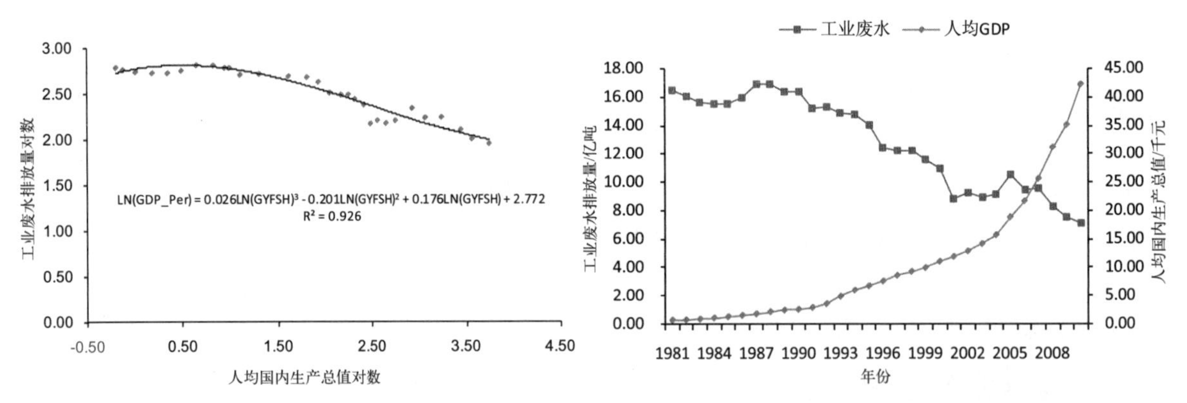

图10.35　人均国内生产总值与工业废水排放量的双对数拟合

图10.36　1981—2010年辽宁人均国内生产总值与工业废水排放量变化

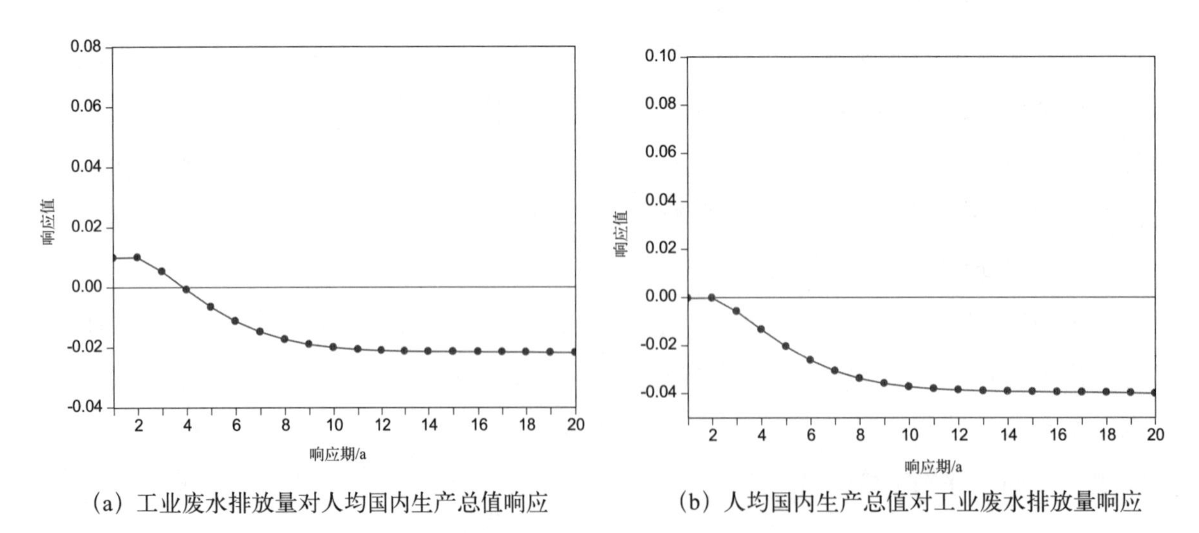

（a）工业废水排放量对人均国内生产总值响应

（b）人均国内生产总值对工业废水排放量响应

图10.37　工业废水排放量与人均国内生产总值相互冲击与响应

格兰杰因果检验结果表明，工业废水排放量和人均国内生产总值具有双向的Granger因果

关系，因此，上述结论成立，同时也说明采用VAR模型研究经济与环境间的关系比EKC方法更适合。

3. 生活废水排放量与经济发展的关系

EKC模型分析结果表明，人均国内生产总值与生活废水排放量的关系呈双对数线性函数关系（图10.38），随着经济增长率的提高，生活废水排放量增长率呈线性上升趋势。生活废水是指城镇居民生活排放的废水，并未包含农村居民生活废水。1981—2010年，辽宁城镇生活废水排放量逐年增长，排放量由不足4亿吨增长至14亿吨（图10.39），增加了2.5倍，近乎呈直线上升趋势。同期内，辽宁人均国内生产总值增长了51倍。从曲线变化看，两者增长趋势基本一致，实际数据的变化也印证了EKC模型的双对数线性关系。

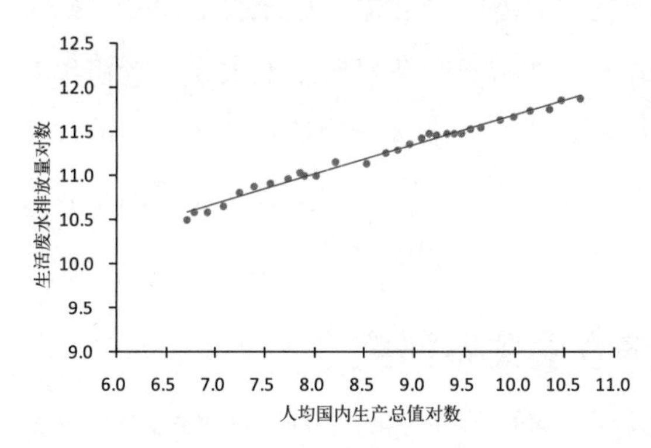

图10.38　人均国内生产总值与生活废水排放量的关系拟合

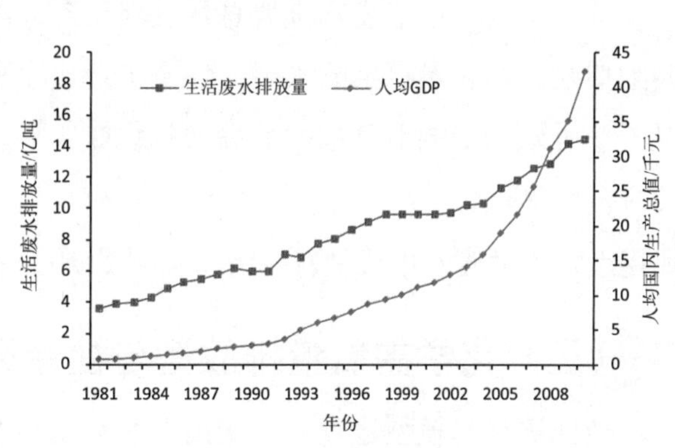

图10.39　1981—2010年辽宁人均国内生产总值与生活废水排放量变化趋势

为规避EKC模型在处理时间序列问题中的伪回归风险以及分析环境-经济关系中可能存在的双向影响，本书建立人均国内生产总值和生活废水排放量双对数向量自回归模型，模型通过平稳性检验，确定滞后阶数$p=2$，并进行脉冲响应分析。

脉冲分析结果表明，经济增长对生活废水排放量的影响保持稳定的促进作用。图10.40（a）显示，第1期在人均国内生产总值的一个正冲击下，废水排放量的响应较为强烈，并于第4期达到最大值，之后保持平稳微弱的渐降趋势，但整个期间内响应值为正效应，累积响应值为0.358，表明经济发展导致生活废水排放量的增长，并在相当长时间内维持着促进作用。生活废水的直接影响因素为城镇化，近30年，辽宁的城镇建成区面积和城镇人口数量分别增长了2.8倍和2.1倍，有研究表明，当地的社会经济发展水平影响人均生活用水量，两者在数量上呈现“S”形曲线关系，并在一定范围内变化。辽宁快速城镇化和人均生活用水量的双重增长带动了生活废水排放量的稳步增长，并在短期内仍维持增长势头。格兰杰因果关系检验结果显示，在1%显著性水平下，人均国内生产总值是生活废水排放量的Granger原因，社会经济的快速增长无疑是生活废水排放量增加的原因。图10.40（b）表明生活废水排放量对经济增长的影响为微弱负效应，但格兰杰因果检验结果显示生活废水排放量不是人均国内生产总值的Granger原因，因此，生活废水的排放对经济增长没有影响。

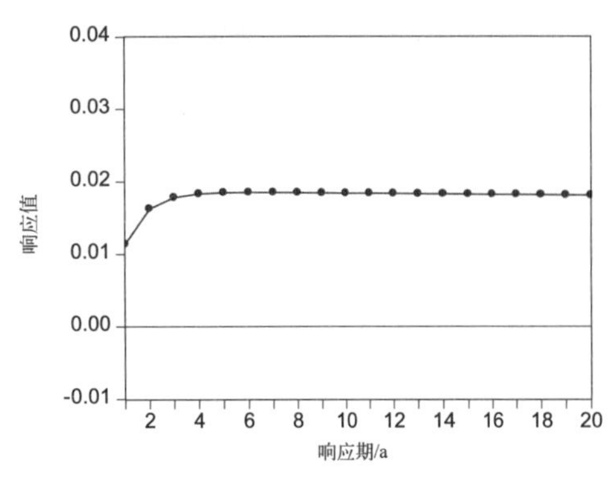

(a) 生活废水排放量对人均国内生产总值响应

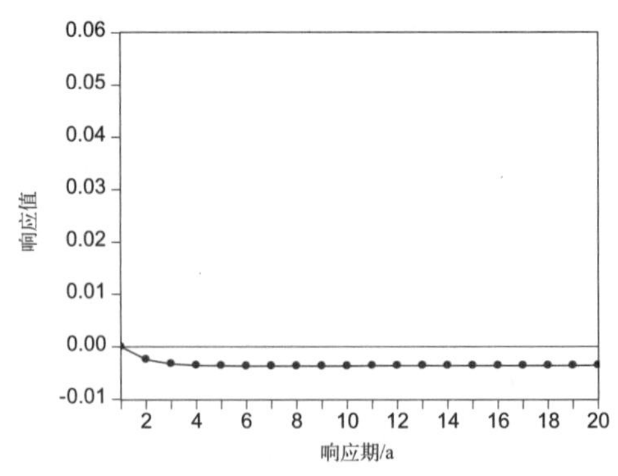

(b) 人均国内生产总值对生活废水排放量响应

图10.40 生活废水排放量与人均国内生产总值相互冲击与响应

本节小结：辽宁废水排放总量表现出对经济增长“免疫”的现象，废水排放总量在研究期维持在一个相对稳定的水平；辽宁工业废水排放与经济增长存在双向影响关系，经济增长对工业废水的影响由早期的促进增长转变为后期的主动削减，废水排放量对经济增长的反馈效应已经显现，并趋于稳定；生活废水排放量会随经济增长呈快速增加趋势，短期内难以出现拐点，生活废水排放量对经济增长的影响度有限，环境反馈作用不明显。

（三）化学需氧量排放量与社会经济发展关系研究

指标选择与模型建立。根据前期研究结论及以往学者的研究经验，选取人均国内生产总值、人均农业国内生产总值及人均工业国内生产总值作为关系模型中的经济影响变量，选取化学需氧量排放总量、工业废水化学需氧量排放量、城镇生活化学需氧量排放量、畜禽养殖化学需氧量排放量及农村生活化学需氧量排放量作为环境污染变量，分别建立三类经济指标与相应化学需氧量排放量的EKC模型与VAR模型（即建立多个彼此独立的双方程向量自回归模型）。变量选取的理由是：人均国内生产总值可以在考虑人口基数的条件下客观反映地区的实际经济水平；人均农业国内生产总值的选择是受到前文关于化学需氧量污染的来源与构成分析结论的启示，考虑到农业对化学需氧量的排放有着较大的贡献度，同时人均农业国内生产总值则能更科学地反映地区农业的发展水平；工业国内生产总值的选取有助于后文将地区经济的工业化阶段及特征与化学需氧量污染物的排放趋势进行关联分析，同样也选择了人均工业国内生产总值。模型所用数据的时间序列为1981—2010年，数据来源于1982—2011年《辽宁省统计年鉴》、《中国统计年鉴》及《中国环境统计年鉴》。

1. 化学需氧量排放总量与经济发展的关系

辽宁环境水体中化学需氧量污染的主要来源是工业废水、居民生活污水和农业畜禽养殖业的排放，化学需氧量排放总量为以上各类社会经济活动化学需氧量排放量的总和。该部分首先分析辽宁省化学需氧量总排放量与社会经济发展的关系，把握全省化学需氧量污染的总体变化趋势，为各类社会经济活动的化学需氧量污染研究提供参考。化学需氧量排放总量与人均国内生产总值的EKC模型与VAR模型分析结果如下。

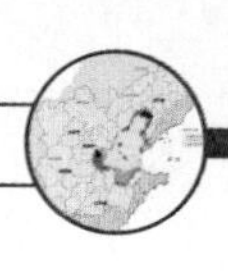

EKC模型分析显示，EKC曲线的形态呈倒“U”形，化学需氧量排放总量下降的拐点已显现。辽宁化学需氧量污染负荷总量由1981年的130万吨增加至2010年的152万吨，增长了17%，由图10.41可以看出，化学需氧量排放总量年际间波动较大，总体保持了在波动中上升的趋势。采用三次EKC模型对两者的对数值进行拟合，拟合优度$R^2=0.779$，拟合效果较好，曲线后推2周期后呈现典型的倒“U”形（图10.42），曲线的拐点位于2010年左右，说明2010年以前，化学需氧量排量随着经济的发展而不断增加，至2010年后转变为加速下滑态势。单从EKC曲线态势来看，辽宁化学需氧量排放总量已经处于加速下降的通道，但近两年的污染监测数据表明，辽宁化学需氧量排放总量并未减少。

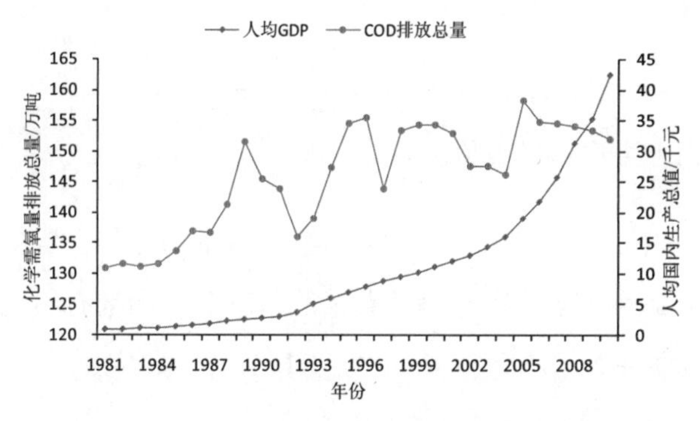

图10.41　1981—2010年辽宁化学需氧量排放总量与人均国内生产总值变化趋势

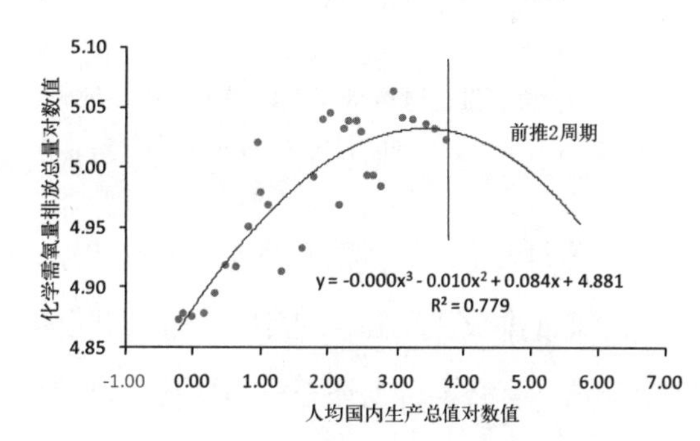

图10.42　辽宁化学需氧量排放总量与人均国内生产总值的关系拟合

为细致挖掘经济增长与化学需氧量排放总量变化的关系，本节构建了人均国内生产总值（LNGDP_Per）与化学需氧量排放总量（LN化学需氧量_T）间的VAR模型，模型通过平稳性检验，确定滞后阶数$p=1$，可以进行脉冲响应分析，分析结果如下。

VAR模型分析表明，人均国内生产总值的增长对化学需氧量污染排放量的影响将趋于稳定的正效应，说明EKC曲线的拐点短期内不会出现。图10.43（a）显示了化学需氧量排放总量对人均国内生产总值单位信息冲击的响应曲线，可以看出曲线总体呈增长型“S”曲线的右半边，在前4期排放量受经济增长冲击的响应迅速提高，并于第6期之后逐渐达到稳定状态，稍有逐步增强的趋势，累积响应值为0.039，说明辽宁经济增长对全省化学需氧量污染物排放产生正效应，经济增长导致了辽宁化学需氧量排放量的增加。格兰杰因果关系检验也表明人均国内生产总值是化学需氧量排放总量的Granger原因，虽然这种正效应总体较弱，但相对比较稳定，短期内化学需氧量污染排放量不会减少，将维持小幅上升的变化趋势，这一结论与EKC曲线的预测结论不一致，即化学需氧量污染排放总量与人均国内生产总值间的拐点还未出现，短期内化学需氧量污染仍将增加。

同时，脉冲响应曲线［图10.43（b）］表明，化学需氧量污染排放对经济增长的反馈效应已经显现。辽宁人均国内生产总值对化学需氧量排放量冲击的响应曲线显示，响应曲线始终位于横轴下方，响应值均为负数，累积响应值为-1.04，说明化学需氧量污染在一定程度上影响了辽宁经济的发展，环境污染对社会经济发展的反馈起到了一定作用。格兰杰因果关系检验结

果表明化学需氧量污染排放是人均国内生产总值的Granger原因，这种双向的影响关系证明上述VAR模型分析结论成立。

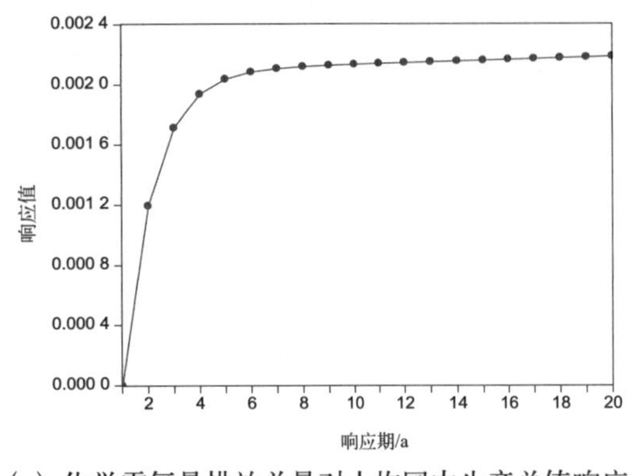

（a）化学需氧量排放总量对人均国内生产总值响应

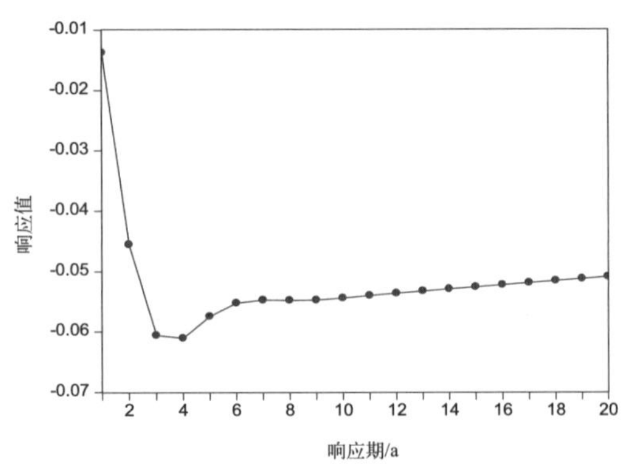

（b）人均国内生产总值对化学需氧量排放总量响应

图10.43　化学需氧量排放总量与人均国内生产总值脉冲响应曲线

化学需氧量污染排放总量是工业生产、城镇生活、农业生产化学需氧量排放量的总和，各类化学需氧量排放在来源、机制、经济影响因子及其对化学需氧量排放总量的贡献等方面都有着明显的差异，有必要对上述三种类型化学需氧量污染排放与社会经济间的关系展开详细研究。

2. 工业化学需氧量排放与经济发展的关系

1）工业化学需氧量排放量与经济发展的关系分析

EKC模型分析表明，20世纪80年代后期，人均国内生产总值约5 000元时，辽宁工业化学需氧量排放已经出现下行拐点。图10.44显示了1981—2010年的30年间，辽宁省工业化学需氧量排放量变化情况，工业化学需氧量排放量在1989年达最高值56万吨后便在波动中下降，2010年全省工业化学需氧量排放量为20万吨，为1981年排放量的41%，年均降幅5%，而同期辽宁人均国内生产总值增长了50倍，年均增幅14.5%。图10.45显示了工业化学需氧量排放量与人均国内生产总值的双对数EKC二次多项式函数曲线，曲线拟合优度$R^2=0.938$，拟合效果良好。EKC函数曲线形态为倒“U”形曲线的右半边，辽宁工业化学需氧量排放量在20世纪80年代后期跨过增长期，近20年，工业化学需氧量排放量年均减少约1.5万吨。就工业化学需氧量污染而言，辽宁已经实现了工业污染排放与经济发展双赢的良好局面。

为研究工业化学需氧量排放量和人均国内生产总值动态相互影响关系，构建了两者的双对数VAR模型，模型通过平稳性检验，确定滞后阶数$p=2$，脉冲响应函数分析结果如下。

脉冲响应分析表明，经济增长对工业化学需氧量排放量的影响为稳定的负效应。图10.46（a）显示了工业化学需氧量排放对人均国内生产总值冲击的响应，前3期经济增长促进了工业化学需氧量排放，但促进关系并不稳定，从第4期到第8期响应值由−0.005迅速下降至−0.025左右，并保持平稳态势，表明辽宁工业化学需氧量排放量与经济增长的关系达到相对稳定的状态，经济增长对工业化学需氧量排放有稳定的抑制作用。格兰杰因果检验表明，在5%显著性水平下，存在从人均国内生产总值到工业化学需氧量排放的Granger因果关系，可见，人均国

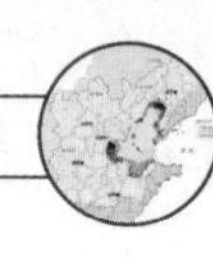

内生产总值的增长对工业化学需氧量污染物排放量的负效应结论成立。

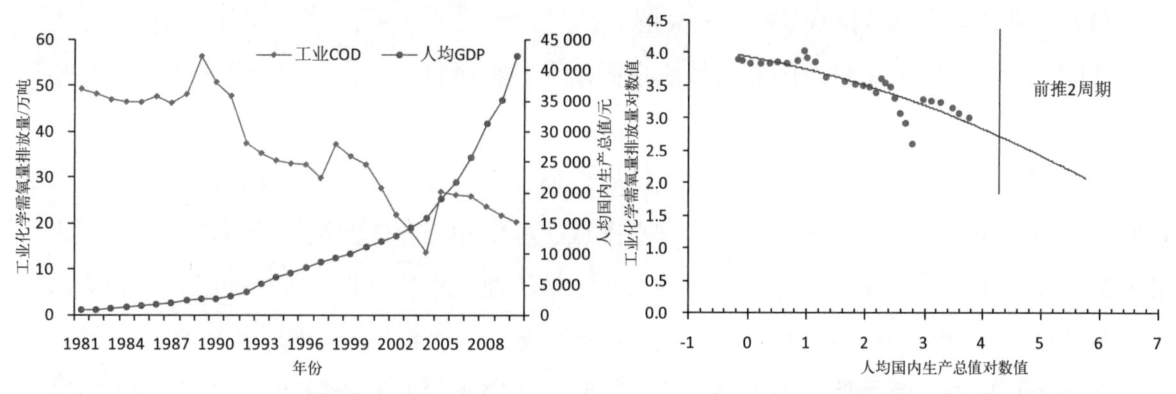

图10.44　1981—2010年辽宁工业化学需氧量排放量与人均国内生产总值变化　　图10.45　工业化学需氧量排放量与人均国内生产总值的关系拟合

脉冲响应曲线表明，工业化学需氧量排放对人均国内生产总值同时也存在负向影响。图10.46（b）表示人均国内生产总值对工业化学需氧量排放量冲击的反应，即污染物排放对经济增长的反馈作用。从第1期开始工业化学需氧量排放对经济增长的影响就为负效应，并在随后两期内持续降低，至第4期以后达到稳定，且显现微弱的上扬趋势，累积响应值为-0.431，说明工业化学需氧量排放对经济增长产生负效应，环境变化对经济增长的反馈机制已经发挥作用。格兰杰因果关系检验表明，在10%显著性水平下，存在从工业化学需氧量排放到人均国内生产总值的Granger因果关系，工业化学需氧量物排放量的增加对经济增长有负向影响的结论成立。双向因果关系的成立，说明VAR模型比EKC模型能更有效反映两者间的互动关系。

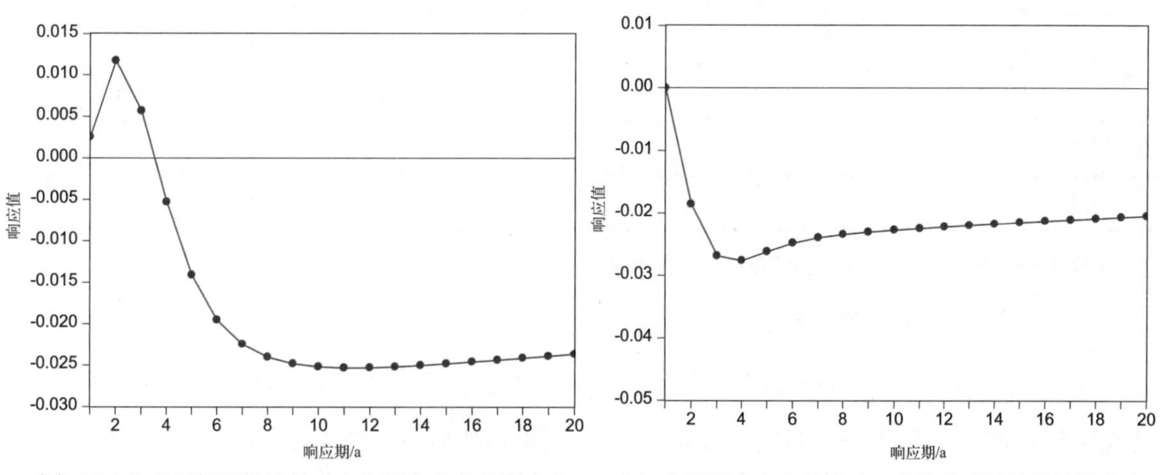

（a）工业化学需氧量排放量对人均国内生产总值响应　　（b）人均国内生产总值对工业化学需氧量排放量响应

图10.46　工业化学需氧量排放量与人均国内生产总值脉冲响应曲线

2）辽宁工业化学需氧量污染压力的情景分析

以上分析得出随着经济发展水平的提高，工业化学需氧量污染的环境压力将逐渐下降，反映了辽宁经济发展与环境变化的大趋势，但未能反映各类经济指标对工业化学需氧量排放的变化趋势和未来工业化学需氧量污染压力的具体情况，因此，本书构造了社会经济发展的环境污染压力指数，以此对未来辽宁工业化学需氧量污染压力状况进行情景分析，具体内容包括污染排放量的方差分解和趋势分析。

（1）工业化学需氧量排放量的方差分解

影响工业化学需氧量排放的社会经济指标众多，将所有影响指标都作为模型变量是不现实和不必要的，参与模型的指标应具有层次适中，解释性强，数据易获取的特点，以此为原则，考虑到工业化学需氧量排放量受工业发展规模、生产技术水平和污染治理水平等因素的影响，选取了工业人均国内生产总值、废水排放达标率和工业废水治理投资额，分别代表工业发展规模、工业技术水平的环境效率和工业污染治理水平。对指标取对数后，构建VAR模型，模型通过AR根的平稳检验，确定最优滞后阶数$p=4$，经因果检验在10%的显著性水平下，工业人均国内生产总值、废水排放达标率和工业废水治理投资额均是工业化学需氧量排放量的Granger原因，可进行方差分解，分析结果见表10.10。

表10.10　工业化学需氧量排放方差分解

时期	工业化学需氧量排放量	工业废水治理投资	工业人均国内生产总值	工业废水排放达标率
1	99.05	0.95	0.00	0.00
5	69.12	13.55	7.82	9.50
10	55.05	12.78	20.47	11.70
15	50.67	15.06	21.96	12.31
20	51.03	13.81	21.90	13.27
25	50.45	12.50	22.03	15.02
30	47.48	14.10	21.57	16.84
最小值	47.48	0.95	0.00	0.00
最大值	99.05	16.77	23.09	16.84
均值	57.97	12.75	17.20	12.08

注：①样本区间为1981—2010年，为简略起见，表中仅列出每5年一期的数值。

②表中各指标值均为取对数后的值。

方差分解结果（图10.47）表明，期初工业化学需氧量排放量对自身的贡献率接近100%，但这种贡献度不会持续，在前10期内迅速下降，到第15期后下降到50%，并有持续逐步下降的趋势［图10.47（a）］；工业人均国内生产总值贡献率在前10期上升之后有所减缓，也在第15期达到平稳，贡献度维持在20%左右，说明工业经济增长对工业化学需氧量排放量影响的长久性［图10.47（b）］；废水治理投资的贡献度在第7期达到最高值，验证了废水治理在短期内效果明显，此后稳定在13%左右，说明废水治理投资对工业化学需氧量排放量的影响基本稳定［图10.47（c）］。1981—2010年辽宁废水治理投资额总体为增加趋势，前20年增幅较大，后10年各年际间变化幅度不大，增幅不明显，所以废水治理投资对工业化学需氧量的贡献度趋于稳定，加大废水的治理投资会打破曲线的平稳性，会有效提高贡献度；工业废水排放达标率的

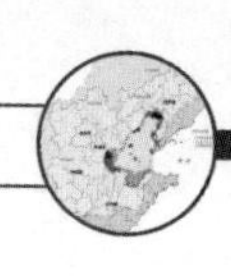

贡献度在前8期内上升较快，说明废水的达标排放短期内对化学需氧量污染量的影响也较大，之后贡献度持续上升但上升幅度较缓，说明长期来看废水达标率对化学需氧量排放量的贡献度会提升［图10.47（d）］。辽宁工业废水达标率从1981年的29.8%已增加到2010年的90%，大幅提升的边际效益已不经济，是由于废水达标率对工业化学需氧量排放量的贡献度也趋于稳定。

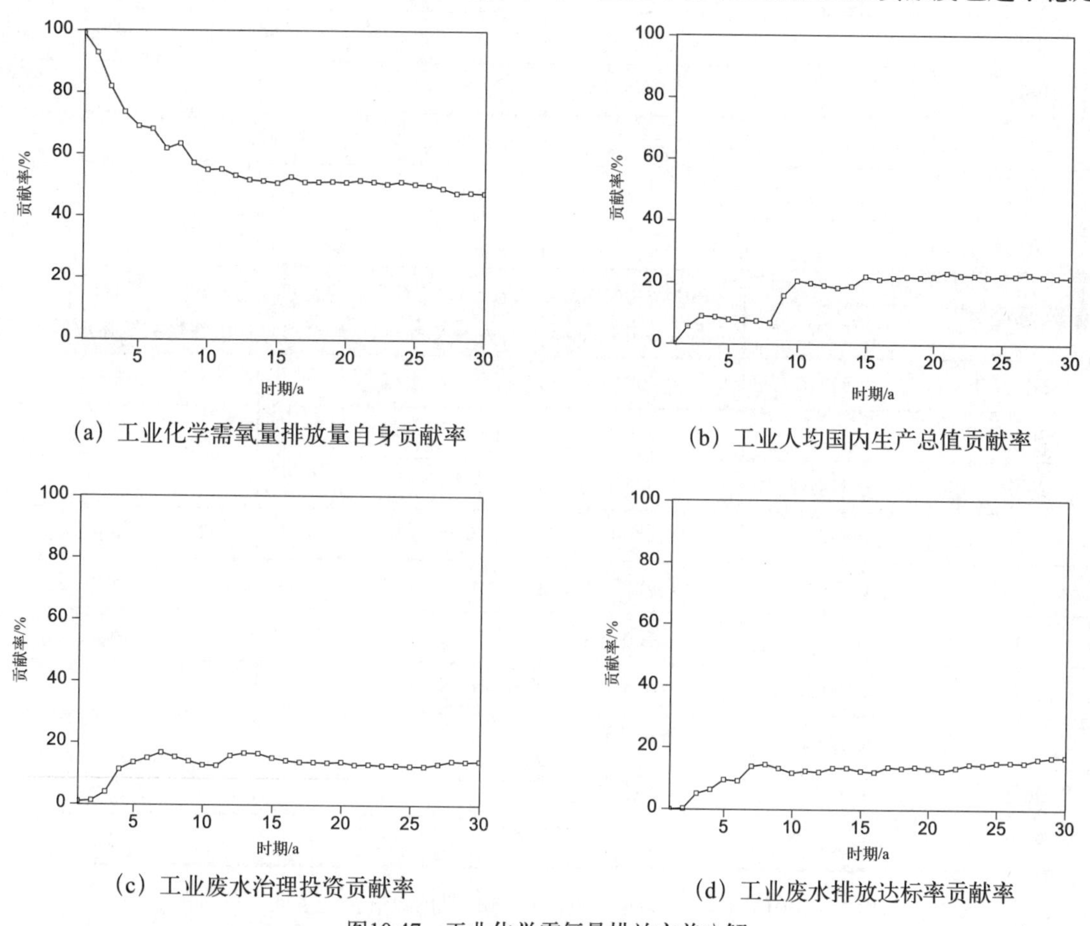

（a）工业化学需氧量排放量自身贡献率

（b）工业人均国内生产总值贡献率

（c）工业废水治理投资贡献率

（d）工业废水排放达标率贡献率

图10.47　工业化学需氧量排放方差分解

（2）工业化学需氧量污染压力的情景分析

依据工业化学需氧量排放量方差分解分析的结果，利用相对贡献率统计值，构造工业化学需氧量污染的社会经济影响压力指数，估算2011—2020年的压力指数值。设定2010年为基年，作为标准参照系，即该年的“社会经济环境压力指数”为1，2010年的各社会经济指标值为“F_{jo}”值，影响工业化学需氧量排放量的社会经济活动指标有工业废水治理投资(FSH_ZLTZ)、工业废水排放达标率(GY_FS_DBLV)和工业人均国内生产总值(GYGDP_PER)，每个社会经济指标的权重依据方差分解的贡献度确定，依据工业化学需氧量排放量的方差分解曲线收敛趋势，确定以第25期的贡献度值为指标权重值，预测区间为2011—2020年。其中，报告期中的地区增加值指标参照辽宁省社会经济发展规划当中的经济增长率目标，拟定对国内生产总值的8%和10%两个增长水平进行情景分析，工业废水治理投资与废水排放达标率数值采用时间序列平滑预测法求算，并依据辽宁环境治理规划进行适当调整。对辽宁工业化学需氧量污染压力指数的估算结果见表10.11。

表10.11　2011—2020工业化学需氧量污染压力指数及排放量情景分析

样本区间*	压力指数		工业化学需氧量排放量/万吨	
1981	1.869 5		49.2	
1985	1.783 5		46.3	
1990	1.925 5		50.7	
1995	1.614 2		32.9	
2000	1.463 0		32.7	
2005	1.324 3		26.8	
2010	1.000 0		20.2	
情景分析区间	按8%经济增长率的压力指数	按10%经济增长率的压力指数	按8%经济增长率的工业化学需氧量排放量/万吨	按10%经济增长率的工业化学需氧量排放量/万吨
2011	0.978 6	0.969 8	19.5	19.3
2012	0.948 4	0.929 8	18.9	18.5
2013	0.914 6	0.885 3	18.2	17.7
2014	0.880 3	0.839 1	17.6	16.9
2015	0.840 1	0.785 7	16.8	15.9
2016	0.795 4	0.726 5	16.1	15.0
2017	0.769 6	0.684 8	15.6	14.3
2018	0.738 3	0.635 9	15.2	13.6
2019	0.708 9	0.587 3	14.7	12.9
2020	0.656 8	0.514 1	13.9	12.1

注：样本区间为1981—2010年，为简略起见，表中仅列出每5年一期的数值。

从2011—2020年预测结果看，社会经济活动对工业化学需氧量排放的综合压力指数总体呈平稳下降趋势。按8%的经济增长率计，2011年的压力指数由0.978 6降至2020年的0.656 8，若按10%的经济增长率计，压力指数由0.969 8降至0.514 1。工业化学需氧量排放量总体变化趋势与压力指数变化趋势一致，总体而言，2011—2020年辽宁工业化学需氧量排放量将下降约7万吨，2020年两种经济增长率情景下化学需氧量排放量相差约15个百分点。

辽宁工业发展规模水平、工业废水治理投资额和工业废水排放达标率对工业化学需氧量排放量的综合影响已达平稳状态。2010年辽宁工业废水治理投资额是1981年的13倍，废水排放达标率也由期初的30%增至90%以上，环境管理政策的落实、工业污染治理能力及工业生产技术水平的提高共同作用，促使工业化学需氧量排放形成平稳下降态势，辽宁工业发展与工业污染治理已进入相互协调的状态。

辽宁未来工业化学需氧量污染治理的空间将逐步缩小，治理空间有限。图10.48显示了1981—2020年辽宁工业化学需氧量污染排放量，2020年化学需氧量排放量为12万吨左右，且下降趋势变

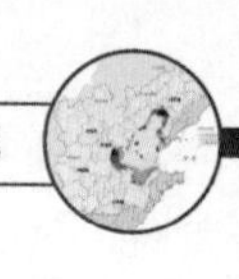

缓，排放量趋于稳定，污染的治理与排放达到一个相对稳定的阶段，即使付出很大投资，也很难获得良好的环境污染治理效果，治污的边际成本提升，污染物削减的空间非常有限。

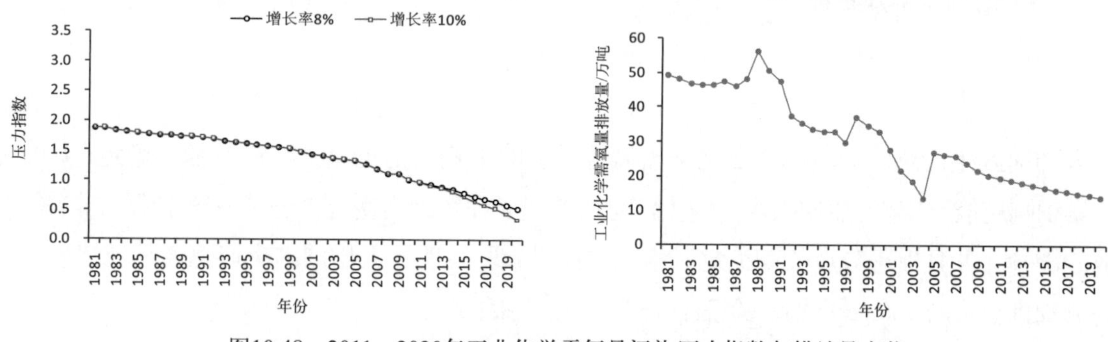

图10.48　2011—2020年工业化学需氧量污染压力指数与排放量变化

3. 城镇生活化学需氧量排放与经济发展的关系

1）城镇生活化学需氧量与社会经济发展关系

城镇生活化学需氧量主要来源于城镇居民日常生活废水排放中的有机污染物，与城镇人口数、废水排放量和城镇生活水平有密切的关系，对城镇生活化学需氧量排放与人均国内生产总值的关系进行EKC和VAR模型分析，分析结果如下。

EKC模型结果显示，辽宁省城镇生活化学需氧量排放与人均国内生产总值呈现倒“U”形曲线，拐点已经显现。基于城镇化学需氧量排放量与人均国内生产总值的二次多项式EKC模型通过显著性检验。图10.49为模型的曲线，可以看出，曲线总体呈倒“U”形，研究初期城镇居民生活化学需氧量排放量随着经济的增长不断增多，后期随着经济增长排量逐渐减少，遵循着“先污染，后治理”的发展模式。辽宁省城镇生活化学需氧量排放的实际趋势（图10.50）与EKC曲线态势相一致。1981年全省城市生活化学需氧量排量为21.5万吨，2001年达最大值40.1万吨，2010年逐步下降到34万吨，城镇生活化学需氧量排放量的变化特征也表现为“先升后降”。辽宁省环境治理的实践也印证了EKC模型的结果。1981—1994年间辽宁城镇生活废水基本不处理，直接排放至环境中，1995年生活废水处理率勉强达到10%，模型结果分析表明，城镇生活化学需氧量排放量的拐点位于人均国内生产总值约20 000元处，当经济增长总体水平达到该阶段后，辽宁省城镇生活化学需氧量排放量已逐渐降低（图10.51）。

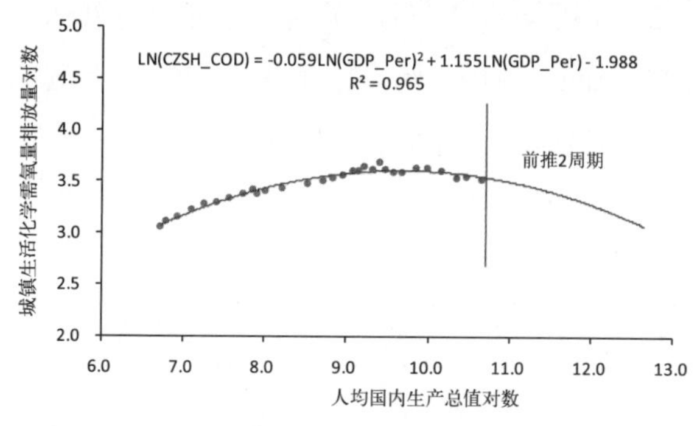

图10.49　城镇生活化学需氧量排放量与人均国内生产总值关系拟合

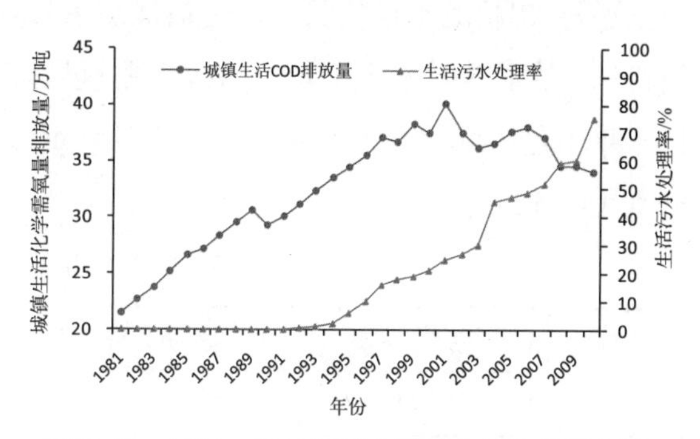

图10.50　1981—2010年辽宁城镇生活化学需氧量排放量与污水处理率变化趋势

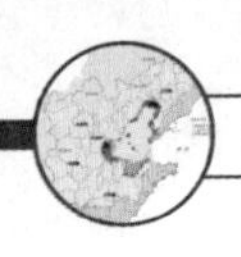

为研究城镇生活化学需氧量排放量和人均国内生产总值动态相互影响关系，构建了两者的双对数VAR向量自回归模型，模型通过平稳性检验，并根据AIC信息准则选取了模型的滞后阶数$p=2$，模型分析结果如下。

脉冲响应分析表明，经济增长对城镇生活化学需氧量排放量的影响为稳定的正效应。图10.51（a）显示了城镇生活化学需氧量排放对人均国内生产总值冲击的响应，整个脉冲周期内，人均国内生产总值对城镇生活化学需氧量排放的影响均为正值，响应值基本稳定在0.08上下，累积响应值为1.58，表明人均国内生产总值的增长在较大程度上促进了城镇生活化学需氧量排放的增加，并且促进效应长期稳定。格兰杰因果检验表明，人均国内生产总值是城镇生活化学需氧量排放量的Granger原因，验证了上述分析结论的成立。

城镇生活化学需氧量排放影响人均国内生产总值变化的脉冲曲线［图10.51（b）］在零值上下波动，未趋向平稳，说明城镇生活化学需氧量污染排放对经济增长没有影响，格兰杰因果关系检验也表明不存在城镇生活化学需氧量排放量对人均国内生产总值的Granger因果关系。

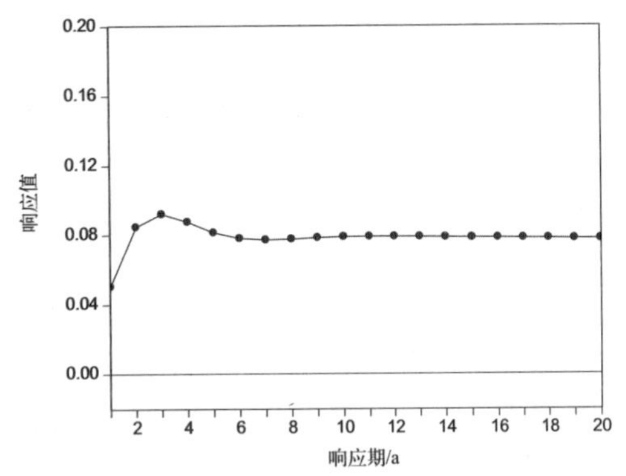

（a）城镇生活化学需氧量排放对人均国内生产总值响应

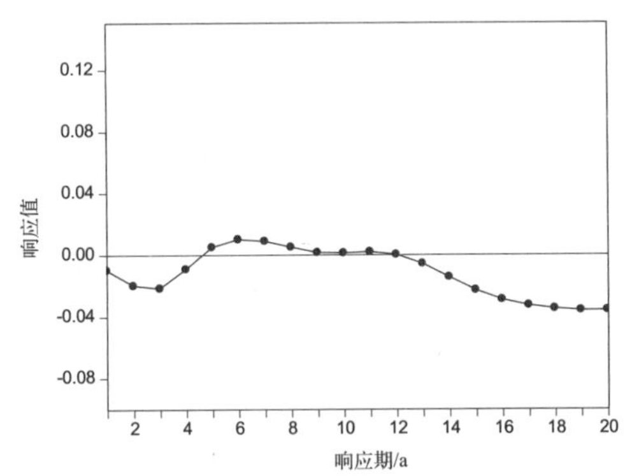

（b）人均国内生产总值对城镇生活化学需氧量排放响应

图10.51　城镇生活化学需氧量排放量与人均国内生产总值的脉冲响应曲线

2）城镇生活化学需氧量污染的情景分析

（1）城镇生活化学需氧量排放量的方差分解

为分析各影响因素对城镇生活化学需氧量排放量的影响程度，选取了人均第三产业增加值、城镇人口数和污染治理累积投资额，分别代表影响城镇生活化学需氧量排放量的经济发展水平、城镇人口规模和生活污水治理水平3个主要影响因素。对指标取对数后，构建VAR模型，模型通过AR根的平稳检验，确定最优滞后阶数$p=2$。经因果检验，第三产业增加值和城镇人口数在10%的显著性水平下是生活化学需氧量排放量的Granger原因，污染治理累积投资在1%显著性水平下是生活化学需氧量排放量的Granger原因。模型通过上述检验，可进行预测方差分解分析（表10.12）。

表10.12　城镇生活化学需氧量排放量方差分解

时期	城镇人口数	城镇生活化学需氧量排放量	人均第三产业增加值	污染治理累积投资额
1	1.68	98.32	0.00	0.00
5	39.91	45.73	0.31	14.05

续表

时期	城镇人口数	城镇生活化学需氧量排放量	人均第三产业增加值	污染治理累积投资额
10	32.54	38.84	4.50	24.12
15	33.07	32.86	5.02	29.06
20	21.45	21.71	11.94	44.89
25	29.02	32.20	6.23	32.56
30	21.28	21.37	10.80	46.56
最小值	1.68	21.37	0.00	0.00
最大值	40.32	98.32	11.94	46.56
均值	26.84	39.37	5.61	28.18

注：①样本区间为1981—2010年，为简略起见，表中仅列出每5年一期的数值。
②表中各指标值均为取对数后的值。

方差分解曲线（图10.52）表明，污染治理累积投资（HJZL_LJ）对城镇生活化学需氧量排放量变化的贡献度快速提升，由最初的0值增加第20期的44.89%，并在调整后继续维持了快速增长的态势，曲线的变化说明污染治理投资是城镇生活化学需氧量排量变化的主要扰动因素，治理投资对生活污染物排放量的影响效果明显，体现了污染主动治理对污染物削减的重要性［图10.52（a）］；城镇居民人口规模对化学需氧量排放量变化的贡献度在期初已较大，达到40%，之后在波动中逐渐下降，2010年贡献度为21.28%［图10.52（b）］；第三产业发展对城镇居民生活化学需氧量排放量的贡献度总体呈上升趋势，由期初的0增加到2010年的10.8%，并保持了平稳增长趋势，表明第三产业对生活化学需氧量污染排量的影响将逐渐增大［图10.52（c）］。

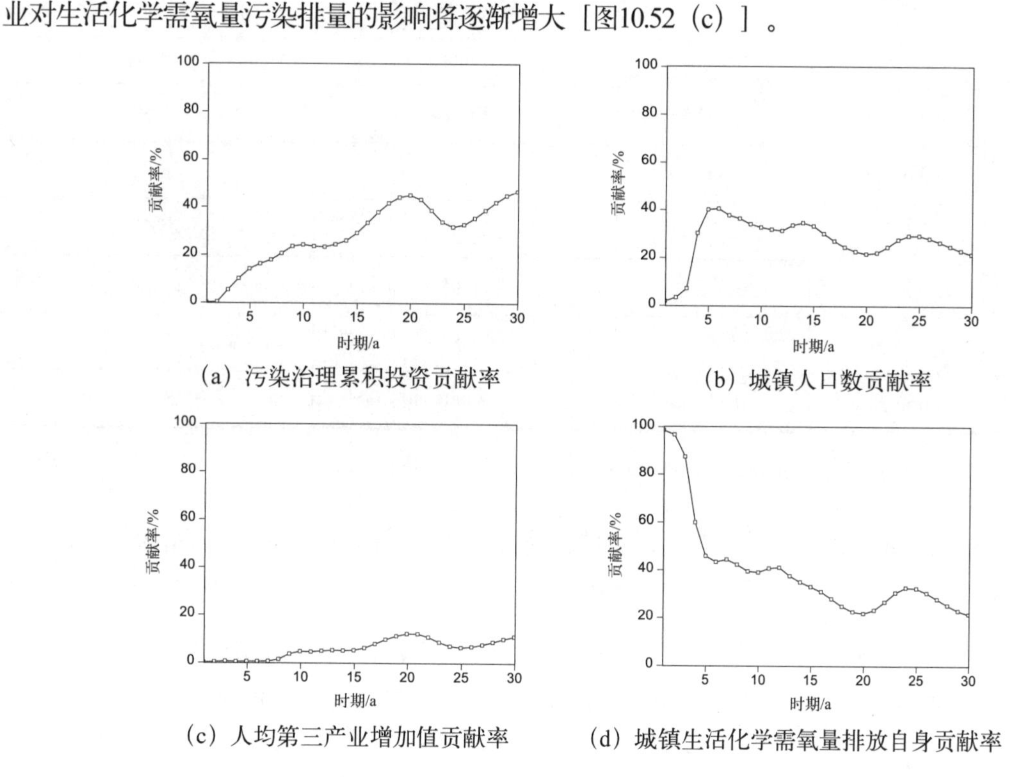

（a）污染治理累积投资贡献率　（b）城镇人口数贡献率

（c）人均第三产业增加值贡献率　（d）城镇生活化学需氧量排放自身贡献率

图10.52　城镇生活化学需氧量排放量方差分解

（2）城镇生活化学需氧量污染排放的压力情景分析

根据方差分解的结果，选取各期贡献度均值作为人均第三产业增加值、城镇人口数和污染治理投资累积额的权值，依据污染压力指数公式，分别在8%和10%两个经济增长率情景下，模拟了2011—2020年辽宁城镇居民生活化学需氧量排放的压力指数，结果见表10.13。

表10.13　城镇生活化学需氧量污染压力指数与排放量的情景分析

样本区间*	压力指数		城镇生活化学需氧量排放量/万吨	
1981	2.711 0		21.469 1	
1985	3.015 5		26.575 8	
1990	3.015 9		29.262 5	
1995	2.900 5		34.456 5	
2000	2.790 6		37.400 0	
2005	2.221 6		37.600 0	
2010	1.000 0		34.000 0	
情景分析区间	按8%经济增长率的压力指数	按10%经济增长率的压力指数	按8%经济增长率的城镇生活化学需氧量排放量/万吨	按10%经济增长率的城镇生活化学需氧量排放量/万吨
2011	0.799 5	0.825 7	32.30	33.20
2012	0.750 6	0.802 7	29.74	31.20
2013	0.742 3	0.763 5	29.50	30.80
2014	0.691 2	0.730 2	28.61	29.70
2015	0.630 2	0.702 5	28.38	29.50
2016	0.601 2	0.660 2	27.83	28.80
2017	0.561 0	0.634 2	27.09	28.60
2018	0.510 0	0.593 2	26.65	28.30
2019	0.420 0	0.551 2	26.81	27.40
2020	0.402 0	0.512 3	25.60	27.00

注：样本区间为1981—2010年，为简略起见，表中仅列出每5年一期的数值。

情景分析结果显示，2011—2020年，辽宁城镇居民生活化学需氧量污染压力指数将平稳下降［图10.53（a）］。按8%的经济增长率计，2011年居民生活化学需氧量污染压力指数由0.799 5降至2020年的0.402 0，相应的化学需氧量排放量由32.3万吨减少至25.6万吨［图10.53（b）］，生活污染对环境的影响呈减轻态势，若按10%的经济增长率计，情景分析的10年间化学需氧量排放量累积值相比增加12万吨。

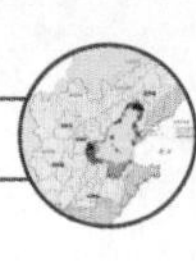

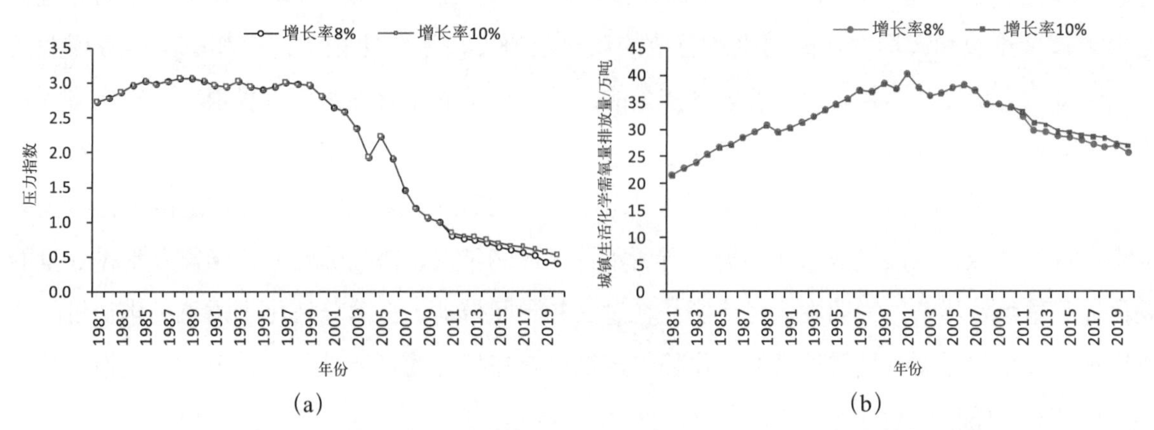

图10.53　2011—2020年辽宁城镇居民生活化学需氧量污染压力指数与排放量变化

辽宁城镇居民生活化学需氧量污染治理空间较大。1996年之前，辽宁城镇居民生活污水基本不经处理，直接排放至环境中，至2000年生活废水治理率仅20%，2010年治理率约70%，而处理的污水中化学需氧量消减率仅为54%，无论在废水处理率或污染物消减率上都存在较大的提升空间。依据情景分析结果，2020年辽宁城镇居民生活化学需氧量排放量相比2010年有7万吨的下降空间。

提高环境治理投资是削减生活化学需氧量污染的主要途径。方差分解和脉冲响应分析表明，城镇人口规模的扩大和第三产业的发展是生活化学需氧量污染量增加的主要原因，污染治理是削减化学需氧量排量的有效措施。2000—2010年样本区间化学需氧量排放量的明显下降，已经表明环境污染治理投资的增长对削减化学需氧量污染量的积极效应，2011—2020年的分析曲线也显示了化学需氧量排放量的下降趋势，但持续提高环境污染治理投资是完成化学需氧量排量削减目标的有力保障。

4. 农业化学需氧量排放与农业经济发展的关系

研究结果表明，农业化学需氧量污染主要来源于畜禽养殖业排污和农村居民生活废水排放，种植业的化学需氧量污染排量很少，在本书中并未考虑种植业化学需氧量的排放量。2010年辽宁农业化学需氧量排放量为97万吨，比1981年的排放量增加了37万吨，图10.54显示了1981—2010年辽宁农村生活化学需氧量排放量和畜禽养殖化学需氧量排放量的变化情况，1992年，畜禽养殖业化学需氧量排放量超过农村生活化学需氧量排量，1993—2010年，养殖业化学需氧量排量一直维持较快的增加势头。辽宁人均农业国内生产总值也在1993年后保持较快增长，尤其是2004—2010年间更是保持了年均17.8%的增长速度。

1）畜禽养殖化学需氧量排放量与农业经济发展的关系

1981—2010年，随着辽宁畜禽养殖业的迅猛发展，养殖业污水排放量剧增，由于养殖业从业人员的环境意识不强、治污设施落后、环境监管不力及污染源分散等原因，畜禽养殖业化学需氧量已成为威胁环境水体的重要污染来源。2010年辽宁畜禽养殖业化学需氧量排放量是1981年的2.7倍（图10.54）。利用EKC和VAR模型研究畜禽养殖业化学需氧量排放量与农业经济发展的关系（图10.55），结果分析如下。

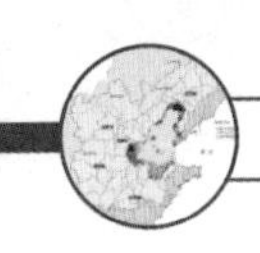

EKC模型表明倒“U”形的三次函数模型显著，当前处于“拐点”。构建基于畜禽养殖业化学需氧量排放和人均农业国内生产总值的双对数EKC模型，比较了二次和三次函数模型关系，两者拟合优度基本相同，但各解释变量的参数估计量的显著性水平差异很大，二次多项式模型中系数的显著性不如三次多项式模型，因此采用三次多项式的拟合结果。根据三次曲线拟合结果，在前推2周期的条件下曲线呈倒“U”形，曲线形态显示，现阶段正是畜禽化学需氧量排放量的拐点，但该趋势与现实情况有所不符。近30年来，畜禽养殖业化学需氧量排放量的变化近乎是线性增长，说明农业经济增长在过去30年间带动了畜禽养殖化学需氧量排放量的快速增加，依据化学需氧量排放量的变化趋势短期内存在拐点的可能性不大，EKC曲线拟合结果的合理性有待验证。

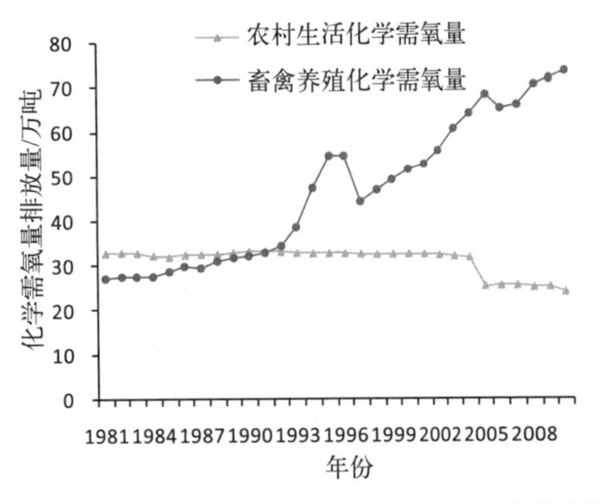

图10.54　1981—2010年辽宁农村生活与畜禽养殖化学需氧量排放量

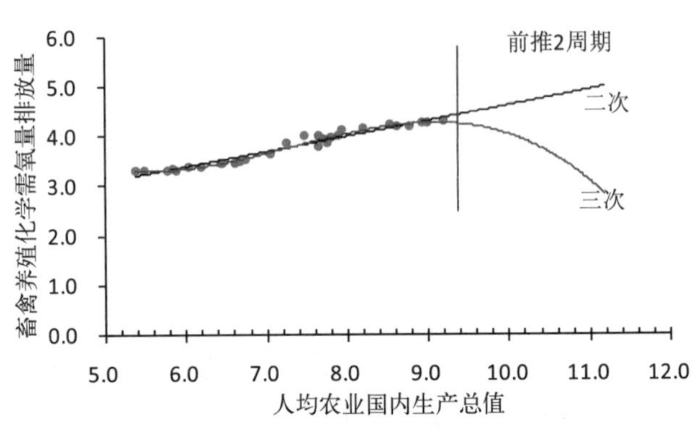

图10.55　畜禽养殖化学需氧量排放与人均农业国内生产总值关系

构建基于农业人均国内生产总值和畜禽养殖化学需氧量排放的双对数VAR模型，模型通过平稳性检验，依据AIC准则确定了滞后阶数$p=2$，脉冲响应函数分析结果如下。

农业人均国内生产总值增长对畜禽养殖化学需氧量排放量一直保持稳定的正向影响，短期内难以出现拐点。农业人均国内生产总值对畜禽养殖业化学需氧量排放的脉冲响应曲线［图10.56（a）］始终为正效应，累积响应值为0.674，说明农业经济的发展在很大程度上促进了畜禽养殖化学需氧量的增长。长期来看，响应值基本稳定在0.03左右，表明随着农业经济的发展，畜禽养殖化学需氧量排放量仍有进一步上升的趋势。随着响应期的增加，响应曲线变化趋势稍显下降，但降幅不大，响应值短期内仍将保持正值，农业经济发展仍将推动养殖业化学需氧量排量的增加，因此畜禽养殖化学需氧量排放量短期内难以出现拐点。

脉冲响应分析得出，畜禽养殖化学需氧量排放对农业人均国内生产总值具有稳定的正向影响。图10.56（b）显示了农业人均国内生产总值对畜禽养殖化学需氧量排放冲击的响应情况，各响应值均大于零，说明畜禽养殖化学需氧量排放对农业经济的增长有正面效应，即在一定程度上促进了农业经济的增长，可简单概括为“污染促进了经济增长”。为检验该结论，对两个指标间进行了格兰杰因果关系检验，检验结果表明，不存在从畜禽养殖化学需氧量排放到农业人均国内生产总值的Granger因果关系，可见畜禽养殖化学需氧量排放对农业经济增长有一定

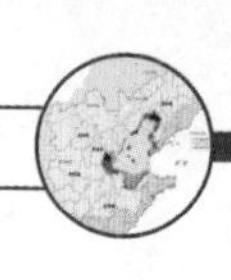

正面影响的结论不成立。但从农业人均国内生产总值到畜禽养殖化学需氧量排放存在Granger因果关系，说明农业经济的发展促进畜禽化学需氧量排放量增长的结论是成立的。

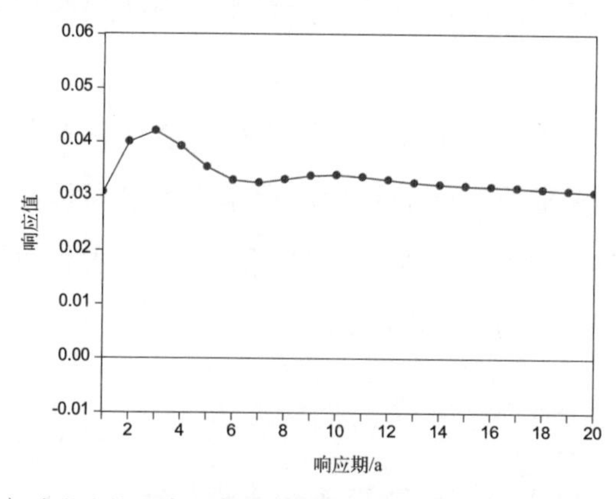

(a) 农业人均国内生产总值对畜禽养殖化学需氧量排放响应

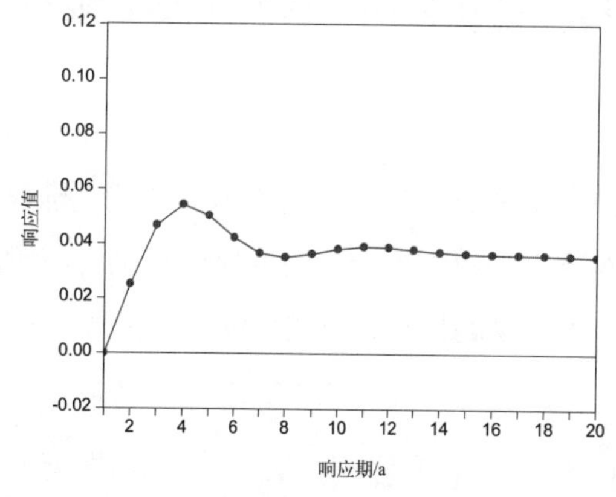

(b) 畜禽养殖化学需氧量排放对农业人均国内生产总值响应

图10.56　畜禽养殖化学需氧量排放与农业人均国内生产总值的脉冲响应

畜禽化学需氧量排放的分析表明，辽宁目前仍处于畜禽化学需氧量排放量快速增长的时期，农业经济的发展仍将带动养殖业化学需氧量排放量的增加，同时，养殖业化学需氧量排放量的增加也并未对农业经济的快速发展产生有效的环保反馈，未出现经济增长与环境保护双重受益的局面，根据VAR模型脉冲响应分析，短期内并不能出现EKC曲线的拐点，因此，就畜禽化学需氧量排放而言，辽宁现阶段畜禽养殖与农业经济之间并不存在EKC曲线关系，整体上仍处于农业经济增长与农村环境污染的尴尬阶段。

2）农村生活化学需氧量排放与农业经济发展的关系

辽宁农村生活废水没有统一的废水排放管网和处理设施，排放方式基本是房前屋后的倾倒和还田。1981—2010年辽宁农村生活化学需氧量排放量基本稳定，数据显示，2005年以前排放量基本稳定在32万吨左右，2005年减少到25万吨，降幅主要是整个行政区内的农业人口转为非农人口引起的变化，因此，影响农村生活化学需氧量排放量的主要因素是农村人口数。随着农业机械化水平的提高，劳动效率不断提高，需要从事农业劳作的人数将不断减少，农业发展水平已不决定于从事农业劳动的人口数量，城镇化成为农村人口转为城镇人口的主要驱动力，辽宁正处于城镇化进程的重要阶段，农村人口仍会不断涌入城镇，农村生活化学需氧量排放量将保持缓慢下降的态势。

为分析农业经济增长与农村生活化学需氧量排放之间的关系，构建了农业人均国内生产总值和农村生活化学需氧量排量之间的VAR模型，模型检验平稳，设定了滞后阶数$p=2$的基础上，进行了脉冲响应函数分析，图10.57（a）为农业经济增长对农业化学需氧量污染的影响，可以看出，各期响应值均为负值，且响应曲线保持非常稳定的态势，说明农业经济增长对农村生活化学需氧量排放产生负效应，即随着农业经济的增长，农村生活化学需氧量排放将逐渐减少，分析结果与实际相符。图10.57（b）显示了农业人均国内生产总值对农村生活化学需氧量排放量冲击的响应，从响应曲线上看，生活化学需氧量污染对农村经济增长有一定的阻碍作用，从环境经济学理论可以得到合理的解释，即环境污染对经济增长的负反馈效应，但辽宁目前农村生活废水排放对农业经济的发展产生制约影响的可能性并不大，农村废水排放目前并没有统一收集和处理，都是农户传统的倾倒和处理方式，因此，农村生活化学需氧量排放会阻碍农业经济的发展是不符合客观实际的。为进一步验证该结论，对农业人均国内生产总值和农村生活化学需氧量排放量进行了格兰杰因果检验，因果检验表明，农业人均国内生产总值是农村生活化学需氧量排放的Granger原因，但农村生活化学需氧量排放并不是农业人均国内生产总值的Granger原因，所以农业经济的发展在一定时期内会减少农村生活化学需氧量的排放，但化学需氧量排放对农业经济发展的负效应不存在。

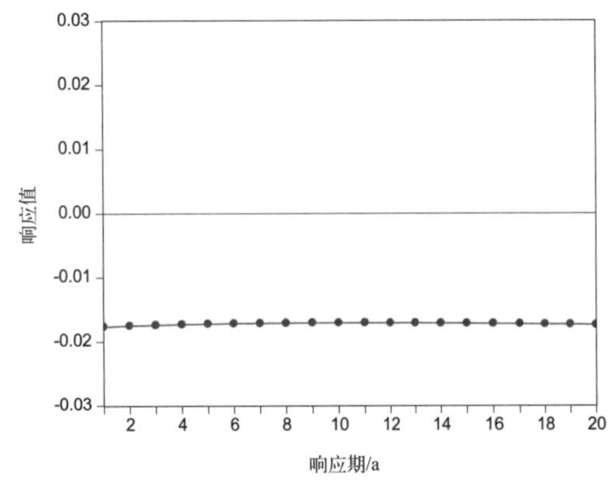

(a) 农村生活化学需氧量排放对农业人均国内生产总值响应

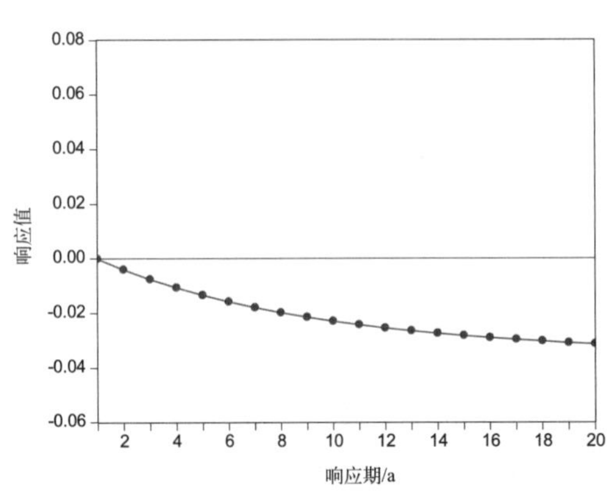

(b) 农业人均国内生产总值对农村生活化学需氧量排放响应

图10.57　农村生活化学需氧量排放与农业人均国内生产总值的脉冲响应

3）农业化学需氧量排放量的方差分解与情景分析

农业总体发展水平、畜牧业发展规模与农村居民生活排污是影响农业化学需氧量排放量的主要因素。该部分研究选取农业人均国内生产总值反映农业总体发展水平，选取畜牧业产值反映畜牧业发展规模，选取农村人口数反映农村居民生活污染排放规模。对各指标取对数后，构建VAR模型，模型通过平稳检验，依据AIC和SC准则确定最优滞后阶数$p=1$，经因果检验在10%的水平下显著，可进行脉冲响应和预测方差分解分析。

（1）方差分解结果（图10.58）表明：畜牧业产值对农业化学需氧量排放量的贡献度在前5期快速增加，由26.85%增加到43.94%，说明畜牧业发展对化学需氧量的影响直接并且影响度越来越大，第6期之后的贡献度呈线性增长，2010年的贡献度达61.28%，成为影响农业化学需氧量排放量最重要的经济指标［图10.58（a）］；农村人口数的变化对农业化学需氧量排放量的贡献度曲线呈扁平的倒“U”形，最大值11.37%位于第7期，之后贡献度缓慢减少，2010年为8.08%，并有逐步下降的趋势，研究期内，辽宁农村人口减少了约580万，人口数量减少直接影响了农村生活污染量的产生，随城市化进程的加快，农村人口会进一步减少，农村居民生活污染物总量也将逐渐减少［图10.58（b）］；农业人均国内生产总值对农业化学需氧量排放量的贡献度相对较低，第10期以后保持6%的贡献度水平，而且趋势平稳，说明农业整体发展水平对农业化学需氧量排放量的贡献长期稳定［图10.58（c）］。

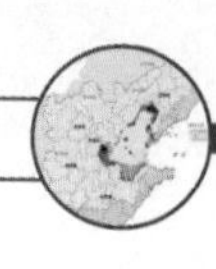

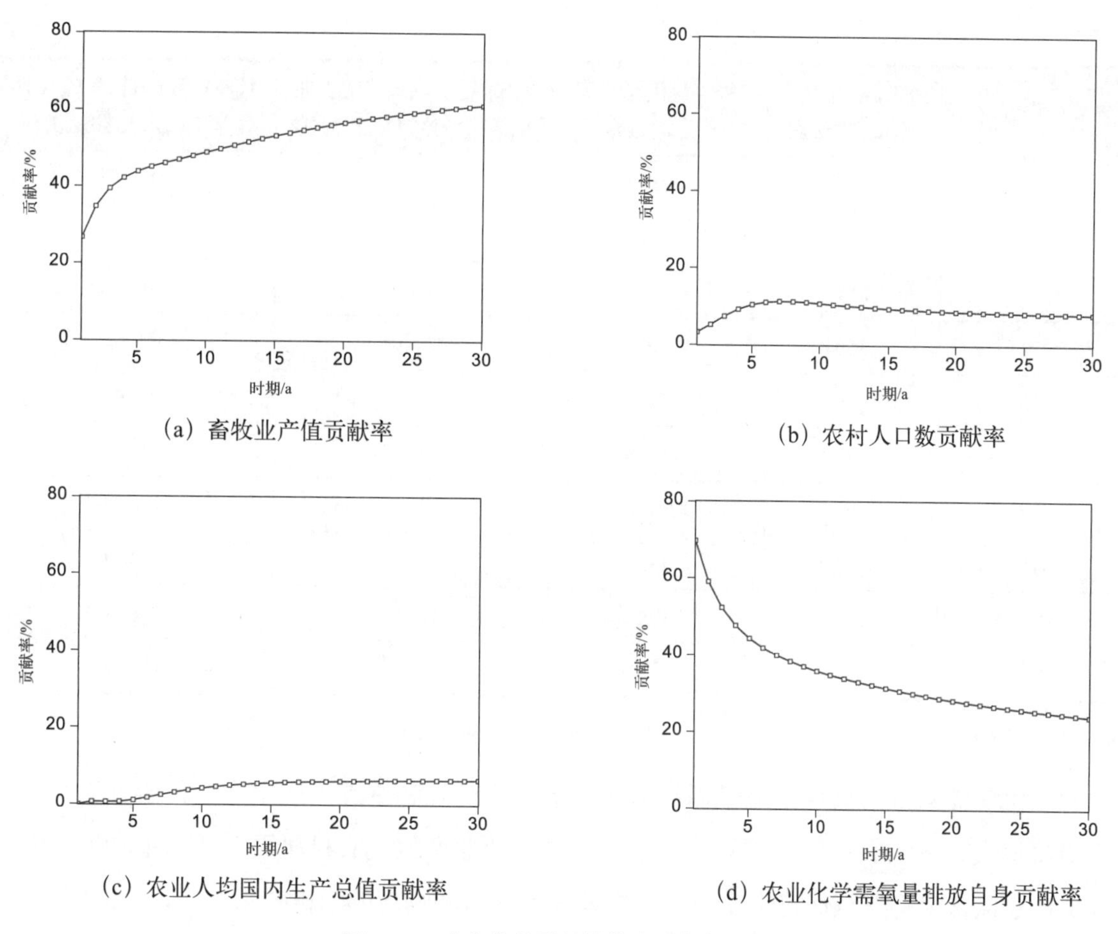

（a）畜牧业产值贡献率

（b）农村人口数贡献率

（c）农业人均国内生产总值贡献率

（d）农业化学需氧量排放自身贡献率

图10.58　农业化学需氧量排放量的方差分解

（2）情景分析表明，2011—2020年辽宁农业化学需氧量的污染压力指数持续增大（表10.14）。在6%的经济增长水平下，化学需氧量污染压力指数由2011年的1.08增加至2020年的2.13，相应的化学需氧量污染排放量由102.7万吨增加至113.1万吨，年均增长1万吨，若按8%的经济增长率，情景分析的10年间，化学需氧量排放量累积增量之差至少增加14万吨。因此，情景分析结果表明辽宁农业化学需氧量污染状况将加重。

表10.14　农业化学需氧量污染压力指数与排放量的情景分析

样本区间*	压力指数	农业化学需氧量排放量/万吨
1981	0.018 3	60.03
1985	0.032 2	60.74
1990	0.063 4	65.40
1995	0.164 7	87.15
2000	0.237 7	84.16
2005	0.512 1	93.77
2010	1.000 0	97.72

续表

情景分析区间	按6%经济增长率的压力指数	按8%经济增长率的压力指数	按6%经济增长率的农业化学需氧量排放量/万吨	按8%经济增长率的农业化学需氧量排放量/万吨
2011	1.078 1	1.095 7	102.69	102.93
2012	1.162 3	1.200 7	103.79	104.27
2013	1.255 1	1.317 9	104.93	105.66
2014	1.353 4	1.444 8	106.06	107.05
2015	1.459 6	1.584 0	107.20	108.46
2016	1.574 1	1.736 9	108.36	109.89
2017	1.697 9	1.904 9	109.53	111.34
2018	1.831 5	2.089 4	110.72	112.81
2019	1.975 8	2.292 2	111.92	114.30
2020	2.131 7	2.515 0	113.13	115.82

注：样本区间为1981—2010年，为简略起见，表中仅列出每5年一期的数值。

农业化学需氧量污染应是化学需氧量污染治理的难点和重点。辽宁农业化学需氧量污染压力仍将增大，影响农业化学需氧量污染的畜禽养殖业产值、农村居民生活水平和人均农业国内生产总值未来将继续保持上升趋势，方差分解和脉冲响应的分析结果表明，这3个影响指标对化学需氧量污染排放的影响均为正效应，加之农业污染监管乏力，治理困难，因此，农业化学需氧量排放会成为化学需氧量污染治理的难点。此外，农业化学需氧量污染是辽宁化学需氧量污染的主体，占总污染排放的56%，在辽宁化学需氧量污染削减工作中，农业化学需氧量污染也是治理的重点（图10.59）。

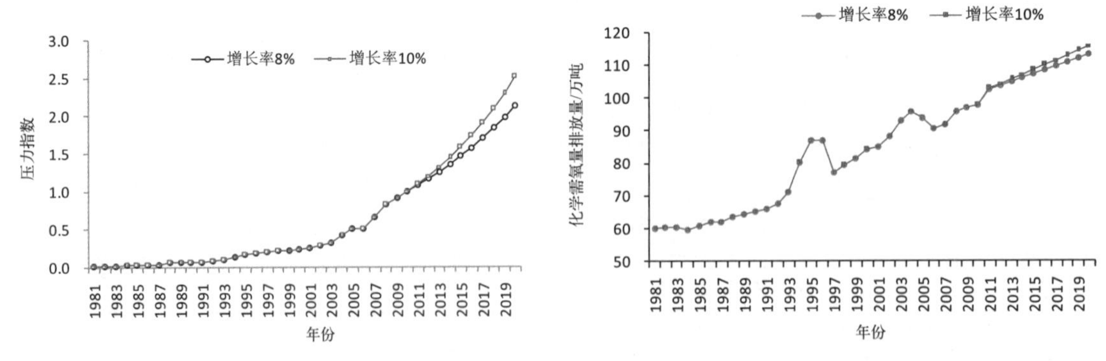

图10.59　2011—2020年辽宁农业化学需氧量污染压力指数与排放量变化

转变农业经济增长方式是农业化学需氧量污染治理的根本。农业污染物排放量与农业经济发展规模直接相关，而农业经济规模的发展壮大是地区经济发展的必然要求，通过减小农业经济规模的方式来降低农业污染是不切实际的。以转变农业经济增长方式为主线，选择集约型、生态型、精细化的农业生产经营模式是降低农业污染的根本途径。

5. 本节小结

（1）化学需氧量污染排放总量在波动中上升，短期内将保持高位稳定。辽宁化学需氧量排放总量整体呈上升趋势，年排放量由1981年的132万吨，增加到2007年的154万吨，未来13年的年排放量将维持在150万吨左右，环境污染压力较大。

（2）工业化学需氧量污染持续走低，替代城镇生活污染源成为贡献最轻的污染源。研究初期，工业是化学需氧量污染第二大源头，工业化学需氧量排放量1989年达到峰值，之后逐年下降，于20世纪90年代中期（图10.60中A点）排放量向下跌破城镇生活化学需氧量排放量，并在之后的时期仍保持总体下降态势，工业化学需氧量排放量占总量的比重由1981年37.7%，降低到2010年的13.3%，再到2020年的9.1%，成为化学需氧量污染贡献最轻的污染源。

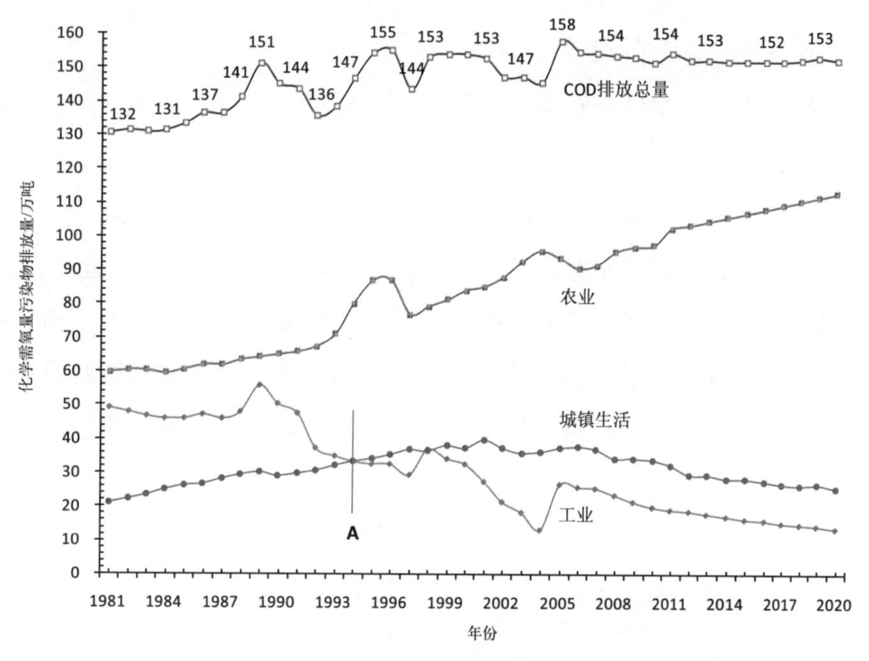

图10.60　1981—2020年辽宁化学需氧量污染物排放量变化趋势

（3）城镇生活化学需氧量污染先升后降，呈现典型倒“U”形曲线。研究初期，相比工业与农业化学需氧量污染，城镇生活排放是最小污染源，排放量占总量的16.4%。随着城市化进程的推进，加之生活废水处理水平滞后，城镇生活化学需氧量排放量在20世纪90年代中期超过了工业化学需氧量排放量，成为化学需氧量污染第二污染源，2001年城镇生活化学需氧量排放量达到峰值40.1万吨，占总量的比例提高到26.2%。随着生活污水处理规模的不断扩大，2005年后生活化学需氧量排放量稳定下降，情景分析结果显示，至2020年排放量将再次回到1981年的排放水平。

（4）农业化学需氧量污染保持线性增长趋势，依然是化学需氧量污染的最大来源。由图4.60可以看出，1981年，化学需氧量排放量由大到小的各类污染源依次为：农业农村、工业和城镇生活，农业为最大污染源。自1981—2020年农业化学需氧量排放量维持了线性增长趋势，占排放总量的比例由45.9%增加到2010年的64.3%（图10.60），依据情景分析结果，随着农业经济的发展，农业化学需氧量污染压力仍将增强，2020年排放量占总量的比重达74.1%，农业化学需氧量排放量对比工业排放量，由1981年的1.2倍，扩大到2020年的8.1倍。

2011—2020年，辽宁化学需氧量污染排放总量将保持稳定，内部结构变化较大，工业和城镇生活化学需氧量污染压力趋于缓和，农业化学需氧量污染持续加强，因此，辽宁未来化学需氧量污染排放的压力主要取决于农业污染的管理和治理。

（四）氨氮排放量与社会经济发展关系研究

氨氮污染主要来源于居民生活、畜禽养殖和工业生产废水排放，三者排放分别占总氨氮排放量的75.6%、12.7%和5.6%，合计占总量的95%。本研究主要分析上述三类氨氮排放与社会经济发展的关系。

1. 氨氮排放总量与社会经济发展的关系

EKC模型分析表明，氨氮排放总量的“拐点”已经出现，总量数值将随经济增长加速下降。氨氮排放总量为各类社会经济活动氨氮排放量的总和，构建氨氮排放总量与人均国内生产总值的双对数二次多项式函数，拟合曲线呈倒“U”形（图10.61），拟合优度$R^2=0.726$，调整的拟合优度$\bar{R}^2=0.701$，拟合效果较好，“拐点”出现在人均国内生产总值为5 000元左右处。随着人均国内生产总值的增长，氨氮排放总量先缓慢减小，之后加速下滑，曲线趋势表明2010年后排放量将保持加速下降的态势，说明经济增长的同时氨氮污染将有明显的缓和，并且EKC曲线的特征决定了这种双赢的趋势将越来越明显，以至于氨氮排放量将减少为零，但这样的趋势并不符合经济发展与环境变化间的客观关系。

为进一步分析经济发展与氨氮排放总量间的影响关系，建立了氨氮排放总量与人均国内生产总值的双对数VAR模型，模型通过平稳性检验，确定滞后阶数$p=2$，可进行脉冲响应分析（图10.62）。

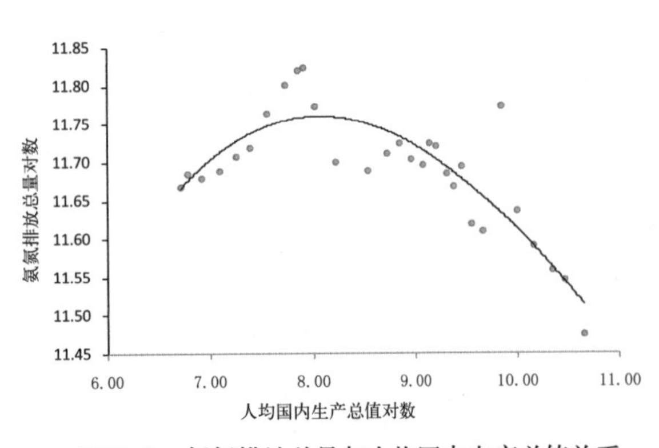

图10.61　氨氮排放总量与人均国内生产总值关系

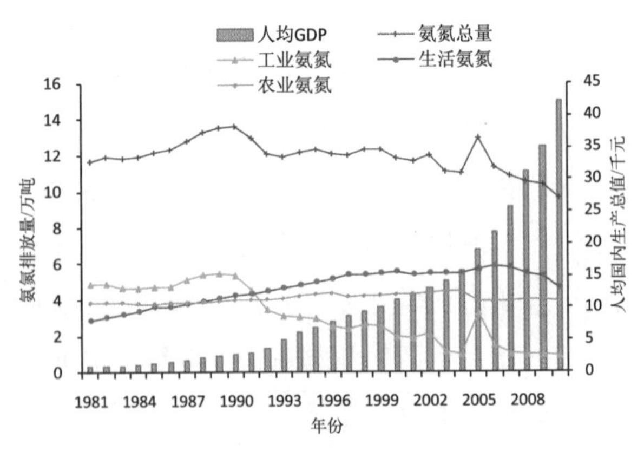

图10.62　1981—2010年辽宁各类氨氮排放量与人均国内生产总值变化

脉冲响应分析结果表明，人均国内生产总值的增长对氨氮排放总量的影响的确为负效应，但影响微弱。图10.63（a）为人均国内生产总值对氨氮排放总量的影响曲线，整个曲线

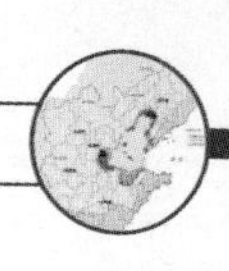

的响应值持续稳定在-0.003 7左右，累积响应值仅为-0.076，说明经济增长对氨氮排放总量的变化存在负向影响关系，但影响程度微弱，两者间并不存在如EKC模型描述的显著的影响关系。氨氮排放总量是多个污染源氨氮排量的总和，不能因为经济增长对氨氮排放总量变化的影响小，而认为其对单独各类污染源的影响也小，对经济增长与各污染源氨氮排放量的关系，在后面的研究内容中具体分析。

氨氮污染对人均国内生产总值的影响曲线如图10.63（b）所示，曲线各响应值均为正值，说明环境污染对经济发展的影响为正效应，但格兰杰因果关系检验表明，氨氮排放总量并不是人均国内生产总值的Granger原因，而在10%显著性水平下，人均国内生产总值是氨氮排放总量的Granger原因。氨氮排放总量与人均国内生产总值之间的关系比较弱，并不能很有效地反映出经济发展与环境污染变化间的明确关系，期望通过各污染源的氨氮排放与经济增长间关系的研究，进一步明确经济发展与氨氮污染的影响关系。

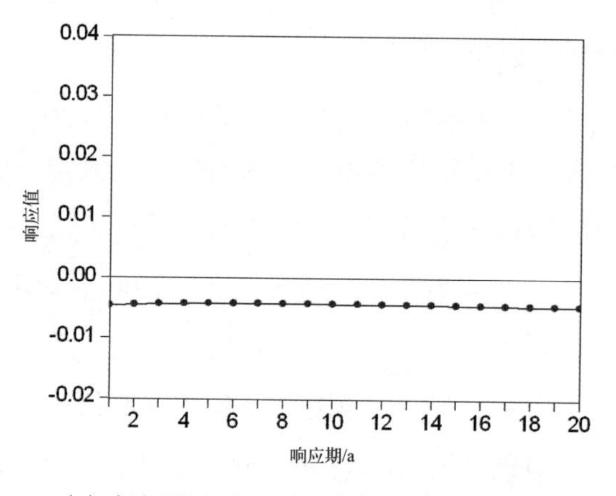

（a）氨氮排放总量对人均国内生产总值响应

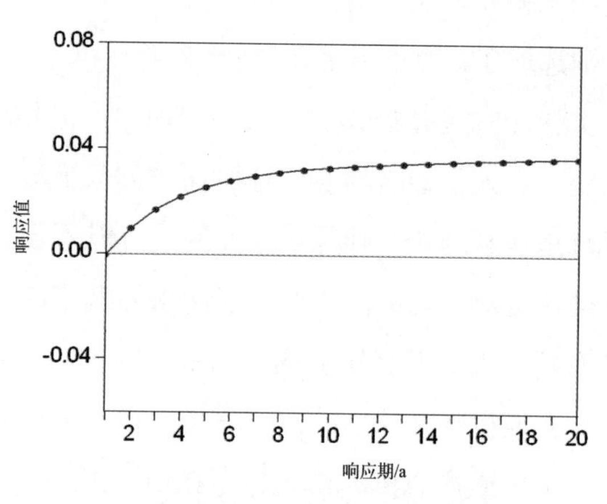

（b）人均国内生产总值对氨氮排放总量响应

图10.63　氨氮排放总量与人均国内生产总值的脉冲响应曲线

2. 工业氨氮污染与经济发展的关系

1）工业氨氮污染与经济发展的关系分析

工业氨氮排放量与人均国内生产总值的EKC检验：回归结果表明，辽宁工业氨氮排放量与人均国内生产总值之间存在库兹涅茨倒“U”形曲线关系。选取工业氨氮排放量代表工业的氨氮污染，以人均国内生产总值代表经济发展总体水平，建立了两个指标的双对数模型，拟合优度$R^2=0.866$，调整的拟合优度$\overline{R}^2=0.856$，二次项方程通过系数检验，拟合效果良好，模型回归曲线如图10.64。从EKC曲线形态看，辽宁工业氨氮排放量的“拐点”位于人均国内生产总值为1 500元处，说明在人均国内生产总值超过1 500元后，辽宁工业氨氮排放量就开始出现下降趋势。从辽宁实际来看，20世纪80年代中期，人均国内生产总值开始突破1 500元，工业氨氮排放量也开始逐渐下降，到2010年仍维持下降态势。

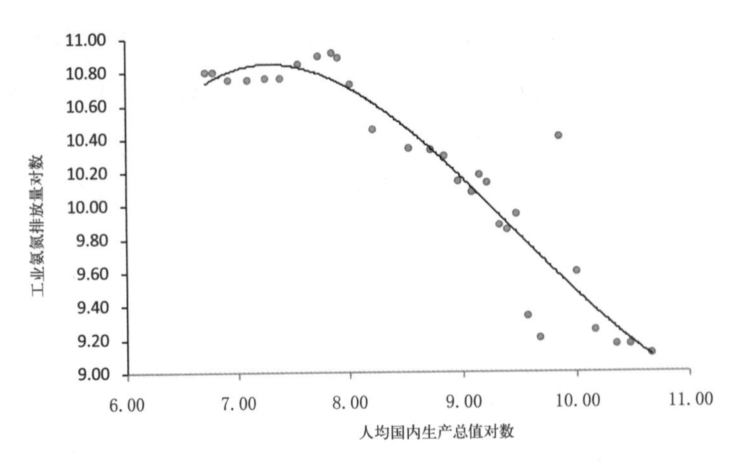

图10.64　工业氨氮排放量与人均国内生产总值的关系

上述EKC模型分析结果表明，随着辽宁经济的增长，工业氨氮污染在逐渐减轻，工业发展与氨氮污染控制进入了协调发展的阶段。为进一步研究工业氨氮排放和人均国内生产总值间动态相互影响关系，构建了两者的双对数VAR模型，模型通过平稳性检验，并根据AIC信息准则选取了模型的滞后阶数$p=2$，脉冲响应函数分析结果如下。

脉冲响应分析表明，人均国内生产总值的增长与工业氨氮排放量之间存在相互稳定的负效应，跨入了经济增长与环境保护的双赢发展区间。图10.65分别为人均国内生产总值和工业氨氮排放量的相互脉冲响应曲线，可以看出，在经过4期冲击后两个曲线均趋于平稳，工业氨氮排放量对人均国内生产总值冲击的响应值稳定在－0.12左右，累积响应值为－2.06，说明经济增长对工业氨氮排放的负向效应较大，是氨氮减排的重要影响因素；人均国内生产总值对工业氨氮排放量冲击的响应值稳定在－0.01左右，累积响应值为－0.22，说明工业氨氮污染对人均国内生产总值的增长也存在负向影响，但影响程度不大。格兰杰因果检验表明，在1%显著性水平下，人均国内生产总值是工业氨氮排放量的Granger原因，在10%显著性水平下，工业氨氮排放量是人均国内生产总值的Granger原因，说明以上两个因素间存在相互动态影响，进一步证明了VAR模型分析结论的成立。

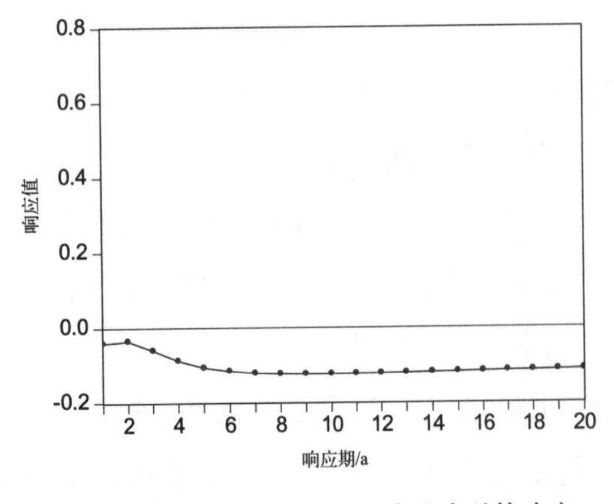

(a) 工业氨氮排放对人均国内生产总值响应

(b) 人均国内生产总值对工业氨氮排放响应

图10.65　工业氨氮排放量与人均国内生产总值的脉冲响应曲线

2）辽宁工业氨氮污染压力情景分析

（1）工业氨氮排放量的方差分解

产生氨氮污染与产生化学需氧量污染的工业行业具有较强的同源性，因此，选取与工业化学需氧量排放量相同的社会经济指标作为研究氨氮排放量的指标。具体指标包括人均工业国内生产总值、废水排放达标率和工业废水治理投资额，分别代表工业发展规模、工业生产技术水平和工业污染治理水平。对指标取对数后，构建VAR模型，模型通过AR根的平稳检验，依据AIC和SC准则确定最优滞后阶数$p=4$，经因果检验在10%的显著性水平下，废水排放达标率是工业氨氮排放量的Granger原因，在1%的显著性水平下，工业人均国内生产总值和工业废水治理投资额是工业氨氮排放量的Granger原因，可进行方差分解，分析结果如下。

方差分解结果表明，工业污染治理是工业氨氮排放量降低的根本原因。从表10.15可以看出，工业废水达标排放率对氨氮排放量变化的平均贡献度最高，均值为41.18%；其次为工业废水治理投资累积额，贡献度均值37.83%，人均工业国内生产总值的平均贡献度为12.67%。工业废水达标率和工业废水治理投资两个因子对工业氨氮排放量变化的贡献度合计达80%，成为影响工业氨氮排放量的重要指标。说明辽宁对工业污染物的治理成效显著，环境保护规制效率比较高，是促使工业氨氮污染拐点出现的主要原因。

表10.15　工业氨氮排放量与各影响因子的方差分解值

时期	工业氨氮排放量	工业废水排放达标率	工业废水治理累积投资额	人均工业国内生产总值
1	17.81	1.83	60.61	19.74
5	9.45	45.80	33.77	10.98
10	6.84	40.53	39.62	13.02
15	7.32	45.21	35.18	12.29
20	6.62	44.85	35.45	13.08
25	8.81	39.63	40.54	11.01
30	7.68	51.16	30.36	10.80
最小值	5.81	1.83	25.77	9.31
最大值	21.03	52.12	60.61	19.74
均值	8.33	41.18	37.83	12.67

注：①样本区间为1981—2010年，为简略起见，表中仅列出每5年一期的数值。
②表中数值为取对数后的值。

对指标贡献度进一步分析发现，两个污染治理指标的贡献度波动较大，人均工业国内生产总值的贡献度相对稳定。图10.66为各社会经济因子对工业氨氮排放量变化的贡献度曲线图，可以明显看出，工业废水排放达标率和废水处理累积投资额的贡献度波动较大，主要是由于达标率和投资额年际间变动的不稳定性，但两个指标贡献度都有稳定的均值，说明长期来看具有稳定的贡献度［图10.66（a）、图10.66（b）］。人均工业国内生产总值对工业氨氮排放量变化的贡献度相对稳定，基本保持在11%—13%，因为人均工业国内生产总值年际间变化本身就相对平稳［图10.66（c）］。

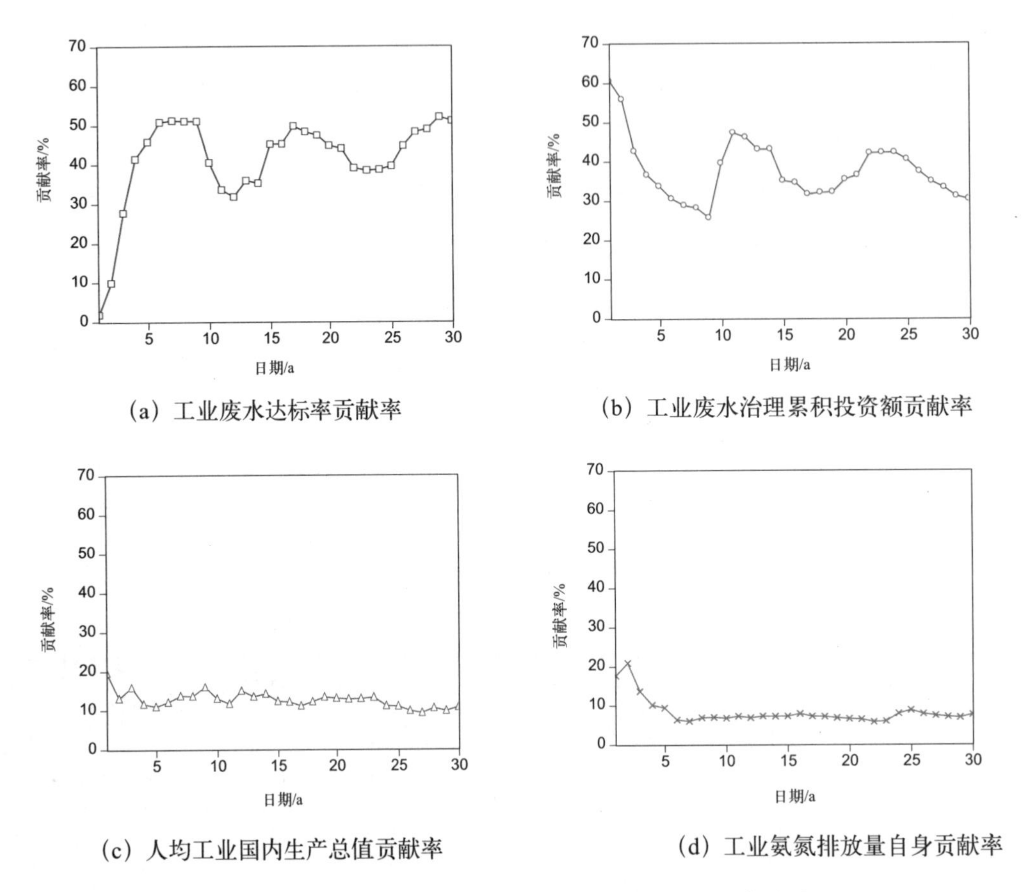

（a）工业废水达标率贡献率

（b）工业废水治理累积投资额贡献率

（c）人均工业国内生产总值贡献率

（d）工业氨氮排放量自身贡献率

图10.66　工业氨氮排放量与各影响因子的方差分解曲线图

（2）工业氨氮污染压力的情景分析

依据工业氨氮排放量方差分解的分析结果，参考相对贡献率统计值，利用社会经济活动压力指数公式，估算2011—2020年工业氨氮排放的压力指数值，在此基础上估算工业氨氮的可能排放量。

根据工业废水治理投资(FSH_ZLTZ)，工业废水排放达标率(GY_FS_DBLV)和工业人均国内生产总值(GYGDP_PER)对工业氨氮排放量变化的贡献度分布特点，确定采用均值作为各指标的权重值。报告期中的地区增加值指标参照辽宁省社会经济发展规划当中的经济增长率目标，拟定对工业国内生产总值的8%和10%两个增长水平进行情景分析，工业废水治理投资数值采用时间序列平滑预测法求算，并依据辽宁环境治理规划进行适当调整，工业废水排放达标率现阶段已达到90%，100%的废水达标率难以保证，所以本研究设定96%为最高达标率，预测区间为2011—2020年。对辽宁工业氨氮污染压力指数的估算结果见表10.16。

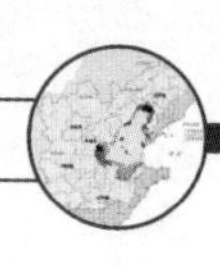

表10.16　2011—2020年辽宁工业氨氮排放污染压力指数与排放量预测

年份	压力指数		工业氨氮排放量/万吨	
	按8%经济增长率的压力指数	按10%经济增长率的压力指数	按8%经济增长率的工业氨氮排放量	按10%经济增长率工业氨氮排放量
2010	1.000 0	1.000 0	0.910 0	0.910 0
2011	0.999 8	0.999 8	1.187 3	1.187 3
2012	0.9723	0.972 4	1.133 8	1.133 8
2013	0.938 0	0.938 0	1.066 2	1.066 3
2014	0.907 8	0.907 9	1.006 3	1.006 4
2015	0.866 4	0.866 5	0.923 4	0.923 6
2016	0.820 4	0.820 5	0.830 8	0.831 0
2017	0.825 9	0.826 1	0.842 0	0.842 3
2018	0.821 2	0.821 4	0.832 4	0.832 8
2019	0.824 7	0.824 9	0.839 5	0.839 9
2020	0.778 7	0.778 9	0.746 8	0.747 3

从2011—2020年情景分析结果看，工业氨氮排放压力指数快速下降后，未来变化趋于平稳，排放量持续下降的空间有限。图10.67（a）显示了1981—2020年辽宁工业氨氮排放压力指数40年的变化，以2000年为界点，前20年压力指数下降了8.6，后20年下降了1.2，指数下降幅度逐年减小。对于工业氨氮年排放量，前20年降低了近3万吨，后20年降低了1.2万吨，降幅也在逐年缩小。模拟曲线态势表明，在工业经济增长与工业废水治理的综合作用下，辽宁工业氨氮排放的压力逐年减小，2020年的辽宁工业氨氮排放量约0.74万吨，污染消减的空间越来越小，排放量持续下降的幅度有限。

情景分析结论还表明，两种情景分析下的工业氨氮排放量近乎相同，工业经济增长率对工业氨氮排量影响已很小。图10.67（a）和图10.67（b）分别显示了8%和10%的经济增长率情景下工业氨氮压力指数与排放量变化，从曲线形态上已经不能区分两个情景之间的差异，说明工业经济增长率对工业氨氮排放量的影响程度已经很小。方差分解证实了此结论，辽宁工业氨氮排量减少的主要原因是工业废水达标率和工业废水治理投资的不断提高，即治污能力的提升，曲线趋势表明未来工业废水治理的边际效益将逐渐缩小，大规模环境治理投资的收效将低于期望，但保持每年一定规模的废水治理投资，仍是保障工业氨氮排放量维持在较低水平的前提。

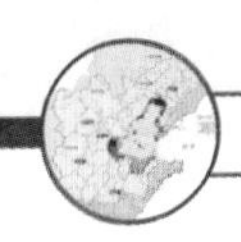

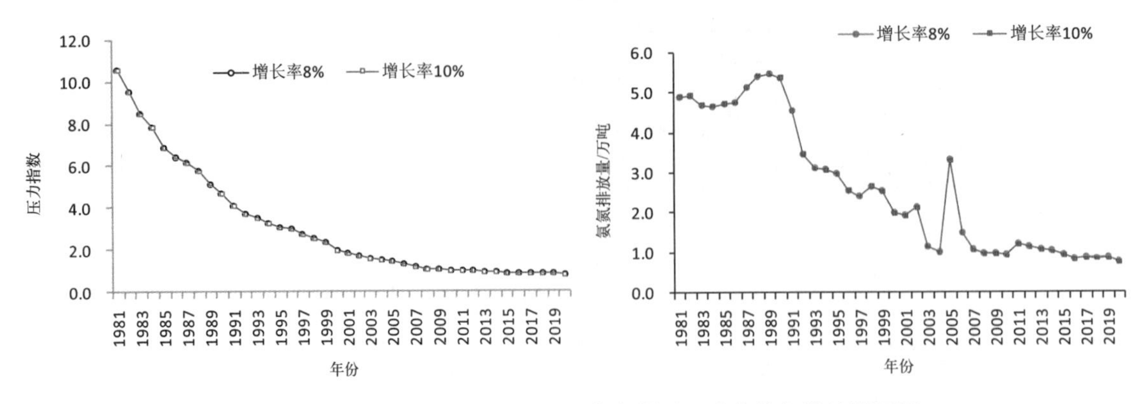

图10.67　2011—2020年辽宁工业氨氮排放压力指数与排放量预测

3. 城镇生活氨氮污染与经济发展的关系

1）城镇生活氨氮与社会经济发展关系分析

城镇生活氨氮污染排放与化学需氧量污染的来源相同，主要来源于城镇居民日常生活废水中的有机污染物，与城镇人口数、废水排放量和居民生活水平有密切关系，分析城镇生活氨氮排放与经济增长的关系，选取人均国内生产总值作为经济发展的考量指标，EKC和VAR模型分析结果如下。

EKC模型结果分析表明，辽宁城镇生活氨氮排放量与人均国内生产总值之间存在库兹涅茨倒“U”形曲线关系。建立生活氨氮排放量与人均国内生产总值两个指标的双对数EKC模型，人均国内生产总值的二次、三次多项式方程均通过系数检验，二次项方程的t检验和F检验更优，拟合优度$R^2=0.973$，调整的拟合优度$\overline{R}^2=0.970$，拟合效果良好，模型回归曲线见图10.68。从EKC曲线形态看，城镇生活氨氮排放量的“拐点”位于人均国内生产总值约20 000元处，说明在人均国内生产总值超过20 000元后，城镇生活氨氮排放量才开始出现下降趋势。“拐点”位于2005年前后，2005年以前，城市生活氨氮排放量逐年增加，至2005年后逐渐减少。

分析可知，促使城镇氨氮排放量下降的原因主要是生活污水的处理，1996年前，辽宁省城镇生活污水基本不处理，直接排放到环境中，1996年开始加大生活污水处理，直至2005年才促使了城镇氨氮排放拐点的出现。对比工业氨氮排放的“拐点”，可明显得出，城镇生活氨氮排放的拐点处人均国内生产总值要远高于工业氨氮排放拐点，说明在过去的近25年间，辽宁的经济增长带给工业污染治理的效应远大于对生活污染治理的带动。从图10.69可以看出，自1981年开始工业废水处理各项指标一直高于城镇生活废水处理，生活废水治理的确落后于工业污染的治理，这正是生活氨氮排量拐点迟于工业氨氮排量拐点出现的原因。

对两个指标进行格兰杰因果关系检验结果表明，在5%显著性水平下，人均国内生产总值是城镇生活氨氮排放量的Granger原因，反之并不存在Granger因果关系，再一次证明上述结论成立。利用人均国内生产总值和城镇生活氨氮排放量指标构建两者的双对数VAR模型，模型平稳性检验未通过，不能进行脉冲响应分析。

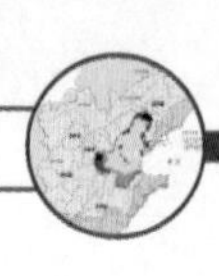

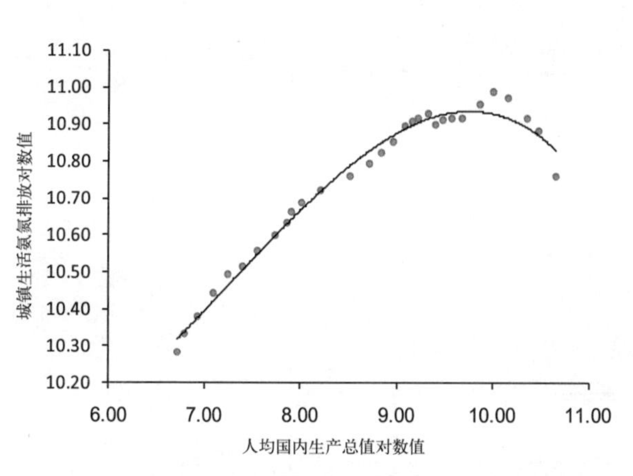

图10.68　城镇生活氨氮排放与人均国内生产总值的关系拟合

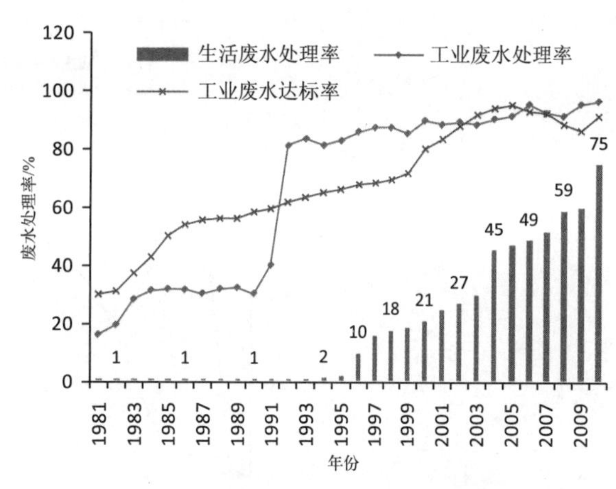

图10.69　工业废水与生活废水处理情况对比

2）辽宁城镇生活氨氮污染压力的情景分析

上述分析得出辽宁城镇生活氨氮污染压力在经历较长时间的增长后，将随经济增长逐渐下降，为进一步研究未来城镇生活氨氮排放的具体发展趋势，在方差分解的基础上，利用环境污染压力指数估算方法对其进行情景分析。

（1）城镇生活氨氮排放量的方差分解

影响城镇生活氨氮排放的社会经济指标与影响生活化学需氧量污染排放的指标基本相同，同样选择了人均第三产业增加值、城镇人口数和污染治理投资累积额作为影响生活氨氮的社会经济指标。对指标取对数后，构建VAR模型，模型通过平稳检验，依据AIC和SC准则确定最优滞后阶数$p=2$。经因果检验，第三产业增加值在5%显著性水平下是生活氨氮排放量的Granger原因，城镇人口数和污染治理投资在1%显著性水平下是生活氨氮排放量的Granger原因。模型通过上述检验，可进行预测方差分解分析。

方差分解结果（图10.70）表明，环境污染治理投资累积额对城镇生活氨氮排放量变化的贡献度上升最快，从第1期的零贡献经过两个阶段的增长，贡献度快速上升至55%左右，并呈现出小幅递增的趋势。趋势表明，污染治理投资在前期对生活氨氮排量变化的影响程度较小，随着时间的积累，治理效应逐渐加强，在治理投资不断追加的情况下，污染治理已经成为影响氨氮排放量变化的最主要因子；城镇人口数在初期对生活氨氮排放量变化的贡献度已经很大，为50%左右，之后快速下降至17%左右，并保持相对平稳趋势，略有小幅递减，说明城镇人口变动早期对氨氮排放量变化的贡献度较大，随着时间的推移，影响度逐渐减小，并趋于一个相对稳定的水平；期初，人均第三产业国内生产总值对氨氮排放量的贡献度很小，随时间推移贡献度逐渐增加，并稳定在15%左右，说明人均三产国内生产总值对生活氨氮排放量的影响由小变大，并长期保持稳定的影响。总的来说，环境污染治理投资对生活氨氮排放量变化的影响最大，其次为城镇人口规模和人均第三产业国内生产总值。

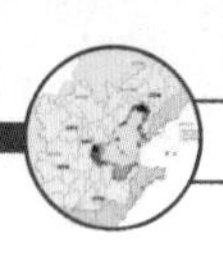

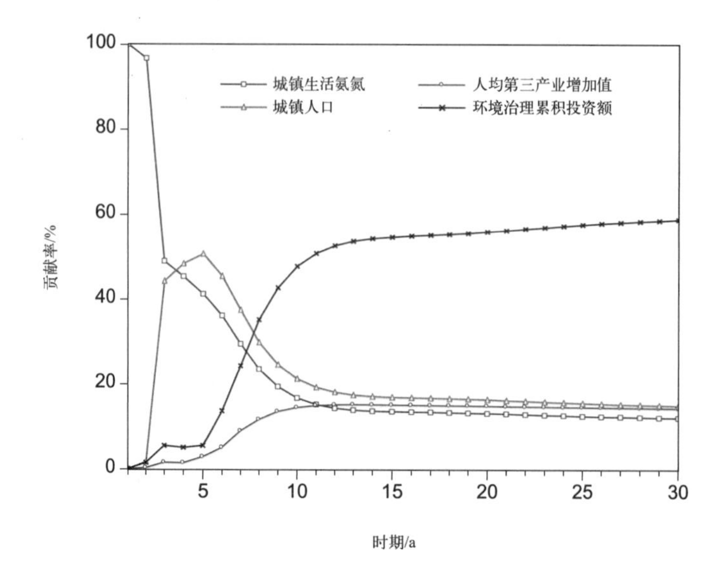

图10.70　城镇生活氨氮排放量的影响因子方差分解

由于贡献度曲线变化后期趋于稳定趋势，波动不大，选择第30期的贡献度值（表10.17）作为压力指数公式中各因子的权重值。辽宁近10年第三产业年均增长13.8%，依据经济发展实际，第三产业国内生产总值增长率也选定8%和10%两个水平，城镇人口增长参考过去近10年的平均年增长数求算，污染治理投资依据历史数据线性趋势求算，并依据辽宁环境治理具体规划进行了适当调整。

表10.17　影响城镇生活氨氮排放量变化的各因子贡献度

时期	城镇生活氨氮排放量	人均第三产业增加值	城镇人口数	环境治理累积投资额
1	100.00	0.00	0.00	0.00
5	41.15	2.79	50.62	5.44
10	16.68	14.43	21.20	47.69
15	13.47	15.05	16.85	54.63
20	13.06	14.78	16.31	55.85
25	12.44	14.52	15.47	57.57
30	12.03	14.28	14.91	58.78
最小值	12.03	0.00	0.00	0.00
最大值	100.00	15.14	50.62	58.78
均值	23.92	11.80	20.97	43.31

注：样本区间为1981—2010年，为简略起见，表中仅列出每5年一期的数值。

（2）情景分析结果显示，2011—2020年，辽宁城镇居民生活氨氮污染压力指数将平稳下降（图10.71）。其他影响因子不变的前提下，第三产业国内生产总值按8%的经济增长率，

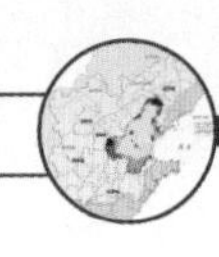

2011年居民生活化学需氧量污染压力指数由0.9688降至2020年的0.673 7（表10.18），相应的氨氮排放量由4.62万吨减少至3.84万吨，生活污染对环境的影响呈减轻态势，若按10%的经济增长率，情景分析的10年间氨氮排放量累积值，相比8%增长率水平下增加1.14万吨。

表10.18　2011—2020年辽宁城镇生活氨氮排放情景分析

年份	压力指数		城镇生活氨氮排放量/万吨	
	按8%经济增长率的压力指数	按10%经济增长率的压力指数	按8%经济增长率的城镇生活氨氮排放量	按10%经济增长率的城镇生活氨氮排放量
2010	1.000 0	1.000 0	4.70	4.70
2011	0.968 8	0.972 8	4.62	4.63
2012	0.929 2	0.938 0	4.55	4.57
2013	0.891 0	0.905 5	4.47	4.50
2014	0.854 4	0.875 4	4.39	4.44
2015	0.819 3	0.848 0	4.30	4.37
2016	0.786 1	0.823 6	4.21	4.31
2017	0.754 7	0.802 4	4.11	4.25
2018	0.725 5	0.784 8	4.02	4.20
2019	0.698 4	0.771 2	3.92	4.16
2020	0.673 7	0.761 9	3.84	4.13

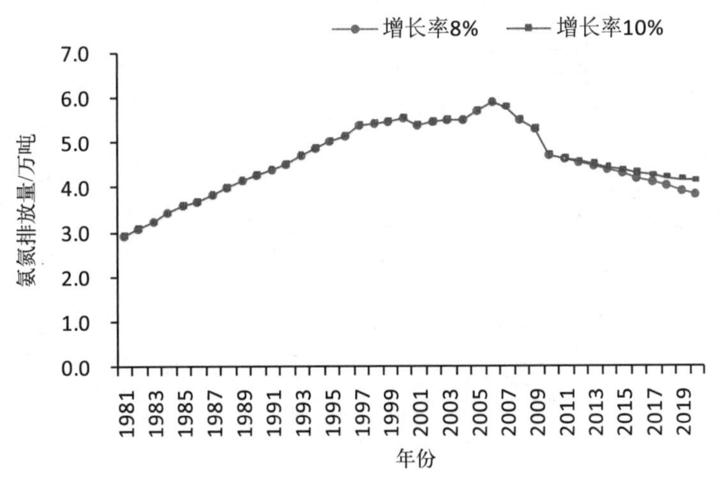

图10.71　2011—2020年辽宁城镇生活氨氮排放情景分析

情景分析结果显示，加大污水处理投资是降低生活氨氮污染的重要保障。在人口增长率和环境治理投资增长率不变的前提下，第三产业国内生产总值增长率为10%时，经济与环境处于临界拉锯状态，当第三产业国内生产总值增长率低于10%时，氨氮排放量会逐年降低，而当第三产业国内生产总值增长率高于10%时，氨氮排放量将会呈上升趋势。可以看出，在未来一段时间内，加大居民生活污水处理力度仍是降低生活氨氮排放量的主要措施。

4. 农业氨氮污染与农业经济发展的关系

1）农业氨氮与农业经济发展关系分析

基于人均农业国内生产总值和农业氨氮排放总量分别建立了双对数二次和三次多项式函数，三次多项式方程的 t 检验和 F 检验更优，拟合优度 $R^2=0.758$，调整的拟合优度 $\overline{R}^2=0.731$，拟合效果较好，模型回归曲线见图10.72。农业氨氮排放总量与人均农业国内生产总值的拟合曲线呈倒“U”形，曲线形态表明，农业氨氮污染将随着农业经济的发展快速减轻，为了验证EKC曲线的结论，构建了两者的VAR模型，通过脉冲响应分析，进一步确定两者的相互影响关系。

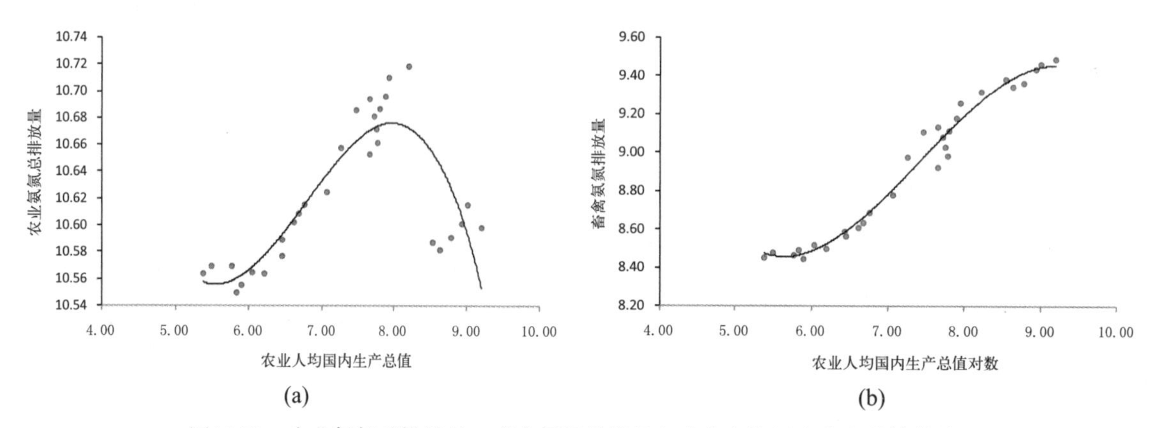

(a) (b)

图10.72　农业氨氮总排放量，畜禽氨氮排放量与农业人均国内生产总值的关系

农业氨氮排放总量与农业人均国内生产总值的VAR模型通过检验，脉冲响应分析得出（图10.73），人均农业国内生产总值的增长对农业氨氮排放变化的影响非常小，累积响应值为0.002 35，说明农业经济的增长对农业农村氨氮排放总量的影响几乎可以忽略，可以认为辽宁的农业发展对环境是零污染，这个结论显然违背了现阶段经济发展与环境变化的基本关系。格兰杰因果关系检验结果也显示两者间无明显因果关系。

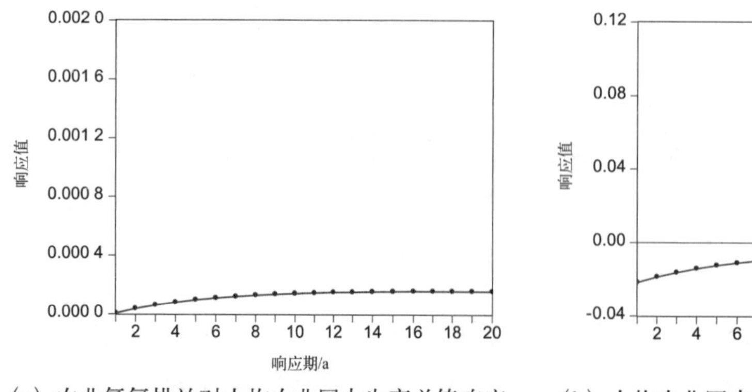

（a）农业氨氮排放对人均农业国内生产总值响应　（b）人均农业国内生产总值对农业氨氮排放响应

图10.73　农业氨氮总排放量与农业人均国内生产总值的脉冲响应关系

进一步分析表明，引起这种现象的原因是农业社会经济活动内部结构变化导致的。农业氨氮排放总量包括畜禽养殖业、农村居民生活和种植业的氨氮污染排放量，随着农业经济的增长，各农业社会经济活动的氨氮排放量构成比重发生了较大改变，而氨氮排放总量保持基本平稳，因此，在总量分析上表现出对农业经济增长的“免疫”现象。

农业经济增长很大程度上促进了畜禽业氨氮排放量的增加。农业氨氮污染的3个来源上，畜禽养殖氨氮排放量的变化最为明显，该部分研究分析了畜禽养殖氨氮排放量与人均农业国内生产总值间的影响关系，无论EKC模型结果［图10.72（b）］还是VAR模型的脉冲响应分析结果（图10.74）均表明两者间存在较强的影响关系，而且农业氨氮污染的“拐点”并未出现，短期内畜禽养殖氨氮排放量仍会随着农业经济的增长而增加，畜禽养殖氨氮排放对农业经济发展的脉冲响应值长期保持0.02，累积响应值为0.41，说明农业经济增长很大程度上促进了畜禽养殖业氨氮排放量的增加。在10%显著性水平下，格兰杰因果关系检验也表明人均农业国内生产总值是畜禽养殖氨氮排放量变化的Granger原因，进一步证明了农业经济发展和畜禽业氨氮排放量间的关系。

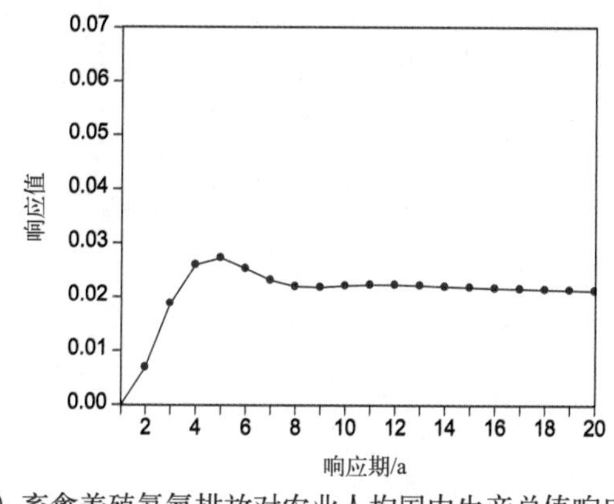

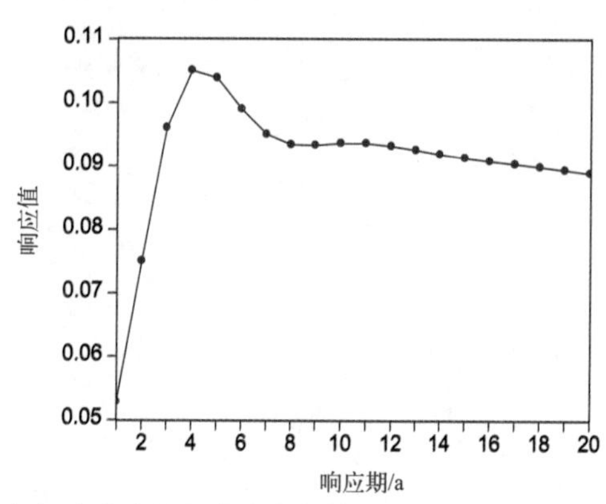

响应期/a　　响应期/a

（a）畜禽养殖氨氮排放对农业人均国内生产总值响应　（b）农业人均国内生产总值对畜禽养殖氨氮排放的响应

图10.74　畜禽养殖业氨氮排放量与农业人均国内生产总值的脉冲响应关系

2）农业氨氮污染压力的情景分析

（1）农业氨氮排放量的方差分解

农业氨氮排放量影响因子在化学需氧量研究基础上增加了农业氮肥施用量，各因子的贡献度变化如表10.19和图10.75所示，除去农业氨氮排放量对自身的影响之外，从贡献度均值来看，畜牧业产值（MY_CZ）对农业氨氮排放量变化的贡献度最大，均值达48.3%，农村人口规模贡献度次之，为21.28%，氮肥施用量的平均贡献度为12.71%。随着时间的推移，三者对氨氮排放量变化的贡献度趋于稳定。

表10.19　影响农业氨氮排放量变化的各因子贡献度

时期	农业氨氮排放量	畜牧业产值	农村人口数	氮肥施用量
1	16.79	8.75	74.46	0.00
5	25.21	31.98	30.14	12.67

续表

时期	农业氨氮排放量	畜牧业产值	农村人口数	氮肥施用量
10	16.28	51.58	17.99	14.16
15	17.34	50.65	18.29	13.72
20	15.62	54.98	16.22	13.18
25	15.49	55.22	16.04	13.26
30	15.61	54.95	15.96	13.48
最小值	15.41	8.75	15.88	0.00
最大值	25.40	55.55	74.46	19.27
均值	17.70	48.30	21.28	12.71

注：样本区间为1981—2010年，为简略起见，表中仅列出每5年一期的数值。

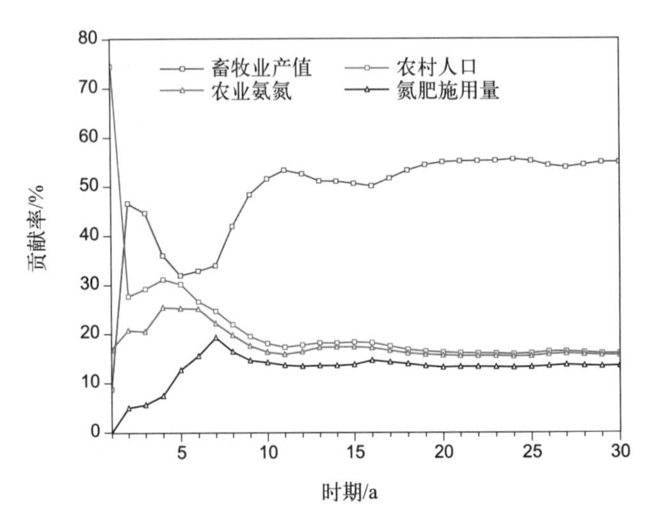

图10.75　农业氨氮排放量的影响因子方差分解

进一步分析表明，畜禽业发展对氨氮排放量变化贡献大的原因在于过去30年辽宁畜禽养殖业的迅猛发展，2010年畜牧业产值是1981年的近80倍，年均增长率为17%，快速发展的畜禽业成为改变农业氨氮排放结构的主要方面；农田氮肥流失是种植业氨氮污染的主要来源，2010年纯氮施用量为68.3万吨，是1981年的1.68倍，复合肥从无到有，2010年施用量已达48.1万吨，种植业氨氮排放量基本为畜禽业排放量的20%左右，因此，种植业对农业氨氮排放总量的影响度有限；农村生活一直以来是农业氨氮排放的主要来源，但随着城市化进程的加快，农村人口逐渐减少，农村生活氨氮排放量也会逐渐下降。正是上述3种社会经济活动的氨氮排放变化影响着农业氨氮排放总量的变化。

（2）情景分析

基于影响农业氨氮排放的各因素贡献度分析，结合压力指数公式，对2011—2020年辽宁农业农村氨氮排放压力进行情景分析（表10.20和图10.76）。

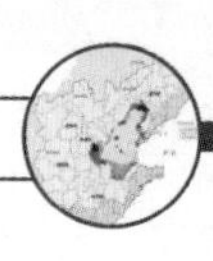

表10.20　2011—2020年辽宁农业氨氮排放情景分析

年份	压力指数		农业氨氮排放量/万吨	
	按6%经济增长率的压力指数	按8%经济增长率的压力指数	按6%经济增长率的农业氨氮排放量	按8%经济增长率的农业氨氮排放量
2010	1.000 0	1.000 0	4.61	4.61
2011	1.025 5	1.034 0	4.76	4.78
2012	1.052 7	1.071 0	4.79	4.83
2013	1.074 5	1.103 8	4.81	4.86
2014	1.104 6	1.146 3	4.84	4.91
2015	1.136 8	1.192 6	4.87	4.97
2016	1.171 2	1.242 9	4.91	5.02
2017	1.207 5	1.297 0	4.94	5.08
2018	1.246 1	1.355 5	4.98	5.14
2019	1.286 9	1.418 6	5.02	5.21
2020	1.329 9	1.486 5	5.05	5.27

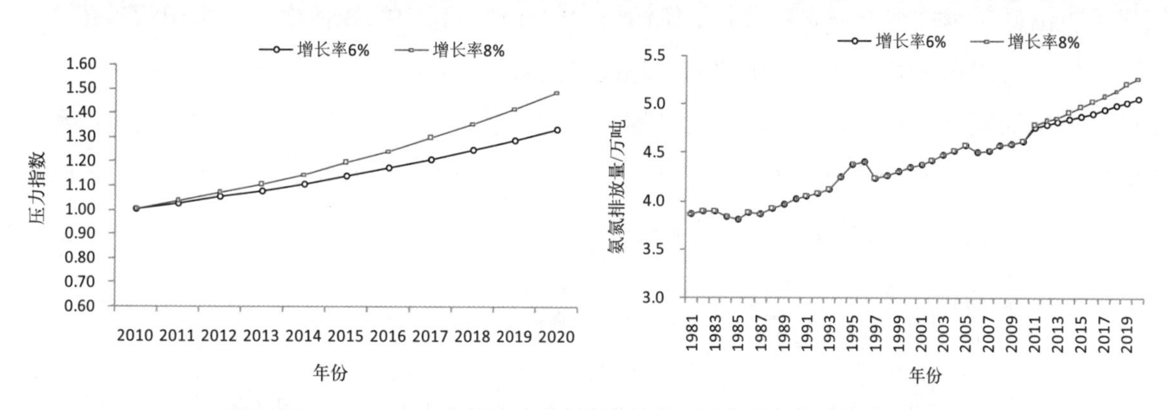

图10.76　2011—2020年辽宁农业氨氮排放的压力指数与排放量情景分析

在农业经济年均增长6%的情景模式下，氨氮排放总量的压力指数由2010年的1增加到2020年的1.33，排放量也由4.61万吨增加到5.05万吨；在8%的增长率情景模式下，2020年的氨氮排放压力指数为1.49，排放总量为5.27万吨，累积氨氮排放量比6%情景分析下多1.11万吨。

农业氨氮排放与化学需氧量排放的主要差别在于，相对于化学需氧量排放系数，农村居民生活氨氮排放系数比畜禽氨氮排放系数要大很多，所以氨氮排放总量不仅取决于畜禽养殖业排放，还取决于农村居民生活的污水排放，两者间排放压力的变化共同决定了农业氨氮排量的变化趋势，对于农业农村氨氮污染的治理而言，居民生活和畜禽养殖两个污染源同等重要，在畜禽养殖向集约型和生态型转变的过程中，也应注重对农村生活废水排放的模式创新，以减轻生活废水污染物排放量。

5. 本节小结

（1）辽宁氨氮排放总量先升后降，但存在不稳定因素。自1981年始，辽宁氨氮排放量逐年增长，1988年达到最大值13.6万吨，在之后的20年间，氨氮排放总量在波动中下降，2010年排放为10.2万吨，情景分析表明氨氮排放量仍将持续下降，至2020年排放量约为9.64万吨。尽管辽宁氨氮污染排放压力逐渐减轻，但氨氮治理的规模和水平仍存在很大程度的不稳定性，现阶段对氨氮污染物的削减，无论从设施保障或技术手段上都不及对化学需氧量污染的削减，化学需氧量污染的削减效率明显高于氨氮。因此，氨氮排放总量持续下降的根本保障在于废水治理中对氨氮污染物的持续有效削减，如果治理不到位，氨氮污染压力将随之提高。

（2）工业氨氮污染排放压力持续减轻，由第一污染源转变为第三污染源。1990年前，工业氨氮排放占全省总排放量的40%左右，是氨氮污染的最大污染源，1990年后，工业氨氮排放曲线快速下滑，先后穿过城镇居民生活氨氮排放和农业农村氨氮排放曲线（图10.77中B点），成为最小的污染源。2010年，工业氨氮排放量占总排量的8.9%，比1981年降低了33个百分点，情景分析显示，工业氨氮排放量持续降低，2020年排放量约0.75万吨，占总排放量的7.7%，占城镇居民生活的20%，占农业农村的15%。

（3）城镇居民生活氨氮排放先升后降，是现阶段氨氮最大污染源。1981—1987年，城镇居民生活氨氮排放小于工业和农业氨氮污染，但保持着稳定的线性增长，于1987年超过农村氨氮排放（图10.77中A点），于1992年超过工业氨氮排放（图10.77中B点），近20年来，城镇居民生活氨氮排放成为氨氮最大污染源，平均排放量占总量的45%。随着治理规模和水平的提高，城镇居民生活氨氮排放量开始减小，但快速城市化进程下，氨氮污染压力不断增强，城镇居民生活氨氮排放量的压力仍然较大。

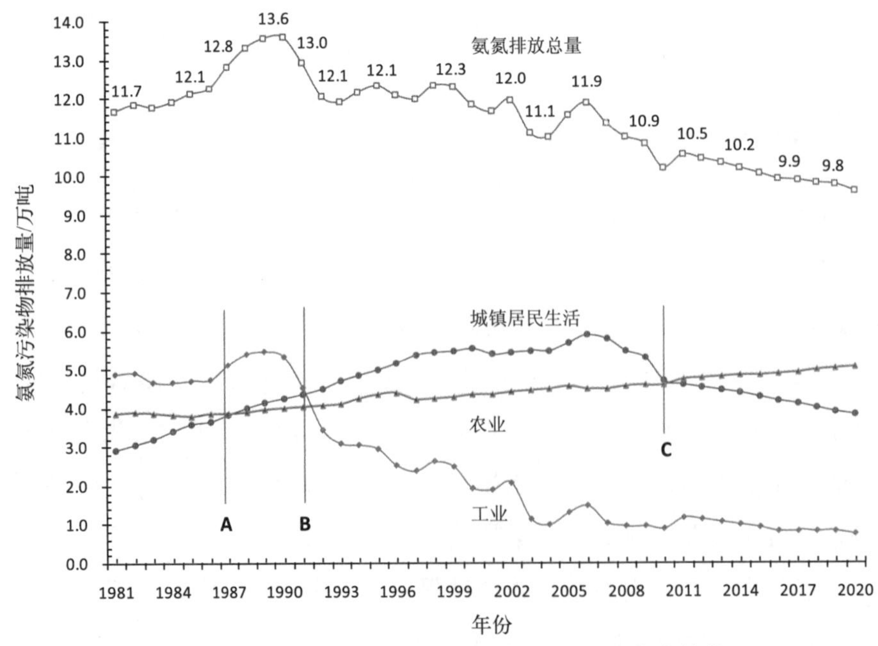

图10.77 1981—2020年辽宁氨氮污染物排放量变化趋势

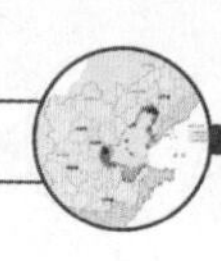

（4）农业氨氮污染压力稳步增长，将成为未来氨氮最大的污染源。研究期初始，农业氨氮排放量高于城镇居民生活氨氮排量，低于工业氨氮排量，但1981年至今一直保持稳定的增长趋势，1993年超过工业排放量，2010年超过城镇居民生活排放量（图10.77中C点），至2020年，农业氨氮排放量是工业的6.8倍，是城镇生活的1.3倍，成为氨氮的最大污染源。农业氨氮污染显著特点是面源污染，产生的污染没有统一规范的治理环节，污染物削减工作主要靠生产习惯，客观上存在管理难、监管难、治理难的特点，这也正是农业污染压力随农业经济发展规模线性提高的主要原因。

五、本章小结

本章以时间轴为主线分析了社会经济发展与化学需氧量和氨氮排放的关系，在分析各社会经济指标对污染物排放贡献度的基础上，对社会各经济类型的化学需氧量和氨氮排放量进行了情景分析，现将本章结论总结如下。

图10.78反映了在经济增长进程中，部分社会经济活动污染排放量稳定下降时的人均国内生产总值和年份。从图10.78中可以看出，随着经济的发展，污染排放量拐点出现的先后顺序是：工业、农村生活、城镇生活和农业生产污染，其中，工业污染拐点出现在人均国内生产总值约2 500元处（1989年），农村生活污染拐点出现在人均国内生产总值 12 000元左右处（1998年），城镇生活污染拐点出现在约20 000元处（2005年），而农业生产污染的拐点至2020年仍未出现。因此，经济发展对各社会经济活动的污染排放变化具有不同的影响，同样的，各污染源产生的环境污染也在不同程度上影响着经济增长，两者相互作用的结果导致各类污染源污染排放拐点存在的先后次序。

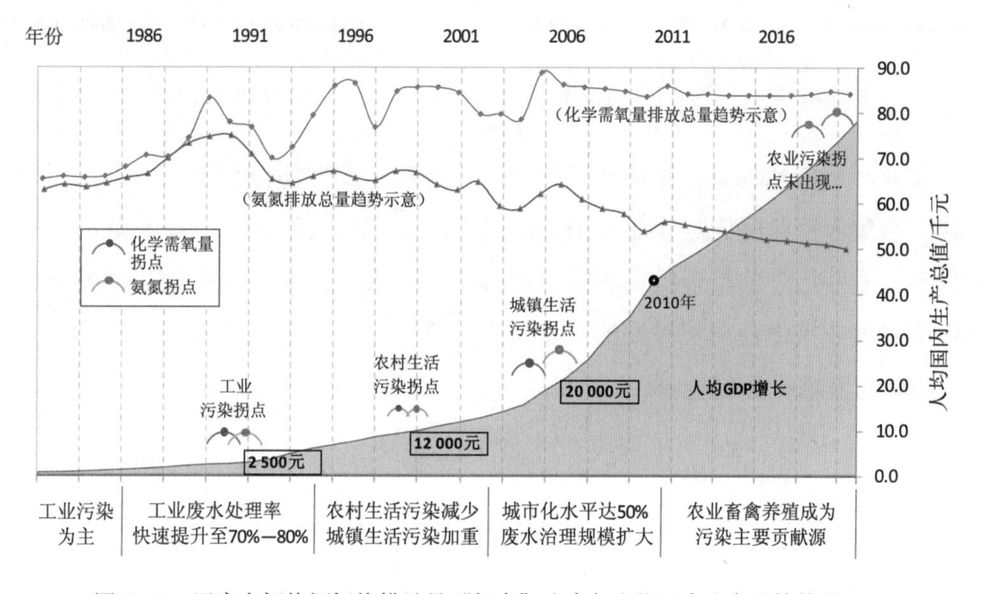

图10.78　辽宁各污染源污染排放量“拐点”分布与人均国内生产总值的关系

（1）工业污染治理与经济增长协调发展。相比全国平均水平，辽宁工业整体发展较快，污染排放量大，20世纪80年代，工业是化学需氧量和氨氮污染的最主要来源，占污染排放总量中的40%。80年代末，人均国内生产总值为2 500元时（1989年），工业废水达标排放率由1981年的30%提高到60%，废水处理率也由20%提高到80%，污染排放量迅速减少，促使了工业污染拐点的出现，工业成为经济增长条件下率先减排的对象。在近20年的快速发展期，工业排污仍在波动中减少，快速发展的经济并未带来工业污染的加重，工业生产水平的提高和工业污染治理的加强，促成了工业经济增长与环境保护的协调发展。

（2）城镇居民生活污染治理滞后于经济发展，“拐点”出现较晚。工业污染拐点出现时，辽宁城市化率为40%，城镇居民生活化学需氧量或氨氮污染排放量呈线性增长，持续时间约20年，城市化进程成为经济快速发展阶段环境污染的巨大推动力。人均国内生产总值约20 000元（约3 000美元），城市化率50%时，辽宁经济发展达到中等水平，经济增长的效益和质量明显提高，社会事业全面发展，生活污染治理投资加大，各污染物排放量开始呈现稳定的下降态势，城镇生活污染的拐点出现，但相比工业污染拐点，城镇生活污染拐点晚了近25年。

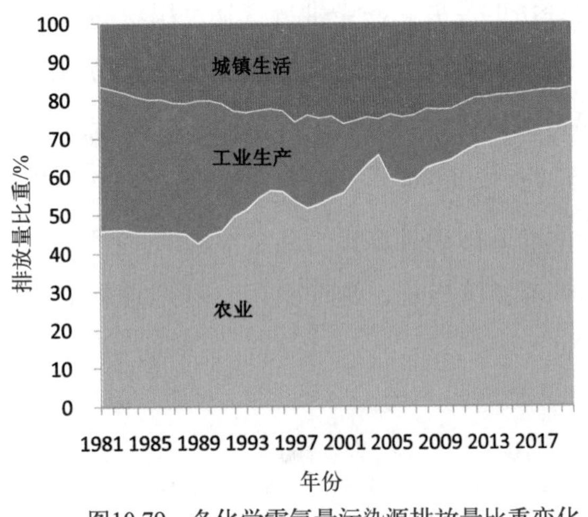

图10.79　各化学需氧量污染源排放量比重变化

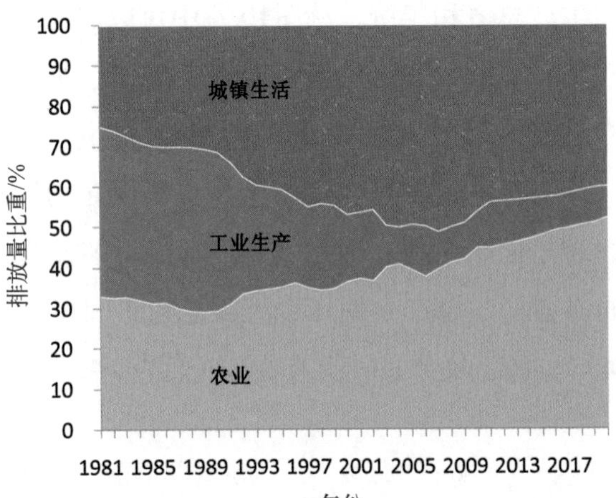

图10.80　各氨氮污染源排放量比重变化

（3）农业污染持续加重，短期内“拐点”难出现。农业污染在整个研究期内都处于增加趋势，其中畜禽养殖业污染是农业污染的主要方面。1981—2010年，在三废治理投资增长10倍的背景下，农业污染的治理投资和规模增幅不大，农业污染并未引起足够的重视，农业污染未从经济发展成果中获得积极的治理，反而加重，“十二五”期间，农村和农业将首次纳入主要污染物总量减排控制范围。

第五部分
环渤海地区陆海统筹管理分区的构建与管理研究

第十一章
环渤海地区陆海统筹管理分区研究

前几部分内容重点研究了社会经济活动产生污染物压力的机制以及社会经济发展与污染物排放量之间的关系，从现实层面上对环渤海地区的社会经济与污染压力角度进行了较为深入的研究，在摸清地区污染压力，理清污染重点行业与重点地区方面做出了积极探索，也为未来环境管理提供了必要的基础性工作。之前研究也充分表明了渤海环境治理需统筹陆域社会经济活动，现有的管理模式尚不能触及污染产生的根源，解决污染问题缺少有效的调控手段。本章以污染物氮的陆海统筹分区治理为研究内容，探索陆海统筹环境管理的新途径。

本章通过对渤海氮污染的陆海统筹管理分区的理论与方法进行研究，寻求解决渤海氮污染陆海矛盾的途径。首先，对陆海统筹管理分区的目的、内涵、原则进行了理论阐述；然后，对陆海统筹管理分区的方法进行详细阐述；最后，围绕渤海氮污染的问题，探讨如何通过统筹分区进行管理调控。

一、统筹分区的相关研究与基础理论

（一）陆海统筹管理分区的相关研究进展

陆海统筹是我国学者提出的概念，国外相关研究并没有陆海统筹的直接表述，但始于20世纪70年代初期的海岸带综合管理的相关研究也含有陆海统筹管理的思想。海岸带综合管理是对海岸资源、生态环境综合管理，统筹兼顾的协调海岸带地区经济社会发展与资源生态环境保护的关系，协调各部门间及各级政府间的关系。1972年美国颁布了《海岸带管理法》，标志着海岸带综合管理作为一种政府管理方法的开始，随后许多国家也开始了对海岸带地区的综合管理的探索。1982年斯里兰卡实施了《海岸带综合管理计划》。1986年法国制定了《海岸带整治、保护与开发法》。到20世纪80年代末已有40多个国家开展了海岸带综合管理。1992年联合国环境与发展大会通过的《21世纪议程》系统地阐述了海岸带综合管理的目标、行动方案及实施条件以推广海岸带综合管理。1993年世界海岸大会总结了各国开展海岸带综合管理的经验，形成了《海岸带综合管理指南》、《制定和实施海岸带综合管理规划的安排》、《海岸带超前综合管理经济分析》等重要文献。90年代以来，在联合国发展计划署、世界银行等国际组织和机构的支持和推动下，海岸带综合管理工作快速发展，已有95个国家的385个地区开展了海岸带综合管理。从空间范围上，海岸带包含了海岸线两侧一定陆域和海域的范围，但各国家和地区的划分标准并不统一。美国的海岸带综合管理范围指邻接沿岸州的海岸线和彼此间有强烈影响的沿岸水域及毗邻的滨海陆地，不同州向陆一侧的划分标准也有差异，如加利福尼亚州从平均高潮线向陆延伸约914.4米，康涅狄格州则向陆延伸约304.8米。澳大利亚海岸带综合管理范围从平均高潮线向陆只延伸约100米，海域范围从岸线向海延伸约5.56千米。危地马拉海岸带综合管理范围从高潮线向陆只延伸3千米，向海一侧延伸到200米等深线。塞浦路斯海岸带综合管理范围从高潮线向陆只延伸50米。海岸带综合管理的区划侧重于海域分区。美国阿拉斯加州按照资源分布特点将海岸带划分为32个“海岸带资源区”。荷兰通过海洋功能区划配合海岸带综合管理。澳大利亚采用基于生态系统的海域分类法，定义了海域的使用方式和保护级别。我国学者自20世纪80年代末已经开始了海岸带综合管理相关问题的探讨。关中（1987）分析了当时我国海岸带管理存在的问题及国外海岸带综合管理的经验，探讨了我国建立海岸带管理执法机构的迫切性。李德潮（1988）分析了传统海岸带管理的不足，探讨了海岸带综合管理的国际经验及我国海岸带管理存在的问题。鹿守本等（2001）对海岸带综合管理体制和运行机制等进行了深入的理论研究。1994年我国政府与联合国开发计划署等合作，厦门市开展了第一轮海岸带综合管理的实践和探索，建立了海岸带综合管理实验区。1997—2000年广西防城港市、广东阳江市、海南文昌市相继开展了海岸带综合管理实验。2001年7月厦门市又开展了第二轮厦门海岸带综合管理实验。

陆海统筹的由来可以追溯到20世纪90年代“海陆一体化”研究。海陆一体化是20世纪90年代初编制全国海洋开发保护规划时提出的一个原则。1996年《中国海洋21世纪议程》提出“要根据海陆一体化的战略，统筹沿海陆地区域和海洋区域的国土开发规划，坚持区域经济协调发展的方针”（蔡安宁，2012）。之后很多学者展开海陆一体化的相关研究。栾维新（1997）提出发展临海产业是实现海陆经济一体化的有效途径；徐质斌（1997）指出陆海联姻是解决海洋经济发展中资金短缺问题的一个有效途径；许启望（1998）分析了我国海洋资源的开发潜力以及海洋产业与陆域产业的基本对应性，提出了海陆一体化开发问题；周亨（2000）提出实行“海陆两栖开发”；韩立民（2007）指出海陆一体化是沿海国家和地区统筹海陆关系的一种战略思维，同时也是依靠海洋优势实现区域经济发展的有效途径；王茂军、栾维新（2000、2001）研究了近岸海域污染的海陆一体化调控模式；栾维新（2004）完成了他的国家社会科学基金项目《海陆一体化建设研究》并出版了我国第一部研究海陆一体化问题的专著。近年来学者们不绝于陆海统筹和海陆一体化的理论研究，沿海地区政府相继采纳陆海统筹、海陆一体化经济发展模式，陆海统筹也成为海洋环境保护工作的指导思想。陆海统筹内涵目前尚未形成统一的认识，韩增林认为陆海统筹是在区域社会发展的过程中，将陆海作为两个独立的系统来分析，综合考虑二者的经济、生态和社会功能，利用二者之间的物流、能流、信息流等联系，以协调可持续的科学发展观为指导，对区域的发展进行规划，并制定相关的政策指引，以实现资

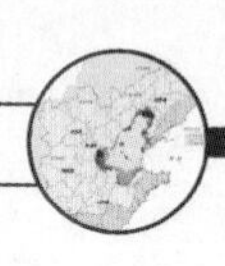

源的顺畅流动，形成资源的互补优势，强化陆域与海域的互动性，从而促进区域又好又快的发展。王芳认为陆海统筹是根据海、陆两个地理单元的内在联系，运用系统论和协同论的思想，在区域社会经济发展的过程中，综合考虑海、陆资源环境特点，系统考察海、陆的经济功能、生态功能和社会功能，在海、陆资源环境生态系统的承载力、社会经济系统的活力和潜力的基础上，统一筹划中国海洋与沿海陆域两大系统的资源利用、经济发展、环境保护、生态安全和区域政策，通过统一规划、联动开发、产业组接和综合管理，把海陆地理、社会、经济、文化、生态系统整合为一个统一整体，实现区域科学发展、和谐发展。党的十七届五中全会和国民社会和经济发展"十二五"规划纲要，做出了"坚持陆海统筹，制定和实施海洋发展战略，提高海洋开发、控制、综合管理能力，推进海洋经济发展"的战略部署，陆海统筹已成为指导我国社会经济发展的重要指导思想。

环境陆海统筹的相关研究较少，海洋环境相关研究关注陆源污染入海对近海环境造成的影响（张志峰，2013），陆源水污染是近海环境污染的最主要原因。根据污染源的时空分布特征不同可以分为点源污染源和非点源污染源。点源污染源也称点源污染，主要包括工业点源污染（工业废水排污口）、城镇生活点源污染（城镇生活排污口），污染物进入水体的位置在空间上可以抽象为一个点。非点源污染源，也称面源污染，包括城市径流污染、农田径流污染、矿山径流污染、畜禽养殖污染、农村生活污染、土壤侵蚀等。非点源是在降雨冲刷地表作用下，将污染物带入水体形成的污染源。农业活动是非点源污染的最主要原因，城市地表径流次之（文毅，2009）。早期水污染主要是大城市的生活污水排放造成，产业革命后，工业废弃物成为水污染的主要来源（逄勇，2008）。随着农业的发展，化肥和农药的施用量逐年增加，在许多水域，农业非点源污染已经超过点源，成为导致环境污染的主要原因之一。研究表明美国的非点源占污染总量的2/3，其中农业非点源的贡献率约78%（郝芳华，2006），美国的经验表明随着污水处理、清洁生产技术的进步，点源污染可以逐步实现控制。相比较而言，非点源更难于调控管理，是环境污染管理的主要问题。

（二）陆海统筹管理分区的理论研究

1. 分区的目的

分区研究的目的一般出于两点：①通过区域的划分对问题进行科学分析和认识，为管理决策提供科学的依据；②通过区域的划分进行分区管理，为管理服务。我国现有的区划研究中，自然区划研究的目的是对自然地理要素的地域分异规律进行科学的分析和认识，主要为农业生产、布局，资源利用服务。郑达贤还以环境研究和环境管理为服务对象，提出以流域为空间基础的自然区划。生态环境区划研究的目的是为了揭示区域生态环境问题的形成机制，为区域资源开发与环境保护提供决策依据，为区域生态环境整治服务。李颖明还指出环境管理分区的目的是通过分区掌握经济社会发展中的环境问题，形成政策引导的连片区。主体功能区划的目的对区域资源环境承载力、发展现状与潜力、社会经济发展需求、整体与局部关系、短期与长期关系科学分析和认识的基础上，对区域的功能和顺序进行定位，为区域发展政策的落实与管理提供科学依据。海洋环境功能区划以海洋环境保护为根本出发点，在海域自然属性和社会属性科学分析和认识的基础上，为海洋管理部门对海洋开发利用的空间布局服务。现有分区研究从问题分析和认识的角度，服务对象对于解决渤海环境问题都有待补充和完善，为了从渤海环境问题的根源入手进行调控，明确各海域污染调控的重点区域、重点社会经济活动，陆海统筹管理分区是对现有分区研究的有益补充。

陆海统筹管理分区本质上是在自然分区的基础上进行管理分区研究，其目的是在遵循渤海环境问题形成机理的基础上，寻求解决渤海环境污染问题的途径，为解决渤海环境管理中的实际问题提出相应的管理对策，为海洋管理部门提供管理决策的支持。具体解决以下几个问题：①解释什么是陆海统筹管理分区，给出其内涵、特征及分区原则；②详细阐述陆海统筹管理分区的方法，解释如何进行陆海统筹，包括分区的思路及其实现过程；③重点探讨陆海统筹管理分区的管理问题，包括如何协调陆源氮污染输出与海域开发利用需求之间的矛盾，以海定陆确定陆域管理调控的重点区域，重点社会经济活动及管理对策建议。

2. 分区的内涵和特征

陆海统筹管理分区是以系统理论、地域分异理论、环境经济理论为基础，在对某一具体污染物的陆源污染输出特征、海域污染状态特征及管理需求进行科学认识的基础上，以解决海域环境污染问题为目的，划分的陆海一体的管理分区方案。陆海统筹管理分区具有以下特征。

（1）系统性。以陆海人地关系地域系统理论为基础，空间范围覆盖了陆域社会经济子系统与海域环境子系统，客观表达了陆源污染产生、输出及形成海域污染的链式机理。通过系统分析，从渤海环境问题的根源入手，对陆域社会经济活动进行管理调控，进而实现对渤海环境管理的目的。

（2）综合性。陆海统筹管理分区是在多要素综合分析的基础上形成的，包括陆域要素与海域要素的综合分析，社会经济要素与自然环境要素综合分析。

（3）针对具体污染物。陆海统筹管理分区是针对某一具体污染物，进行陆海统筹的管理，实现要素管理与区域管理的结合。

（4）连续性。根据海域水交换条件，污染程度及海域开发利用需求制定有连续性的、客观合理的水质管理目标，增强管理的可操作性。

（5）协调性。统筹分区通过陆海一体的分区管理模式，协调区内社会经济发展与海域环境保护的关系，通过客观实际的海域水质管理目标引导协调海域开发利用的功能定位。

（6）可操作性。可操作性体现在几个方面：①通过细化再概化的技术流程实现陆源水污染分区，清晰界定陆源水污染的来源，避免由于分区界定缺乏依据导致管理中存在疑义；②统筹

分区管理的任务最终转换到各行政单元分区，实现与行政管理体系的衔接；③提高水质管理目标的可操作性，注重水质管理目标的过渡性，突出污染要素在空间上的同源性和相互联系性，与海域功能定位相协调，增强了海域环境管理的可操作性。

3. 分区的原则

统筹分区是以自然分区（流域分区）为基础，因而分区原则首先遵循自然区划研究的基本原则，包括发生统一性原则、相对一致性原则、区域共轭性原则、综合性原则和主导因素原则。结合陆海统筹管理分区问题的特殊性，分区还需要重点把握以下原则。

（1）以陆分海的原则。以流域分区为基调，以岸线为纽带，与海域衔接，划分海域分区单元。以陆分海原则遵循渤海环境污染的形成机理，是管理调控的空间基础，将污染的影响位置与污染的来源区域关联起来，实现从污染的源头入手进行管理。

（2）以海定陆的原则。从海域环境管理的需求出发确定陆域管理调控的重点区域及相关的社会经济活动。通过陆海统筹分析确定合理的水质管理目标，水质管理目标体现了海域环境管理的水质需求。统筹分区海域单元的水质管理目标决定了陆域管理调控的目标。

（3）管理的可操作性原则。统筹分区的目的是为解决渤海环境问题提供管理调控的支持，坚持管理的可操作性原则才能实现统筹分区的应用价值。

二、陆海统筹管理分区的方法研究

陆海统筹管理分区的管理调控思路是遵循陆源水污染输出的自然规律为前提，以某一种污染要素（如氮污染要素）的陆海空间关系构建陆海一体的管理分区，并依据以海定陆的原则确定陆域管理调控的目标及重点，从陆域社会经济活动入手进行管理调控。陆域和海域如何衔接，如何实现陆海统筹分析是陆海统筹管理分区方法要解决的关键问题。岸线是表达陆海空间关系的地理要素（Geographic feature），本章以岸线为中心，通过对岸线进行岸段划分，并分别表达岸段陆源污染输出的压力特征，及岸段海域污染响应特征，在综合分析岸段陆海污染特征的基础上，将污染源头范围和污染影响的范围关联起来，陆海统筹制定海域水质管理目标，根据统筹分区的水质管理目标确定管理调控的重点区域，并分析区域内污染来源及社会经济活动特征，从而提出有相应的管理对策，实现对海域污染的陆海统筹管理。

陆海统筹管理分区的过程首先是通过氮污染的压力响应特征分析确定分区单元，然后制定各分区单元的水质管理目标，最后根据分区单元的水质管理目标及邻接关系对分区单元进行归并形成陆海统筹管理分区。

（一）陆源氮污染岸段压力分析

岸段压力是指单位岸线长度承载的污染物总量，每一个流域分区单元对应的岸线作为一个岸段，岸线压力等于分区内污染物总量除以岸段长度，单位为“吨/千米”。岸段压力消除了分区面积对污染物总量的影响，实现不同入海位置之间污染强度横向的比较。通过岸段压力可以识别出陆源污染输出的重点位置。

在陆域氮污染分区特征分析结果的基础上，进一步计算23个输出分区的岸段压力。结果如表11.1所示。

表11.1　氮污染岸段压力计算结果

单位：吨/千米

岸段分区	农村生活	农田	畜禽养殖	城镇生活	工业	总氮
1	2.73	0.36	1.00	9.24	4.57	17.90
2	7.45	1.18	0.65	8.78	0.83	18.89
3	8.83	0.83	0.96	4.72	0.31	15.64
4	28.76	4.45	12.12	41.24	7.14	93.71
5	243.40	66.73	136.60	1 109.21	744.15	2 300.08
6	175.62	79.63	208.39	167.26	46.94	677.84
7	155.21	44.61	223.42	227.73	16.39	667.36
8	38.69	10.30	30.05	93.75	20.02	192.81
9	8.13	1.54	5.77	26.40	0.21	42.06
10	49.56	8.51	28.05	6.23	0.00	92.36
11	9.26	2.67	0.57	3.64	0.08	16.21
12	3.87	3.14	8.57	76.77	0.88	93.23
13	34.21	18.30	40.80	25.70	4.67	123.68
14	204.90	83.77	312.39	129.38	35.45	765.88
15	21.58	11.80	48.60	25.98	4.09	112.04
16	550.62	203.24	347.47	1 161.42	123.91	2 386.66
17	1 251.10	838.88	848.85	1 283.52	480.92	4 703.28
18	331.00	80.86	874.79	206.81	128.03	1 621.48
19	1.26	0.47	0.22	3.17	4.91	10.03
20	177.81	64.05	265.56	253.92	29.36	790.70
21	288.37	145.43	283.07	498.99	173.67	1 389.53
22	166.52	140.27	296.35	258.14	63.64	924.92
23	13.03	8.15	19.23	27.46	1.65	69.51

为岸段图层添加属性字段存储压力计算结果，以岸段压力为距离值创建缓冲区。创建缓冲区需要应用ArcToolbox中的空间分析工具，依次选择Analysis Tools-Proximity-Buffer操作界面（图11.1）。

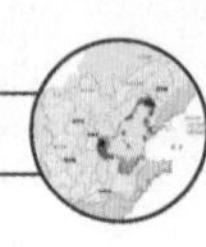

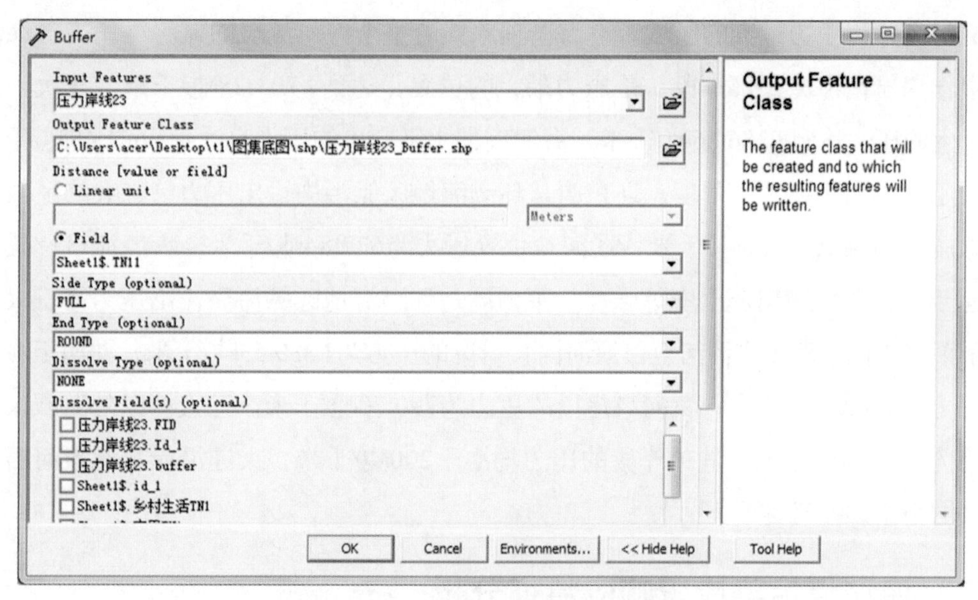

图11.1　氮污染岸段压力缓冲区

对缓冲区的结果进行编辑修整后，岸段压力的地图可视化表达结果如图11.2所示。

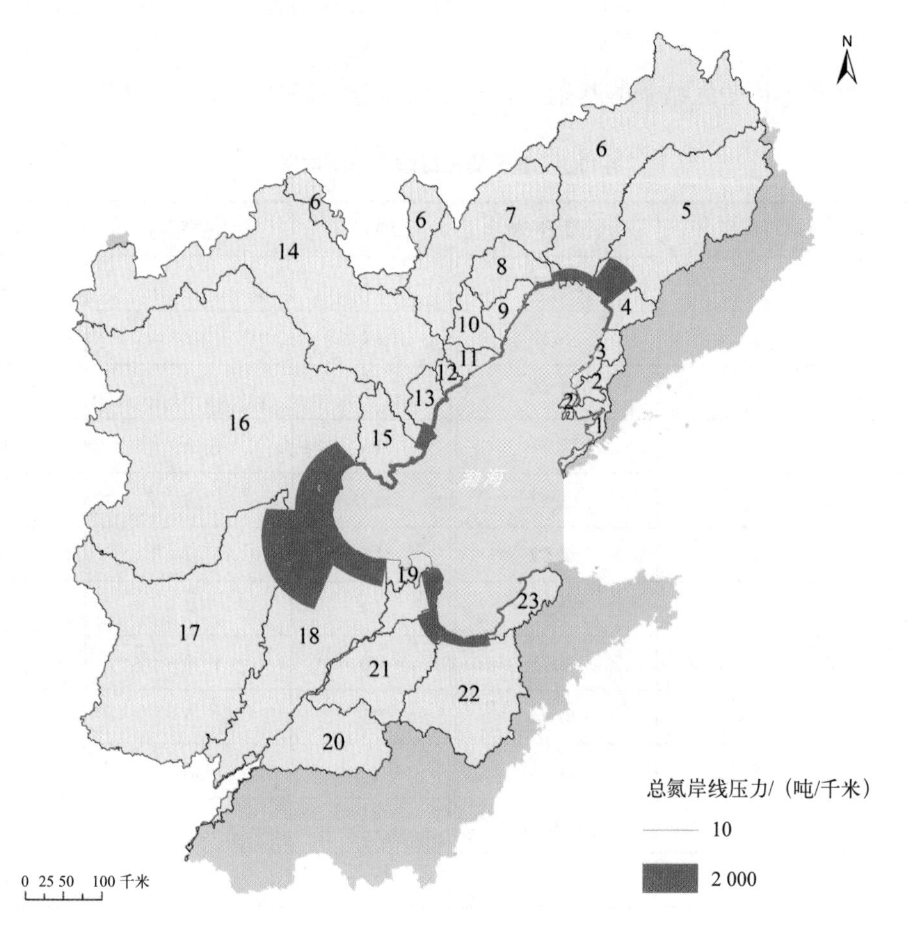

图11.2　渤海总氮污染岸段压力示意图

陆源氮污染岸段压力特征突出的表现为三大湾顶部是输出压力最大的位置。渤海湾是三大湾中氮污染输出压力最大的区域，渤海湾顶承载着整个海河流域的氮污染压力。海河中部水系集中作用于渤海湾顶部岸段，是压力最大的位置，达到4 703.28吨/千米，其次，海河北部水系产生的压力达到2 386.66吨/千米，海河南部水系产生的压力也达到1 621.48吨/千米，整个渤海湾压力输出均属于高强度。辽东湾是环渤海地区氮污染输出压力第二大的区域，大辽河口位置压力达到2 300.08吨/千米，辽河口位置压力为677.84吨/千米，大凌河口位置压力为667.36吨/千米，压力输出属于中等强度。莱州湾是环渤海地区氮污染输出压力第三大区域，主要位于莱州湾西南部，小清河至白浪河河口岸段的压力为1 389.53吨/千米，潍河至胶莱河口岸段的压力为924.92吨/千米，黄河口岸段的压力为790.70吨/千米。三大湾以外海域仅滦河口压力较高为765.88吨/千米，其他岸段的压力均小于200吨/千米，大连沿岸及北戴河沿岸的压力最小，均小于20吨/千米。

（二）海域氮污染岸段响应特征分析

海域氮污染岸段响应特征是根据海域氮污染响应分区结果，通过近岸不同污染程度范围的交界位置对岸线进行分段，对岸段赋予近岸污染程度值，从而在岸线上刻画出海域氮污染的位置及程度。

在海域氮污染响应分区结果的基础上，将岸线划分为23个岸段（表11.2）。

表11.2 氮污染岸段响应特征结果

岸段	水质等级	长度/千米	岸段	水质等级	长度/千米
1	4	34.03	13	1	239.77
2	4	66.21	14	2	124.27
3	4	73.76	15	4	48.71
4	3	52.24	16	3	192.73
5	4	12.57	17	2	36.01
6	4	52.21	18	3	48.17
7	3	26.84	19	4	93.27
8	4	16.75	20	3	34.05
9	4	20.94	21	4	31.40
10	4	34.88	22	3	66.32
11	3	118.86	23	2	28.39
12	2	60.40			

岸段水质等级作为属性字段并添加到岸段图层，以水质等级进行分类对氮污染的岸段响应特征进行地图可视化表达（图11.3）。

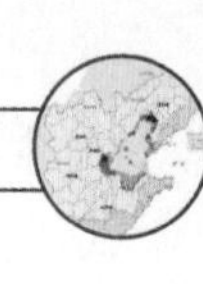

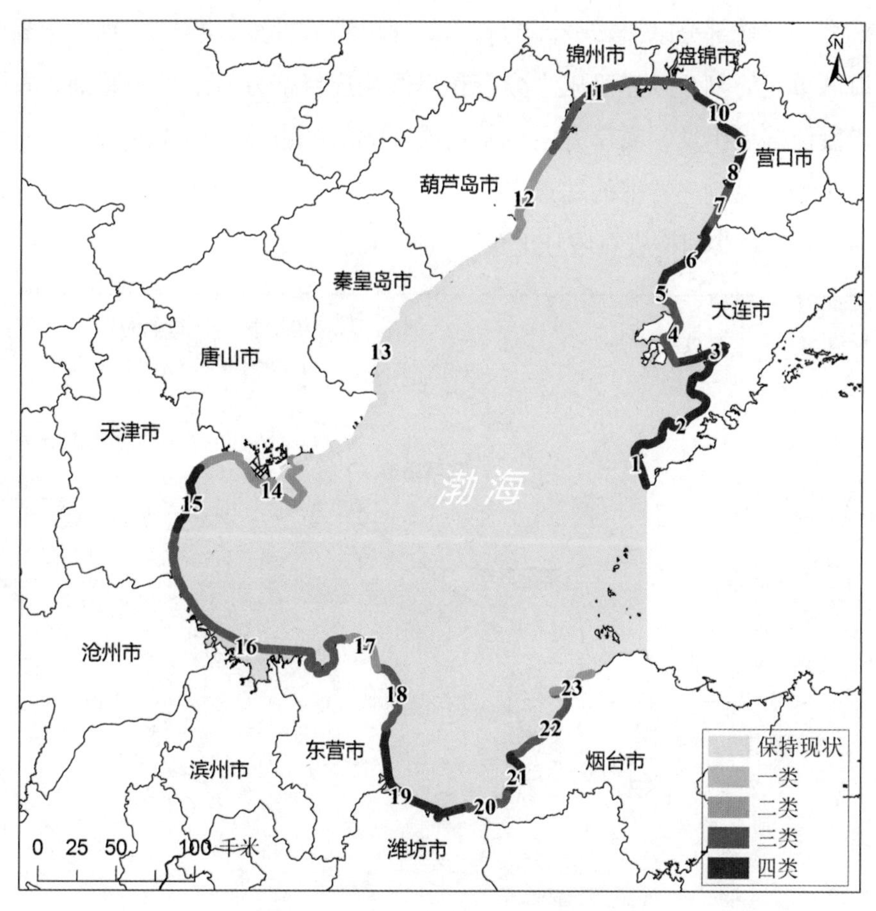

图11.3　渤海氮污染岸段响应特征示意图

以岸段的水质等级进行分类统计，结果显示，一类水质岸段只有一条，长度为240千米；二类水质岸段有4条，总长度249千米；三类水质岸段有7条，总长度539千米；四类水质岸段有11条，总长度484千米；其中劣四类水质岸段有6条，总长度283千米。从各类水质等级岸段的空间分布来看，只有位于渤海西部、辽东湾西岸、葫芦岛市南部至唐山市北部岸段是一类水质，属于清洁海域。葫芦岛市北部、唐山至天津交界处、东营市北部岸段以及烟台市北部岸段是二类水质，属于轻度污染。四类及劣四类水质岸段主要集中在辽东湾、渤海湾、莱州湾内以及大连市沿岸。氮污染岸段响应特征具有连续性，相邻水质等级的岸段交替出现。清洁水质岸段稀缺，所占比重仅15.8%，加上轻度污染水平的岸段所占比重也不到1/3。清洁及轻度污染水质岸段在空间分布集中，位于在辽东湾西岸。污染严重的岸段主要位于各海湾内主要河口的位置，如辽东湾顶部盘锦及营口交界位置，渤海湾内天津海域，莱州湾内东营与潍坊交界位置，大连市普兰店湾。平直海岸只有大连市北部海域属于重度污染。

（三）确定分区单元

陆海统筹管理分区在空间范围上覆盖了陆域和海域的空间范围。每个分区单元都包含陆域和海域部分。陆域部分以流域分区为基本单元，海域部分以功能区划外边界为管理边界进行划分。海域单元的划分以岸段压力分析和岸段响应特征分析结果为基础。首先，从流域分区对应的岸段两端点出发，离岸方向分割功能区划的外边界，形成流域分区对应的海域单元；然后，从污染岸段响应特征的端点出发，离岸方向分割功能区划的外边界，对海域单元进行进一步细分，二者共同构成海域分区单元（图11.4）。

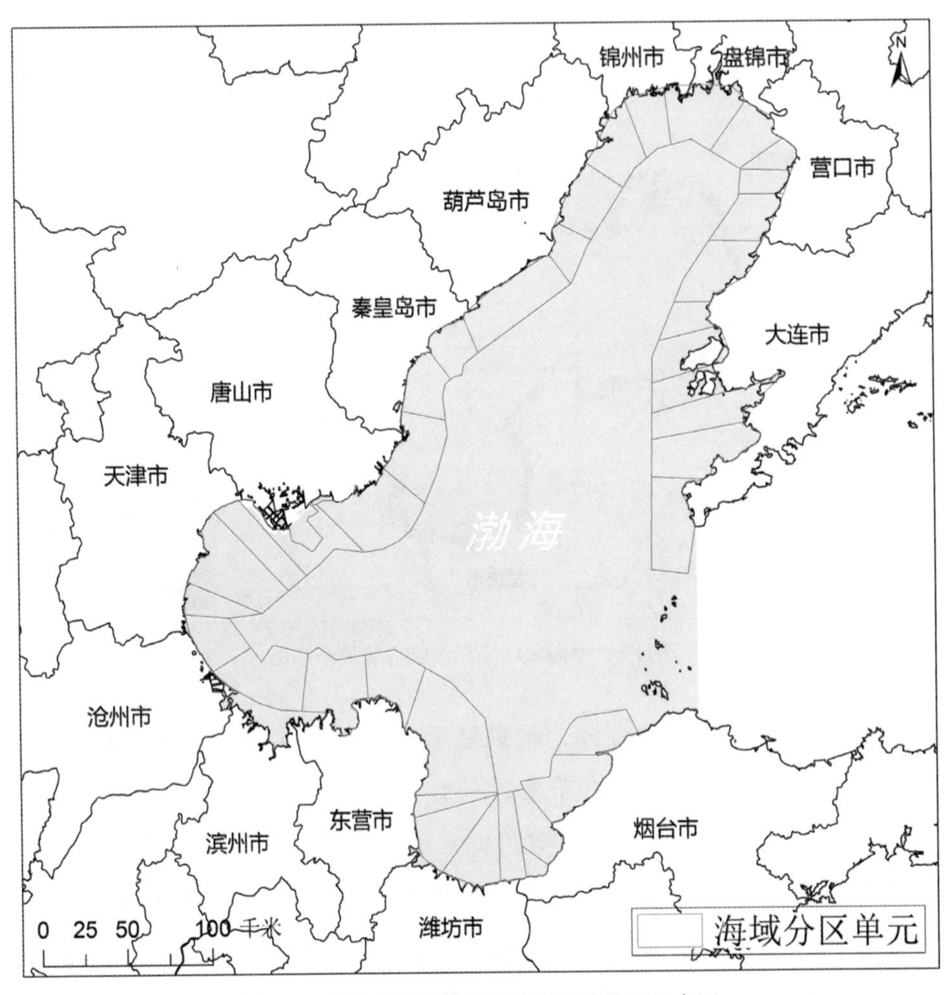

图11.4　渤海陆海统筹管理分区海域单元示意图

（四）确定水质管理目标

制定水质管理目标需要综合考虑自然条件（水交换）、污染现状、陆域排污需求和海域使用现状及需求。流速能够反映海域水交换条件，海域污染响应分区结果能够反映污染现状，陆源氮污染岸段压力能够反映陆域排污需求，海洋功能区划能够综合反应海域使用现状及需求。水质管理目标的制定本质上是将水质管理目标空间化，应强调水质管理目标空间上的连续性，空间单元的水质管理目标在空间上不能跨级邻接，即一类水质区只能邻接二类水质区，不能邻接三类水质区。为了保证水质管理目标空间的连续性，需结合污染现状进一步划分水质管理的核心区与缓冲区。水质目标制定结果如图11.5所示。

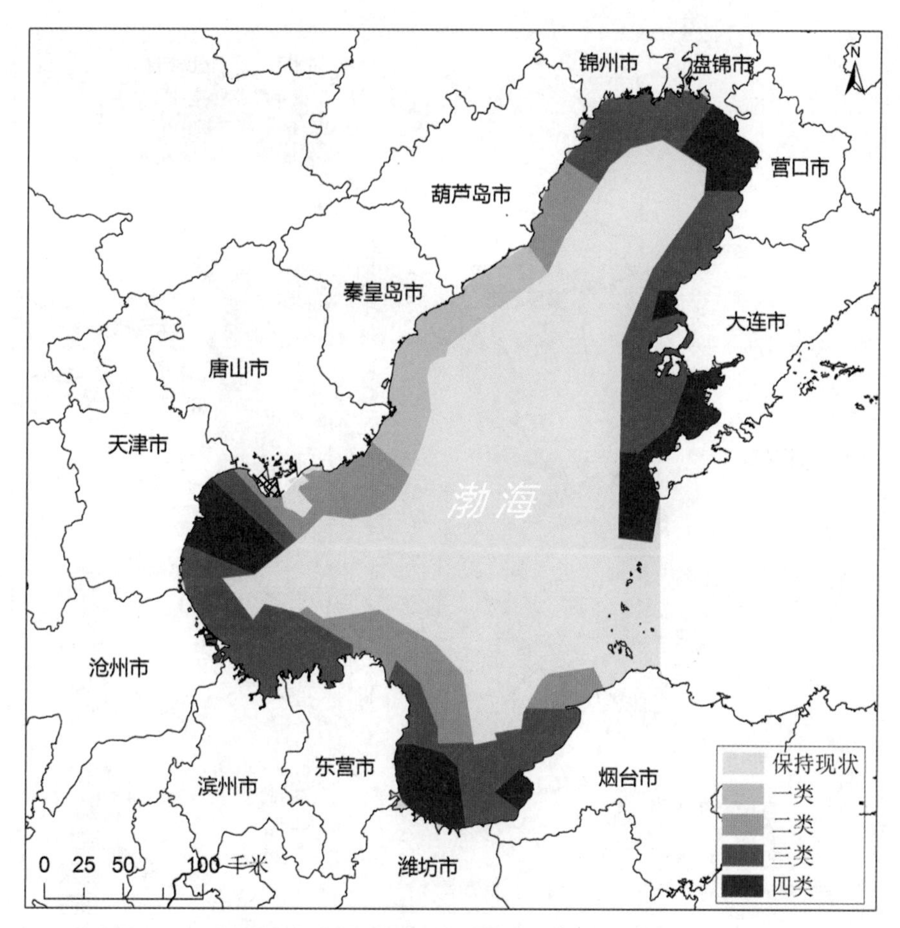

图11.5　渤海海域单元水质管理目标示意图

统筹分区水质管理目标与功能区划水质管理目标相比，不再是空间上杂乱破碎的单元，在垂直于岸线方向和平行于岸线方向上都呈现出连续性。平行于岸线方向，水质管理目标的连续性与海域岸段污染响应特征的连续性相吻合，符合客观实际；水质管理目标是在结合管理需求，保证连续性的原则下确定的。垂直于岸线方向，以污染现状为基础划分核心区与缓冲区。核心区是污染输出位置外围污染严重的区域，该区域常年处于重度污染，是陆源污染输出客观需求导致，短期内无法明显改善。缓冲区划分的主要目的是为了在管理上设定一个过渡区，实现水质管理目标的连续性，同时也符合随着离岸距离增大，水深加深，海洋环境容量增大，污染物浓度降低的客观规律。

统筹分区水质管理目标提高了与水质管理需求的符合度，但污染现状的海域功能定位的矛盾仍需协调。图11.6显示了水质管理目标与水质状况的符合度，与图11.5相比可以直观地看出通过水质管理目标的调整，符合度得到明显改善。但水质污染现状与海域功能定位的矛盾仍然没有解决。协调的途径一是控制减少陆源氮污染输出；二是调整海域功能定位。水质管理目标在短期难以实现提升，水质管理目标低于海域功能水质要求的功能分区需要作出调整。有些区域氮污染现状仍达不到水质管理目标，这些区域必须从陆源污染调控入手加以解决。

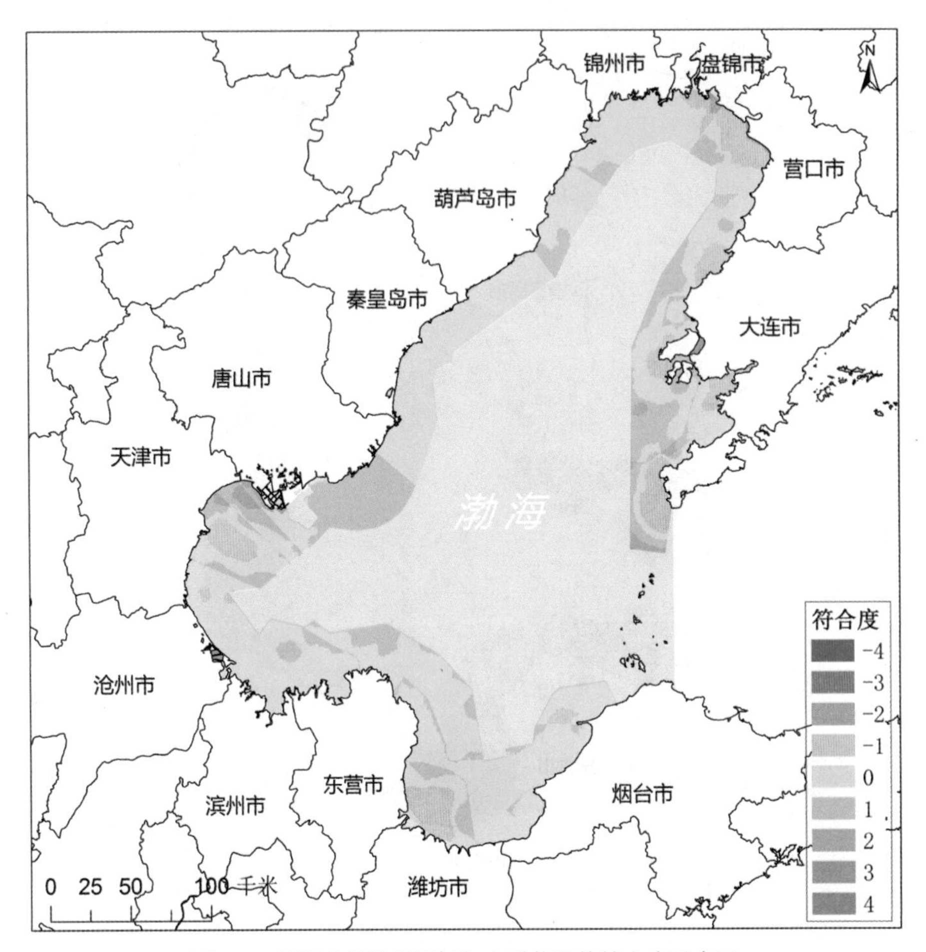

图11.6　渤海水质管理目标与水质状况的符合度示意图

（五）归并分区单元

归并分区单元是将空间位置邻接，氮污染“压力-响应”特征相似的空间单元进行归并，形成可以制定有针对性管理政策的连片区。归并的过程首先将水质管理目标相同的海域单元与其空间位置上邻接陆域单元进行归并，这一过程也将陆源氮污染输出的影响位置，从岸线进一步延伸到了海域；然后，对相邻接的陆海特征相似的单元进一步归并。归并的结果如图11.7所示，环渤海地区最终归并为23个氮污染的陆海统筹管理分区。

归并结果将陆域流域划分结果归并为23个分区，可以分为四类：第一类是大型流域，面积均在4万平方千米以上，包括LS-6、LS-14、LS-16、LS-17，其中LS-16面积最大约93 859.78平方千米；第二类是中型流域，面积在2万—4万平方千米，包括LS-5、LS-7、LS-18；第三类是中小型流域，面积在1万—2万平方千米，包括LS-20、LS-21、LS-22；LS-20即黄河流域，黄河流域在山东省内流域面积仅相当于中小型流域，但其在三省两市以外的流域面积大于整个三省两市的面积；第四类是余下的分区，面积约1 000—6 000平方千米，属于近岸小流域。从对海域部分的划分来看，将渤海近岸海域划分为23个部分，辽东湾东部沿岸，大连-营口近岸海域划分为三片海域，包括LS-1、LS-2、LS-3；辽东湾顶部近岸海域被分为5部分，LS-4至LS-8，

海域单元面积小于1 000平方千米；辽东湾西部沿岸，被分为5部分，包括LS-9至LS-13，其中LS-9面积约1 831平方千米，其余海域单元面积小于1 000平方千米；滦河三角洲海域被分为两部分，LS-14面积约1 134平方千米，LS-15约2 475平方千米；渤海湾近岸海域被分为3部分，包括LS-16约3 000平方千米，LS-17约737平方千米，LS-18约1 400平方千米；渤海湾与莱州湾之间，老黄河口外海域属于LS-19约2 185平方千米；莱州湾海域被分为4部分，包括LS-20至LS-23，位于东西两侧的LS-20与LS-23面积均大于2 800平方千米，位于湾顶的LS-21与LS-22面积较小，LS-21约983平方千米，LS-22约1 538平方千米（表11.3）。

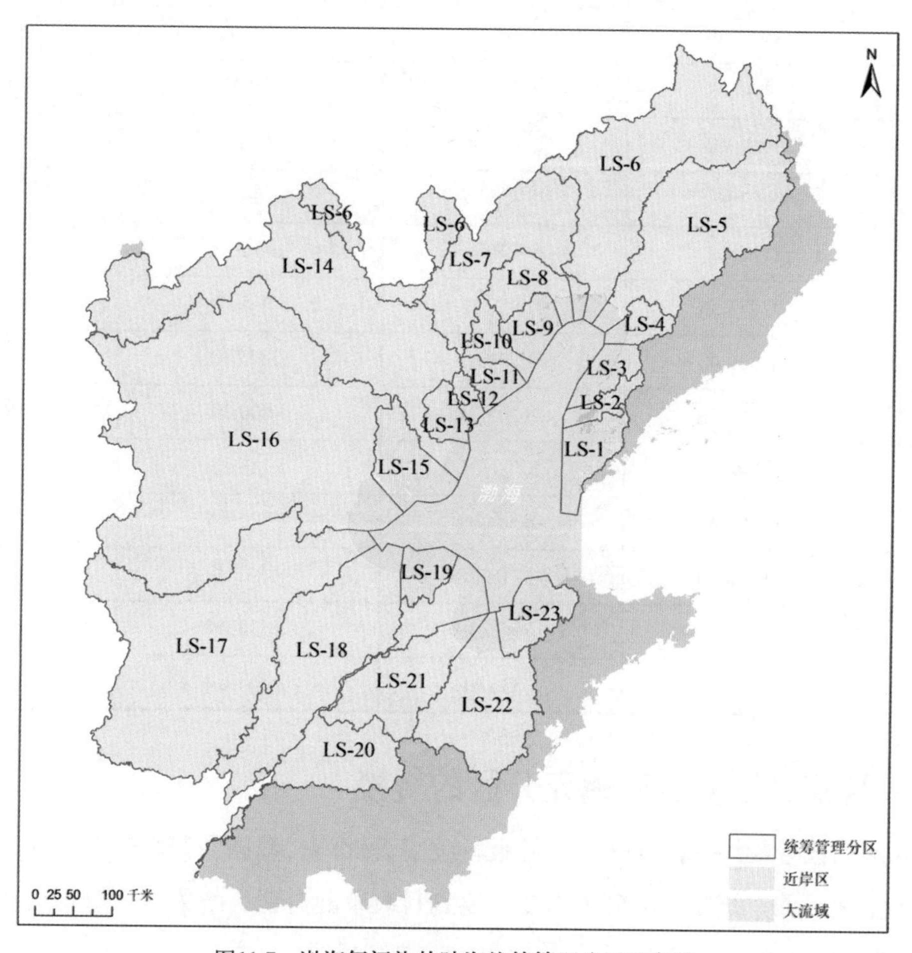

图11.7　渤海氮污染的陆海统筹管理分区示意图

表11.3　统筹管理分区面积及岸线长度

单元编号	总面积/千米^2	陆域面积/千米^2	海域面积/千米^2	岸线长度/千米
LS-1	6 279.26	2 022.12	4 257.14	190.15
LS-2	2 617.40	1 926.81	690.59	31.65
LS-3	4 146.50	1 900.12	2 246.39	98.05
LS-4	3 261.99	2 554.63	707.35	36.75
LS-5	29 109.91	28 270.59	839.32	34.24

续表

单元编号	总面积/千米^2	陆域面积/千米^2	海域面积/千米^2	岸线长度/千米
LS-6	45 603.34	44 870.89	732.45	31.02
LS-7	20 753.06	20 270.65	482.41	21.01
LS-8	6 145.00	5 479.51	665.49	24.54
LS-9	4 242.04	2 410.61	1 831.43	81.49
LS-10	3 757.83	3 296.87	460.96	20.02
LS-11	3 351.97	1 865.53	1 486.44	62.29
LS-12	1 590.08	970.86	619.22	34.83
LS-13	3 298.12	2 560.56	737.57	42.48
LS-14	49 570.35	48 435.91	1 134.44	42.01
LS-15	8 513.91	6 038.66	2 475.25	165.81
LS-16	96 925.58	93 859.78	3 065.79	86.91
LS-17	60 629.48	59 891.69	737.79	36.96
LS-18	29 665.58	28 265.24	1 400.34	59.75
LS-19	3 894.53	1 709.15	2 185.38	110.53
LS-20	19 374.42	16 544.99	2 829.44	63.47
LS-21	14 088.08	13 104.78	983.31	37.61
LS-22	19 423.48	17 885.39	1 538.09	58.97
LS-23	6 397.28	3 535.61	2 861.67	142.27

（六）统筹分区向行政单元分区的转换

环境管理的任务最终还需要落实到各级行政主管部门，我国的行政管理体系以行政单元分区系统为空间基础，统筹分区管理需要转换到行政单元分区，统筹分区管理的任务最终需要落实到到各行政单元分区。

GIS中通过空间分析能够清楚地确定统筹分区与行政单元分区的空间关系：从统筹分区的角度可以回答统筹分区与哪些行政单元相关（相交），各行政单元对统筹分区氮污染的贡献有多大，其承担的管理调控的责任有多大。从行政单元的角度可以回答行政单元涉及哪些统筹分区的管理工作，哪些区域分别属于哪个统筹分区，不同区域管理调控的重点是什么。

具体的实现方法以统筹分区与县级行政单元的空间交集为单元（以下简称交集单元），交集单元的边界可以与两种分区边界吻合，进而保证了对两种分区体系的兼容性。陆海统筹管理分区的分析结果通过空间统计得到各交集单元的结果，交集单元边界与行政单元边界吻合，可以直接汇总得到行政单元的结果。

三、陆海统筹管理分区的管理实施路径

陆海统筹管理分区的管理实施路径是以陆海统筹管理分区为基础，以海域污染重点区域为出发点，回溯氮污染形成的自然过程，从陆域社会经济活动入手进行氮污染管理调控的“倒逼机制”。整个管理实施路径的空间范围从海域转向陆域，分区范围从海域分区转向流域分区再转向行政分区，具体过程包括三大步（图11.8）。

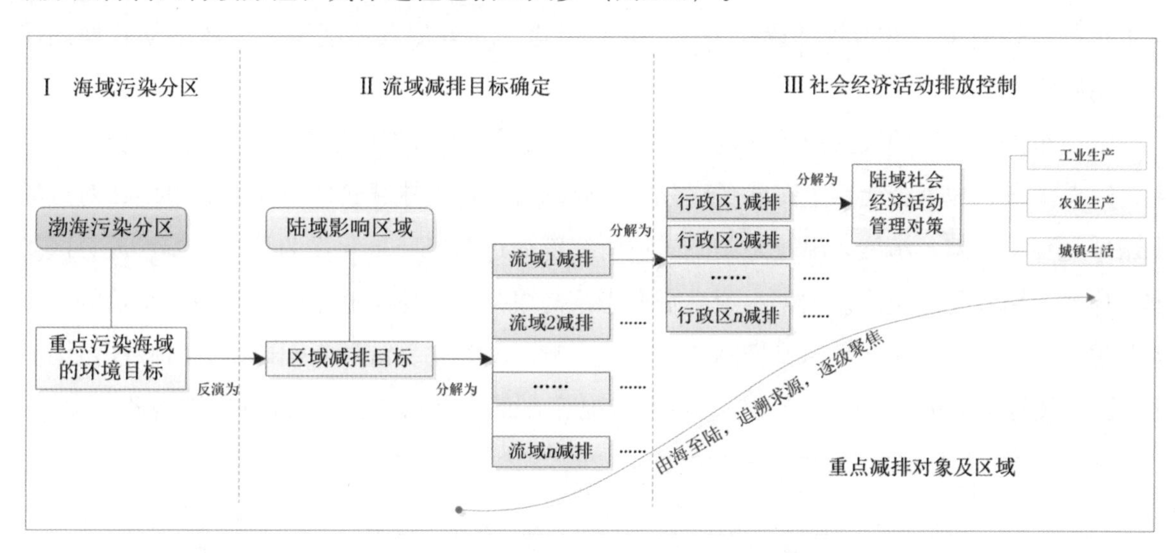

图11.8　渤海氮污染的陆海统筹管理实施路径

（1）从海域污染分区出发，确定海域污染调控目标，确定重点调控的海域。海域污染调控目标相对水质管理目标，阶段性特征更强，与具体的规划与阶段性管理目标衔接。海洋环境管理是适应性管理，存在一个“确定目标—监测—实施—评估—调整目标”的不断改善的过程。海域污染调控目标是适应性管理过程中确定的目标。

（2）依据海域调控目标确定流域减排目标。海域管理的重点区域及目标确定后，工作重点转向陆域。陆海统筹管理分区的重要作用是实现了海域与陆域的空间关联，为开展陆域管理调控提供了科学依据和技术支撑。海域调控目标是一个污染浓度指标，陆域减排目标是一个污染物总量指标，结合河口、排污口的监测数据确定具体河口、排污口两个目标间转换的关系。依据海域污染调控目标确定流域减排目标的过程可以与陆域水环境监测与管理工作的衔接。海域调控目标对应整个流域氮污染减排目标，陆域水环境管理工作结合具体的河段、支流确定具体的管理调控方案。这一步还需要加强海域环境保护规划工作与陆域水环境规划工作的衔接，将阶段性管理调控目标对应起来，实现海域适应性管理与陆域适应性管理的融合。

（3）流域关联的各行政分区开展社会经济活动的管理调控。作为整个流域的减排目标本质上是一个区域协作的目标，整体目标的实现既需要区域间协作，也需要合理分配。这一步工作重点从流域分区转向行政分区。明确了流域减排目标后，进一步回溯氮污染产生的过程，根据各行政分区氮污染产生量，将流域减排目标分解为各行政单元减排目标。明确了各行政分区的减排目标后，进一步回溯氮污染产生过程，根据氮污染源的构成确定行政分区重点调控的社会经济活动。陆海统筹管理分区帮助各行政分区明确了管理调控的对象，管理调控的目标以及管理调控的重点位置，行政分区的管理调控与陆海统筹管理分区结合更具有针对性，针对具体的流域对局部进行管理调控，在遵循了氮污染形成的自然过程的基础上，提高了管理工作的科学性。各行政区结合自身特点，借鉴现有水环境管理相关工作的调控对策，开展管理调控工作，也可以进一步开展具体区域、具体活动管理调控的专题研究。

以辽东湾为例说明陆海统筹管理分区在海洋环境管理中的作用（图11.9）。综合以上研究，辽东湾海域被划分为14个海域管理分区，分别对应14个陆域管理单元，其中LS-5对应的海域单元环境较差，污染状况较为典型，该研究部分选取LS-5单元作为陆海统筹管理分区管理具体实施路径的示范区。依据本项目研究思路与成果，具体实施路径采用由海至陆的“倒逼”思路，从辽东湾海洋环境目标制定、陆域影响区域划定、流域空间确定、行政区范围界定，到主要社会经济活动的筛选与空间分布状况等方面系统梳理分区管理的实施路径。

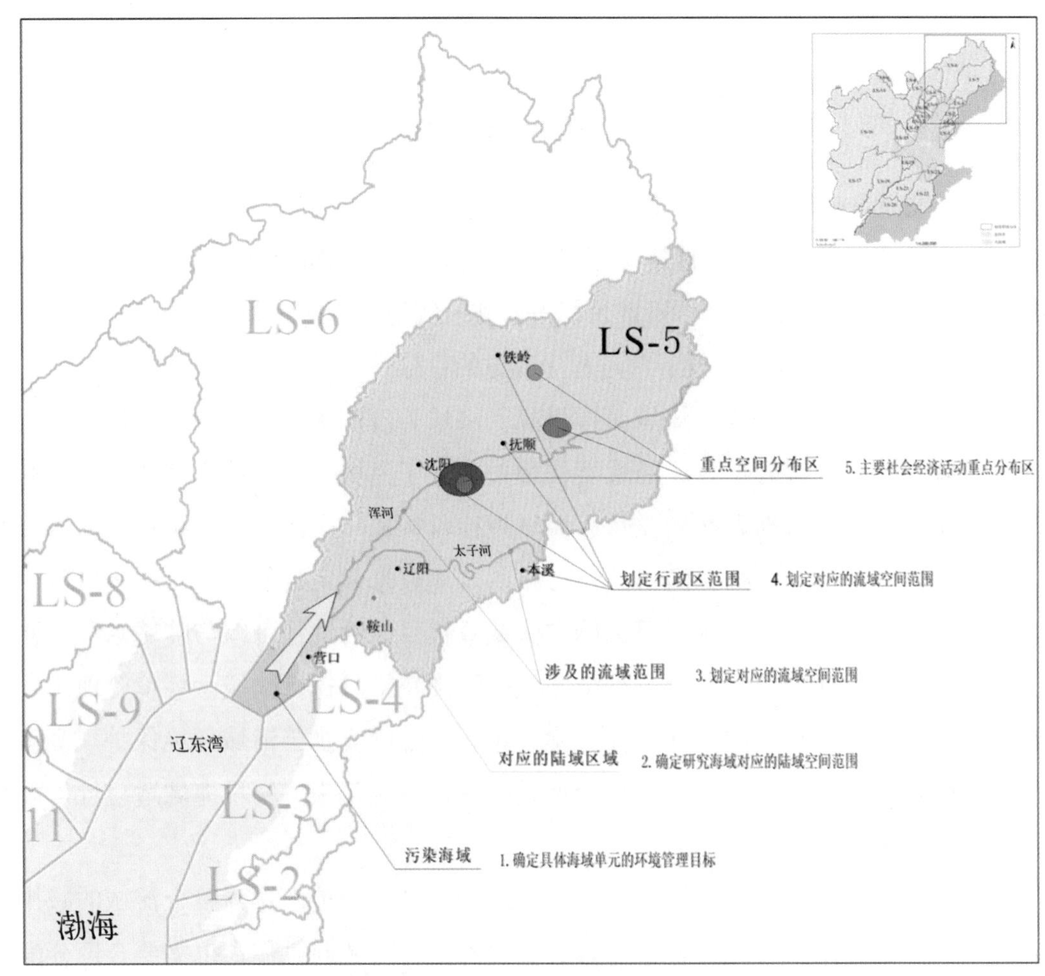

图11.9　辽东湾氮污染的陆海统筹分区管理

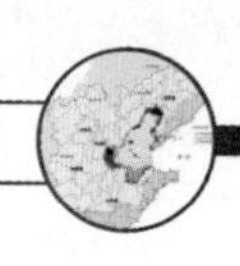

（1）制定辽东湾重点污染海域环境目标。确定辽东湾典型污染海区的海洋环境目标是陆海统筹管理分区参与海洋环境管理的切入点，是整个实施路径的起点。LS-5海域单元位于辽东湾顶部偏东，海域面积约839平方千米，是辽东湾典型的重污染海区，水质管理目标为四类水质，由于陆源污染输入量大，该海域水质常达到劣四类，也间接成为影响周边海域环境的污染源，被列为辽东湾海洋环境治理的重点区域。依据海洋功能区划的环境要求和作为环境缓冲区的需求，LS-5对应的海域单元水质目标应维持在三到四类。

（2）划定陆域影响空间范围。由图11.9可以看出，LS-5单元对应的陆域区域位于辽河平原南部，区域面积约2.8万平方千米，该区域人类社会经济活动强度大，工农业发达，城镇分布密集，总氮污染压力较高。为保障海域单元环境目标的实现，无论区域内污染排放的空间分布与排放结构如何，应在全区域实行严格的污染物总量控制制度，以确保入海污染物总量不超出海域污染承载能力。因此，该层级的主要管理措施是制定严格的污染物入海总量控制。

（3）确定具体影响流域范围。LS-5陆域区域是由若干个流域范围共同组成，污染物总量控制的指标分解也应该逐级向上分配到每个相关流域，该部分的主要内容是确定影响海域单元环境的具体流域范围，将陆域影响区域流域化。该区包含浑河、太子河及近岸部分小流域，其中浑河与太子河流域面积较大，陆源污染也主要由以上两个流域汇入辽东湾，因此，浑河与太子河流域是治理的重点流域，依据管理的细化程度，可对两个流域进一步细化，进而确定满足管理需求的流域单元。该层级的主要管理内容是流域范围的界定与污染物总量控制指标的流域分配。

（4）界定对应的行政区范围。流域范围的界定是在自然分区的基础上进行的空间划分，并不具有管理的可操作性，不适用于污染管理的分区要求，因此，在流域范围界定的基础上，应进一步界定流域内合理的行政分区，尤其是确定好被流域边界分割的行政区范围。浑河流域涉及营口、沈阳、抚顺和铁岭，太子河流域涉及鞍山、辽阳和本溪，依据流域边界的汇水单元对各个行政区边界进行划定，剔除流域外行政区范围，重新计算流域内行政区范围的土地利用指标和社会经济统计指标值，为各流域污染物排放总量的分配提供依据。因此，该层级的主要管理内容是确定流域边界内行政区范围，并重新计算行政区范围内各类社会经济指标值。

（5）主要社会经济活动的筛选与重点分布区域划定。在确定流域范围与行政区具体范围基础上，重点分析行政区内各类社会经济活动的规模、强度、排放特征，筛选出氮污染物排放量大的社会经济活动类型作为重点调控对象。根据本研究第四章的研究结论，LS-5陆域单元内居民生活和畜禽养殖业排放是辽河流域氮污染的主要来源，总氮排放量中居民生活排放约占49%，畜禽业排放约占38%。控制总氮污染排放应将居民生活排放与农业畜禽养殖两类活动作为重点控制对象。虽然工业生产氮排放相对其他区域较高，但占总排放量的比例约10%，因此，工业氮排放的控制对于整个区域的氮污染压力而言效果并不显著，城镇居民生活污染和农业畜禽养殖面源污染是决定该区域总氮污染压力的重要污染源，调控重点应聚焦以上两类社会经济活动。此外，社会经济活动重点分布区域的划定是陆海管理分区实施的重要步骤。具体到LS-5区域，居民生活污染源与城市人口规模呈线性关系，沈阳、鞍山、抚顺、本溪污染排放压力相对较大，而畜禽养殖业相对集中的区域是沈阳周边县、辽阳县和海城市。通过社会经济统计指标的分析，结合汇水单元空间定位，可进一步将社会经济活动的空间范围细化至区县，为管理调控提供切实可行的，具有可操作性的调控对象与调控内容。因此，该层级的主要实施内容是识别氮污染排放贡献大的社会经济活动，并确定其空间分布特征。

（6）各类型社会经济活动调控重点。通过以上5个步骤，已将海洋环境管理目标逐一落实到陆域各区域的主要社会经济活动调控上来，针对不同类型的社会经济活动特征，结合污染总量控制要求，实施针对性的调控对策。①城镇居民生活氮污染控制的关键在污水处理环节，辽宁城市生活污水中总氮约50%—60%的去除率，而且部分县市根本没有污水处理厂，生活废水经化粪池沉淀后通过管道集中收集直接排入环境水体，化粪池对氮的平均削减率约15%，因此，去除率低，入河系数较高是导致城市污水污染重的主要原因。提高污染物去除率，加大排放环节的治理是缓解城镇居民生活污染的高效措施，发达地区应加大投资扩大污水处理能力，提高处理水平；欠发达地区与农村地区，普及化肥池建设，避免污水直接排入雨水管道以及河流、湖泊、水库等环境水体。②农业畜禽养殖污染治理。采取面源污染点源化的治理思路，畜禽养殖业集中区可尝试建设畜禽养殖小区，将多家养殖户的畜禽集中饲养，污染物集中处理，避免粪便的露天堆放，加快粪便进沼气池，粪便有机肥转化工作。③工业污染治理。采取重点行业重点地区重点监管和调控，工业氮污染总量相对较小，但部分行业和地区工业排放量较大，化工、饮料、制药、石油加工、食品加工等行业，坚决实施达标排放，必要时可选择合适的时间窗口进行规划排放，尤其做好污染企业集中布局河段的排污控制，避免因工业集中排污造成河段水体的严重污染。

研究为海洋环境管理在空间上的陆海统筹提供了一套较为系统的实施途径，初步实现了海域污染的陆域化调控。

四、陆海统筹管理分区的管理重点及对策建议

（一）陆海统筹管理分区的特征及管理重点

1. 陆海统筹管理分区的主要特征

陆海统筹管理分区体现了氮污染的陆海压力响应空间关系。如图11.10所示，渤海三大海湾内水交换能力弱，自净能力弱，湾顶位置对应大型流域，陆源氮污染输出压力大，三大湾

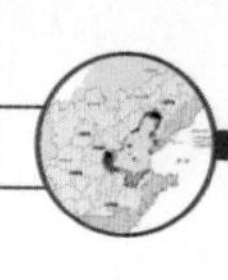

海域水质均在四类水质以下，工业氮污染压力最大的大辽河流域LS-5，城镇氮污染压力最大的海河北部流域LS-16，海域均处于四类、劣四类水质。近岸城镇生活及工业压力大且海域水交换能力相对弱的小海湾位置也呈现四类及劣四类水质，如大连市（LS-1）普兰店湾、金州湾；莱州市（LS-23）刁龙嘴。岸线平直，水交换条件好，对应陆域污染压力小的区域水质条件好，如辽东湾西岸绥中至唐山近岸海域。

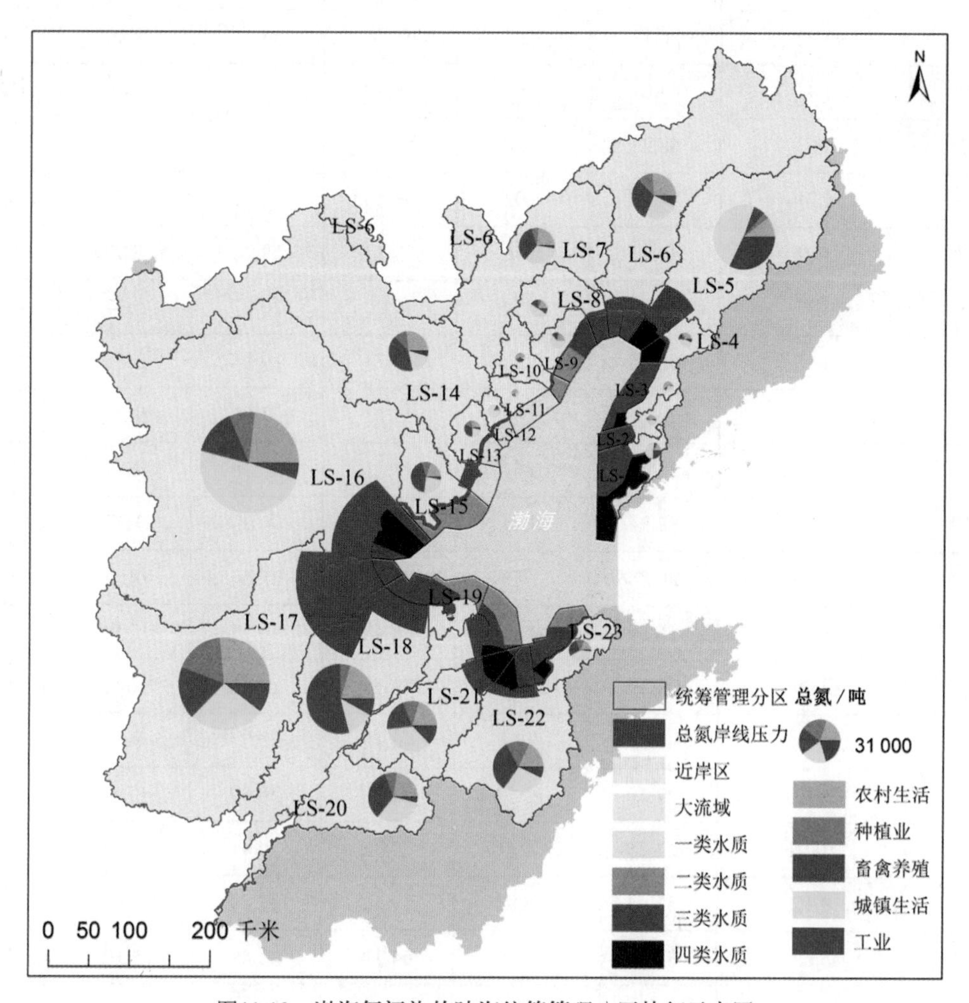

图11.10　渤海氮污染的陆海统筹管理分区特征示意图

氮污染陆域的产生量主要对应于三大湾顶部位置。位于渤海湾顶部的LS-16、LS-17、LS-18，总量占全区的53.84%，其中LS-16占全区的23.36%，氮污染产生量最大的分区，主要污染来源是城镇生活和农业，其中城镇污染源比重是大型流域中最高的；位于辽东湾顶部的LS-5、LS-6，总量占全区的14.34%，LS-5工业污染特征突出，工业污染源比重达到32.35%；位于莱州湾顶部的LS-20、LS-21、LS-22，总量占全区的17.68%，该区域农业污染特征突出，三个分区的农业污染比重均大于50%。位于近岸的LS-1、LS-12城镇污染特征突出，均在50%以上，LS-19与LS-1工业污染特征突出，LS-19接近50%，LS-1也在25%以上（表11.4）。

表11.4　各统筹分区氮污染产生量结果

单元编号	总氮产生量占全区比重/%	氮污染源构成/%					
		城镇	工业	农业	农村生活	种植业	畜禽养殖
LS-1	0.64	51.64	25.55	22.81	15.23	2.00	5.58
LS-2	0.24	45.48	5.40	49.12	39.41	6.26	3.45
LS-3	0.22	30.17	1.95	67.88	56.45	5.29	6.14
LS-4	0.44	44.01	7.62	48.37	30.70	4.75	12.93
LS-5	9.63	48.23	32.35	19.42	10.58	2.90	5.94
LS-6	4.71	24.68	6.92	68.40	25.91	11.75	30.74
LS-7	3.04	34.12	2.46	63.42	23.26	6.69	33.48
LS-8	0.77	48.62	10.38	41.00	20.07	5.34	15.59
LS-9	0.55	62.76	0.51	36.73	19.34	3.66	13.73
LS-10	0.21	6.75	0.00	93.25	53.66	9.21	30.38
LS-11	0.12	22.42	0.47	77.11	57.15	16.45	3.51
LS-12	0.37	82.34	0.94	16.72	4.16	3.37	9.19
LS-13	0.59	20.78	3.78	75.44	27.66	14.79	32.99
LS-14	3.62	16.89	4.63	78.48	36.75	10.94	40.79
LS-15	2.09	23.19	3.65	73.16	19.26	10.53	43.38
LS-16	23.36	48.66	5.19	46.15	23.07	8.52	14.56
LS-17	19.58	27.29	10.23	62.48	26.60	17.84	18.05
LS-18	10.91	12.75	7.90	79.35	20.41	4.99	53.95
LS-19	0.12	31.64	48.94	19.42	12.59	4.67	2.16
LS-20	5.65	32.11	3.71	64.17	22.49	8.10	33.59
LS-21	5.88	35.91	12.50	51.59	20.75	10.47	20.37
LS-22	6.14	27.91	6.88	65.21	18.00	15.17	32.04
LS-23	1.11	39.50	2.37	58.13	18.75	11.72	27.66

氮污染的陆海矛盾集中在几个主要分区，需要通过统筹分区管理调控进行协调。各统筹分区氮污染状况与水质管理要求符合度的统计结果（表11.5）显示出水质污染情况严重的区域主要集中在辽东湾顶部的LS-4、LS-5、LS-6，渤海湾的LS-16，莱州湾的LS-21，以及大连近岸海域的LS-1。氮污染状况与水质管理要求矛盾大的区域主要集中在辽东湾顶部的LS-4、LS-5、LS-6、LS-7，渤海湾的LS-16、LS-17、LS-18，莱州湾的LS-20、LS-21、LS-22，以及大连近岸的LS-1、LS-2、LS-3。

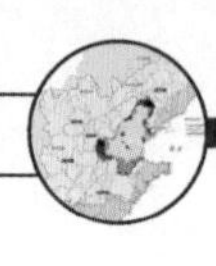

表11.5 各统筹分区内氮污染水质状况与水质符合度（%）

单元编号	水质氮污染面积比重						水质符合度面积比重				
	四类以下	劣四类	四类	三类	二类	一类	<0	−4	−3	−2	−1
LS-1	49.2	22.3	26.9	25.8	23.6	1.5	87.3	4.8	17.9	45.7	19.0
LS-2	27.0	0.0	27.0	70.0	3.0	0.0	78.3	0.0	46.7	29.1	2.5
LS-3	24.7	0.0	24.7	51.4	23.8	0.0	65.7	0.1	19.7	16.5	29.4
LS-4	100.0	35.5	64.5	0.0	0.0	0.0	73.2	0.0	0.5	16.2	56.5
LS-5	71.9	51.0	20.9	28.1	0.0	0.0	55.9	0.0	0.0	2.9	52.9
LS-6	39.4	10.9	28.5	60.6	0.0	0.0	26.8	0.0	0.0	14.8	12.0
LS-7	0.0	0.0	0.0	100.0	0.0	0.0	46.0	0.0	0.0	15.0	30.9
LS-8	0.0	0.0	0.0	100.0	0.0	0.0	0.5	0.0	0.0	0.0	0.5
LS-9	0.0	0.0	0.0	39.7	59.8	0.5	0.4	0.0	0.0	0.3	0.1
LS-10	0.0	0.0	0.0	0.0	35.6	64.4	2.3	0.0	0.0	0.0	2.3
LS-11	0.0	0.0	0.0	0.0	0.0	100.0	0.0	0.0	0.0	0.0	0.0
LS-12	0.0	0.0	0.0	0.0	0.0	100.0	0.0	0.0	0.0	0.0	0.0
LS-13	0.0	0.0	0.0	0.0	0.0	100.0	0.0	0.0	0.0	0.0	0.0
LS-14	0.0	0.0	0.0	0.0	0.0	100.0	1.3	0.0	0.0	0.0	1.3
LS-15	0.0	0.0	0.0	0.0	13.7	86.3	0.0	0.0	0.0	0.0	0.0
LS-16	46.5	17.3	29.3	36.6	12.5	4.3	38.3	0.0	0.0	5.3	33.0
LS-17	9.9	0.0	9.9	90.1	0.0	0.0	27.9	0.0	3.9	10.8	13.2
LS-18	0.0	0.0	0.0	89.0	11.0	0.0	59.6	0.0	0.0	19.8	39.8
LS-19	0.0	0.0	0.0	38.9	42.3	18.7	61.8	0.0	0.0	29.0	32.8
LS-20	3.1	0.0	3.1	34.0	58.6	4.4	70.8	0.0	3.0	28.5	39.4
LS-21	85.9	58.3	27.6	14.1	0.0	0.0	100.0	26.5	32.6	38.6	2.3
LS-22	25.1	11.1	14.0	74.9	0.0	0.0	94.9	5.8	10.7	71.7	6.7
LS-23	10.6	0.0	10.6	61.5	27.8	0.0	59.2	0.0	5.0	33.9	20.2

2. 各分区特征及管理重点

LS-1位于辽东湾东岸，由近岸流域归并而成，水质管理目标核心区为四类水质，缓冲区为三类水质。该区域最大的特征是氮污染输出压力小，但海域氮污染较重。从区域氮污染产生量的组成来看，城镇氮污染和工业氮污染占主导。工业氮污染产生量非常突出，与LS-14整个滦河流域工业氮污染产生量相当，远远大于其他近岸区域的工业氮污染产生量。但由于该区域是由近岸流域归并而成，面积约是LS-14的4%，岸线蜿蜒曲折，岸线长度是LS-14的5

倍，导致单位岸线氮污染压力计算结果较小，掩盖了工业点源污染输出特征，但通过区域氮污染产生量的分析，该区域应以城镇氮污染和工业氮污染的管理调控为重点。

LS-2位于辽东湾东岸，对应复州河流域，水质管理目标为三类水质。该区域最大的特征是氮污染输出压力小，区域氮污染产生量小，但海域氮污染较重。该海域水交换能力弱，加上围填海活动密集，受海域氮污染影响大。从区域氮污染产生量的组成来看，城镇氮污染和农业氮污染占主导，其中农业氮污染主要来自农村生活污染源。该区域城镇氮污染是管理调控的重点。

LS-3位于辽东湾东岸，由近岸流域归并而成，水质管理目标核心区为四类水质，缓冲区为三类水质。该区域最大的特征是氮污染输出压力小，但海域氮污染较重。从区域氮污染产生量的组成来看，以农业污染为主。该区域应以农业氮污染的管理调控为重点。

LS-4位于辽东湾顶部偏东位置，大清河流域及近岸流域归并而成，水质管理目标为四类水质。该区域最大的特征是氮污染输出压力较小，但海域氮污染严重。从区域氮污染产生量的组成来看，城镇与工业氮污染为主。比邻大辽河口，海域污染在一定程度上受其污染扩散影响。该区域近岸发展临海工业园区及城镇建设区，预计未来工业与城镇氮污染产生量还会升高，该区域应以城镇和工业氮污染的管理调控为重点。

LS-5位于辽东湾顶部偏东位置，包含大辽河流域及近岸流域归并而成，水质管理目标为四类水质。该区域总氮污染压力强度很高，城镇氮污染压力与工业氮污染压力都很大，其中工业氮污染压力是环渤海地区工业氮污染压力输出最高的位置。城镇氮污染和工业氮污染应作为该区域管理调控的重点，该区域可作为整个环渤海地区工业调控的重点区域。

LS-6位于辽东湾顶部及偏西位置，对应辽河流域。水质管理目标为三类水质。位于辽东湾顶部的辽河流域氮污染压力处于中高水平。该区域氮污染压力最突出的特征是农业氮污染，比重超过68%。农业氮污染应作为该区域管理调控的重点。

LS-7位于辽东湾顶部及偏西位置，对应大凌河流域。水质管理目标为三类水质。氮污染压力处于中高水平。该区域氮污染压力最突出的特征是农业氮污染，比重超过63%。农业氮污染应作为该区域管理调控的重点。

LS-8位于辽东湾顶部及偏西位置，对应小凌河流域。水质管理目标为三类水质。该区域总氮压力较高，城镇和农业氮污染比重较高。城镇和农业氮污染应作为该区域管理调控的重点。

LS-9位于辽东湾西侧葫芦岛市西南部的兴城市近岸区域，该区由近岸流域归并而成，水质管理目标为二类水质。该区域属于近岸区域，由于岸线长，单位岸线总氮压力虽然较小，但氮污染的强度较高，该区域氮污染的突出特征是城镇氮污染比重高，超过60%。该区域应以城镇氮污染作为管理调控的重点。

LS-10位于辽东湾西侧葫芦岛市西南，对应六股河流域，水质管理目标为二类水质。该

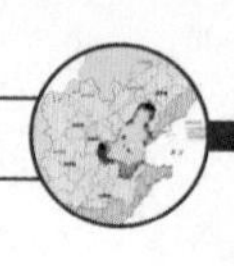

区域总氮压力属中低水平，农业氮污染比重非常高，超过90%，农业氮污染比重在所有分区中最高，主要来自农村生活和畜禽养殖。该区域可以作为近岸小流域农业管理调控的典型区域，应以农业氮污染作为管理调控重点。

LS-11位于辽东湾西侧绥中县，该区由近岸流域归并而成，水质管理目标为一类水质。该区域氮污染产生量在所有分区中最小，农业氮污染比重高。由于处于近岸区域，农业氮污染难以形成规模，应做好城镇和工业氮污染管理。

LS-12位于辽东湾秦皇岛市山海关区近岸区域，该区由近岸流域归并而成，水质管理目标为一类水质。该区域城镇氮污染比重在所有分区中最高，超过80%，可作为近岸城镇氮污染管理调控的典型区，应以城镇氮污染作为管理调控的重点。

LS-13位于辽东湾秦皇岛市北戴河区、抚宁县、昌黎县近岸区域，该区由近岸流域归并而成，水质管理目标为一类水质。农业氮污染比重高。由于处于近岸区域，农业氮污染难以形成规模，且该区域作为国家重点滨海旅游区，应做好城镇氮污染管理。

LS-14位于辽东湾与渤海湾交界位置，陆域部分属滦河流域，水质管理目标为一类水质。滦河流域虽然氮污染压力属中高水平，但该区域水交换条件良好，近岸除滦河口有小面积区域属二类水质，大部分区域符合一类水质。该区域氮污染压力的突出特征是农业氮污染比重非常高，约78%，是农业氮污染比重最高的分区。该区域应以农业氮污染作为管理调控的重点。

LS-15位于渤海湾北部位置，唐山市近岸海域，该区由近岸流域归并而成，水质管理目标为二类水质。该区域包括我国目前最大的围填海区，虽然目前农业氮污染比重很高，约73%，但未来的发展方向重点是工业与城镇建设，预计氮污染产生量也会大大提高，类型以工业与城镇生活为主导。虽然目前北部海域水质状况符合一类水质，但综合考虑陆域经济发展及排污需求及海域开发利用现状，制定水质管理目标为二类水质。该区域应以工业与城镇氮污染作为管理调控的重点。

LS-16位于渤海湾顶部偏北位置，包括海河北部水系流域，水质管理目标核心区为四类水质，两侧缓冲区为三类水质。该区域总氮污染压力非常高，氮污染压力主要来自城镇生活污染和农业污染，其城镇氮污染产生量在环渤海地区最高。该区域应以城镇氮污染和农业氮污染作为管理调控的重点。该区域可作为整个环渤海地区城镇污染调控的重点区域。

LS-17位于渤海湾顶部位置，对应海河中部水系流域，水质管理目标为三类水质。该区域农业氮污染产生量在环渤海最高。海河中部水系流域区域是环渤海地区氮污染压力最高的位置，其氮污染压力主要来自农业和城镇生活污染，农业污染比重超过60%。该区域应以农业和城镇氮污染作为管理调控为重点。

LS-18位于渤海湾顶部及南部位置，对应海河南部水系流域，水质管理目标为三类水质。海河南部水系流域总氮污染压力较大，氮污染压力主要来自农业，农业污染比重接近80%，在大流域中农业污染比重最高，其中畜禽养殖比重大于50%，在环渤海地区最高，可以作为大流域农业氮污染管理调控的典型区。该区域应以农业氮污染作为管理调控为重点。

LS-19位于渤海湾与莱州湾交界处，老黄河口位置，属于老黄河三角洲的近岸区域，水质管理目标为二类水质。该区域面积小，总氮污染压力非常小，氮污染压力主要来自工业及城镇生活污染，该区域氮污染的突出特征是工业氮污染比重非常高。该区域应以工业氮污染作为管理调控为重点。

LS-20位于莱州湾西北部，黄河口位置，属于黄河流域，水质管理目标近岸核心区为三类水质，较远海域为二类水质。该区域总氮污染压力属于中高水平，氮污染主要来自农业与城镇，应以农业及城镇氮污染作为管理调控为重点。

LS-21位于莱州湾顶部，对应小清河流域，水质管理目标核心区为四类水质，缓冲区为三类水质。该区域总氮污染压力较高，污染主要来自农业污染和城镇污染，但该区域工业氮污染总量较高。该区域应以农业、城镇及工业氮污染的综合管理调控为重点。

LS-22位于莱州湾顶部，包括弥河、白浪河、潍河、胶莱河流域，水质管理目标核心区为四类水质，缓冲区为三类水质。该区域总氮污染压力较高，污染主要来自农业污染和城镇污染。考虑到该区域由几个中型流域构成，应加强海域污染缓冲区的水质监测。该区域应以农业、城镇污染的管理调控为重点。

LS-23位于莱州湾东部，莱州市、招远市及龙口市近岸区域，该区由近岸流域归并而成，水质管理目标核心区为四类水质，缓冲区为三类水质及二类水质。该区总氮污染压力较低，污染主要来自农业污染和城镇污染。但由于海岸岬角地貌特征影响，近岸局部海域水交换条件差，莱州市近岸海域污染严重。该区域应以农业与城镇氮污染的管理调控的重点，其中莱州市应重点加强城镇氮污染的管理调控。

（二）陆海统筹管理分区管理的对策建议

项目的研究目的是在遵循渤海氮污染问题形成机理的基础上，从产生氮污染的社会经济活动入手实施分区管理调控，提出实施陆海统筹管理分区管理的对策建议。对策建议针对陆海统筹管理分区的特点分为陆域部分和海域部分。陆域部分管理对策建议具有层次性：从自然环境层面分为大型流域分区管理及近岸区域分区管理，从社会经济活动层面分为工业、农业、城镇的管理，从污染物排放层面强调实施陆海统筹的管理。海域部分主要针对海洋功能区划提出调整的建议。

1. 关于陆源水污染分区管理调控的对策建议

大型流域分区实施工业、农业与城镇氮污染综合管理。大型流域分区覆盖范围广，汇聚分散的污染源后集中作用于河口位置对海域造成很大的污染压力。针对上述特点需要对工业、农业与城镇氮污染实施全面的流域综合管理。

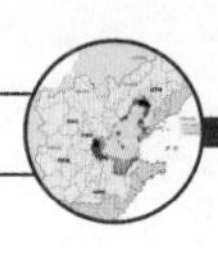

工业指标的空间分布特征表现为高强度区域呈离散分布，以高强度区域为中心向外围存在强度逐级递减的辐射特征。从高强度中心入手，淘汰落后产能，遏制辐射特征。构建流域为范围的区域工业交流合作平台，流域范围内积极推进清洁生产，形成流域内的绿色产业链。

农业污染属于面状污染，难以管理。大型流域的农业污染管理难度更大，难以实现既有效又全面的治理。现有非点源研究已经在一些小流域开展了许多积极的管理实践，积累一些成功经验。流域是层级嵌套的分区系统，结合农业指标高强度区域具有连片的特征，可以选择高强度区域所在小流域为典型区域开展试验（如在化肥施用高强度区域开展提高化肥利用率，缓释肥减少氮污染的管理试验），以小流域为单位重点治理，并积极推广成功经验。

城镇污染与人口规模密切相关，海河北部流域及大辽河流域对应环渤海地区的大都市圈，应作为管理调控的重点区域。城镇污染治理的关键还是提高污水处理能力，重点是加大污水治理的投入，优化排水管网，合理布局污水处理厂。

近岸区域加强工业及城镇氮污染管理。近岸区域污染输出的特征一是直接入海，不存在远距离输移导致的衰减，对海域环境产生的影响大；二是沿岸分散分布，会产生带状影响，影响海域范围广。

近年来重化工业向沿海布局的趋势明显，沿海县市积极开展临海工业园区及滨海城市建设，围填海活动如火如荼。工业指标及城镇指标在近岸地区都呈现高强度分布。虽然污染物总量与大流域相距甚远，但产生的影响丝毫不逊于大流域，大连沿岸氮污染问题已经非常严重。

近岸区域农业面源污染不成规模，工业及城镇污染是管理的重点。应做好优化布局，集中布局，集中管理，避免产生带状影响。加强基础设施投入，优化排水管网，合理布局污水处理厂，严格控制排放。提高园区环境准入制度，加强重点企业管理。积极发展生态工业园的新型工业园区发展模式，按照生物链的关系链接起来，形成工业生态系统，既提高了经济效益又从根本上改善了生态环境。滨海城镇建设应在集约节约利用土地的基础上，转变传统粗放的城镇化发展模式，从发展生态社区入手，建设生态型滨海城镇，降低近岸区污染产生量。

陆海统筹管理分区与现有陆域水环境管理衔接。加强陆海相关部门的沟通。陆域已经开展了水环境功能区划，重点流域污染防治等工作，海域氮污染的陆海统筹的管理应做好与陆域现有水环境管理工作的衔接，陆海统筹管理分区以流域分区为基础，分区边界与现有陆域水环境管理工作的边界兼容，可以通过陆海统筹管理分区衔接现有陆域水环境管理工作，提出海域环境管理的需求。

2. 关于海洋功能区划调整的建议

海洋功能区划水质管理要求需要陆海统筹的调整。海洋功能区划的水质管理要求以功能区为单元，其根本出发点是为保障海域功能服务的，不是为海域环境管理服务。以功能区为单元提出水质管理要求缺乏可操作性：首先，各功能区是根据功能类型不同人为划定的区域，是离散的块状区域。划定功能区的过程中，主要协调海域使用活动间的矛盾，缺少对各种功能类型水质管理要求间矛盾的考虑。存在相邻功能区水质管理要求相差很大，邻接功能区之间水质管理要求缺乏连续性和缓冲带的问题。其次，海洋具有流动性，污染物的扩散并不受功能区边界的约束，低水质要求区水质达标的情况下，邻接的高水质要求区的水质管理目标很难达标。若是高水质要求区被低水质要求区包围，其水质管理目标就形同虚设。功能区水质管理要求的制定不能脱离实际，需要分析现实污染状况，海域污染扩散客观规律，注重管理目标的连续性。

短期水质管理目标达不到功能水质要求的功能区需要调整。功能类型的定位要以水质管理目标为重要的参考依据。短期内水质管理目标在难以满足功能要求的情况下，先从加强近岸点源污染调控入手，若短期难以改变，只能调整功能类型。大连近岸海域及莱州湾东部近岸海域是需要作出调整的重点区域。

五、小结

本章通过对渤海氮污染的陆海统筹管理分区的理论与方法进行研究，寻求解决渤海氮污染陆海矛盾的途径。首先，对陆海统筹管理分区的目的、内涵、原则进行了理论阐述；然后，对陆海统筹管理分区的方法进行详细阐述；最后，围绕渤海氮污染的问题，探讨如何通过陆海统筹管理分区进行管理调控。研究过程中主要得到以下结论。

（1）完成了环渤海氮污染的陆海统筹管理分区，分区将海域氮污染的响应范围与陆域氮污染的来源范围对应起来，体现了氮污染的压力响应关系，为陆海统筹管理提供了空间基础。

（2）确定了统筹分区的水质管理目标，水质管理目标与氮污染状况的符合度明显提高，且有连续性，增强了水质管理的可操作性。

（3）明确了陆海统筹分区管理的实施路径，形成了从陆域社会经济活动入手进行氮污染管理调控的“倒逼机制”。

（4）确定了各统筹分区管理调控的重点，并提出了管理调控的对策建议。

第六部分
环渤海地区工业结构
调整效应研究

第十二章
环渤海地区重要工业产业变化的关联效应研究

目前环渤海地区正处于重化工业阶段，以冶金、石化等高能耗、高污染工业部门为主的工业结构在一定的时期内不可避免，但当这种重化程度在长期不断加深，势必会带来能源消耗过大和水环境污染等一系列问题。在环渤海地区经济快速发展以及环渤海周边环境严重污染、能源严重消耗的大背景下，研究环渤海地区工业经济发展与能源消耗、水环境污染压力之间的关联关系，对于协调环渤海地区社会经济发展与水环境、能源保护具有重要的意义。

本章主要研究内容是：分析环渤海地区石化产业、钢铁产业、装备制造业的发展现状，预测其发展趋势，并在前文构建环渤海地区区域投入产出模型的基础之上，根据列昂惕夫系数分析环渤海地区三大产业的波及效果。除此之外，从列昂惕夫逆矩阵和工业化发展阶段两个角度对环渤海地区工业结构进行情景构建，并模拟不同的情境下工业产业波及所造成的能源消耗与废水排放影响。

一、环渤海地区工业结构现状分析

工业化阶段的判断，对于研究工业化的发展特点和发展趋势以及制定相关政策都具有非常重要的意义。工业化是指工业逐渐取代农业而成为在国民经济中占统治地位的生产部门，并用先进的工业技术武装农业的转变过程。工业化的主要标志是机器取代手工工具、工业生产总值在国民生产总值中比重大、农业技术先进和农业人口比重下降，工业内部结构和整个国民经济结构升级演进。

（一）环渤海地区工业化阶段判断

1. 各类工业化判定标准的选择

工业化阶段是一个国家或地区经济发展过程中的重要阶段，对其判断没有一个公认的标准，不同学者从不同角度上或理论上归纳出不同的判断标准。概括起来，判断标准主要从人均国内生产总值、产业结构、劳动力结构、制造业比重和城市化水平等方面进行判断，主要有克拉克划分法、库兹涅茨划分法、霍夫曼系数法、钱纳里标准法及综合评价法。表12.1对各类工业化判定标准做了一个归纳和比较。对于前4种工业化的判别标准分析，我们知道相对于中国这个复杂的经济体，单一的测度指标并不能客观地、全面地评价各个地区的工业化进程。所以对于环渤海地区工业化阶段的判定标准主要采用第五种综合评价法，指标的选取主要借鉴中国社会科学院经济学部课题组对我国的工业化阶段的分析，是比较新的评价体系，并且采用多指标的综合体系进行分析，更加细致全面，更符合经济发展的要求。

表12.1　不同工业化判定标准比较表

理论名称	判定标准	评价
科林克拉克的“配第—克拉克定理”	随着人均国民收入水平的提高，首先劳动力由第一产业向第二和第三产业转移，随着人均国民收入达到一定的水平之后，劳动力将从第二产业向第三产业转移。总的结构变动趋势是：劳动力在第一产业的比重减少，在第二、三产业的比重增加。依据配第—克拉克定理，工业化初期、中期、后期三个阶段，第一产业劳动力占全社会劳动力的比重大体为80%、50%和20%以下	方法过于粗略，不能准确反映工业化的详细过程
库兹涅茨的产业结构三阶段理论	从三次产业结构的变动上看，工业化起点阶段第一产业的比重较高，第二产业的比重较低。随着工业化的推进，工业化进入初期阶段，第一产业比重持续下降，第二产业比重迅速提高，第三产业比重缓慢提高。当第一产业比重下降到20%以下，并且第二产业的比重高于第三产业且在国内生产总值结构中占最大份额，这时进入了工业化中期阶段。当第一产业比重降低到10%左右，第二产业比重上升到最高水平，此后第三产业比重逐步高于第二产业比重，工业化进入后期阶段	样本选择范围较窄，代表性较差，故其阶段划分标准具有一定的模糊性，仅用做简单参考
霍夫曼的工业结构四阶段理论	根据霍夫曼比例，工业发展过程包括4个发展阶段：第一阶段，霍夫曼比例在4—6之间，消费资料工业发展迅速，在制造业中占有统治地位资本资料工业则不发达，在制造业中所占比重较小；第二阶段，霍夫曼比例在1.5—3.5之间，资本资料工业发展较快，消费资料工业虽也有发展，但速度减缓，而资本资料工业的规模仍远不及消费资料工业的规模；第三阶段，霍夫曼比例在0.5—1.5之间，消费资料工业与资本资料工业在规模上大致相当；第四阶段，霍夫曼比例在1以下，资本资料工业在制造业中的比重超过消费资料工业并继续上升。霍夫曼比例越小，工业化水平越高	适应范围是有限的，它仅适用于工业化初期或轻工业向重工业转换的时期
钱纳里的人均收入六阶段理论	钱纳里和赛尔奎因通过对101个发展中国家经济结构模型的分析，把经济结构转变的全部过程分为逐步推进的三个阶段和六个时期。第一阶段是初级产品生产阶段，第二阶段是工业化阶段，包括二、三、四时期，这个阶段经济结构迅速转变；第三阶段是发达经济阶段，包括五、六时期	该标准在计算时涉及货币的换算问题，采用不同的汇率，得出的结论往往差别较大，给政策制定带来一定的混乱
综合评价法	根据经典工业化理论，衡量一个国家或地区的工业化水平，一般可以从经济发展水平、产业结构、工业结构、就业结构和空间结构等方面进行综合分析。目前国内比较有代表性的综合指数划分法是由中国社会科学院陈佳贵等发展的综合指数法	通过设计权重的方式能够揭示出各成分指标之间同工业化进程的关系，它能够较好地弥补以上几种判别方法的判别指标单一性的不足，目前应用较广泛，可以起到良好的借鉴作用

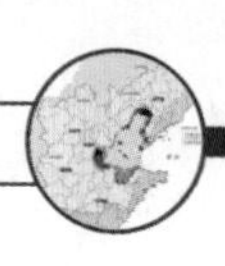

2. 环渤海地区工业化阶段分析

针对环渤海地区实际情况，根据代表性原则、可行性原则、可比性的原则，该部分研究选取人均国内生产总值、第一、第二及第三产业产值比、制造业增加值占总商品增加值的比重、人口城市化率、第一、第二及第三产业就业比5个指标来衡量环渤海地区工业化进程，各个指标的阶段划分标准见表12.2。

表12.2　工业化水平评价指标与标准

基本指标		前工业化阶段（1）	工业化实现阶段			后工业化阶段（5）
			初期（2）	中期（3）	后期（4）	
1. 人均国内生产总值（经济发展水平）/美元	1995年	610—1 220	1 220—2 430	2 430—4 870	4 870—9 120	9 120以上
	2000年	660—1 320	1 320—2 640	2 640—5 280	5 280—9 910	9 910以上
	2005年	745—1 490	1 490—2 980	2 980—5 960	5 960—11 170	11 170以上
2. 三次产业产值结构（产业结构）		A>I	A>20%且A<I	A<20%且I>S	A<10%,I>S	A<10%,I<S
3. 工业增加值占总商品增加值的比重（工业结构）		20%以下比重低	20%—40%上升	40%—50%上升	50%—60%最大值后下降	20%—45%下降
4. 人口城市化率（空间结构）		30%以下	30%—50%	50%—60%	60%—75%	75%以上
5. 第一产业就业人员占比（就业结构）		60%以上	45%—60%	30%—45%	10%—30%	10%以下

附注：表中A、I、S分别代表第一、二、三产业。

按照表12.2提出的工业化阶段划分标准体系，将环渤海地区的5项指标列于表12.3，以便计算环渤海地区的工业化阶段。

表12.3　环渤海地区的工业化阶段指标

	人均国内生产总值/美元	三次产业产值结构	工业增加值占总商品增加值的比重/%	人口城市化率/%	第一产业就业人员比重/%
环渤海地区	5 068	7.9 : 49.5 : 42.6	43.78	54.89	31.90

在计算环渤海地区工业化水平的指数时，本章将工业化的5个阶段分别赋值（前工业化阶段=1，工业化初期=2，中期=3，后期=4，后工业化阶段=5），在计算环渤海地区的工业化指数时，将环渤海地区的5项指标所属阶段的值进行相加，但是由于指标3——工业增加值占总商品增加值的比重呈现倒“U”形，所以应考虑动态效果综合判断。如环渤海地区：环渤海地区的人均国内生产总值为5 068美元，与2005年的标准相比处于工业化中期，即为3；三产产值结构处于工业化后期，即为4；以此类推，可得I=3+4+5+3+3=18。工业化阶段的划分如下：当综合指数低于8时，该省市处于前工业化阶段；当综合指数在8—11之间时，处于工业

化初期；当综合指数在12—15之间时，处于工业化中期；当综合指数在16—20之间时，处于工业化后期；当综合指数高于21时，处于后工业化阶段。按综合指数判断的话，目前环渤海地区处于工业化后期阶段，并将逐步进入到后工业化阶段。

（二）环渤海地区工业结构现状

工业结构是一个非常复杂的体系，是经济结构的重要组成部分，它反映一个地区的工业和国民经济发展方向、速度和整体水平。工业结构是指各工业部门组成及其在再生产过程中所形成并建立起来的各个工业部门彼此之间和工业部门内部各行业之间的生产联系和数量比例关系。对工业结构的研究包括众多方面，工业产业结构是工业结构的基本结构形态，决定着工业经济发展变化的格局以及在国民经济中的地位和作用，所以该部分工业结构的研究主要从工业产业结构这个角度出发。

工业产业结构是指工业产业内部各产业的构成及其相互之间联系和比例关系。主要包括工业中的重工业和轻工业，制造业和高新技术产业与工业比例等内容。根据产业关联的客观比例关系，合理地调整不协调的工业产业结构，有利于工业内部按比例地协调发展，促进社会经济效益的提高。

1. 以重工业为主的工业产业结构

从轻重工业看，环渤海地区工业产业结构还继续保持偏重型发展，由于不断加大重工业的投资，地区重工业的发展速度明显加快，在全部工业中的比重不断提高。至2010年，环渤海地区轻工业企业单位有34 670个，从业人员平均人数680.465 4万人，资产合计27 497.26亿元，工业产值达到45 209.46亿元，实现利润总额3 397.08亿元；重工业企业单位61 958个，从业人员平均人数1 270.04万人，资产总计117 619.42亿元，工业产值达到136 811.65亿元，实现利润总额9 803.570 2亿元。2010年环渤海三省两市轻重工业产值比例为24.8：75.2，资产原值之比为18.9：81.1，利润总额之比为25.7：74.3（表12.4和图12.1）。

表12.4　环渤海地区三省两市轻重工业产值所占比重（%）

年份	1990	1992	1994	1996	1998	2000	2002	2004	2006	2008	2010
轻工业	44.0	41.0	39.0	41.4	40.5	38.0	37.8	32.0	27.0	26.1	25.7
重工业	56.0	59.0	61.0	58.6	59.5	62.0	62.2	68.0	73.0	73.9	74.3

从图12.1可以明显地看出，自1990年以来重工业所占比重一直大于轻工业，并且，重工业所占比重从1990年以来呈现一个上升的趋势，相反轻工业所占比重呈现下降趋势。90年代初期，环渤海三省两市的重工业水平就较高，重工业所占比重均维持在56%左右，此后从1992年开始逐年上升，1993年重工业所占比重达64.7%，之后略有下降，但均保持在58%以上，并于1999年突破60%，此后逐年上升，2010年达到74.3%的历史最高比重。由此可

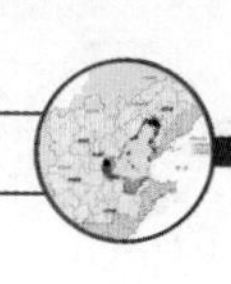

知，重工业的快速发展为环渤海地区的经济发展提供了坚实的物质基础和保证。2010年，全年轻工业完成产值45 209.46亿元，增长17.39%，重工业完成产值136 811.65亿元，增长25.51%，重工业增速比轻工业高8.12个百分点，表明环渤海地区工业发展日趋重工业化，符合产业升级的规律。

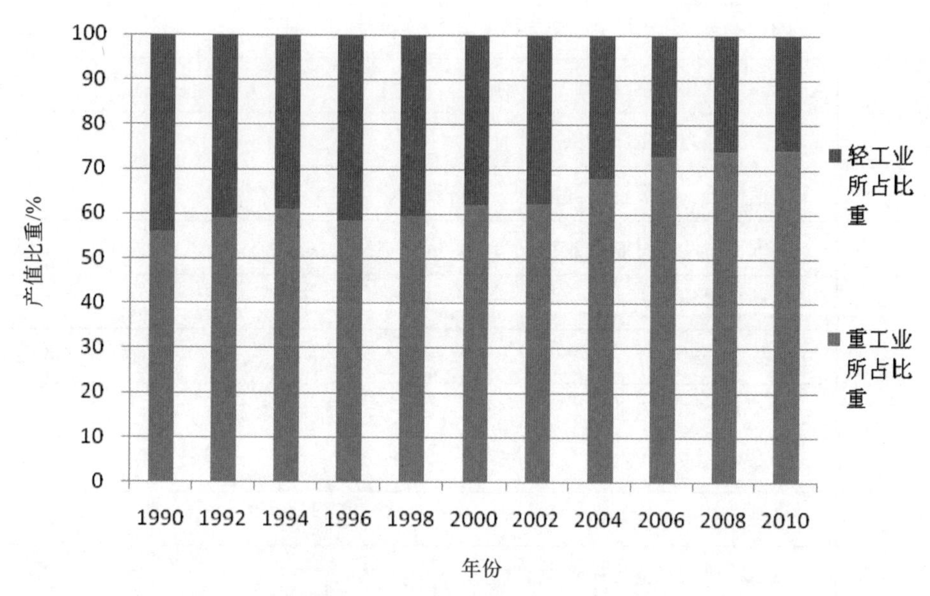

图12.1　环渤海地区三省两市轻重工业产值所占比重示意图

2. 支柱产业明显

环渤海地区的工业基础雄厚，工业规模庞大，门类齐全，工业基础坚实，是我国石油、钢铁、化工、重型机械、造船、煤炭等产业的重要生产基地。从工业行业来看，2010年，在环渤海地区三省两市工业产值结构中产值比重列在前十位的行业为：石化产业（18.49%）；装备制造业（17.12%）；钢铁产业（14.01%）；食品制造和烟草加工业（9.45%）；电力、热力的生产和供应业（5.68%）；通信设备、计算机及其他电子设备制造业（4.64%）；电气机械及器材制造业（4.63%）；非金属矿物制品业（4.62%）；纺织业（4.02%）；煤炭开采和洗选业（2.84%），以上产业产值总额占地区工业总产值的85.5%。通过表12.5可以看出，环渤海地区重工业生产主要以原材料工业和制造业工业为主，主要集中于石化、装备制造、钢铁三大工业部门。轻工业主要集中于食品制造和烟草加工业以及纺织业。其中石化产业、装备制造业和钢铁产业3个工业部门产值比重之和为49.62%，几乎占环渤海地区工业总产值的一半，结合环渤海地区工业部门赫希曼判别结果，可知这3个部门也是环渤海地区的支柱产业。

从表12.5中可以发现环渤海地区工业构成的明显特征，即重化工业扮演了该地区工业发展的主要角色，各省市的支柱产业中重化工业占据了重要的地位。鲜明的重化工业主导型工业结构过去30年里始终伴随着该区域的经济发展。

表12.5　2010年环渤海地区三省两市工业总产值中各行业所占的比重及排序

排名	产业名称	所占比重/%
1	石化产业	18.49
2	装备制造业	17.12
3	钢铁产业	14.01
4	食品制造和烟草加工业	9.45
5	电力、热力的生产和供应业	5.68
6	通信设备、计算机及其他电子设备制造业	4.64
7	电气机械及器材制造业	4.63
8	非金属矿物制品业	4.62
9	纺织业	4.02
10	煤炭开采和洗选业	2.84
11	金属制品业	2.79
12	纺织服装细毛皮革制品业	2.16
13	造纸印刷文教体育制造业	2.15
14	金属矿采选业	2.03
15	石油和天然气开采业	1.91
16	木材加工及家具制造业	1.52
17	工艺品及其他制造业	0.64
18	仪器仪表及文化、办公用机械制造业	0.56
19	非金属及其他矿采选业	0.33
20	煤气生产和供应业	0.22
21	水的生产和供应业	0.12

资料来源：北京、天津、河北、辽宁和山东统计年鉴。

（三）环渤海地区工业结构产业关联效应分析

产业关联，指的是各产业之间存在的相互依存和制约关系。产业的关联度，即产业对整个国民经济的影响程度，有的产业对国民经济的影响大，有的产业对国民经济的影响小。投入产出分析方法通过编制投入产出表，将国民经济各部门及其各项经济活动连接为结构严密的有机整体，从部门间的直接联系推算出完全联系，既包括了部门间的直接联系和全部的间接联系，从而充分、完整地揭示各个部门之间的内在依存关系。感应度系数及影响力系数是用来考察产业波及效果的指标。任何一个产业部门的生产活动通过产业间的联系方式，必然要影响到或受影响于其他产业的生产活动，这种相互影响就是波及。把一个产业影响其他产

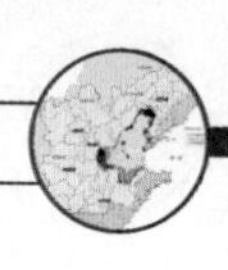

业的“程度”叫作该产业的影响力；把受到其他产业影响的“程度”叫作该产业的感应度。不同的产业，其影响力和感应度也不同。

1. 环渤海地区工业产业影响力系数

影响力系数又称拉动力系数，指某产业的生产发生变化时引起其他所有产业的生产发生相应变化的程度。它反映国民经济某一部门增加一个单位最终用途时，对国民经济各部门所产生的生产需求波及程度。影响力系数大的产业发展对社会生产具有很强的辐射、拉动效应，反之则不然。它是衡量产业后向联系广度和深度的指标，也称为后项关联系数。因此，通过影响力系数我们可以分析不同部门对经济的拉动作用，可以确定重点行业和优先发展行业，以便合理调整产业结构。影响力的计算公式是：

$$M=\frac{\sum_{i=1}^{n} b_{ij}}{\frac{1}{n}\sum_{j=1}^{n}\sum_{i=1}^{n} b_{ij}}$$

式中，b_{ij}为区域投入产出模型列昂惕夫逆矩阵的各元素。

当$M>1$时，表示j部门的生产对其他生产部门所产生的波及影响程度高于社会平均影响水平；当$M=1$时，表示j部门对其他生产部门所产生的波及影响力等于社会平均影响水平；当$M<1$时，表示j部门对其他生产部门的影响力小于社会平均影响水平。可以看到，影响力系数越大，表明j部门对其他生产部门的拉动作用就越明显。

根据环渤海地区区域投入产出模型，计算出直接消耗系数矩阵，以此得出列昂惕夫逆矩阵，从而得出环渤海地区21个工业部门的影响力系数，对其影响力系数排序见表12.6。

从表12.6中可以看出，环渤海地区三省两市21个工业部门当中有19个产业的影响力系数大于1，只有石油和天然气开采业以及非金属及其他矿采选业两个产业的影响力系数小于1，而全国21个工业部门有16个产业的影响力系数大于1，仅有5个部门影响力系数小于1，可见工业在国民经济的发展和产业结构的调整中起着举足轻重的作用，尤其环渤海地区工业部门对区域经济的拉动作用更为明显。环渤海地区影响力系数按从大到小排序前十位的工业部门具体包括：通信设备、计算机及其他电子设备制造业、电气机械及器材制造业、钢铁产业、金属制品业、造纸印刷及文教体育用品制造业、装备制造业、仪器仪表及文化办公用机械制造业、纺织业、石化产业、纺织服装细毛皮革制品业。全国影响力系数排名前十位的工业部门与环渤海地区影响力系数排序前十位的工业部门一样，只是个别产业排序不一样。通过对比可以看到，全国和环渤海地区的制造业影响力系数都很大，纺织业和纺织服装细毛皮革制品业也排在前列，环渤海地区钢铁产业、石化产业和装备制造业的影响力系数均处于平均水平之上，说明这三个重工业产业在环渤海地区对区域经济的拉动作用十分明显，这是因为钢铁产业在河北、辽宁、山东和天津四区域均布局有相当规模的钢铁企业，该产业部门的生产需求大，对区域其他产业产生的生产波及程度也相应较大，同时环渤海地区纷纷上马大型石化项目。除此之外，环渤海地区的高技术产业对经济的拉动作用也比较大，如通信设备、计算机及其他电子设备制造业，其影响力最高，达1.37。

表12.6　环渤海地区及全国工业产业部门影响力系数

排名	全国21个工业部门	影响力系数	环渤海地区21个工业部门	影响力系数
1	通信设备、计算机及其他电子设备制造业	1.432 1	通信设备、计算机及其他电子设备制造业	1.374 6
2	电气机械及器材制造业	1.349 3	电气机械及器材制造业	1.299 7
3	仪器仪表及文化、办公用机械制造业	1.341 6	钢铁产业	1.267 3
4	装备制造业	1.294 6	金属制品业	1.265 1
5	金属制品业	1.276 3	造纸印刷文教体育用品制造业	1.235 5
6	钢铁工业	1.232 5	装备制造业	1.234 7
7	纺织服装细毛皮革制品业	1.219 5	仪器仪表文化办公机械制造业	1.179 2
8	纺织业	1.215 5	纺织业	1.162 2
9	石化产业	1.182 5	石化产业	1.159 0
10	工艺品及其他制造业	1.156 1	纺织服装细毛皮革制品业	1.143 9
11	造纸印刷文教体育用品制造业	1.155 8	非金属矿物制品业	1.102 0
12	木材加工及家具制造业	1.148 7	工艺品及其他制造业	1.099 5
13	电力、热力的生产和供应业	1.117 0	电力、热力的生产和供应业	1.081 4
14	非金属矿物制品业	1.113 5	食品制造及烟草加工业	1.081 0
15	金属矿采选业	1.060 5	煤气生产和供应业	1.055 7
16	煤气生产和供应业	1.046 1	木材加工及家具制造业	1.049 7
17	食品制造及烟草加工业	0.998 1	水的生产和供应业	1.046 3
18	非金属矿及其他矿采选业	0.997 4	金属矿采选业	1.039 3
19	煤炭开采和洗选业	0.919 6	煤炭开采和洗选业	1.013 6
20	水的生产和供应业	0.898 1	石油和天然气开采业	0.890 7
21	石油和天然气开采业	0.797 7	非金属矿及其他矿采选业	0.852 1

2. 环渤海地区工业产业感应度系数

感应度系数又称拉动力系数，指其他产业的生产发生变化时引起该产业的生产发生相应变化的程度。它反映国民经济各部门均增加一个单位最终使用时，某一部门由此而受到的需求感应程度，也就是需要该部门为其他部门的生产提供的产出量。它是衡量某产业前向联系广度和深度的指标，也称为前向关联系数。感应度系数大的部门对经济发展所起的制约作用

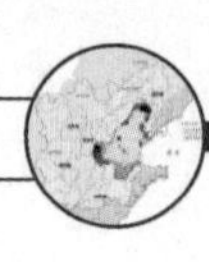

相对也较大，尤其在经济增长较快的时期，这些部门将首先受到社会需求压力，进而制约了社会经济的发展。因此，通过感应度系数我们可以分析某个部门被其他部门的推动力，从而确定重点行业和支柱产业，合理调整产业结构。感应度系数的计算公式是：

$$N=\frac{\sum_{i=1}^{n} b_{ij}}{\frac{1}{n}\sum_{i=1}^{n}\sum_{j=1}^{n} b_{ij}}$$

式中，b_{ij}为区域投入产出模型列昂惕夫逆矩阵的各元素。

当$N>1$时，表示i生产部门所受到的感应程度高于全部产业部门受到的平均感应程度；当$N=1$时，表示i生产部门所受到的感应程度等于全部产业部门受到的平均感应程度；当$N<1$时，表示i生产部门所受到的感应程度低于全部产业部门受到的平均感应程度。可以看出，感应度系数越大，其他产业发生变动后，该产业部门受到其他产业部门的拉动能力也就越大。

本章根据环渤海地区区域投入产出模型，计算出直接消耗系数矩阵，以此得出列昂惕夫逆矩阵，从而得出环渤海地区21个工业部门的感应度系数，对其感应度系数排序见表12.7。

表12.7　环渤海地区及全国工业产业部门感应度系数

排名	全国21个工业部门	感应度系数	环渤海地区21个工业部门	感应度系数
1	石化产业	4.643 0	石化产业	4.311 1
2	钢铁工业	2.742 2	钢铁工业	2.636 0
3	电力、热力的生产和供应业	2.316 3	电力、热力的生产和供应业	2.100 5
4	装备制造业	2.209 4	装备制造业	2.024 9
5	通信设备、计算机及其他电子设备制造业	1.773 7	通信设备、计算机及其他电子设备制造业	1.512 3
6	石油和天然气开采业	1.380 9	煤炭开采和洗选业	1.360 0
7	食品制造及烟草加工业	1.229 0	造纸印刷文教体育用品制造业	1.258 9
8	纺织业	1.140 6	石油和天然气开采业	1.243 1
9	电气机械及器材制造业	1.131 9	金属制品业	1.135 0
10	造纸印刷文教体育用品制造业	1.111 9	食品制造及烟草加工业	1.074 2
11	金属制品业	0.974 9	纺织业	1.033 3
12	煤炭开采和洗选业	0.964 9	金属矿采选业	0.987 2
13	金属矿采选业	0.857 2	电气机械及器材制造业	0.955 0
14	非金属矿物制品业	0.847 0	非金属矿物制品业	0.854 1
15	木材加工及家具制造业	0.722 4	木材加工及家具制造业	0.735 9
16	仪器仪表文化办公机械制造业	0.643 4	纺织服装细毛皮革制品业	0.666 0

续表

排名	全国21个工业部门	感应度系数	环渤海地区21个工业部门	感应度系数
17	纺织服装细毛皮革制品业	0.6347	仪器仪表文化办公机械制造业	0.6001
18	非金属矿及其他矿采选业	0.5165	非金属矿及其他矿采选业	0.4939
19	工艺品及其他制造业	0.4774	工艺品及其他制造业	0.4570
20	水的生产和供应业	0.4056	煤气生产和供应业	0.4249
21	煤气生产和供应业	0.4026	水的生产和供应业	0.4192

从表12.7中可以看出，环渤海地区三省两市21个工业部门当中感应度大于1的产业个数是11个，即工业大部分的部门产业感应度是较为敏感的，这些部门是石化产业、钢铁工业、电力、热力的生产和供应业、装备制造业、通信设备、计算机及其他电子设备制造业、煤炭开采和洗选业、造纸印刷及文教体育用品制造业、石油和天然气开采业、金属制品业、食品制造及烟草加工业、纺织业。全国21个工业部门当中感应度大于1的产业个数是10个，分别为：石化产业、钢铁产业、电力、热力的生产和供应业、装备制造业、通信设备、计算机及其他电子设备制造业、石油和天然气开采业、食品制造及烟草加工业、纺织业、电气机械及器材制造业、造纸印刷及文教体育用品制造业。通过对比可以看到，全国和环渤海地区工业产业感应度系数前五位是一致的，分别是石化产业、钢铁产业、电力、热力的生产与供应业、装备制造业和通信设备、计算机及其他电子设备制造业，其中前4个产业的感应度系数值都大于2，石化产业的感应度系数甚至大于4，说明这些产业部门面临较大的需求压力，它们受其他产业需求的感应度较大，也从一个侧面说明这些产业对经济的发展具有一定的"瓶颈"制约作用，因此，在未来的区域经济发展和产业结构调整中，需要对石化产业、钢铁产业、装备制造业以及电力、热力的生产和供应业发展给予足够的重视。

3. 交叉关联分析

根据影响力系数和感应度系数的大小可以将各个产业分为四类，即赫希曼判别标准。第一类是影响力系数和感应度系数均高的产业，以中间制成品产业部门为主；第二类是感应度系数高但是影响力系数却低的产业，以中间初级产品的生产为主；第三类是影响力系数和感应度系数均低的产业，以最终初级产品生产为主，发展的独立性较强；第四类是影响力系数高而感应度系数低的产业，以最终制品生产部门为主。

根据影响力系数和感应度系数对各个部门进行分类，以社会平均值1.0为界，可以将"影响力系数—感应度系数"分割为4个象限（图12.2）。

处于第一象限的部门为影响力系数和感应度系数均大于平均值1的部门，以中间制成品部门为主，这些部门具有较强辐射性和强制约性的双重性。

处于第二象限的部门为影响力系数小于社会平均值1而感应度系数大于社会平均值1的部

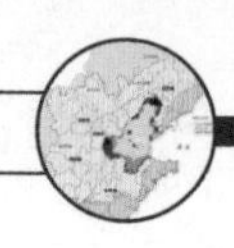

门，属于弱辐射力强制约性的部门，发展的独立性较强。

处于第三象限的部门为影响力系数和感应度系数均小于社会平均值1的部门，以中间初级产品的生产为主，这些部门属于弱辐射力弱制约性的部门。

处于第四象限的部门为影响力系数大于平均值1而感应度系数小于平均值1的部门，以最终制成品部门为主，属于强辐射力弱制约力的部门。

如上分类可以做出环渤海地区和全国21个工业部门以影响力系数为横轴，感应度系数为纵轴的坐标图（图12.2）。

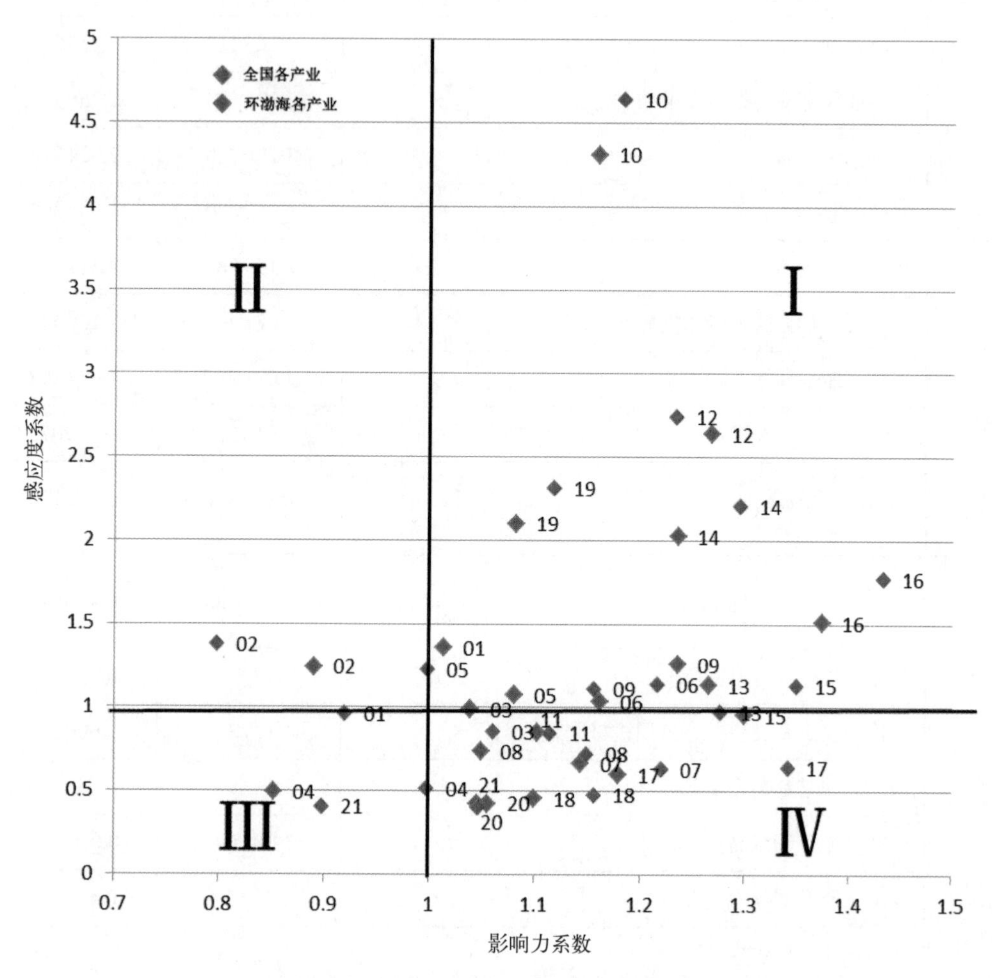

图12.2　环渤海地区工业部门影响力系数和感应度系数分类分布

根据以上的结论可以得到环渤海地区具体工业产业赫希曼判别结果（表12.8）。

环渤海地区第一象限的工业部门包括：通信设备、计算机及其他电子设备制造业（1.37，1.51），钢铁产业（1.27，2.64），金属制品业（1.27，1.14），造纸印刷及文教体育用品制造业（1.24，1.26），装备制造业（1.23，2.02），纺织业（1.16，1.03），石化产业（1.16，4.31），电力、热力的生产和供应业（1.08，2.1），食品制造及烟草加工业（1.08，1.07），煤炭开采和洗选业（1.01，1.36），共10个部门。这些部门以中间制成品产业部门为主，属于敏感关联产业，既对其他生产部门的带动高于社会平均水平，同时其他生产部门对这些部门的带动也高于社会平均水平，它们的发展能带动其他部门经济快速增长，是环渤海地区经济的支柱产业，具有强辐射和强制约的双重性质。

表12.8 环渤海地区工业部门影响力系数和感应度系数分类

类别	产业	影响力系数	感应度系数
第一象限（敏感关联）	16通信设备、计算机及其他电子设备制造业	1.374 608	1.512 346
	12钢铁产业	1.267 364	2.636 068
	13金属制品业	1.265 110	1.135 024
	09造纸印刷及文教体育用品制造业	1.235 514	1.258 937
	14装备制造业	1.234 788	2.024 948
	06纺织业	1.162 280	1.033 303
	10石化产业	1.159 066	4.311 183
	19电力、热力的生产和供应业	1.081 499	2.100 598
	05食品制造及烟草加工业	1.081 084	1.074 292
	01煤炭开采和洗选业	1.013 652	1.360 075
第二象限（感应关联）	02石油和天然气开采业	0.890 734	1.243 133
第三象限（迟钝关联）	04非金属矿及其他矿采选业	0.852 183	0.493 979
第四象限（影响关联）	15电气机械及器材制造业	1.299 704	0.955 057
	17仪器仪表及文化、办公用机械制造业	1.179 297	0.600 191
	07纺织服装细毛皮革制品业	1.143 935	0.666 030
	11非金属矿物制品业	1.102 046	0.854 119
	18工艺品及其他制造业	1.099 554	0.457 029
	20煤气生产和供应业	1.055 795	0.424 989
	08木材加工及家具制造业	1.049 748	0.735 979
	21水的生产和供应业	1.046 333	0.419 279
	03金属矿采选业	1.039 376	0.987 219

环渤海地区三省两市第二象限和第三象限的部门只有两个，分别是石油和天然气开采业（0.89，1.24）和非金属矿及其他矿采选业（0.85，0.49）。其中非金属矿及其他矿采选业属弱辐射力弱制约力的部门，发展的独立性较强，而石油和天然气开采业则是属于弱辐射力强制约力的部门。

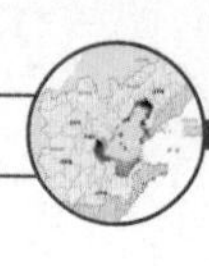

环渤海地区第四象限的部门包括：电气机械及器材制造业（1.30，0.96），仪器仪表及文化、办公用机械制造业（1.18，0.6），纺织服装细毛皮革制品业（1.14，0.67），非金属矿物制品业（1.1，0.85），工艺品及其他制造业（1.1，0.46），煤气生产和供应业（1.06，0.42），木材加工及家具制造业（1.05，0.74），水的生产和供应业（1.05，0.42），金属矿采选业（1.04，0.99）。这些部门以最终制成品生产部门为主，如木材加工及家具制造业等，属强辐射力弱制约力的部门。

2010年，环渤海三省两市工业产值结构中产值比例排在前三位的行业为石化产业、装备制造业和钢铁产业，3种产业产值总额占区域工业总产值的49.62%，为环渤海地区的支柱和主导产业。根据环渤海地区区域投入产出模型的交叉关联分析可知，这三大产业处于环渤海地区的第一象限中，对其他生产部门的带动高于社会平均水平，同时其他生产部门对这个部门的带动也高于社会平均水平，是环渤海地区经济的支柱产业，验证了环渤海地区区域投入产出模型的合理性。

二、石化产业发展趋势与波及效果分析

（一）环渤海地区石化产业现状

石化产业是拉动环渤海地区经济增长的主要动力之一。地区经济的发展通常都需要一两个产业的带动，而石化产业在环渤海地区就扮演着这样的角色。本书所指的环渤海地区石化产业主要是由石油加工业、炼焦及核燃料加工业、化学原料及化学制品制造业、化学纤维制造业、橡胶制造业、塑料制品业6大行业组成。环渤海地区是我国第三大经济发展区和石化产业的重点集聚区。我国七大石化产业基地中就有3个分布在环渤海地区，分别是辽中南石化基地，京津冀石化基地和山东石化基地。其中辽中南石化基地以大连石化、抚顺石化、大连西太平洋石化为主，辽阳、锦西、锦州、鞍山炼油、辽河等中小石化、炼油企业为补充。京津冀石化基地主要由燕山石化、天津石化等大型石化企业，以及大港、石家庄炼化、华北、保定等中小石化企业构成，拥有冀东油田、大港油田、华北油田以及新探明的南堡油田，油气资源十分丰富，并且有秦皇岛、天津等众多港口，此外也是我国成品油及石化产品的主要消费地之一。山东石化基地主要由齐鲁石化、济南石化以及已建成的千万吨炼油企业——青岛炼化等国有石化企业构成，是我国地方炼化企业最集中的地区。

环渤海地区石化工业主要布局在山东、辽宁、河北和天津，且四省市生产规模均在全国平均水平以上。北京石化产业一直缺乏成本优势，规模较小。天津石油加工及炼焦业相比于山东、辽宁和河北省还相对薄弱。石油加工业一直是辽宁省支柱产业之一，随着辽宁省沿海经济带的开发建设，辽宁石化产业也抓住契机，依托海洋开放优势，扩大生产规模，提升产品竞争力。其中，大连临港石化产业基地将形成5 000万吨炼油、200万吨乙烯、200万吨PX的

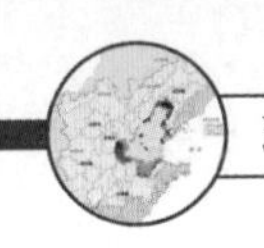

生产规模；盘锦计划在“十二五”期间形成原油加工突破3 200万吨、乙烯180万吨、沥青700万吨的生产规模。山东省化学原料及化学制品制造业在三省两市中独占鳌头，以山东海化、滨化、鲁北集团为代表的化工企业2010年产值达8 290.4亿元，占环渤海地区化学原料及化学制品制造业总产值的70.09%。化学纤维制造业则主要布局在辽宁和山东。橡胶制品业也是山东一省独大，2010年产值达1 762.1亿元，占环渤海地区的78%。而山东省塑料制品业的产值在2010年产值几乎为环渤海地区总产值的一半，可见山东石化产业在环渤海地区整体实力较强。石化产业在三省两市的空间分布如图12.3所示。

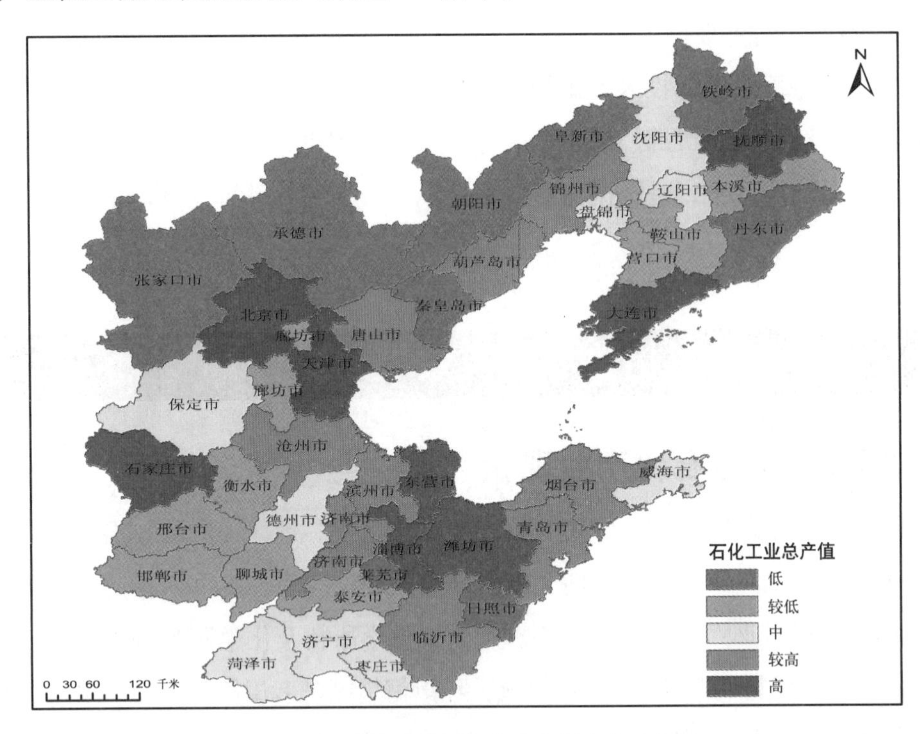

图12.3　环渤海地区石化产业空间分布示意图

（二）环渤海地区石化产业发展趋势预测

部分信息已知，部分信息未知的系统称为灰色系统。这就是邓聚龙教授1982年首先提出的灰色系统的概念，此后建立了灰色系统理论，并将灰色理论用于预测分析取得了令人满意的成果，引起了国内外很多学者、科技人员的重视。许多的应用实践和例子说明，灰色预测分析的效果不错，尤其是在经济数据序列较短（历史数据个数较少）且具有明确上升趋势的数据时，预测精确度较高。因此，灰色预测在工程控制、经济管理、社会系统等众多领域得到了广泛的应用。

严格来说，任何系统都可以算是灰色的，所以当一个经济系统处于上升发展的趋势时，其经济数据也必然具有明显的上升趋势，当数据资料的获取比较困难时，用灰色模型进行预测分析是比较有效的。

灰色系统预测理论的基本思路是将已知的数据序列按某种规则构成动态的或非动态的白

色模块。再按某种变换、解法来求解未来的灰色模型。在灰色模型中，再按某种准则，逐步提高白度，直到未来发展变化的规律基本明确为止。

预测的基础是建立模型。在灰色系统理论中常用的模型是微分方程所描述的动态方程。最简单的是基于灰色系统理论模型GM(1，1)以及GM（1，N）模型的预测分析。通常，将建立在GM（1，1）模型基础的预测称为灰色预测。

如图12.4所示，观察环渤海地区石化产业历年产值，发现这些数据具有个数少，不具备大样本收敛性质、通过定量的背景计算，数据序列呈明显上升趋势、存在诸多无法确定因素的影响三方面的特点，所以该部分选用GM（1，1）灰色模型来预测环渤海地区石化产业未来几年的总产值。

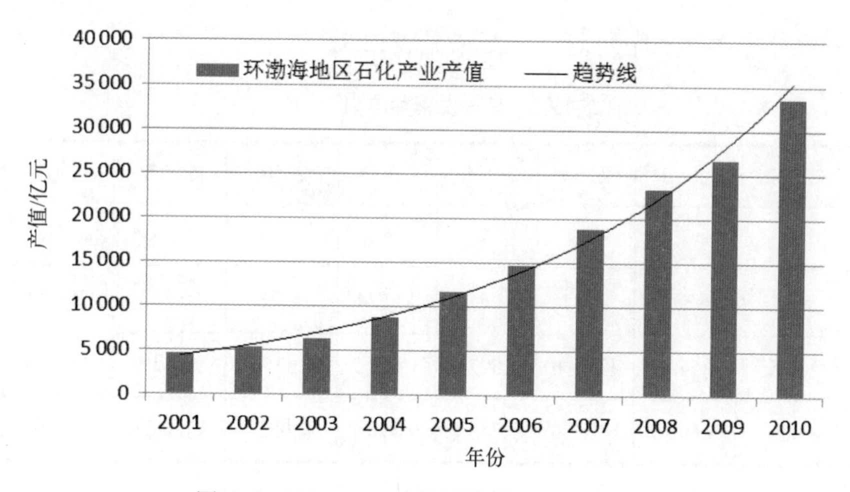

图12.4 2001—2010年环渤海地区石化产业产值走势

GM（1，1）模型的建立，首先需要对原始数据进行处理，即通过将原始非负时间序列数据作累加处理后建立微分方程。然后，运用最小二乘法求出参数值，得到灰色模型的白化方程及其时间响应式，并依此进行相关运算和精度检验。最后，对运算数据进行累减还原处理求得预测值。环渤海地区石化产业产值预测具体建模步骤如下：

1. 建模可行性判断

进行积比计算，计算公式如下：

$$\sigma(t)=\frac{x^{(0)}(t-1)}{x^{(0)}(t)}$$

其中，$t=2$，3，4，5，6，7，8，9，10

可得到积比序列

$\sigma=\{\sigma(2)，\sigma(3)，\sigma(4)，\sigma(5)，\sigma(6)，\sigma(7)，\sigma(8)，\sigma(9)，\sigma(10)\}=$
$\{0.8645，0.8377，0.7268，0.7498，0.7944，0.7807，0.8045，0.876，0.7952\}$

显然有些比值未落入可容覆盖$\left[\frac{-2}{e^{n+1}},\frac{2}{e^{n+1}}\right]$=[0.8007，1.24887]内，即积比检验不合格，

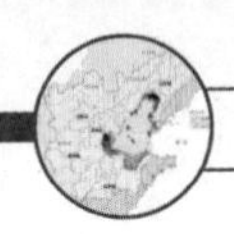

不适合直接进行GM（1,1）建模，所以必须对数据进行幂函数变换，处理后的序列为$x^{*(0)}$。

$$x^{*(0)}=\{x^{*(0)}(1),\ x^{*(0)}(2),\ \cdots,\ x^{*(0)}(10)\}$$

其中$x^{*(0)}(i)=\left[x^{(0)}(i)\right]^{\frac{1}{20}}$，$i=1，2，\cdots，10$

同理可以计算出$x^{*(0)}$的积比序列

$\sigma^{*}=\{0.9927，0.9911，0.9843，0.9855，0.9885，0.9876，0.9891，0.9934，0.9886\}$

可以看出，$x^{*(0)}$的所有积比序列都在可容覆盖内，积比检验通过，可以对其进行GM（1,1）建模预测。

2. GM（1，1）建模

由原始数据列计算一次累加序列$x^{*(1)}$，结果见表12.9。

表12.9　第一次累加序列

年份	2001	2002	2003	2004	2005	2006	2007	2008	2009	2010
序号	1	2	3	4	5	6	7	8	9	10
$x^{(0)}$	4601	5322	6353	8741	11657	14674	18796	23363	26670	33537
$x^{*(0)}$	1.5245	1.5357	1.5493	1.5740	1.5970	1.6155	1.6357	1.6535	1.6645	1.6837
$x^{*(1)}$	1.5245	3.0602	4.6096	6.1836	7.7807	9.3963	11.0320	12.6856	14.3501	16.0339

（1）建立矩阵：B，y

$$B=\begin{pmatrix} -\frac{1}{2}\left[x^{*(1)}(1)+x^{*(1)}(2)\right],1 \\ -\frac{1}{2}\left[x^{*(1)}(2)+x^{*(1)}(3)\right],1 \\ -\frac{1}{2}\left[x^{*(1)}(3)+x^{*(1)}(4)\right],1 \\ -\frac{1}{2}\left[x^{*(1)}(4)+x^{*(1)}(5)\right],1 \\ -\frac{1}{2}\left[x^{*(1)}(5)+x^{*(1)}(6)\right],1 \\ -\frac{1}{2}\left[x^{*(1)}(6)+x^{*(1)}(7)\right],1 \\ -\frac{1}{2}\left[x^{*(1)}(7)+x^{*(1)}(8)\right],1 \\ -\frac{1}{2}\left[x^{*(1)}(8)+x^{*(1)}(9)\right],1 \\ -\frac{1}{2}\left[x^{*(1)}(9)+x^{*(1)}(10)\right],1 \end{pmatrix}=\begin{pmatrix} -2.060\,900,1 \\ -3.450\,650,1 \\ -4.869\,150,1 \\ -6.327\,000,1 \\ -7.816\,450,1 \\ -9.324\,900,1 \\ -10.849\,45,1 \\ -12.391\,30,1 \\ -13.946\,35,1 \end{pmatrix}$$

$$Y=\left(x^{*(0)}(2),x^{*(0)}(3),\cdots,x^{*(0)}(10)\right)^T$$
$$=(1.381\ 8,1.397\ 7,1.439\ 3,1.476\ 4,1.502\ 5,1.514\ 4,1.534\ 7,1.549,1.561\ 1)^T$$

（2）计算$(B^TB)^{-1}$

$$(B^TB)^{-1}=\begin{pmatrix}0.007\ 52,0.059\ 34\\0.059\ 34,0.579\ 45\end{pmatrix}$$

（3）计算a，u

$$\tilde{a}=\begin{pmatrix}a\\u\end{pmatrix}=(B^TB)^{-1}B^TY=\begin{pmatrix}-0.015\ 62\\1.360\ 82\end{pmatrix}$$

所以$a=-0.011\ 7$；$u=1.510\ 7$

（4）预测公式

$$\tilde{x}^{*(0)}(t+1)=)(1-e^a\left[x^{*(0)}(1)-\frac{u}{a}\right]e^{-at}$$

其中，$a=-0.011\ 7$；$u=1.510\ 7$；$t=1$，2，…，n。

由于上述模型是基于变换后数据建立的，因此还需做数据的还原，整理后可得预测模型：

$$\tilde{x}^{(0)}(t+1)=\left\{(1-e^a)\left[x^{*(0)}(1)-\frac{u}{a}\right]e^{-at}\right\}^{20}$$

其中，$a=-0.011\ 7$；$u=1.510\ 7$；$t=1$，2，…，n。

此式即为环渤海地区石化产业总产值的GM（1，1）预测模型。

3. 模型的检验

灰色预测模型检验有残差检验、关联检验和后验差检验三项。根据环渤海地区石化产业总产值的GM（1，1）预测模型可以算出历年的预测值、预测误差等参数，根据这些参数计算可以得到模型的检测结果。①通过误差检测发现相对误差不超过2%，通过残差检验。②此模型的关联度为0.626 8>0.6，所以通过关联度检验。③后验差的比较结果$c=0.1<0.35$，且小误差概率为1，能够证明此预测模型是可靠的，能够进行预测。

根据灰色预测模型的预测结果，可以得出环渤海地区石化产业未来几年产值规模增长的趋势总体保持在21%左右。由于这个趋势是根据数学模型定量直接得到，所以还要根据产业发展政策等因素进行定性的调整。虽然石化产业是国民经济重要的支柱产业和基础产业，且在国民经济中占有十分重要的地位，但是也存在部分产能增长过快、产业布局不尽合理、技术创新能力不强、尤其对能源和环境的约束加大，使得节能减排任务艰巨等一系列的问题，所以《石化行业“十二五”发展规划》称，“十二五”期间，全行业经济总量继续保持稳步增长，总产值年均增长保持在13%左右，比“十五”期间和“十一五”期间的年均增长幅度要降低很多。考虑到环渤海地区是我国三大化工集聚区之一，未来几年，辽宁省将重点在沈阳、大连、抚顺、盘锦、阜新、锦州、营口等地建立芳烃、聚氨酯、合成橡胶、氟化工等4个千亿元、16个百亿元以上石化产业基地；天津石化工业正蓄势待发，依托天津港优势，大乙烯、大炼油、大钢铁等项目齐头并进；而山东石化工业在环渤海地区乃至全国都具有相当竞争力，且发展势头良好；“十二五”末，依托唐山、沧州等重要石化产业基地，河北沿海区域将形成年产3 000万吨炼油，同时建设大型乙烯、己内酰胺等配套项目，所以环渤海地区石化产业产值年均增长幅度将高于全国标准13%，但是要低于根据“十五”期间和“十一五”期间的增长幅度所得到的灰色预测结果。结合石化行业“十二五”发展规划与灰色预测的结果，研究将取两者的中间值，也就是说环渤海地区石化产业未来几年产值规模增长的趋势总体保持在17%左右，以此为结论分析环渤海地区石化产业的波及效果。

（三）环渤海地区石化产业波及效果分析

在国民经济产业体系中，当某一产业部门发生变化，这一变化会沿着不同的产业关联方式，引起与其直接相关的产业部门的变化，并且这些相关产业部门的变化又会导致与其直接相关的其他产业部门的变化，依次传递，影响力逐渐减弱，这一过程就是波及。这种波及对国民经济产业体系的影响就是产业波及效果。具体地说，产业波及效果是指由于社会再生产过程中各产业间的相互联系即作用，某个产业投入或国民经济其他参数发生变动时，必然通过这种影响系数影响其他产业，从而对其他产业发生作用。

在投入产出分析中，产业波及效果的波及源一般有两类：一类是当最终需求项发生变化时，对整个经济系统产生的影响；当某一产业的最终需求发生变化时，必将导致包括本产业在内的各个产业部门各自产出水平的变化。另一类是毛附加值项有所变化时，如折旧、工资、利润等发生或将要发生变化时，对国民经济各产业部门的产出水平发生或将要发生或大或小、或多或少的影响。某一或某些产业的变化是按照一定的走向将这一变化波及各产业部门，这一走向就是产业波及线路，产业间的联系方式就是产业波及的线路。由于产业波及效果总是通过已有产业间的通道即产业联系状态来发生的，因而这些波及必然是依据产业间的联系方式、联系纽带所规定的线路一轮又一轮的影响下去。因为产业间的联系既有单向联系又有多向循环联系，因此，必然会有一些波及就会沿着产业间的单向关联路线进行，而有些联系则沿着产业间的多向循环线路进行。由此可见，产业间的联系方式规定了产业间的波及效果路线和波及效果。

由某一产业最终需求的变化而引起的产业间连锁反应，在理论上将会无限扩展和持续下去，但其波及强度则会越来越弱，最终趋于消失。这种由强至弱的各级波及效果的总量可通过列昂惕夫逆矩阵来计算，即 $(I-A)^{-1}$，具体矩阵如下：

$$(I-A)^{-1}=\begin{pmatrix} A_{11} & A_{12} & \cdots & A_{1n} \\ A_{21} & A_{22} & \cdots & A_{2n} \\ \vdots & \vdots & \ddots & \vdots \\ A_{n1} & A_{n2} & \cdots & A_{mn} \end{pmatrix}$$

该矩阵是指当某一个产业部门的生产发生了一个单位的变化时，导致各个产业部门由此引起的直接和间接地产出水平变化的总和。由于波及效果分析主要是通过逆矩阵系数表进行的，而编制投入产出表是设定了相关假设条件，因此在进行波及效应分析时，假设了技术的相对稳定性。

由于某一产业的变化而导致的产业间的连锁反应，这种由强至弱的各级波及效果的总量可以通过列昂惕夫逆矩阵来计算，该矩阵解释了某产业变化对其他产业带来的直接和间接的影响总和。通过对环渤海地区区域投入产出模型计算可得出环渤海地区工业21个部门的列昂惕夫逆矩阵，此处列出石化产业的列昂惕夫系数如表12.10所示。

表12.10　环渤海地区石化产业列昂惕夫逆矩阵

部门	系数	部门	系数
石化产业	1.688 055	通信设备、计算机电子设备制造业	0.030 143
石油和天然气开采业	0.292 100	纺织业	0.024 511
电力、热力的生产和供应业	0.161 212	非金属矿物制品业	0.025 840
钢铁产业	0.125 341	非金属矿及其他矿采选业	0.019 010
煤炭开采和洗选业	0.118 129	纺织服装鞋帽皮革制品业	0.018 268
装备制造业	0.111 005	仪器仪表制造业	0.017 702
食品制造及烟草加工业	0.039 947	木材加工及家具制品业	0.010 916
金属制品业	0.039 908	工艺品及其他制造业	0.006 304
造纸印刷文教体育制造业	0.039 814	水的生产和供应业	0.004 715
电气机械及器材制造业	0.033 450	煤气生产和供应业	0.004 275
金属矿采选业	0.032 245		

从表12.10可知，当石化产业增加一个单位时，该产业除了自身增加一个单位的产出外，受其他产业增加中间投入的波及影响，还要多生产0.688 055个单位产出，同时，钢铁产业增加了一个单位的产出而增加的中间投入的波及效果是0.125 341个单位产出，即钢铁产业必须增加0.125 341个单位产出才能满足石化产业增产一个单位的要求。同理可以推导出环渤海地区石化产业对其他产业的波及效果（图12.5）。

在技术条件不变的前提下，环渤海地区石化产业产值规模增长17%，通过产业间的波及作用，最终导致石化产业本身还会有11.69%的增长。同时，其他工业部门的生产也会有不同程度的增长（图12.5）。其中受波及增长幅度较大的产业是石油和天然气开采业和非金属矿

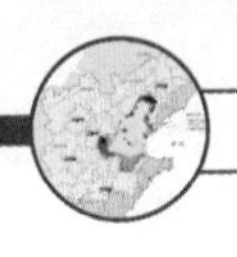

及其他矿采选业，分别将增产15.63%和10.71%。增幅在5%—10%之间的工业部门有煤炭开采和洗选业、仪器仪表及文化办公用机械制造业、电力、热力的生产和供应业以及水的生产和供应业。石油和天然气开采业以及水的生产和供应业都是与石化工业直接相关联的产业，所以它们的增幅都较大。其他与石化工业关联程度较低的产业部门的增产幅度均低于3%。可以看到，受环渤海地区石化产业产值增长波及效果较大的产业主要集中在重工业，尤其对上游产业石油和天然气开采业的波及效果明显。

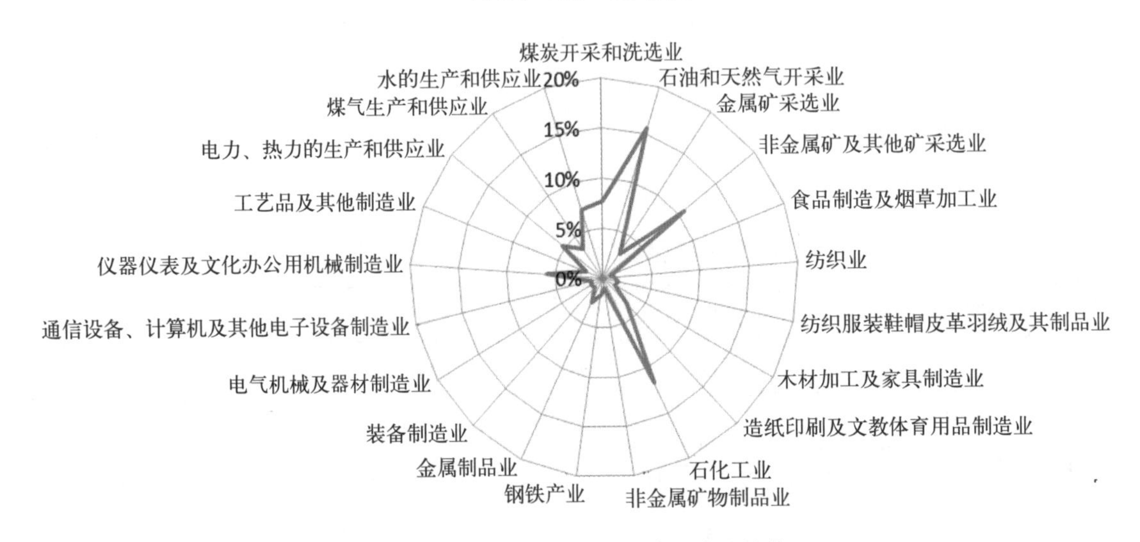

图12.5　环渤海地区石化产业波及效果

三、钢铁产业发展趋势与波及效果分析

（一）环渤海地区钢铁产业现状

钢铁产业一直是环渤海地区的优势产业。钢铁生产是一个相对复杂的过程，就整个生产过程或一个完整的钢铁联合企业而言，包括矿山开采（包括采矿、选矿）、炼铁、炼钢、轧钢4个相对独立的阶段，涉及采矿、选矿、烧结、炼焦、耐火材料、炼铁、炼钢、轧钢等主要生产部门，以及化工（氮肥、三苯等）、电力（热电站、电厂等）和其他（如炉渣制品、水泥等建材生产）一系列工业企业。由于钢铁生产比较复杂，在我国，黑色金属冶炼及压延加工业的主体就是钢铁行业，而黑色金属冶炼及压延加工业包含在金属冶炼及压延加工业中且每年产值所占比重均在90%以上，所以为便于数据资料分析，在投入产出表中，本章以金属冶炼及压延加工业的消耗系数代替钢铁行业的消耗系数。目前，我国钢铁工业布局主要集中在四大地区，环渤海地区为其中一个，环渤海地区依靠丰富的铁煤资源发展钢铁工业，主要包括鞍钢、本钢、首钢和天（津）钢、唐（山）钢等大型钢铁企业和

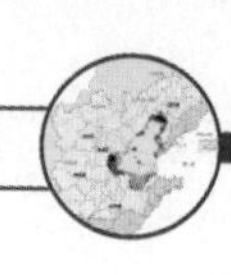

邯（郸）钢、邢（台）钢、承（德）钢、济（南）钢、莱（芜）钢等中型钢铁联合企业，因距海岸不远，区内大型钢铁企业有异地扩建的条件。2010年，环渤海地区钢铁产业产值达25 412.574 9亿元，占全国钢铁产业产值比重的31.78%，占区域工业总产值的14.01%。尽管2008年以来我国遭遇了世界范围的金融危机，钢铁出口量急剧下滑，但环渤海三省两市钢铁生产仍保持一定的增长。

环渤海地区钢铁产业除北京外，在另外四省市均有布局。天津经过几十年建设发展，基本形成了以天津钢管集团、天津钢铁集团、天津天铁冶金集团和天津冶金集团四大国有钢铁企业集团为主，众多钢材加工配套及贸易企业为辅的行业格局。2010年7月，为贯彻落实国家《钢铁产业调整和振兴规划》，天津市整合四家国有钢铁企业，联合组建国有独资公司渤海钢铁集团，从而推进天津钢铁业向精加工、高端产品转变，提升天津钢铁产业集中度，促进天津钢铁产业升级。同时，河北省作为传统的钢铁大省，经过多年发展，形成了以唐钢、邯钢为首的一批重点钢铁企业，并且随着首钢入住曹妃甸，河北钢铁集团的组建，实施强强联合，淘汰落后钢铁产能，全力推进产业结构的优化升级，使河北钢铁工业水平跨入全国先进行列，更加注重高质量、高附加值产品的研发和生产，全省钢铁产品结构明显改善。2010年河北钢铁产业产值达9 406.95亿元，占河北省工业总产值的30.2%，为环渤海地区钢铁工业产值贡献了37.01%。钢铁产业三省两市分布如图12.6所示。

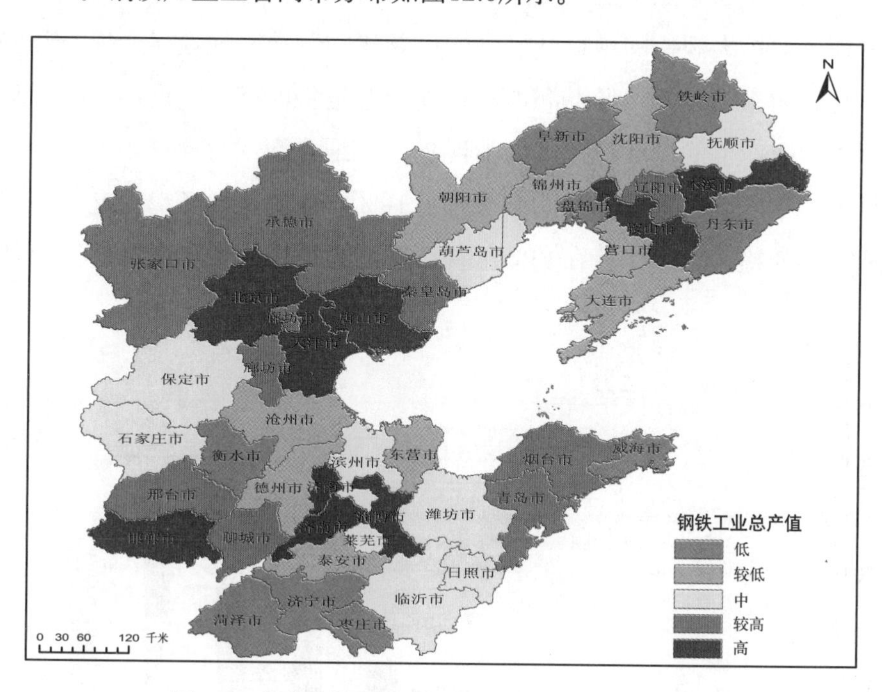

图12.6 环渤海地区三省两市钢铁产业空间分布示意图

（二）环渤海地区钢铁产业发展趋势预测

同环渤海地区石化产业的产值预测方法一样，观察图12.7环渤海地区钢铁产业历年产值，发现这些数据具有个数少，不具备大样本收敛性质、通过定量的背景计算，数据序列呈明显上升趋势、存在诸多无法确定因素的影响三方面的特点，所以研究选用GM（1，1）灰色模型预测环渤海地区钢铁产业未来几年的总产值。

GM（1，1）模型的建立，首先需要对原始数据进行处理,即通过将原始非负时间序列数据作累加处理后建立微分方程。然后，运用最小二乘法求出参数值，得到灰色模型的白化方程及其时间响应式，并依此进行相关运算和精度检验。最后，对运算数据进行累减还原处理求得预测值。

根据灰色预测模型的预测结果，可以得出环渤海地区钢铁产业未来几年产值规模增长的趋势总体保持在23%左右。同石化产业一样，还需要根据产业发展政策等因素对钢铁工业产值定量分析的结果进行定性的调整。“十一五”时期是我国钢铁工业发展速度最快、节能减排成效显著的五年，钢铁工业有效满足了经济社会发展需要。但与此同时，行业发展的资源、环境等制约因素逐步增大，结构性矛盾依然突出。《钢铁工业“十二五”发展规划》称“十二五”期间，我国发展仍处于可以大有作为的重要战略机遇期，钢铁工业将步入转变发展方式的关键阶段，既面临结构调整、转型升级的发展机遇，又面临资源价格高涨，需求增速趋缓、环境压力增大的严峻挑战，产品同质化竞争加剧，行业总体上将呈现低增速、低盈利的运行态势，国内生产总值增长速度比“十一五”期间将有大幅度降低。考虑到目前我国钢铁工业产能过剩矛盾已经相当突出，国家已经制定相关措施，原则上不再批准钢铁企业扩大规模的项目，已有的或新建的钢铁基地新增产能应和淘汰落后产能同步同量进行，而未来几年，环渤海地区钢铁产业也将面临一个产能过剩的局面，所以环渤海地区钢铁产业产值的发展趋势将会出现拐点。结合钢铁行业“十二五”发展规划与灰色预测的结果，本研究将灰色预测的结果降低10%，也就是说环渤海地区石化产业未来几年产值规模增长的趋势总体保持在13%左右，以此为结论分析环渤海地区钢铁产业的波及效果。

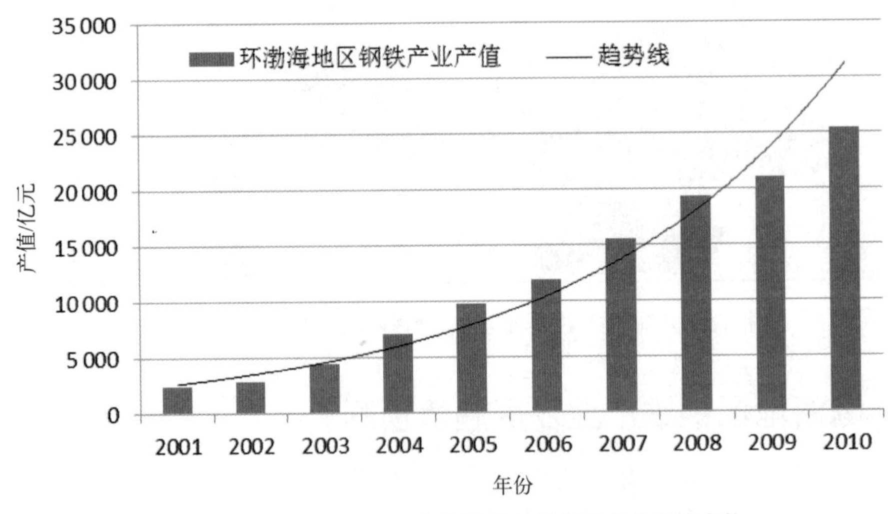

图12.7 2001—2010年环渤海地区钢铁产业产值走势

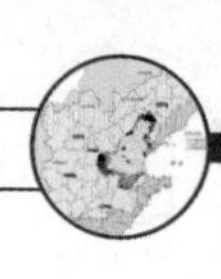

（三）环渤海地区钢铁产业波及效果分析

为了得出某产业变化对其他产业带来的直接和间接地影响总和，该部分研究计算了环渤海地区钢铁产业的列昂惕夫逆矩阵（表12.11）。

表12.11　环渤海地区钢铁产业列昂惕夫逆矩阵

部门	系数	部门	系数
钢铁产业	1.598 971	造纸印刷文教体育用品制造业	0.025 064
石化产业	0.354 296	纺织服装鞋帽皮革制品业	0.021 410
金属矿采选业	0.312 970	食品制造及烟草加工业	0.021 376
电力、热力的生产和供应业	0.195 332	纺织业	0.018 177
设备制造业	0.152 985	仪器仪表制造业	0.013 462
煤炭开采和洗选业	0.126 005	木材加工及家具制造业	0.012 371
金属制品业	0.081 654	非金属矿及其他矿采选业	0.009 169
石油和天然气开采业	0.069 602	工艺品及其他制造业	0.007 691
电气机械及器材制造业	0.049 828	煤气生产和供应业	0.006 379
非金属矿物制品业	0.034 502	水的生产和供应业	0.003 540
通信设备、计算机电子设备制造业	0.028 059		

从表12.11可知，当钢铁产业增加一个单位时，该产业除了自身增加一个单位的产出外，受其他产业增加中间投入的波及影响，还要多生产0.598 971个单位产出，同时，钢铁产业增加了一个单位的产出而增加的中间投入的波及效果是0.354 296个单位产出，即石化产业必须增加0.354 296个单位产出才能满足钢铁产业增产一个单位的要求。同理可以推导出环渤海地区钢铁产业对其他产业的波及效果。

在技术条件不变的前提下，环渤海地区钢铁产业产值规模增长13%，通过产业间的波及作用，最终导致钢铁产业本身还会有7.77%的增长。同时，其他工业部门的生产也会有不同程度的增长，通过归类总结如图12.8所示。其中受波及增长幅度最大的是金属矿采选业，增幅达到17.5%；大部分相关工业部门增幅在3%—10%之间，分别是煤炭开采和洗选业、石油和天然气开采业、非金属矿及其他矿采选业、金属制品业、电力、燃气和水三大资源部门以及仪器仪表及文化办公用机械制造业。其他工业部门如石化产业增长2.18%，电气机械及器材制造业增长1.22%，造纸印刷及文教体育用品制造业增长1.33%，装备制造业增长1.02%等。只有食品制造及烟草加工业、纺织业和非矿物制品业3个产业的增长幅度小于1%。可以看到，受环渤海地区钢铁产业波及效果较大的产业主要集中在重工业，尤其对上游产业金属矿采选及煤炭开采和洗选业的波及效果明显，这点与环渤海地区石化产业的波及状况基本相同。

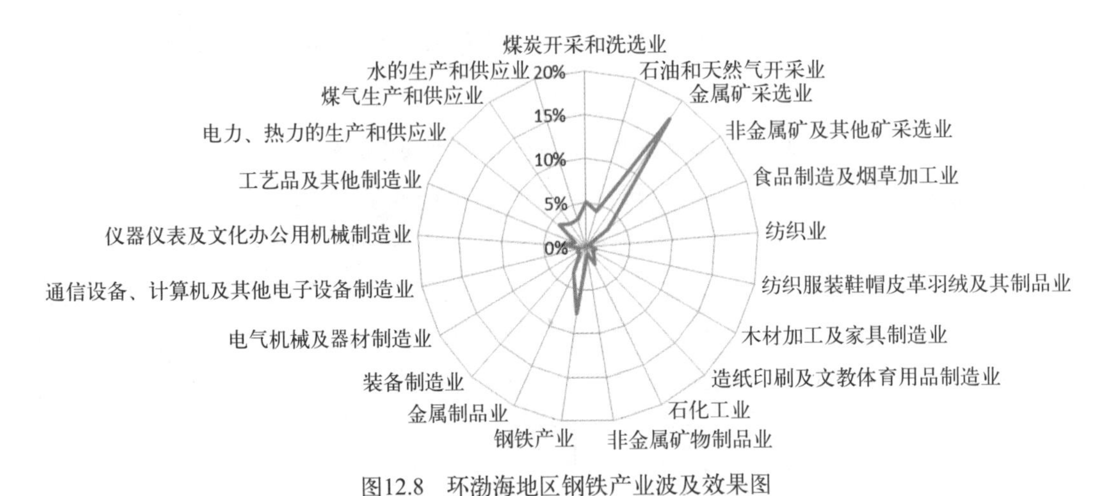

图12.8　环渤海地区钢铁产业波及效果图

四、装备制造业发展趋势与波及效果分析

（一）环渤海地区装备制造业现状

装备制造业是环渤海地区又一重要支柱产业，是制造业的重要组成部分，为国家安全和国家经济提供了技术装备，同时也是工业发展的基础，强大的装备制造业，是实现工业化的根本保证。根据环渤海区域的生产规模，本书选择通用、专用设备制造业和交通运输设备制造业作为研究装备制造业的分析对象。环渤海地区是国内重要的高端装备研发、设计和制造基地。其中，北京是全国航空、卫星、机床等行业的研发中心，辽宁、山东和河北依托其海洋优势，在原有装备工业的基础上已逐步发展成为海洋工程装备、机床以及轨道交通装备的产业聚集区。环渤海地区是中国装备制造业最大的集聚区，装备制造业基础雄厚，内生力强大，是未来装备制造业的动力区。2010年，环渤海地区装备制造业产值达31 044.1962亿元，占全国装备制造业产值比重的27.68%，占区域工业总产值的17.04%，是环渤海地区的支柱产业。

装备制造业在环渤海地区三省两市均有分布，河北省最为薄弱，产值仅占环渤海地区该产业产值的10.46%，山东省以14 417.19亿元的产值为环渤海地区装备制造业贡献了46.44%，北京、天津和辽宁均有14%左右的贡献。山东省堪称装备制造业大省，在通用设备制造业、专用设备制造业、交通运输设备制造业均有明显优势。2010年全省装备制造业产值占山东工业总产值的17.1%，占全国装备制造业的10%。山东制造业门类齐全，体系完备，各行业间相互关联度较强。旗舰型大企业的支撑作用逐步显现，制造业领域前后涌现出海尔、海信、浪潮、济钢、魏桥、齐鲁石化等一批大企业集团，它们对地方和行业的产业带动作用非常明显。产业创新能力逐步提高。仅从品牌看，山东装备制造业拥有的中国名牌、中国驰名商标数量居全国前列。在世界最具影响力的品牌评比中，“海尔”品牌成为中国第一品牌。辽宁省在交通运输设备制

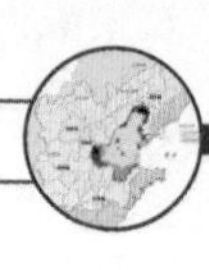

造业和通用设备制造业具有一定优势，占辽宁省工业总产值的一半，以船舶、汽车、机车和轴承的制造方面为主，但这种优势来自于传统机械设备制造，总体看来，装备制造业仍处于中低技术水平，还需要进一步的发展。装备制造业三省两市分布如图12.9所示。

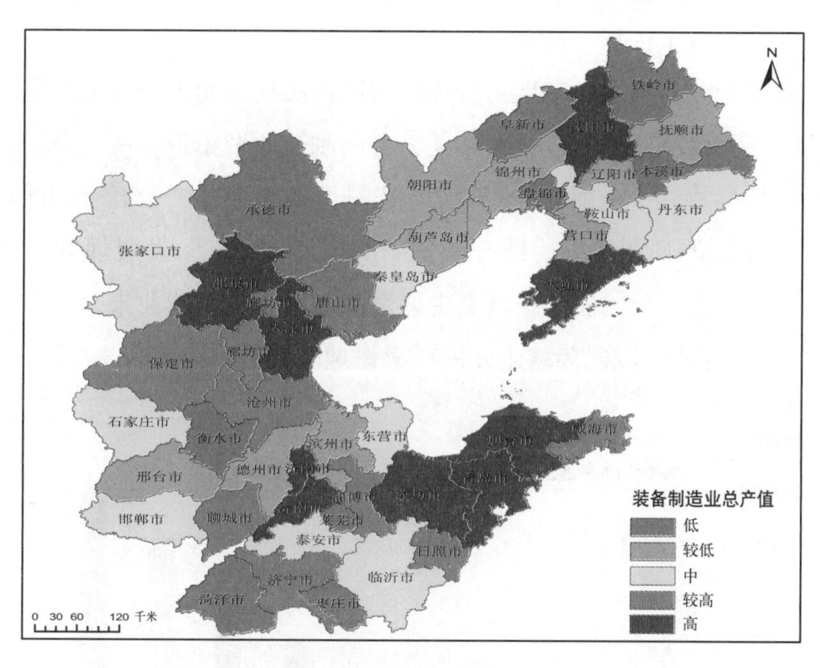

图12.9　环渤海地区装备制造业空间分布示意图

（二）环渤海地区装备制造业发展趋势预测

同环渤海地区石化产业的产值预测方法一样，观察图12.10环渤海地区装备制造业历年产值，发现这些数据具有个数少，不具备大样本收敛性质、通过定量的背景计算，数据序列呈明显上升趋势、存在诸多无法确定因素的影响三方面的特点，所以本章选用GM（1，1）灰色模型来预测环渤海地区装备制造业未来几年的总产值。

GM（1，1）模型的建立，首先需要对原始数据进行处理，即通过将原始非负时间序列数据作累加处理后建立微分方程。然后，运用最小二乘法求出参数值，得到灰色模型的白化方程及其时间响应式，并依此进行相关运算和精度检验。最后，对运算数据进行累减还原处理求得预测值。

根据灰色预测模型的预测结果，可以得出环渤海地区装备制造业未来几年产值规模增长的趋势总体保持在20%左右。由于这个趋势是根据数学模型定量直接得到，所以还要根据产业发展政策等因素进行定性的调整。“十五”期间和“十一五”期间，我国装备制造业的发展进入一个“黄金时期”，无论是行业规模、产业结构、产品水平还是国际竞争力都有了大幅度的提升，所以从2001—2010年装备制造业的产值也呈现了大幅度上升的态势。“十二五”期间，我国装备制造业产业结构调整和升级、要实现“由大到强”转变的总体要求，其中目标之一是把发展的质量和效益放在首位，保持平稳、协调、健康发展。工业

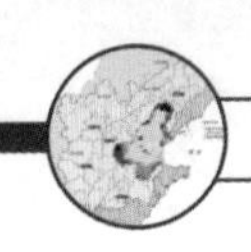

总产值、工业增加值、主营业务收入年均增长速度保持在12%左右，比“十五”期间和“十一五”期间的年均增长幅度要降低很多。考虑到装备制造业是环渤海地区的重要支柱产业，未来几年，辽宁作为传统老工业基地，在重型装备制造等领域具有传统优势，借助国家振兴东北老工业基地的政策优惠，其重工产业将会更快更好的发展；“十二五”期间，山东省将做强做大装备制造业，打造山东半岛蓝色经济区、黄河三角洲制造业聚集带、胶东半岛高端制造业聚集区、省会城市群制造业聚集区、鲁南制造业聚集带，所以环渤海地区装备制造业产值年均增长幅度将高于全国标准的12%，但是要低于根据“十五”期间和“十一五”期间的增长幅度所得到的预测结果。结合装备制造业“十二五”发展规划与灰色预测的结果，该部分研究将取两者的中间值，也就是说环渤海地区装备制造业未来几年产值规模增长的趋势总体保持在16%左右，以此为结论分析环渤海地区装备制造业的波及效果。

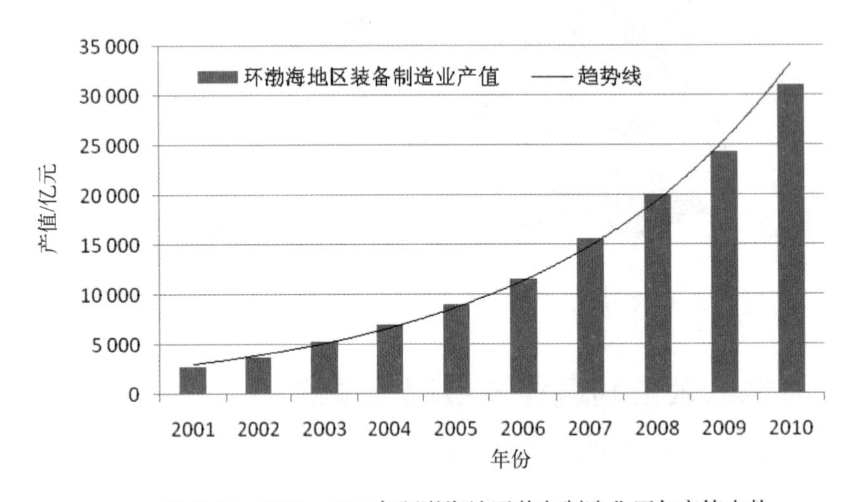

图12.10　2001—2010年环渤海地区装备制造业历年产值走势

（三）环渤海地区装备制造业波及效果分析

为了得出某产业变化对其他产业带来的直接和间接地影响总和，本研究计算了环渤海地区装备制造业的列昂惕夫逆矩阵（表12.12）。

表12.12　环渤海地区装备制造业列昂惕夫逆矩阵

部门	系数	部门	系数
装备制造业	1.466 478	食品制造及烟草加工业	0.028 016
钢铁产业	0.482 653	非金属矿物制品业	0.025 820
石化产业	0.298 301	纺织业	0.021 305
电力、热力的生产和供应业	0.135 454	木材加工及家具制造业	0.017 609
金属制品业	0.130 911	纺织服装鞋帽皮革制品业	0.017 457
金属矿采选业	0.098 193	工艺品及其他制造业	0.015 622

续表

部门	系数	部门	系数
电气机械及器材制造业	0.080 283	仪器仪表办公用机械制造业	0.014 180
煤炭开采和洗选业	0.072 836	非金属矿及其他矿采选业	0.006 707
通信设备、计算机电子设备制造业	0.063 620	煤气生产和供应业	0.003 693
石油和天然气开采业	0.055 210	水的生产和供应业	0.003 169
造纸印刷文教体育用品制造业	0.031 590		

从表12.12可知，当装备制造业增加一个单位时，该产业除了自身增加一个单位的产出外，受其他产业增加中间投入的波及影响，还要多生产0.466 478个单位产出，同时，钢铁产业增加了一个单位的产出而增加的中间投入的波及效果是0.482 653个单位产出，即钢铁产业必须增加0.482 653个单位产出才能满足装备制造业增产一个单位的要求。同理可以推导出环渤海地区装备制造业对其他产业的波及效果。

在技术条件不变的前提下，环渤海地区装备制造业产值规模增长16%，通过产业间的波及作用，最终导致装备制造业本身还会有7.46%的增长。同时，其他工业部门的生产也会有不同程度的增长，通过归类总结如图12.11所示。金属矿采选业和金属制品业分别将增产9%和8.76%；煤炭开采和洗选业、石油和天然气开采业、钢铁产业和三大能源产业分别将增产4.79%、5.43%和6.43%。另外，装备制造业还波及通信设备及计算机等电子设备制造业（2.56%）、电气机械及器材制造业（3.23%）仪器仪表及文化办公用机械制造业（4.72%）、工艺品及其他制造业（4.54%）造纸印刷及文教体育用品制造业（2.74%）、非金属矿和其他矿物采选业（3.79%）等产业。可以看到，环渤海装备制造业的波及效果作用较大的产业同样主要集中在重工业，尤其对上游产业金属矿采选、冶炼及制造波及明显，金属矿采选业及金属制品业还有一定程度的发展空间。

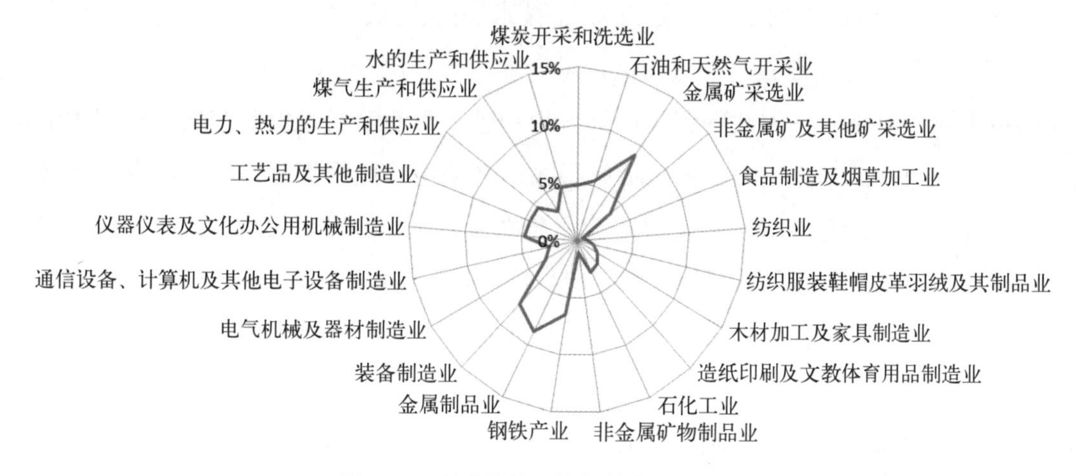

图12.11 环渤海地区装备制造业波及效果

通过对石化产业、钢铁产业以及装备制造业3个产业相互波及产值增长分析，可以看到，以上三部门的完全波及效果作用较大的产业主要集中在重工业领域，尤其以三者相互之间的波及效果最为显著，当石化产业产值增长时，钢铁产业和装备制造业波及增长共793亿元，除石化本身增长外，占波及增长值总和的23.03%；同理，当钢铁产业产值增加时，石化产业和装备制造业波及增长共1 047亿元，除钢铁本身增长外，占波及增长值总和的35.04%；当装备制造业产值增加时，其他两大产业波及增长共2 644亿元，除装备制造业本身产值增加，占波及增长值总和的48.7%。当钢铁产业扩大生产一单位产品时，石化工业和装备制造业部门会相应做出反应增加生产，同样当石化工业和装备制造业分别扩大生产时，另外两个产业的生产需求将会增加，这样反复作用的结果将是，以钢铁产业、石化产业和装备制造业为主构成的重工业生产将不断扩大，重工业内部各产业间的联系将更加紧密。

五、环渤海地区工业结构产业关联效应情景分析

（一）基于列昂惕夫逆矩阵的环渤海地区工业结构情景分析

上文提到，在国民经济产业体系中，当某一产业部门发生变化，这一变化会沿着不同的产业关联方式，引起与其直接相关的产业部门的变化，并且这些相关产业部门的变化又会导致与其直接相关的其他产业部门的变化，依次传递，影响力逐渐减弱，这一过程就是波及，而通过列昂惕夫逆矩阵可以计算出各级波及效果的总量，可见列昂惕夫逆矩阵在研究产业波及方面有着非常重要的作用。本小节基于列昂惕夫逆矩阵按照高中低技术产业、轻重工业、污染能耗高低产业三个分类分析环渤海地区三大支柱产业的波及效果。

1. 按照高、中、低技术产业分类分析

将产业划分为高、中、低技术产业的分类方法来源于世界经合组织（OECD）。OECD在1986年根据产业的R&D密集度将产业划分为3个技术层次：高、中、低技术产业。1994年该分类从3类发展为4类：高、中高、中低和低技术产业。自1986年OECD提出采用研发密集度划分产业的技术层次以来，该方法得到了广泛应用和进一步的发展，但其在实际应用中的单一性和片面性缺点也逐渐暴露出来，所以后续很多学者采用其他的划分方法，以期取得较好的成果。其中选用研发强度（R&D经费占主营业务收入比重）、研发人员素质（科学家与工程师占科技活动人员比重）、产品创新度（新产品销售收入占主营业务收入比重）3个指标来作为划分高中低技术产业的标准较为科学，经过数据处理，得出划分结果（表12.13），而本章则采用了此划分结果。

石化产业、钢铁产业和装备制造业的列昂惕夫逆矩阵按照高中低技术产业划分的结果如图12.12至图12.14所示。

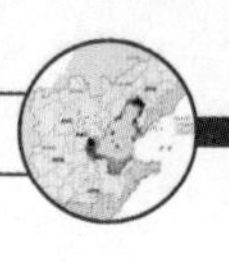

表12.13　高、中、低技术产业分类

高技术产业	中技术产业	中低技术产业	低技术产业
装备制造业	纺织业	石化产业	石油和天然气开采业
电气机械及器材制造业	纺织服装鞋帽皮革制品业	非金属矿物制品业	煤炭开采和洗选业
通信设备、计算机电子设备制造业	木材加工及家具制品业	钢铁产业	食品制造及烟草加工业
	造纸印刷文教体育制造业	金属制品业	金属矿采选业
	电力、热力的生产和供应业	仪器仪表制造业	非金属矿及其他矿采选业
	水的生产和供应业	工艺品及其他制造业	
	煤气生产和供应业		

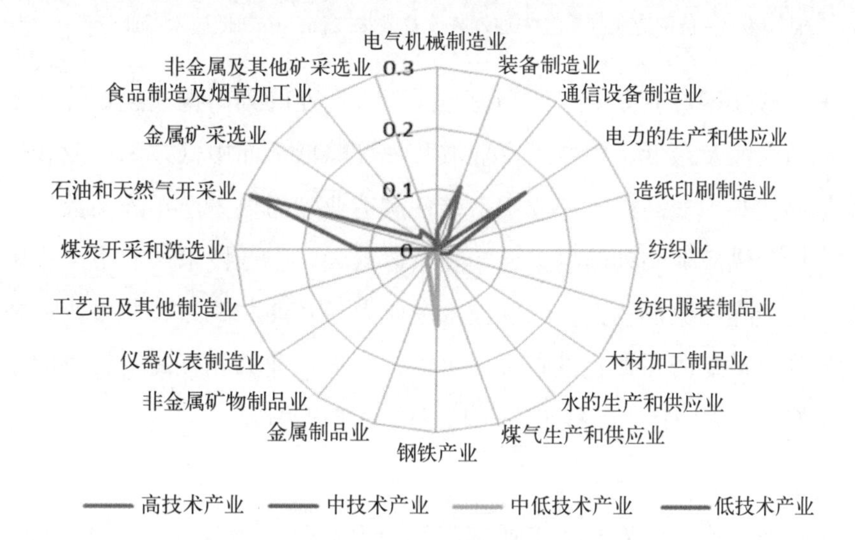

图12.12 石化产业列昂惕夫逆矩阵波及效果（高、中、低技术产业分类）

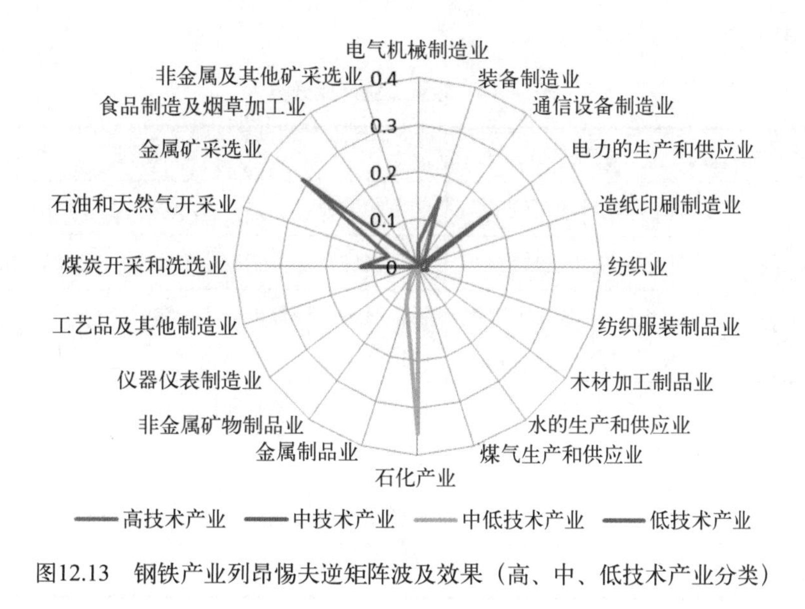

图12.13　钢铁产业列昂惕夫逆矩阵波及效果（高、中、低技术产业分类）

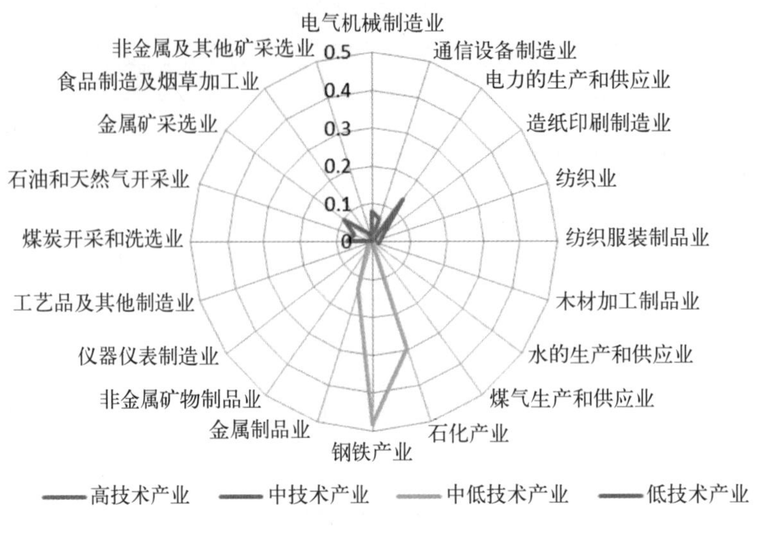

图12.14 装备制造业列昂惕夫逆矩阵波及效果（高、中、低技术产业分类）

按照高、中、低技术产业划分，环渤海地区三大产业的列昂惕夫逆矩阵波及趋势基本一致。高技术产业所受波及最低，中技术产业波及程度略低，而中低技术产业和低技术产业所受的波及程度最高。其中在高技术产业中，装备制造业列昂惕夫逆矩阵系数最大；中技术产业中，电力的生产和供应业的列昂惕夫逆矩阵系数最大；中低技术产业中，石化产业和钢铁产业的列昂惕夫逆矩阵系数都较大；而低技术产业中，石油和天然气开采业和金属矿及其他矿采选业的列昂惕夫逆矩阵系数也是较大。可见，三大产业的相互波及效果明显，且所波及程度较高的工业部门都集中在中低技术产业和低技术产业当中。

2. 按照轻重工业分类分析

我国通常把主要生产生产资料的工业部门称为重工业；把主要生产消费品的工业部门称为轻工业。本研究划分轻重工业的标准主要参考国家统计局对工业的最新划分标准，具体划分结果如表12.14所示。

表12.14　轻重工业产业分类

轻工业		重工业	
纺织业	水的生产和供应业	装备制造业	石化产业
木材加工及家具制品业	工艺品及其他制造业	电气机械及器材制造业	非金属矿物制品业
纺织服装鞋帽皮革制品业	造纸印刷文教体育制造业	通信设备、计算机电子设备制造业	非金属矿及其他矿采选业
食品制造及烟草加工业		电力、热力的生产和供应业	煤气生产和供应业
		金属制品业	石油和天然气开采业
		仪器仪表制造业	煤炭开采和洗选业
		金属矿采选业	钢铁产业

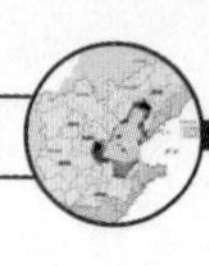

石化产业、钢铁产业和装备制造业的列昂惕夫逆矩阵按照轻重工业产业划分的结果见图12.15至图12.17。

按照轻重工业产业划分，环渤海地区三大产业的列昂惕夫逆矩阵波及趋势基本一致，受波及效果较大的产业主要都集中在重工业上，轻工业受波及的程度很低。其中在重工业部门当中，钢铁产业、石化产业、石油和天然气开采业、金属矿采选业、装备制造业的列昂惕夫逆矩阵系数相比于其他工业部门较大；在轻工业部门当中，造纸印刷文教体育制造业的列昂惕夫逆矩阵系数最大。可见三大产业的波及效果主要作用都集中在重工业部门当中。

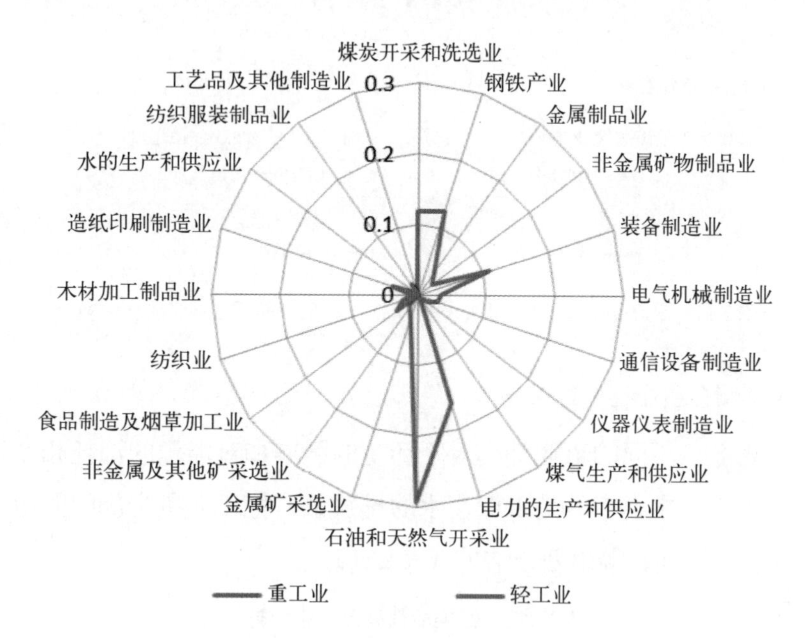

图12.15　石化产业列昂惕夫逆矩阵波及效果（轻重工业产业分类）

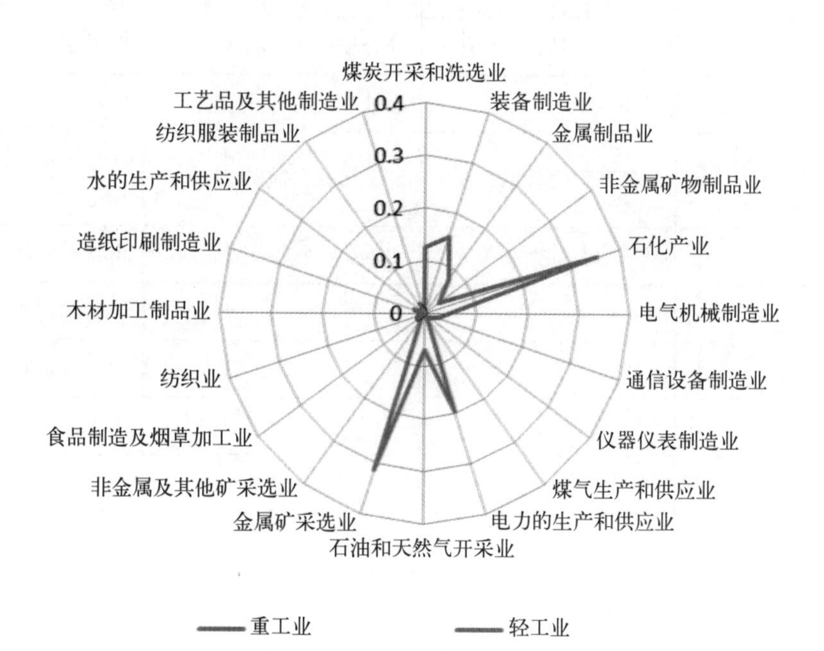

图12.16　钢铁产业列昂惕夫逆矩阵波及效果（轻重工业产业分类）

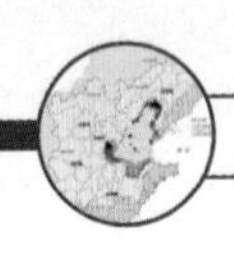

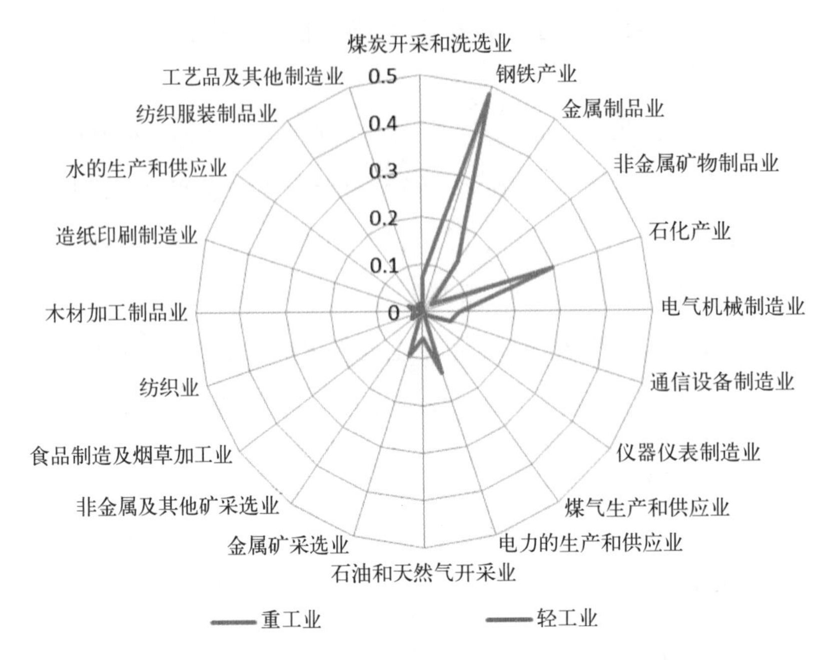

图12.17　装备制造业列昂惕夫逆矩阵波及效果（轻重工业产业分类）

3. 按照污染能耗高低分类分析

工业部门种类繁多，不同的工业部门对于环境的污染和对能源的消耗相差很大，该研究在考虑水环境污染方面，主要指的是工业废水的排放量，把工业每个部门的污染排放强度和能源消耗程度作为划分标准，得出划分结果（表12.15）。

表12.15　污染能耗高低产业分类

高污染高能耗产业	高污染低能耗产业	低污染高能耗产业	低污染低能耗产业
钢铁产业	食品制造烟草加工业	非金属矿物制品业	金属制品业
石化产业	纺织业	石油和天然气开采业	木材加工及家具制品业
电力、热力的生产和供应业	造纸印刷文教制造业	非金属及其他矿采选业	通信设备、计算机电子设备制造业
煤炭开采和洗选业	纺织服装鞋帽制品业	水的生产和供应业	电气机械及器材制造业
			装备制造业
			仪器仪表制造业
			工艺品及其他制造业
			金属矿采选业
			煤气生产和供应业

石化产业、钢铁产业和装备制造业的列昂惕夫逆矩阵按照污染能耗高低产业划分的结果见图12.18至图12.20。

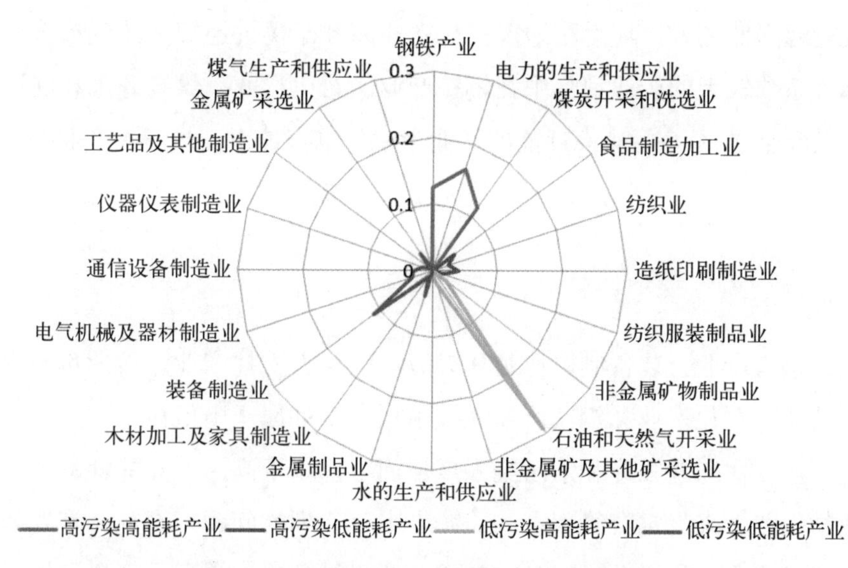

图12.18　石化产业列昂惕夫逆矩阵波及效果（污染能耗高低产业分类）

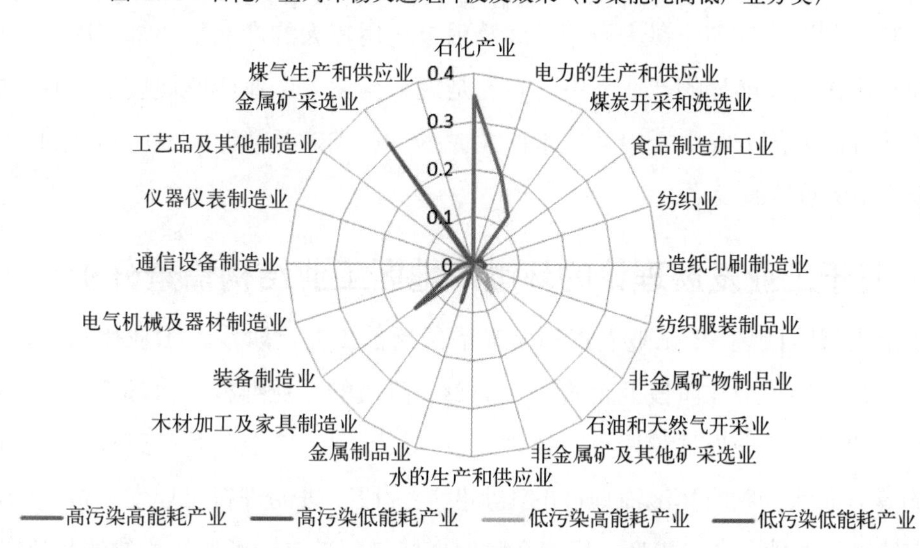

图12.19　钢铁产业列昂惕夫逆矩阵波及效果（污染能耗高低产业分类）

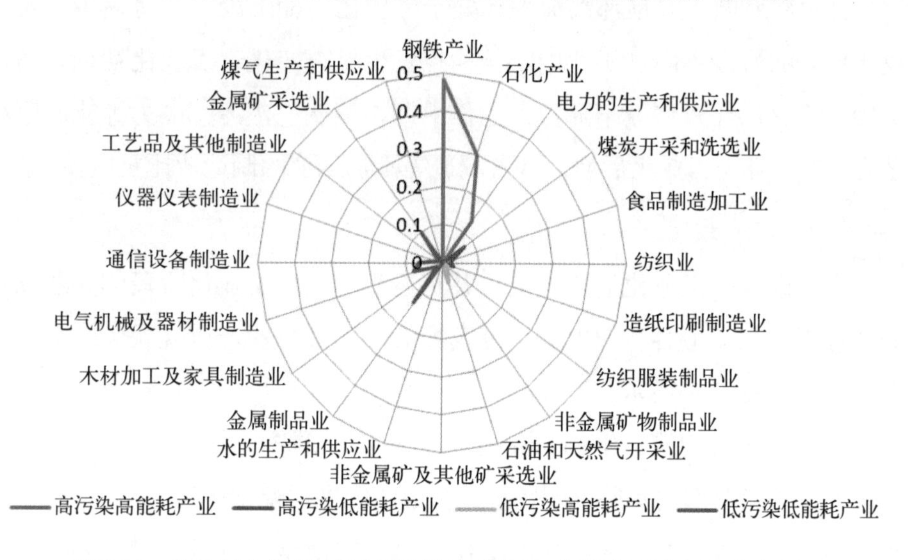

图12.20　装备制造业列昂惕夫逆矩阵波及效果（污染能耗高低产业分类）

按照污染能耗高低划分，环渤海地区三大产业的列昂惕夫逆矩阵波及趋势较为分散，但列昂惕夫逆矩阵系数较大的产业都集中在钢铁产业、石化产业、煤炭开采和洗选业、电力、热力的生产和供应业这4个高污染高耗能的产业当中，也就是说，当三大产业产值增加时，高污染高耗能的产业受波及影响作用较大，从而使得环渤海地区的工业结构陷入一个高污染高能耗的无限循环当中。

4. 本节小结

石化产业、钢铁产业、装备制造业是环渤海地区三大支柱产业，按照本节设定的划分标准，除装备制造业、石化产业和钢铁产业在技术层面上都属于中低技术产业、在生产产品层面上都属于重工业、在能耗强度和水污染强度层面上都属于高污染高能耗的产业，以三大产业为主的产业结构在未来肯定会给生态和能源带来一系列的问题，而且一直发展中低技术产业也不利于区域经济实力的提升。同时，从产业关联的角度上来看，环渤海地区石化产业、钢铁产业、装备制造业的列昂惕夫逆矩阵波及效果作用较大的产业主要都集中在中低技术产业或重工业或高污染高能耗的产业当中，也就是说，当三大产业产值规模增加时，受波及影响较大的工业部门大部分集中于中低技术产业或重工业或能源消耗大或污染高的产业，这样显然不利于区域的可持续发展。

（二）基于工业发展理论的环渤海地区工业结构情景分析

根据工业发展阶段理论，工业发展通常先后经历前工业化阶段，工业化初期，工业化中期，工业化后期，后工业化阶段几个阶段，而每一阶段的工业结构、水环境污染特征和能源消耗特征明显不同。工业发展阶段可以通过经济发展水平、产业结构、工业结构、就业结构和空间结构等方面综合判断环渤海地区的工业发展阶段，进而进行工业发展情景的设置，并结合环渤海地区区域投入产出模型，模拟各种发展情景所带来的工业结构的波及效应。

按照综合评价法判断，目前环渤海地区处于工业化后期阶段，并将逐步进入到后工业化阶段。工业化所处的阶段不同，工业内部结构也发生显著变化。工业化初期，纺织、食品等轻工业比重较高，之后比重持续下降；工业化中期，钢铁、水泥、电力等能源原材料工业比重较大，之后开始下降；工业化后期，装备制造等高加工度的制造业比重明显上升。

1. 工业发展情景设置

按照环渤海地区处于工业化后期阶段，并将逐步进入后工业化阶段的判断以及工业化发展的经济规律和近年来工业各行业发展速度及趋势，以各行业产值现状为转型，设定若干情景，各种发展情景如表12.16所示。

（1）转型情景。工业规模、结构与决策者所设定的目标一致。此种情景设定高新技术产业发展幅度较大，重工业部门发展幅度较小，其他部门发展幅度一般。

（2）加速情景。重点行业实现跨越式发展，产业结构加速。设定石化、钢铁、装备制造业

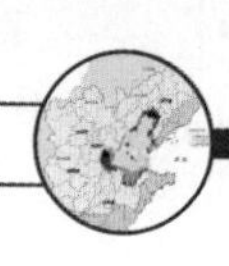

三大产业跨越式发展，增长幅度较大，其发展速度结合灰色预测的结果，其他工业部门发展幅度一般。

（3）基准情景。各行业维持一般，产业结构与现状类似。设定各个工业部门的发展速度保持一般，工业产业结构和2010年类似。

表12.16 环渤海地区21个行业3种发展情景下产值预测

单位：亿元

产业名称	2010年	转型情景	加速情景	基准情景
煤炭开采和洗选业	5 149.643	5 458.621	5 407.125	5 664.609
石油和天然气开采业	3 444.704	3 651.386	3 616.939	3 789.175
金属矿采选业	3 693.59	3 915.206	3 878.27	4 062.951
非金属矿及其他矿采选业	599.043 9	634.986 5	628.996 1	658.948 5
食品制造及烟草加工业	17 132.72	18 160.68	17 989.35	18 845.99
纺织业	7 295.706	8 025.277	7 660.492	8 025.279
纺织服装鞋帽皮革制品业	3 911.503	4 302.654	4 107.078	4 302.655
木材加工及家具制造业	2 769.71	3 046.681	2 908.196	3 046.682
造纸印刷文教体育制造业	3 902.318	4 292.55	4 097.434	4 292.551
石化工业	33 537.23	35 214.09	39 238.55	36 890.96
非金属矿物制品业	8 383.492	8 886.501	8 802.666	9 221.844
钢铁工业	25 412.57	26 937.33	29 986.83	27 953.84
金属制品业	5 061.586	5 365.281	5 314.665	5 567.746
装备制造业	31 044.2	35 700.83	36 011.27	34 148.63
电气机械及器材制造业	8 409.84	9 671.316	8 830.332	9 250.826
电子设备制造业	8 414.692	9 676.896	8 835.426	9 256.164
仪器仪表制造业	1 018.158	1 079.248	1 069.066	1 119.975
工艺品及其他制造业	1 166.347	1 236.328	1 224.664	1 282.982
电力、热力的生产和供应业	10 313.2	11 344.52	10 828.86	11 344.53
煤气生产和供应业	411.269 6	452.396 6	431.833 1	452.396 7
水的生产和供应业	222.130 7	244.343 8	233.237 2	244.343 8

2. 环渤海地区工业3种发展情景下波及效果分析

在技术条件不变的前提下，当环渤海地区21个工业部门按照3种发展情景发展的话，通过产业间的波及作用，最终导致各个行业的生产将会有不同程度的增长（图12.21）。

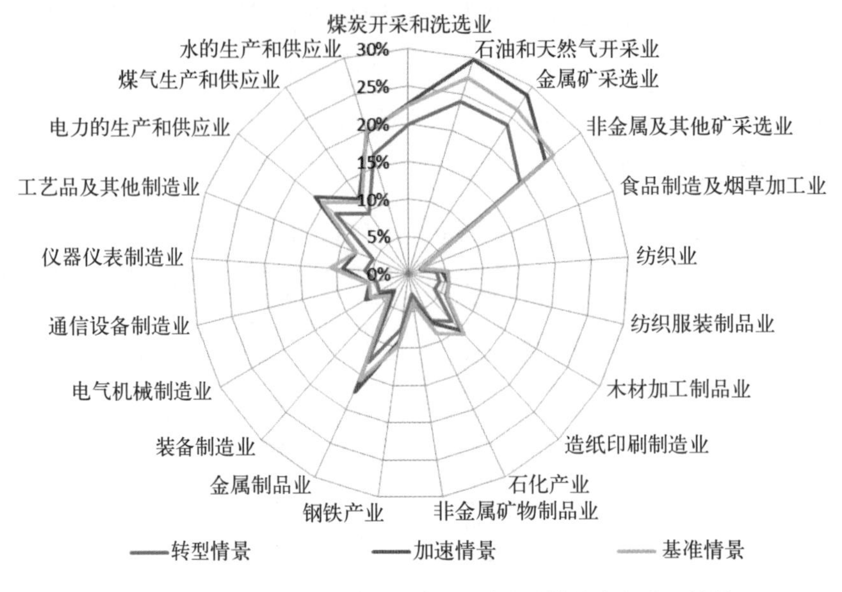

图12.21　环渤海地区21个工业部门3种发展情景产业波及效果

总的来说，环渤海地区工业各个产业在3种发展情景下波及效果表现基本一致。各种情景下受波及增长幅度较大的产业有：煤炭开采和洗选业、石油和天然气开采业、金属矿采选业、非金属及其他矿采选业、金属制品业、电力、热力的生产和供应业以及水的生产和供应业。

进一步地，我们重点分析各种发展情景在一些产业的特征。转型情景发展模式下，高新技术和中技术产业得到大幅度的发展，而中低技术和低技术产业产值增长的幅度不大，通过产业间的波及作用，最终导致各个产业都有不同程度的增长，但是增长幅度普遍不高，受波及影响较大的几个产业中增长幅度最大的是石油和天然气开采业，为23.98%，增幅在5%—10%之间的是造纸印刷文教体育制造业、石化产业、钢铁工业、仪器仪表及办公文化用机械制造业、工艺品及其他制造业。其他工业部门如通信、木材和纺织业的增产幅度均少于5%。

环渤海三省两市重工业生产以原材料工业和制造工业为主，主要集中于金属、机械、化工和石油四大工业部门。其中石化产业是拉动环渤海经济增长的主要动力之一，钢铁工业一直以来都是环渤海地区的优势产业，而装备制造业是环渤海地区又一重要支柱产业，加速情景下，这3个行业实现跨越式发展, 产业结构加速，造成石油和天然气开采业、金属矿采选业以及非金属和其他矿采选业受波及影响增长幅度加大，均在25%左右，而其他产业受波及影响的程度相比于转型情景也偏大，这主要是因为石化、钢铁和装备制造业影响力系数和感应度系数均大于1，它们属于敏感关联产业，既对其他生产部门的带动高于社会平均水平，同时其他生产部门对这个部门的带动也高于社会平均水平，它们的发展能带动其他部门经济快速增长。同时，三大产业之间相互的波及作用明显，这样反复作用的结果将是，以钢铁产业、石化产业和装备制造业为主构成的重工业生产将不断扩大，重工业内部各产业间的联系将更加紧密。

基准情景下，各个产业维持一般，产业结构与现状类似，按照这种情景发展，通过产业

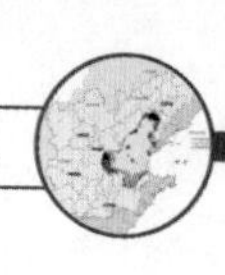

间的波及作用，其总体波及趋势与加速情景基本一致，但大多数产业波及增长的程度比加速情景波及增长的幅度略高，只有少数几个行业的增长幅度略低于加速情景。

需要强调的是，虽然由于某一产业的变化而导致的产业间的连锁反应可以通过列昂惕夫逆矩阵来计算，该矩阵揭示了某产业变化对其他产业带来的直接和间接的影响总和。但是这种方法在使用上也有一定的局限性。首先，通过这个模型虽然可以计算出各个产业的波及效果，但是这种波及是否能够为各产业所吸收取决于这些产业本身状况如何。即如果最终需求增大要求相关联的产业产出增大，而这些产业的生产能力由于资金、劳动及其他资源条件不能满足相应的要求，那么，产业波及效果就会中断；如果这种需求可以通过其他途径解决，如紧扣产品或引进相应的资源，则这种波及效果就可以继续进行下去。其次，如果某产业的产品有大量的库存，则增产的要求就有可能由于放出库存后而不增产，或少增产，这时就可能中断或减弱由这个产业增产时所造成的以后的波及效果。我们在研究环渤海地区工业各个部门的波及作用时，发现有些工业部门受波及作用增加的产量要大于其实际增加的产量，这是因为剔除了实际的状况因素，由于实际的进出口或库存状况较难统计，且该部分研究主要是研究环渤海地区工业各个部门之间的产业联系，所以此种方法的局限性在本书可以忽略不计。

3. 环渤海地区工业3种产业分类不同情景下波及效果分析

前文分析到，各种情景下受波及增长幅度较大的产业有：煤炭开采和洗选业、石油和天然气开采业、金属矿采选业、非金属及其他矿采选业、金属制品业、电力、热力的生产和供应业以及水的生产和供应业。观察图12.22至图12.24发现这些产业同时也是低技术产业或重工业或高污染高能耗的产业，所以不同发展情景其波及效果同环渤海地区三大产业的列昂惕夫逆矩阵波及趋势基本相同，只是转型情境下，各个工业部门受波及影响的幅度较小。

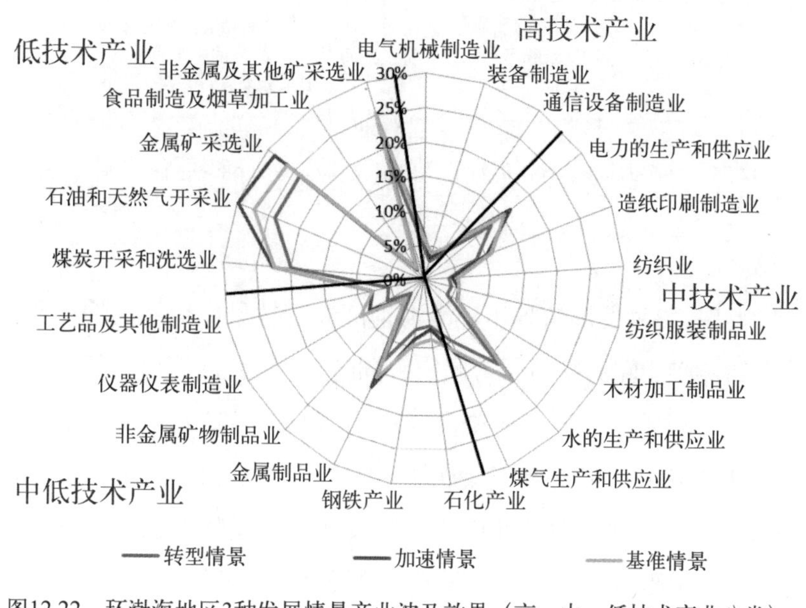

图12.22　环渤海地区3种发展情景产业波及效果（高、中、低技术产业分类）

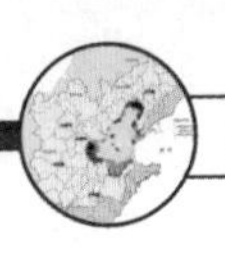

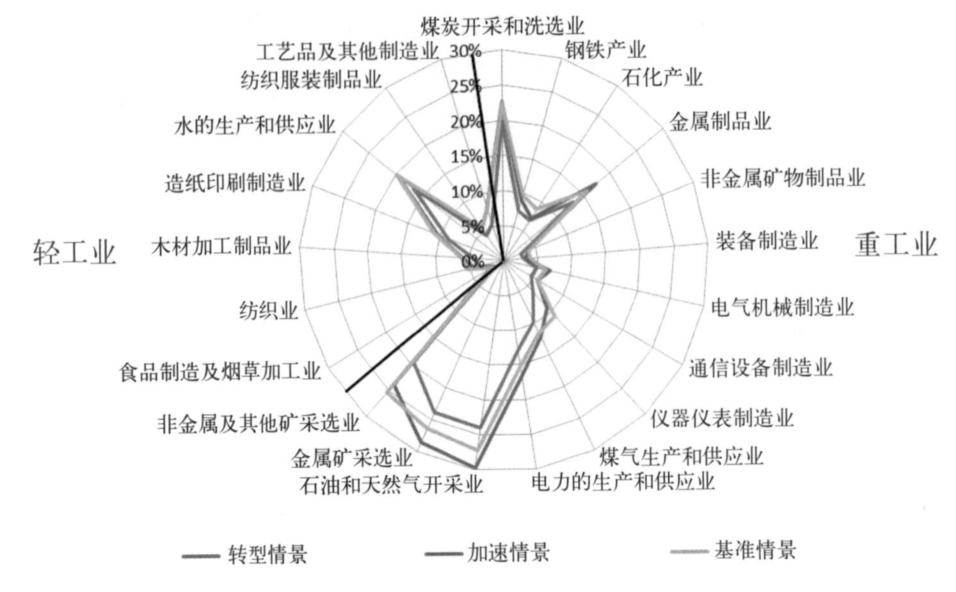

图12.23　环渤海地区3种发展情景产业波及效果（轻重工业产业分类）

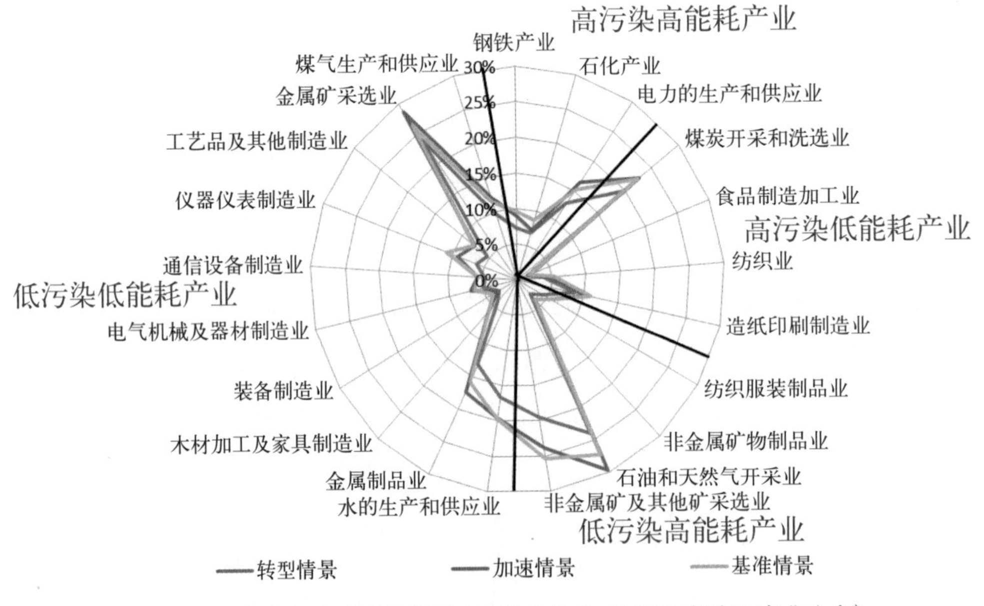

图12.24　环渤海地区3种发展情景产业波及效果（污染能耗高低产业分类）

4. 本节小结

分析本节可以发现，3种发展情景下环渤海地区波及效果作用较大的产业主要集中在重工业领域，重工业内部各产业间的联系非常紧密。同时，3 种发展情境下受波及影响较大的产业也都主要集中在低技术或重工业或高污染高能耗的产业。尽管大力发展重工业在一定时期内可以拉动区域经济快速发展，但是重工业规模不断扩大会增加对能源的消耗，带来生态破坏和环境污染等一系列问题，并且重工业内部各产业间的相互联系也会更加紧密，给区域产业结构调整与优化升级带来阻碍，最终影响区域经济长期健康发展。

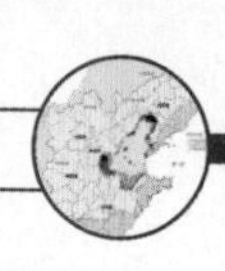

六、本章小结

本部分所做的主要工作及结论如下。

（1）应用综合评价法判断了环渤海地区的工业化阶段，得出环渤海地区处于工业化后期阶段，并将逐步进入到后工业化阶段的结论。

（2）分析了环渤海地区工业产业结构现状，得出石化产业、钢铁产业和装备制造业是环渤海地区三大支柱产业的结论。

（3）应用灰色预测模型对三大产业的未来发展趋势进行预测，并结合国家工信部出台的“十二五”规划对灰色预测的结果进行定性的调整，并根据调整的结果，推导环渤海地区三大产业对其他产业的波及影响作用。研究发现，三部门的完全波及效果作用较大的产业主要集中在重工业领域，尤其以三者相互之间的波及效果最为显著。

（4）从列昂惕夫逆矩阵的角度按照高中低技术产业、轻重工业、污染能耗高低产业三个分类分析了环渤海地区三大产业的波及效果。结果发现，环渤海地区石化产业、钢铁产业、装备制造业的列昂惕夫逆矩阵波及效果作用较大的产业主要都集中在中低技术产业或重工业或高污染高能耗的产业当中。

（5）从工业化发展阶段的角度进行工业发展情景的设置，并结合环渤海地区区域投入产出模型，模拟各种发展情景所带来的工业结构的波及效应。结果显示，转型情景下，工业各个部门受波及影响的幅度不大。而加速情景和基准模式下，由于三大产业增长幅度较大，导致其他重工业部门波及增长的幅度也较大，同时，这些部门也多集中于低技术产业或重工业或能耗高或污染高的产业当中。

第十三章 环渤海地区工业结构调整效应研究

前一章主要探讨了两个问题：一个是典型重工业的发展趋势及其发展对其他产业的波及效果；另外一个是从列昂惕夫逆矩阵和工业化发展阶段两个角度对环渤海地区工业结构关联效应进行了情景分析。而本章的主要内容则在前期研究所探讨的两个问题的基础之上，基于产业关联从能源消耗和水环境污染两个角度来研究环渤海地区工业产业结构变化对能源和水环境所造成的影响。

一、环渤海地区工业结构与能源消耗关系分析

随着近年来我国经济的高速增长，能源消耗成为影响甚至制约经济增长的重要因素。在国际能源短缺、生态环境破坏的宏观背景下，高能耗以及由于大量燃烧化石燃料而造成的环境污染已日益成为制约我国经济发展的“瓶颈”，探究经济增长与能源消费间的关系，对于转变经济发展方式、实现可持续发展具有重要意义。具有偏重型工业结构的环渤海地区，能源的消费量比较大，伴随着工业化、城市化的进一步发展，人们的生活水平不断提高，对能源的消费日益增加，环渤海地区依旧是耗能大的地区。

（一）环渤海地区重工业化与能源消耗量的关系

工业是国家的支柱产业，也是各个区域的经济支柱，环渤海地区工业占主导地位，多年来产业结构呈现着“二、三、一”的工业化结构特征，此外，由于环渤海地区拥有辽宁等老工业基地，所以重化工业一直占据主导地位，其重化工业的崛起和发展，在拉动经济增长、提高城市化水平方面发挥了巨大作用，然而，能源的过度消费所带来的资源短缺和环境问题日益凸显。

该部分研究环渤海地区重工业化和能源消费量的关系主要是看重工业化比例和工业能源消费量的变化情况。基于数据的可获得性，从历年环渤海三省两市统计年鉴中收集到环渤海地区2001—2010年期间工业能源消费量及重工业、工业产值的年度系数，然后以年份为横轴，以工业能源消费量和重工业比例为纵轴作出散点图并添加趋势线（图13.1）。

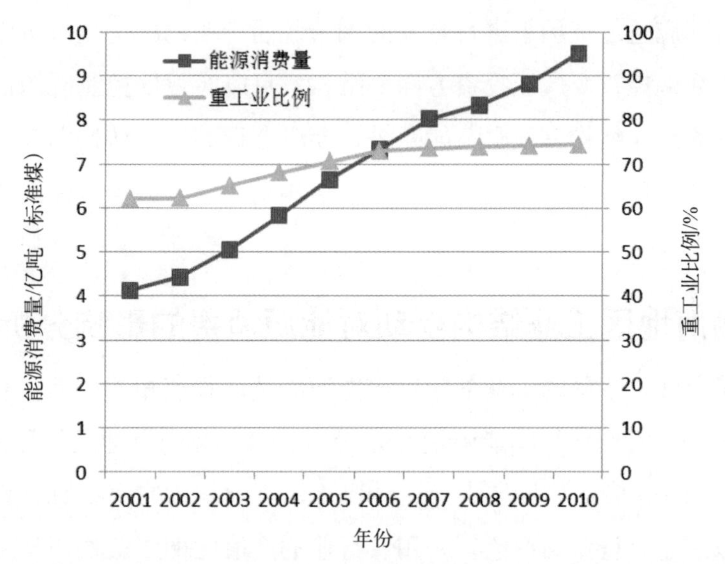

图13.1　2001—2010年环渤海地区工业能源消费量与重工业所占比例变化

图13.1展示了环渤海地区能源消费量与重工业化（重工业产值/工业总产值）的变动趋势。由此可以看出，二者存在很强的关联度。2001—2010年，环渤海地区重工业化程度呈平稳上升趋势，相应的能源消费量也呈现显著上升态势，二者存在明显的上升关系，其波动状况趋于一致。从曲线变化上来看，环渤海地区能源消耗的情况较严重，为了有效控制能源大量消耗的局面，需要进一步分析导致能源消费量上升的驱动因素。

关于重工业化导致的能源消耗问题可以归结为产业结构、技术进步、能源消费结构、能源价格和对外开放程度5个因素。产业结构是指不同产业对能源的依赖程度不同，较之其他产业，工业对能源的依赖程度最高，而在工业结构中，重工业对能源的依赖程度要大于轻工业，这主要是因为重工业具有最高的初始能源消费量，产业结构调整会对一国整体能源消费量的变化产生影响。技术进步是一种重要的生产要素，它部分体现着要素投入质量的提高，不同的技术水平可以使得相同数量投入要素带来不同的产出效果，技术进步可使能源强度下降。能源消费结构可以有效地控制能源消费总量，由于能源品种产出弹性是不同的，相同数量的能源投入，产出弹性高的能源品种能够带来更大的产出效应。因此，在产出既定的情况下，利用产出弹性较高的能源品种能够最大限度地节省能源的消耗。同时，能源作为一般商品是有价格的，而价格是市场经济配置资源的最主要的手段，市场价格的高低直接影响着能源的供求状况，能源的需求量与价格成反比，所以较高的能源价格有利于资源的节约，有利于能源强度的降低。此外，对外开放的程度有利于能源强度的降低，从而降低能源的消费量，主要是因为对外开放程度高，能够提高一国的技术水平、有利于国内能源价格与国际接轨，从而实现能源的节约。

产业结构、技术进步因素、能源消费结构、能源价格和对外开放程度这五大效应中，一般情况下，技术进步因素、能源消费结构、能源价格以及对外开放程度是政府不适宜过度施加影响的微观变量，应通过市场来进行自发的调节。而产业结构是政府可以施加影响的唯一因素，政府通过宏观调控改变产业投资方向和结构，可以有效地控制能源消费严重的状况。合理的、良性发展的产业结构有利于节能减排，而不合理的产业结构则会加重能源强度的提高，从而导致能源消费量加大，所以研究将工业结构变动作为影响能源消费量的主要因素进行研究。

（二）环渤海地区工业结构变动对能源消费的影响分析

工业部门种类繁多，不同的工业部门对于能源的消耗程度相差很大，有必要就环渤海地区工业分行业结构进行时间序列的能源消耗分析。2001年环渤海地区能源消费量为4.12亿吨标准煤，到2010年增至9.52亿吨标准煤，这种变化与工业结构的变动有着直接的联系。在以下分析过程中选取工业分行业的产值，采用各行业的产值比例来反映历年工业的内部结构演变，用单位产值能源消费量也就是能源强度来表示能源消耗的情况，具体计算方法为：

1. 2001—2010年环渤海地区工业结构变动概况

为了考察环渤海工业分行业结构变动情况，采用各行业的产值比例来反映历年工业的内部结构演变。具体计算方法为：

$$R_{it} = \frac{N_{it}}{\sum N_{it} \times 100}$$

式中，R_{it}为i行业在t年的产值比例；N_{it}为i行业在t年的产值（表13.1）。

表13.1　2001—2010年环渤海地区工业分行业产值比例（%）

行业名称	2001年	2002年	2003年	2004年	2005年	2006年	2007年	2008年	2009年	2010年
煤炭开采和洗选业	2.00	2.44	2.26	2.54	2.47	2.51	2.12	2.27	2.44	2.84
石油和天然气开采业	3.73	2.76	2.27	2.75	2.80	2.85	2.30	2.50	1.73	1.90
金属矿采选业	0.83	1.00	1.22	1.27	1.22	1.26	1.48	1.60	1.63	2.04
非金属矿及其他矿采选业	0.37	0.43	0.38	0.37	0.40	0.41	0.40	0.37	0.38	0.33
食品制造及烟草加工业	9.72	11.85	10.39	10.06	10.43	10.06	9.82	10.04	9.97	9.45
纺织业	4.81	5.52	4.81	4.47	5.07	5.08	4.39	4.23	4.11	4.02
纺织服装细毛皮革制品业	2.60	3.00	2.68	2.47	2.54	2.42	2.34	2.24	2.38	2.16
木材加工及家具制造业	0.81	0.99	1.03	1.06	1.18	1.22	1.46	1.54	1.64	1.53
造纸印刷文教体育制造业	2.76	3.40	3.00	2.79	2.98	2.86	2.42	2.31	2.28	2.15
石化产业	20.15	17.66	19.05	18.22	16.82	16.77	17.76	18.00	18.11	18.50
非金属矿物制品业	4.74	4.71	4.79	4.64	4.50	4.51	4.60	4.70	4.84	4.62
钢铁产业	10.44	9.25	12.68	14.71	13.98	13.64	14.67	14.91	14.27	14.02

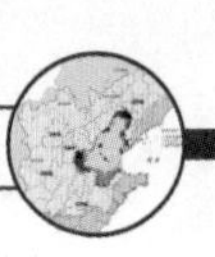

续表

行业名称	2001年	2002年	2003年	2004年	2005年	2006年	2007年	2008年	2009年	2010年
金属制品业	2.87	2.75	2.37	2.33	2.40	2.39	2.65	2.59	2.79	2.79
装备制造业	12.10	12.33	14.21	14.06	12.65	13.19	14.78	15.49	16.52	17.12
电气机械及器材制造业	5.18	5.18	4.76	4.71	4.64	4.65	4.56	4.65	4.88	4.64
通信设备、计算机及其他电子设备制造业	9.81	9.94	8.19	7.82	8.23	8.47	6.87	5.72	5.02	4.65
仪器仪表办公机械制造业	0.59	0.67	0.64	0.60	0.68	0.77	0.69	0.60	0.58	0.56
工艺品及其他制造业	1.11	1.11	0.75	0.77	0.79	0.78	0.74	0.69	0.71	0.64
电力、热力的生产和供应业	4.95	4.60	4.11	3.93	5.84	5.76	5.59	5.24	5.37	5.69
煤气生产和供应业	0.18	0.17	0.14	0.13	0.12	0.14	0.13	0.21	0.24	0.23
水的生产和供应业	0.22	0.25	0.18	0.21	0.15	0.13	0.13	0.12	0.12	0.12

表13.1为环渤海地区各工业行业产值比例表。从表13.1可以看出，石化产业、钢铁产业和装备制造业是环渤海地区工业生产的主导产业，2001—2010年间，三大产业产值一直占到环渤海地区工业生产总值的43.61%—49.63%，而且该比例呈上升趋势。余下前5位依次是食品制造及烟草加工业，产值比从10.39%逐步下滑到9.45%；电力、热力的生产和供应业，产值比例呈上升趋势；通信设备、计算机及其他设备制造业产值比例在4.65%—8.47%之间，其产值比例是所有工业行业中下降速度最快的；电气机械及器材制造业居第7位，占工业生产总值的4.64%—4.88%，变化趋势不明显；非金属矿物制品业居第8位，变化趋势不明显，介于4.5%—4.84%之间。从环渤海地区工业部门的变动情况可以看出，2001—2010年间，环渤海地区工业生产结构的变化主要表现为食品制造、纺织等轻工业日渐式微，而石化产业、钢铁产业和装备制造业三大产业一直保持着比较重要的地位，煤炭开采和洗选业、金属矿采选业、金属制品业等重工业呈上升态势。这表明，环渤海地区的工业结构日益向重型化发展，甚至出现超重型化的发展态势，由此产生的能源影响十分突出。

2. 环渤海地区工业结构变动的能源消耗影响分析

以下用能源消耗强度来表示能源消耗的情况，具体计算方法为：

$$E_{it} = EC_{it} / N_{it}$$

式中，E_{it}为能源消耗强度；EC_{it}为能源消耗量；N_{it}为产值；i、t为行业、年度（表13.2）。

工业属于高耗能产业，其内部能源强度结构也不同。表13.2为2001—2010年工业内部各部门的能源消耗强度统计结果。根据2010年统计计算结果可知，环渤海地区单位产值能源消费量居前几位的工业部门是：煤炭开采和洗选业，石油和天然气开采业，石化产业，非金属矿物制品业，钢铁产业，电力、热力的生产和供应业以及水的生产和供应业。其中，非金属矿物制品业能源强度最高，水的生产和供应业次之，钢铁产业第三，分别为0.86万吨标准煤/亿元、0.85万吨标准煤/亿元和0.63万吨标准煤/亿元。

表13.2　2001—2010年环渤海地区工业分行业能源消耗强度　　单位：万吨标准煤/亿元

行业名称	2001年	2002年	2003年	2004年	2005年	2006年	2007年	2008年	2009年	2010年
煤炭开采和洗选业	2.65	2.25	2.19	1.33	1.20	0.94	0.77	0.63	0.62	0.47
石油和天然气开采业	1.44	1.64	1.32	0.78	0.59	0.46	0.44	0.39	0.52	0.40
金属矿采选业	1.24	1.23	1.21	0.99	0.75	0.59	0.48	0.35	0.31	0.25
非金属矿及其他矿采选业	1.77	1.65	1.39	1.28	1.25	0.99	0.77	0.64	0.58	0.39
食品制造及烟草加工业	0.35	0.32	0.26	0.25	0.21	0.18	0.15	0.13	0.11	0.08
纺织业	0.48	0.47	0.44	0.39	0.39	0.37	0.33	0.29	0.27	0.21
纺织服装细毛皮革制品业	0.13	0.12	0.11	0.09	0.10	0.09	0.08	0.07	0.06	0.05
木材加工及家具制造业	0.35	0.30	0.30	0.18	0.25	0.21	0.16	0.14	0.13	0.10
造纸印刷文教体育制造业	0.71	0.69	0.63	0.50	0.52	0.46	0.36	0.34	0.33	0.26
石化产业	1.45	1.42	1.27	1.03	0.92	0.80	0.69	0.58	0.57	0.46
非金属矿物制品业	2.48	2.33	2.23	1.81	2.04	1.70	1.30	1.21	1.08	0.86
钢铁产业	2.60	2.61	1.53	1.07	1.11	1.02	0.86	0.72	0.77	0.63
金属制品业	0.45	0.45	0.44	0.30	0.33	0.30	0.24	0.20	0.18	0.18
装备制造业	0.27	0.24	0.16	0.13	0.13	0.11	0.09	0.08	0.07	0.06
电气机械及器材制造业	0.12	0.11	0.11	0.09	0.08	0.07	0.06	0.05	0.05	0.04
通信设备、计算机及其他电子设备制造业	0.08	0.07	0.06	0.05	0.05	0.05	0.05	0.05	0.04	0.04
仪器仪表办公机械制造业	0.16	0.16	0.12	0.07	0.06	0.06	0.06	0.05	0.05	0.05
工艺品及其他制造业	0.98	0.98	0.97	0.56	0.62	0.51	0.37	0.34	0.31	0.26
电力、热力的生产和供应业	2.02	1.99	1.89	0.97	0.88	0.80	0.69	0.62	0.58	0.55
煤气生产和供应业	2.54	2.44	1.88	1.22	1.22	0.88	0.62	0.42	0.31	0.27
水的生产和供应业	1.66	1.44	1.27	1.19	1.15	1.04	1.00	0.91	0.86	0.85

注：本表价格均按当年价格计算。

总体上看，各个部门的能源强度都呈逐年下降的趋势，只有少数几个部门能源强度波动中略有起伏，这些部门有石油和天然气开采业、纺织服装鞋帽皮革制品业、木材加工及家具制造业、造纸印刷文教体育制品业、非金属矿物制品业和钢铁工业。其中除了石油和天然气开采业以及钢铁产业在2009年能源强度有所上升外，其余产业均在2005年略有起伏，在这两年能源的消费速度大于国内生产总值增长速度，导致能源强度上升。到2010年所有产业的能

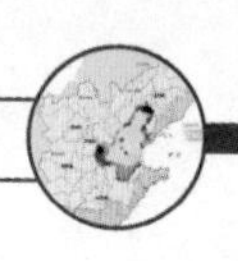

源强度都有下降，也就是单位产值能源消费量减少，表明工业技术有所进步。

从各部门结构来看，在诸多高能源强度的部门中，石化产业、钢铁产业和电力、热力的生产和供应业、非金属矿物制品业具有较高的产值比例，2001—2010年间，石化产业和钢铁产业一直占到环渤海地区工业生产总值的39.8%—42.91%，而且该比例呈现逐年上升趋势。这些部门的高能源强度及高比重造成了环渤海地区能源的巨大消耗，从而导致了环渤海地区较高能源强度的存在。

从以上的分析中容易发现，环渤海地区的能源消费量与该地区工业结构显著相关，石化和钢铁产业是环渤海地区的支柱和主导产业，其能源强度排在各个行业前列，且其他能源强度高的产业都集中在重工业，因此工业结构的特征决定了环渤海地区能源消耗量的损耗，而且现在的工业结构变化对于能源消费量控制显然是不利的。

（三）环渤海地区典型重工业产业波及效果和能源消耗量关系

从以上的分析可以得知，随着环渤海地区工业结构的不断调整，能源压力加大，这主要是因为环渤海地区重工业产业比例不断加大，呈现出鲜明的重化特色。

通过产业波及的研究发现，随着钢铁产业、石化产业和装备制造业为主构成的重工业生产不断扩大，重工业内部各产业间的联系将更加紧密，而很多重工业部门恰恰也是亿元产值能源消耗大的行业，所以会造成能源消费的死循环。本节主要分析环渤海地区典型重工业产业规模扩大对其他产业的波及作用所带来的能源消费量的增长关系。

本节所使用的投入产出表是价值型投入产出表，所以要研究典型重工业产业波及效果与能源消费量的关系，就要发掘一个产值与能源消耗等因素的关联系数。本节以目标年各产业单位生产总值的综合能源消费量为基础，同时根据《中国能源统计年鉴》所提供的能源标准化的转换系数，将综合能源的消费量全部折算为标准煤单位量，统一单位后再计算工业各部门亿元生产总值消耗的万吨标准煤以及其他能源。

当环渤海地区石化产业、钢铁产业和装备制造业产值规模分别增加17%、13%和16%，产业间的波及作用会导致其他产业有不同程度的增长，21个工业部门为了满足三大产业的波及效果作用，需要增加额外的能源消耗总量估算分别为3 048万吨标准煤、2 329万吨标准煤和2 431万吨标准煤。也就是说，当石化产业产值增长了17%，通过产业间的波及作用，21个工业部门需要额外增加3 048万吨标准煤的能源消耗量才能满足石化产业产值增长的需要，其他两个产业同理（表13.3）。

分析表13.3可知，三大产业相互波及造成能源额外的消耗量加大，我们以钢铁产业为例，钢铁产业规模扩大，环渤海地区重化工业受波及影响幅度相比于其他产业较大，而这些重化工业恰恰又是煤炭、焦炭、原油、汽油、煤油等相关能源的消耗大户，所以带动了环渤海地区整体能源消费量的增大。石化产业产值增加波及影响其他产业能源消耗量增加量居所有产业之首，这是因为石化产业受波及增加的产值和能源强度都较大，所以受波及影响额外增加的能源消耗量也较多。居于前6位的行业除了石化产业和钢铁产业外，还有电力、热力的生产和供应业、煤炭开采和洗选业、金属矿采选业、非金属矿物制品业、石油和天然气开采业，这几个除非金属矿物制品业外，其余几个行业受波及影响程度较大，所以相应的能源消费量也较多，而非金属矿物制品业虽然受波及影响增加的产值不多，但是由于此行业能源强度较大，所以受波及影响额外增加的能源消耗量也较多。对比环渤海地区三大产业相互波及产值增长表，我们发现虽然有些产业受波及影响程度较大，但其能源消费量却不多，比如装备制造业，产值波及增长在21个工业部门当中居于第5位，但其能源消费量却排在末端，这与其行业的能源强度不高有关。

表13.3　环渤海地区21个工业部门受三大产业波及影响额外能源消耗情况　　单位：万吨标准煤

行业名称	石化产业	钢铁产业	装备制造业
煤炭开采和洗选业	187.333 7	124.490 8	115.948 2
石油和天然气开采业	215.362 9	58.821 3	74.800 1
金属矿采选业	27.147 9	166.760 6	83.146 4
非金属矿及其他矿采选业	25.021 5	7.515 5	8.859 8
食品制造及烟草加工业	10.690 8	3.972 3	7.591 3
纺织业	17.312 7	8.172 0	15.153 8
纺织服装细毛皮革制品业	3.070 5	2.493 7	2.956 5
木材加工及家具制造业	3.683 7	2.695 1	5.964 3
造纸印刷文教体育制造业	34.902 3	13.547 1	27.819 1
石化产业	1 803.431 0	339.415 2	464.764 1
非金属矿物制品业	74.982 0	61.545 6	75.211 1
钢铁产业	265.764 7	1 241.003 2	1 029.898 5
金属制品业	24.234 9	30.390 6	79.812 2
装备制造业	22.351 8	21.192 6	139.020 4
电气机械及器材制造业	4.507 7	5.038 0	10.876 9
通信设备、计算机及其他电子设备制造业	4.039 1	2.662 5	8.619 4
仪器仪表办公机械制造业	2.988 3	1.505 7	2.401 6
工艺品及其他制造业	5.519 2	4.222 6	13.757 5
电力、热力的生产和供应业	298.928 1	224.721 8	252.333 1
煤气生产和供应业	3.897 6	3.579 4	3.377 4
水的生产和供应业	13.518 9	6.240 9	9.125 0

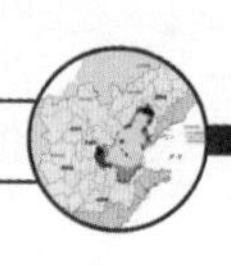

（四）环渤海地区工业能源消耗量的情景分析

本研究环渤海地区处于工业化后期阶段并将逐步进入后工业化阶段的判断设定转型情景、加速情景和基准情景3种发展情景。其中转型情景的工业规模、结构与决策者所设定的目标一致，也就是高新技术产业发展幅度较大，而重工业部门发展幅度较小；加速情景设定重点行业实现跨越式发展，也就是环渤海地区三大产业发展的幅度较大；基准情景设定各行业维持线性增长，产业结构与现状类似，也就是与2010年类似。

1. 环渤海地区工业各行业能源消耗强度预测

通过分析2001—2010年环渤海地区工业各行业能源消耗强度数据，发现随着企业节能措施的增加以及国家节能政策的增强，初期能源消耗下降速度较快，经过一段时间后，节能能力逐渐减弱，最后趋于饱和状态。修正指数预测模型的特点恰好符合环渤海地区工业各行业能源消耗强度的发展趋势。因此，采用修正曲线模型预测环渤海地区工业各行业能源消耗强度较为适合。该研究部分根据2001—2010年环渤海地区工业各行业能源消耗强度数据，利用三段法，可以求得各行业能源消耗强度趋势预测模型。

$$y = k + ab^t$$

以煤炭开采和洗选业为例，a=2.125 951，b=0.746 552，k=0.290 679，其中k为预测饱和的值。经过计算可以得出各个行业未来5年内的能源消耗强度的预测值（表13.4）。

表13.4　环渤海地区工业各行业能源消耗强度预测值

行业名称	2011年	2012年	2013年	2014年	2015年
煤炭开采和洗选业	0.44	0.41	0.38	0.35	0.34
石油和天然气开采业	0.43	0.43	0.43	0.43	0.43
金属矿采选业	0.18	0.13	0.09	0.06	0.03
非金属矿及其他矿采选业	0.21	0.04	0.04	0.04	0.04
食品制造及烟草加工业	0.07	0.05	0.04	0.02	0.01
纺织业	0.16	0.10	0.03	0.03	0.03
纺织服装细毛皮革制品业	0.03	0.01	0.01	0.01	0.01
木材加工及家具制造业	0.05	0.05	0.05	0.05	0.05
造纸印刷文教体育制造业	0.23	0.19	0.16	0.12	0.09
石化产业	0.42	0.37	0.33	0.30	0.27
非金属矿物制品业	0.50	0.17	0.17	0.17	0.17
钢铁产业	0.62	0.59	0.57	0.56	0.55
金属制品业	0.12	0.09	0.05	0.02	0.02
装备制造业	0.05	0.05	0.04	0.04	0.03

续表

行业名称	2011年	2012年	2013年	2014年	2015年
电气机械及器材制造业	0.03	0.03	0.03	0.02	0.02
通信设备、计算机及其他电子设备制造业	0.04	0.04	0.04	0.04	0.04
仪器仪表办公机械制造业	0.05	0.05	0.05	0.05	0.05
工艺品及其他制造业	0.22	0.19	0.16	0.14	0.12
电力、热力的生产和供应业	0.54	0.53	0.52	0.52	0.52
煤气生产和供应业	0.08	0.08	0.08	0.08	0.08
水的生产和供应业	0.73	0.66	0.59	0.51	0.44

2. 环渤海地区工业3种发展模式下产业波及额外能源消耗量分析

在技术条件不变的前提下，当环渤海地区21个工业部门按照3种发展情景发展的话，通过产业间的波及作用，最终导致各个行业的生产将会有不同程度的增长，而各个产业不同程度的增长，势必会增加能源的消耗量，给能源带来一定的压力，表13.5表示3种情景下各个产业受波及影响下的额外能源消耗情况。

表13.5　三种情景下21个工业部门受波及影响额外能源消耗情况表　　单位：万吨标准煤

行业名称	转型情景	加速情景	基准情景
煤炭开采和洗选业	489.020 4	557.552 3	552.101 7
石油和天然气开采业	337.975 1	418.980 2	384.734 6
金属矿采选业	227.481 5	272.746 3	250.831 6
非金属矿及其他矿采选业	46.320 1	56.691 1	60.224 7
食品制造及烟草加工业	25.297 2	30.473 0	29.937 6
纺织业	60.155 9	69.783 5	84.674 0
纺织服装细毛皮革制品业	9.416 6	12.212 3	12.316 2
木材加工及家具制造业	12.080 3	17.110 7	17.589 4
造纸印刷文教体育制造业	87.015 0	104.829 9	111.734 9
石化产业	1 068.971 0	1 133.398 2	1 362.568 7
非金属矿物制品业	194.112 4	276.033 4	274.450 0
钢铁产业	1 173.907 6	1 433.769 3	1 546.229 2
金属制品业	119.626 4	158.663 0	143.631 0
装备制造业	59.773 5	66.596 0	82.710 9
电气机械及器材制造业	19.760 8	28.202 4	25.754 5

续表

行业名称	转型情景	加速情景	基准情景
通信设备、计算机及其他电子设备制造业	17.538 5	21.773 3	21.592 3
仪器仪表办公机械制造业	3.406 8	5.049 6	5.964 7
工艺品及其他制造业	16.709 2	23.901 3	24.180 3
电力、热力的生产和供应业	736.828 2	945.622 6	876.240 7
煤气生产和供应业	10.860 7	13.553 6	12.811 8
水的生产和供应业	31.576 0	37.223 6	37.385 9

从表13.5可知，转型情景下，环渤海21个工业部门额外增加的能源消费总量为4 747万吨标准煤。加速情景下，高污染高能耗的部门被波及的程度大，所以21个工业部门额外增加的能源消费总量为5 684万吨标准煤。线性增长情景下，环渤海21个工业部门额外增加的能源消费总量为5 917万吨标准煤。

3. 环渤海地区工业产业波及额外能源消耗量的情景分析

以上数据以2010年数据为基准，计算3种发展情景下各个工业部门为满足发展要求需要额外增加的能源消费量等相关因素。下面将依据产业波及的分析结果，结合预测的环渤海地区工业各行业能源消耗强度预测数据，设定经济增长的水平，估算2011—2015年环渤海地区21个工业部门受产业波及影响额外增加的能源消费量（表13.6）。

表13.6　工业能源额外消耗量情景分析　单位：万吨标准煤

年份	工业能源额外消耗量		
	转型情景	加速情景	基准情景
2011	4 520.798 4	5 437.757 5	5 773.294 3
2012	4 688.829 1	5 591.948 7	5 817.436 1
2013	4 783.924 7	5 716.703 4	5 934.137 7
2014	4 981.115 7	5 961.732 8	6 183.789 4
2015	5 237.545 7	6 284.592 7	6 501.280 9

在转型情景下，工业能源额外消耗量由2011年的4 520.798 4万吨标准煤增加到2015年的5 237.545 7万吨标准煤；在加速情景下，工业能源额外消耗量由2011年的5 437.757 5万吨标准煤增加到2015年的6 284.592 7万吨标准煤；在基准情景模式下，2015年的能源额外消耗量为6 501.280 9万吨标准煤，累计能源额外消耗量比转型加速情景分析下多1 217.203万吨标准煤。

在得到各种发展情境下，21个工业部门为了满足各种发展情景受波及影响需要额外增加的能源消耗量之后，结合经济增长的速度，预测在未来几年内，环渤海地区整体的能源消耗总量，其计算结果如图13.2所示。

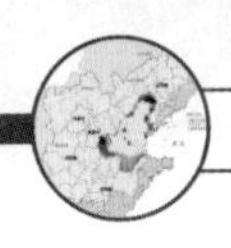

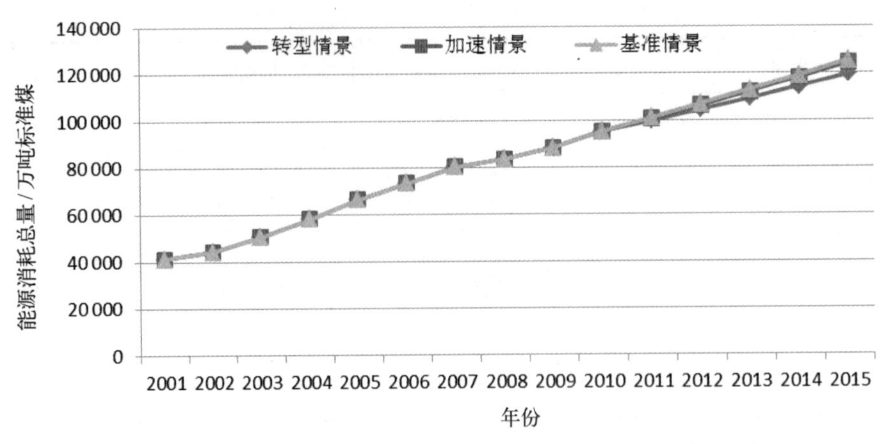

图13.2　2001—2015年环渤海地区工业能源消耗总量情景分析

在转型情景下，环渤海地区工业能源消耗总量由2001年的4.12亿吨标准煤增加到2015年的11.94亿吨标准煤；在加速情景下，工业能源消耗总量到2015年增加到12.42亿吨标准煤；在基准情景模式下，环渤海地区2015年的工业能源消耗总量为12.54亿吨标准煤，比加速情景多0.12亿吨标准煤。通过环渤海地区三种发展情景的能源消耗总量可以看出，转型情景下，到2015年环渤海地区的能源消耗总量增长的最少，而加速情景和基准情景能源消耗总量增长较多。

2001—2010年这10年期间，环渤海地区能源消费总量占全国能源消费总量的比重逐步呈现递增的趋势，虽然2003年和2004年比重略有下降，但是不影响整体上升的趋势。这主要是因为环渤海地区重工业比重一直偏大，重工业内部联系较为紧密，而大多数的重工业都属于高能耗的产业，所以导致了环渤海地区能源消耗总量占全国的比重逐步上升。前文分析了三种情景下未来五年环渤海地区能源消耗压力，同时推算全国能源消耗总量每年平均以5%的速率增加，计算从2011年到2015年，三种情景下，环渤海地区能源消费总量占全国总量的比例。从图13.3可以看出，加速情景和基准情景下，这个比例是不断上升的，而转型情景下，占全国总量的比例开始慢慢地下降，到2015年，占全国的比例降到30.38%，可见转型情境下有利于区域经济健康可持续的发展。

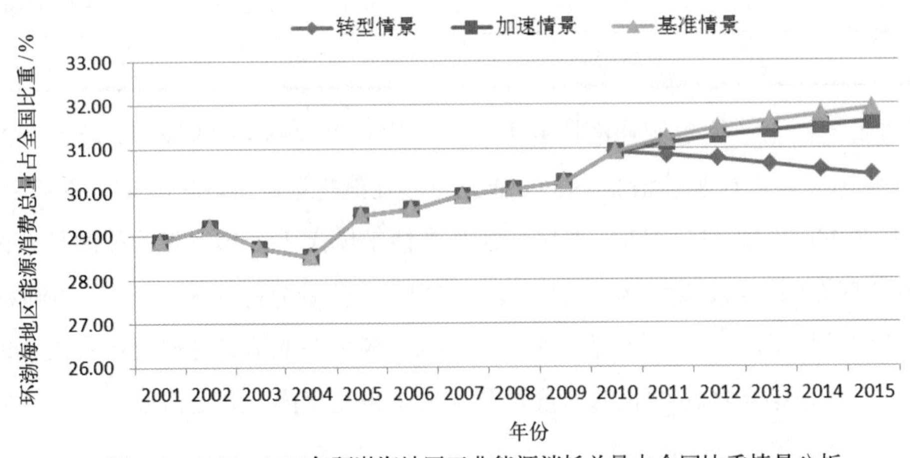

图13.3　2001—2015年环渤海地区工业能源消耗总量占全国比重情景分析

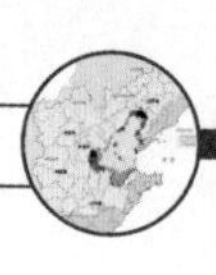

（五）基于能源约束的环渤海地区工业产业结构调整的必要性

近几年环渤海地区经济增长速度加快，呈现出良好的发展势头。从1978年到2010年的30多年时间里，环渤海地区的国内生产总值总量由665.7亿元增加到93 291.3亿元，增长了近140倍，年均增速达15.6%，尤其是20世纪90年代后发展迅猛，年均增长达23.9%（名义增长率）。但是环渤海地区能源消费也呈现总量增大，速度加快，自供给率降低等特点。

2000年以来，环渤海地区能源消费呈现总量增加趋势。2001年地区能源消费总量为4.12亿吨标准煤，到2010年增加到9.52亿吨标准煤，是2001年的2.31倍。在能源消费总量增加的过程中，总的呈现快速增长趋势，并且在“十五”期间表现为高速增长，年均增长速度超过12%。

环渤海地区工业发展水平较高，工业仍是能源消费的主体，高耗能的产业结构特征仍较突出。2010年，环渤海地区工业企业终端能源消费 6.527 5亿吨标准煤，占整个地区能源终端消费总量的 67.29%，仍占消费主体。从工业内部看，高耗能产业的比重较高，高耗能的结构特征明显。轻重工业比重尚不够协调，工业经济增长仍主要依靠重工业的增长来拉动。轻工业过轻，重工业过重，轻重工业比重明显不合理是工业能耗水平较高的一个重要因素。从产业关联的角度来看，重工业规模发展势必会波及其他重工业部门产值的增加，而像电力、冶金、石化等重工业部门恰恰也是能源强度高的部门，从而造成了环渤海地区能源消耗的恶性循环。

虽然环渤海地区能源消费总量增大、速度加快，但是能源生产增长缓慢，能源生产量低。2000年地区能源生产总量为2.74亿吨标准煤，到2010年为3.36亿吨标准煤，比2000年只增加了22.9%，能源生产总量年均增长速度为2.1%。能源生产量的低速增长与能源消费的高速增长，使得环渤海地区能源自供给率低，并呈现下降的趋势。2000年环渤海地区能源自供给率为83%，到2010年下降到34.6%。能源自供给率的下降，彰显能源供给保障的危险。

从以上分析可以看出，近年来，环渤海地区虽然能源产量虽保持一定增长，区域内能源供给能力不断增强，但仍满足不了区域消费需求，每年都需从全国其他区域购入大量能源，且购入量逐年增加。环渤海地区能源匮乏，按理应形成较轻的工业结构，然而历史上却形成了高耗能密集型的工业结构，按照产业波及的原理，势必形成能源消耗的恶性循环。本研究按照三种情景模拟环渤海地区的发展趋势，发现在转型情景下，高新技术产业得到大力发展，重工业产业发展势头降低，从而受波及影响，需要额外增加的能源消费量相对来说较少。而加速情景和基准情景，重工业产业发展势头较猛，从而导致其他重工业产业受波及影响较为严重，需要额外增加的能源消费量相对来说较多，所以基于环渤海地区能源约束的条件，调整环渤海地区的工业结构是非常有必要的。

二、环渤海地区工业结构与水环境污染关系分析

环渤海地区工业构成特征比较明显，即重化工业扮演了该地区工业发展的主要角色，各省市的支柱产业中重化工业占据了重要的地位。鲜明的重化工业主导型工业结构在过去30多年里始终伴随着该区域的经济发展。鲜明的重化工产业特征也决定了该地区一方面水资源消耗加大，另一方面水污染加重。考虑到工业废水排放控制是污染物排放总量控制最重要的内容之一，且减少工业废水排放是减少污染物排放的主要目标之一，而且基于数据的可获得性，本研究水环境保护的切入点放在工业废水排放方面。

（一）社会经济发展和工业废水排放量的关系

社会经济发展和工业废水排放是关于水环境污染与经济关系模型的重点研究内容之一。本节研究环渤海地区社会经济发展和工业废水排放量的关系主要是看人均国内生产总值和工业废水排放量的变化情况。

由于我国分配制度和社会保障制度中的非经济因素影响，导致人们收入来源构成越来越复杂，因而用人均国内生产总值替代人均收入来反映经济增长更为合理。从历年环渤海三省两市统计年鉴中收集到的环渤海地区2001—2010年期间工业废水排放量及人均国内生产总值的年度数据，然后以年份为横轴，以工业废水排放量和人均国内生产总值为纵轴做出散点图并添加趋势线，如图13.4所示。

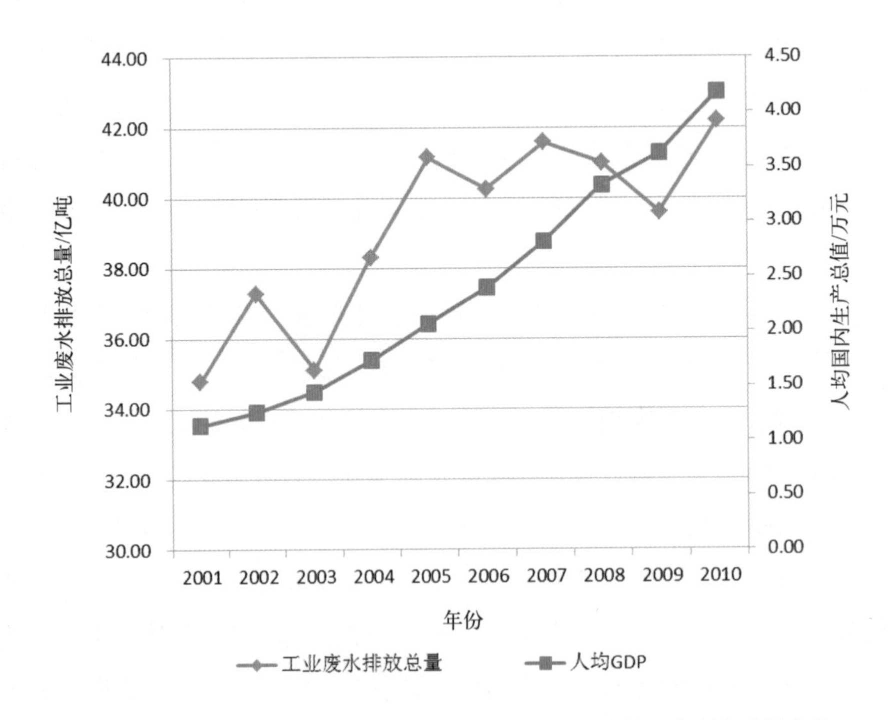

图13.4　2001—2010年环渤海地区工业废水排放量和人均国内生产总值变化

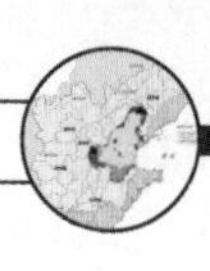

结果发现，随着人均国内生产总值的增长，环渤海地区工业废水的排放量虽有上下波动，但是总体为上升的趋势，排放量由2001年的33亿吨上升至2010年的42亿吨，工业废水排放量与人均国内生产总值的总体变化趋势呈“X”形交叉。从曲线变化上来看，环渤海地区废水污染的情况较严重，为了有效地控制环境污染的局面，需要进一步分析导致环境质量下降的驱动因素。

关于经济增长中导致的环境恶化问题可以归结为6方面的因素：规模效应、经济结构、技术进步因素、国际贸易因素、环境需求因素和环境政策因素。规模效应指的是产出的增加意味着消费更多的资源品与能源品，因此较大规模的生产水平会导致更严重的污染排放。随着第二产业比例加重，工业化和城市化带来了严重的环境污染问题，当主要的经济活动由高污染高消耗的工业转向低污染、低耗能的服务业时，生产对资源和环境的压力就会降低，这就是产业结构对环境的影响作用。同时有人认为随着技术的进步，能源和资源的利用效率提高，相对应的污染减少，所以技术进步也算是影响环境的一个因素。国际贸易因素指的是发达国家向发展中国家的“环境倾销”；环境需求因素指的是随着收入水平的提高，人们会主动采取友好的措施，或者从个人消费的角度自发做出有益于环境的抉择；环境政策因素是指高效民主的政权将有利于环境友好政策的实施。国际贸易、环境需求和环境政策三个因素是规模、结构和技术三类因素的延伸，每一类因素都与三类效应综合作用结果有关。

在规模效应、经济结构和技术进步这三大效应中，一般情况下，经济规模是一个比较复杂的宏观变量，人为的直接控制经济增长速度对环境的直接作用并不明显，有时还起着相反的作用。技术因素是政府不适宜过度施加影响的微观变量，应通过市场来自发的调节。产业结构与规模效应和技术因素不同，是政府可以施加影响的中观变量，通过宏观调控改变产业投资结构和方向，可以有效地控制环境的污染状况。产业结构效应在环境影响中发挥了重要影响，合理的、良性发展的产业结构有利于节能减排，而不合理的产业结构会明显加重环境压力。所以本研究将工业结构变动来作为影响环境的主要因素来进行研究。

（二）环渤海地区工业结构变动对水环境的影响分析

工业结构门类繁多，不同的工业部门对于环境的影响程度相差很大，有必要就环渤海地区工业分行业结构进行时间序列的环境影响分析。为了获得工业结构对环境影响尽可能精确的效果，在以下分析过程中只选取工业分行业的总产值、污染排放量数据，而不考虑其他相关因素，这有利于排除相关因素的干扰。

在工业的“三废”排放中，以废水排放对环境的影响为甚，在以下的分析中将以废水排放量指标来代表水环境的变化情况，分析工业结构变动与这个指标之间的关系，以阐明工业结构变动对水环境的影响。

渤海环境趋于恶化是目前环渤海地区最突出的环境问题，“百川归大海”，陆域源源不断的废水排入渤海造成了渤海海洋环境的恶化，而其中工业废水大量排放占主要的原因。环渤海地区2001年工业废水排放量为31亿吨，到2010年增至42亿吨，这种变化与工业结构的变动有着直接的联系。以下用单位产值污染物排放强度来表示工业环境污染情况，具体计算方法为：

$$\partial_{it} = P_{it} / N_{it}$$

式中，∂_{it}为污染排放强度；P_{it}为污染排放量；N_{it}为产值；i、t为行业、年度。

各行业单位产值污染排放比值的计算公式为：

$$\gamma_{it} = \partial_{it} / \sum \partial_{it} \times 100$$

式中，γ_{it}为单位产值污染排放比值；∂_{it}为污染排放强度；i、t为行业、年度。

表13.7为环渤海地区工业分行业单位产值废水排放比例表，根据2010年统计计算结果可知，环渤海地区单位产值废水排放比例居前6位的工业部门是：石化产业、造纸印刷文教体育制品业、纺织服装细毛皮革制品业、食品制造及烟草加工业、纺织业和钢铁产业。这6个行业废水排放强度所占比重为77.39%。如果将分行业产值比例排序与废水排放强度排序进行对照就可以发现，石化产业、钢铁产业和造纸印刷及文教体育制品业这3个部门属于产值比例和单位废水排放强度均较大的行业。造纸印刷及文教体育制品业产值仅2.35%，而废水排放强度居高不下，仅次于石化产业。石化产业多年来在环渤海地区占据主导地位，其单位废水排放强度呈减弱的趋势，但其比例一直为各行业之首。值得注意的是，在这8年来，钢铁工业在产值比连年攀升的前提下单位产值废水排放比例减弱，表明这一行业的结构调整和废水处理投资的效益较大。

从以上的分析容易发现，环渤海地区的废水排放与该地区工业行业的构成显著相关，石化、钢铁行业、造纸三个行业成为该地区的废水排放三大行业，占整个地区总废水排放的43.99%以上，这些行业的万元产值废水排放量相对其他行业高，因此产业结构的特征决定了环渤海地区工业废水排放的特点，而且现在的工业结构变化对于工业废水排放总量控制显然是不利的。

表13.7　2001—2010年环渤海地区工业分行业单位产值废水排放比例变化表（%）

行业名称	2001年	2002年	2003年	2004年	2005年	2006年	2007年	2008年	2009年	2010年
煤炭开采和洗选业	2.65	2.5	2.59	2.31	2.04	2.34	2.97	2.94	3.37	4.33
石油和天然气开采业	0.55	0.52	0.51	0.48	0.49	0.48	0.40	0.45	0.42	0.47
金属矿采选业	1.45	1.69	1.75	1.95	1.98	2.50	2.42	2.43	2.22	2.24
非金属矿及其他矿采选业	0.43	0.44	0.45	0.44	0.58	0.46	0.40	0.41	0.34	0.33
食品制造及烟草加工业	6.78	7.89	8.06	8.19	9.11	8.52	10.48	11.40	11.34	11.42
纺织业	5.08	5.91	6.8	7.12	7.54	8.59	9.17	9.40	10.06	10.16
纺织服装细毛皮革制品业	7.06	7.19	7.78	8.41	8.75	10.07	10.72	11.09	11.73	11.82
木材加工及家具制造业	0.33	0.33	0.35	0.41	0.32	0.26	0.27	0.26	0.33	0.29

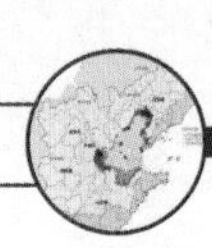

续表

行业名称	2001年	2002年	2003年	2004年	2005年	2006年	2007年	2008年	2009年	2010年
造纸印刷文教体育制造业	14.32	14.82	15.63	14.84	16.20	16.34	17.41	16.76	16.65	16.41
石化产业	20.89	21.82	22.45	22.00	22.08	22.05	20.35	19.58	19.84	20.12
非金属矿物制品业	2.98	2.47	2.30	2.21	2.11	1.86	1.640	1.462	1.38	1.33
钢铁产业	14.58	13.69	12.50	12.51	11.03	10.09	9.32	8.57	7.90	7.46
金属制品业	0.59	0.65	0.77	0.73	0.92	0.97	1.35	1.15	1.31	1.24
装备制造业	5.68	4.82	4.10	3.98	3.18	3.13	3.13	3.32	3.50	3.27
电气机械及器材制造业	0.62	0.58	0.49	0.36	0.35	0.35	0.35	0.40	0.39	0.48
通信、计算机及其他电子设备制造业	0.44	0.59	0.64	0.65	0.82	1.03	1.20	1.30	1.41	1.48
仪器仪表办公机械制造业	0.61	0.46	0.45	0.45	0.31	0.34	0.29	0.23	0.24	0.20
工艺品及其他制造业	0.07	0.08	0.09	0.09	0.09	0.10	0.15	0.13	0.15	0.10
电力热力的生产和供应业	13.81	12.13	11.15	11.6	11.00	9.42	7.12	7.41	6.27	5.36
煤气生产和供应业	0.21	0.2	0.18	0.16	0.17	0.14	0.11	0.10	0.08	0.07
水的生产和供应业	0.79	0.78	0.76	0.58	0.82	0.85	0.64	1.12	0.96	1.29

（三）环渤海地区典型重工业产业波及效果和工业废水排放量的关系

从以上的分析可以得知，随着环渤海地区工业结构的不断调整，水环境问题也呈现出结构性变化的特征，这主要由于不同的工业结构决定了工业废水的排放特点。通过本报告产业波及的研究发现，随着钢铁产业、石化产业和装备制造业为主构成的重工业生产不断扩大，重工业内部各产业间的联系将更加紧密，而很多重工业部门恰恰也是万元产值废水排放量大的行业，所以会造成环境恶化的死循环。本小节主要分析环渤海地区典型重工业产业规模扩大对其他产业的波及作用所带来的工业废水排放量的增长关系。

本研究部分所使用的投入产出表是价值型投入产出表，所以在研究典型重工业产业波及效果与工业废水排放的关系时，就要发掘一个产值与工业用水排水等因素的关联系数。本研究主要依据2008年全国污染普查资料统计出环渤海地区各个工业部门产值与废水排放量关系来作为经验系数。

当环渤海地区石化产业、钢铁产业和装备制造业产值规模分别增加17%、13%和16%，产业间的波及作用会导致其他产业有不同程度的增长，21个工业部门为了满足三大产业的波及效果作用，需要增加额外的工业废水排放总量估算分别为25 617万吨、13 350万吨和161 542万吨。也就是说，当石化产业产值增长了17%，通过产业间的波及作用，21个工业部门需要额外增加25 617万吨的工业废水排放量才能满足石化产业产值增长增加废水排放量的需要，其他两个产业同理，如表13.8所示。

表13.8 环渤海地区21个工业部门受三大产业波及影响额外废水排放量情况表 单位：万吨

行业名称	石化产业	钢铁产业	装备制造业
煤炭开采和洗选业	1 841.450 5	1 202.532 6	1 139.746 3
石油和天然气开采业	561.074 2	149.829 4	194.873 1
金属矿采选业	470.201 4	2 799.360 1	1 440.094 9
非金属矿及其他矿采选业	130.881 5	38.639 4	46.343 4
食品制造及烟草加工业	523.850 0	173.096 4	371.975 2
纺织业	625.730 8	284.987 1	547.701 8
纺织服装细毛皮革制品业	811.848 1	584.671 6	781.701 0
木材加工及家具制造业	18.418 6	12.777 9	29.821 6
造纸印刷文教体育制造业	2 946.562 3	1 136.467 2	2 348.576 3
石化产业	14 780.293 2	2 759.153 5	3 809.044 6
非金属矿物制品业	86.316 4	70.557 2	86.580 2
钢铁产业	518.873 9	2 429.488 6	2 010.754 3
金属制品业	149.448 4	187.226 9	492.175 0
装备制造业	178.814 6	151.690 8	1 112.163 0
电气机械及器材制造业	28.173 0	25.732 7	67.980 4
通信设备、计算机及其他电子设备制造业	55.537 0	31.878 7	118.516 3
仪器仪表办公机械制造业	40.043 1	18.632 2	32.180 8
工艺品及其他制造业	6.792 8	5.083 8	16.932 3
电力热力的生产和供应业	1 543.556 0	1 145.936 0	1 302.956 5
燃气生产和供应业	10.393 6	9.487 9	9.006 4
水的生产和供应业	289.642 7	133.185 1	195.504 1

分析表13.8可知，不同类型的工业废水受产业波及影响的排放量不同，我们以钢铁产业为例，钢铁产业规模扩大，环渤海地区重化工业受波及影响幅度较大，而这些重化工业恰恰又是含油废水、氨氮废水、重金属废水、化学需氧量废水等相关污染物的排污大户，所以带动了环渤海地区整体废水排放量的增大。其中石化产业的排污最为严重，三大产业中，石化产业受波及影响所排放的不同类型的工业废水之和为21 348万吨，居所有产业之首，且每一个污染指标的排放量也居于所有行业之首。造纸印刷和文教体育用品制造业居于第2位，虽然此行业受波及影响增加的产值不多，但是由于造纸印刷行业是排污大户，所以受波及影响额外增加的不同类型的工业废水的排放量也较多。居于前6位的行业除了石化产业和造纸印刷及文教体育用品制造业外，还有钢铁产业、煤炭开采和洗选业、金属矿采选业和金属制品业，这几个产业受波及影响程度较大，所以相应的不同类型的工业废水排放量也较多。对比环渤海

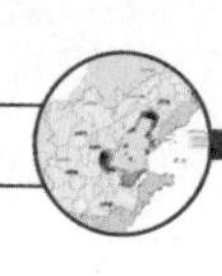

地区三大产业相互波及产值增长表，我们发现虽然有些产业受波及影响程度较大，但其不同类型的工业废水排放量却不多，比如装备制造业，产值波及增长在21个工业部门当中居于第5位，但其不同类型的工业废水排放量却排在中后位，这与其行业的排放强度不高有关。

（四）环渤海地区工业废水排放量的情景分析

本报告根据环渤海地区处于工业化后期阶段并将逐步进入后工业化阶段的判断设定转型情景、加速情景和基准情景三种发展情景。其中转型情景的工业规模、结构与决策者所设定的目标一致，也就是高新技术产业发展幅度较大，而重工业部门发展幅度较小；加速情景设定重点行业实现跨越式发展，产业结构转型加速，也就是环渤海地区三大产业发展的幅度较大；基准情景设定各行业维持线性增长，产业结构与现状类似，也就是与2010年类似。

1. 环渤海地区工业各行业废水排放强度预测

同能源消耗强度发展趋势相同，修正指数预测模型的特点恰好符合环渤海地区工业各行业废水排放强度的发展趋势。因此，采用修正曲线模型预测环渤海地区工业各行业废水排放强度较为适合。本研究根据2001—2010年环渤海地区工业各行业废水排放强度数据，利用三段法，可以求得各行业废水排放强度趋势预测模型。

$$y = k + ab^t$$

以煤炭开采和洗选业为例，a=13.518 71，b=0.674 374，k=3.847 434，其中k为预测饱和的值。经过计算可以得出各个行业未来五年内的能源消耗强度的预测值，如表13.9所示。

表13.9　2011—2015年环渤海地区工业各行业废水排放强度预测值　　单位：万吨

行业名称	2011年	2012年	2013年	2014年	2015年
煤炭开采和洗选业	4.24	4.11	4.02	3.97	3.93
石油和天然气开采业	1.04	1.03	1.02	1.02	1.01
金属矿采选业	2.56	1.32	1.29	0.57	0.29
非金属矿及其他矿采选业	1.10	0.56	0.49	0.22	0.12
食品制造及烟草加工业	3.17	2.57	2.04	1.57	1.15
纺织业	0.16	0.15	0.10	0.06	0.03
纺织服装细毛皮革制品业	10.25	7.82	5.23	2.48	1.19
木材加工及家具制造业	0.53	0.51	0.49	0.48	0.48
造纸印刷文教体育制造业	16.39	12.73	9.30	6.08	3.07
石化产业	3.40	3.07	2.81	2.62	2.47
非金属矿物制品业	0.57	0.40	0.27	0.17	0.10
钢铁产业	1.19	1.07	0.99	0.93	0.89

续表

行业名称	2011年	2012年	2013年	2014年	2015年
金属制品业	1.00	0.79	0.58	0.39	0.21
装备制造业	0.47	0.42	0.38	0.36	0.34
电气机械及器材制造业	0.24	0.24	0.23	0.23	0.23
通信设备、计算机及其他电子设备制造业	0.51	0.45	0.38	0.30	0.21
仪器仪表办公机械制造业	0.64	0.58	0.54	0.51	0.50
工艺品及其他制造业	0.7	0.44	0.21	0.20	0.18
电力、热力的生产和供应业	2.54	2.32	2.17	2.07	2.01
煤气生产和供应业	0.34	0.21	0.12	0.06	0.02
水的生产和供应业	16.31	14.70	13.19	11.75	10.40

2. 环渤海地区工业三种发展模式下产业波及额外废水排放量分析

在技术条件不变的前提下，当环渤海地区21个工业部门按照3种发展情景发展的话，通过产业间的波及作用，最终导致各个行业的生产将会有不同程度的增长，而各个产业不同程度的增长，势必会增加工业废水的排放量，给环境带来一定的压力，表13.10为三种情景下各个产业受波及影响额外工业废水排放情况。

表13.10　三种情境下工业21部门受波及影响额外工业废水排放情况　　单位：万吨

行业名称	转型情景	加速情景	基准情景
煤炭开采和洗选业	4 335.211 0	4 942.753 3	4 894.432 8
石油和天然气开采业	859.154 5	1 065.074 8	978.020 2
金属矿采选业	2 257.684 8	2 706.924 5	2 489.428 1
非金属矿及其他矿采选业	128.411 7	157.163 0	166.959 0
食品制造及烟草加工业	891.435 4	1 073.822 4	1 054.956 0
纺织业	44.223 7	51.301 4	62.248 2
纺织服装细毛皮革制品业	1 711.786 5	2 219.992 2	2 238.890 1
木材加工及家具制造业	60.710 3	85.991 1	88.396 7
造纸印刷文教体育制造业	5 450.653 0	6 566.585 2	6 999.118 5
石化产业	7 836.968 6	8 309.304 7	9 989.427 1
非金属矿物制品业	128.126 1	182.198 9	181.153 8
钢铁产业	2 223.400 8	2 715.583 1	2 928.584 1
金属制品业	663.946 3	880.606 0	797.175 9
装备制造业	418.929 5	466.745 8	579.689 3

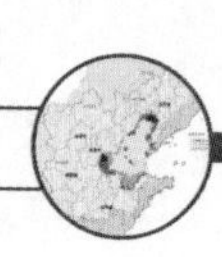

续表

行业名称	转型情景	加速情景	基准情景
电气机械及器材制造业	96.894 5	138.286 8	126.284 1
通信设备、计算机及其他电子设备制造业	194.718 4	241.733 9	239.725 2
仪器仪表办公机械制造业	40.270 2	59.688 5	70.505 4
工艺品及其他制造业	44.006 3	62.947 7	63.682 5
电力、热力的生产和供应业	3 360.444 4	4 312.691 0	3 996.261 8
煤气生产和供应业	13.594 7	16.965 5	16.036 9
水的生产和供应业	603.500 0	711.439 3	714.542 4

从表13.10可知，转型情景下，环渤海21个工业部门额外增加的废水排放量为31 364万吨。加速情景下，高污染高能耗的部门被波及的程度大，所以21个工业部门额外增加工业废水排放量为36 967万吨。基准情景下，环渤海21个工业部门额外增加的工业废水排放量为38 675万吨。

3. 环渤海地区工业产业波及额外废水排放量的情景分析

以上数据以2010年数据为基准，计算3种情景下各个工业部门额外增加的废水排放量等相关因素。下面将依据产业波及的分析结果，结合预测的环渤海地区工业各行业废水排放强度预测数据，设定经济增长的水平，估算2011—2015年环渤海地区21个工业部门受产业波及影响作用额外增加的废水排放总量，如表13.11所示。

表13.11　2011—2015年工业废水额外排放量的情景分析　　单位：万吨

年份	工业废水额外排放量		
	转型情景	加速情景	基准情景
2011	34 500.477 5	40 664.578 8	42 543.069 5
2012	32 262.946 2	37 919.471 1	39 807.045 2
2013	31 320.524 7	36 702.277 1	38 501.745 2
2014	29 577.653 8	34 493.923 6	36 309.433 6
2015	28 684.135 1	33 319.189 6	35 121.981 5

在转型情景下，工业废水额外排放量由2011年的34 500.477 5万吨减少到2015年的28 684.135 1万吨；在加速情景下，废水额外排放量由2011年的40 664.578 8万吨减少到2015年的33 319.189 6万吨；在基准情景模式下，2015年的废水额外排放量为35 121.981 5万吨，累计废水额外排放量比加速情景分析下多1 802.792万吨。

在得到各种发展情境下，工业21个部门为了满足各种发展情景受波及影响需要额外增加的工业废水排放量之后，结合经济增长的速度，预测在未来几年内，环渤海地区整体的工业废水排放总量，其计算结果如图13.5所示。

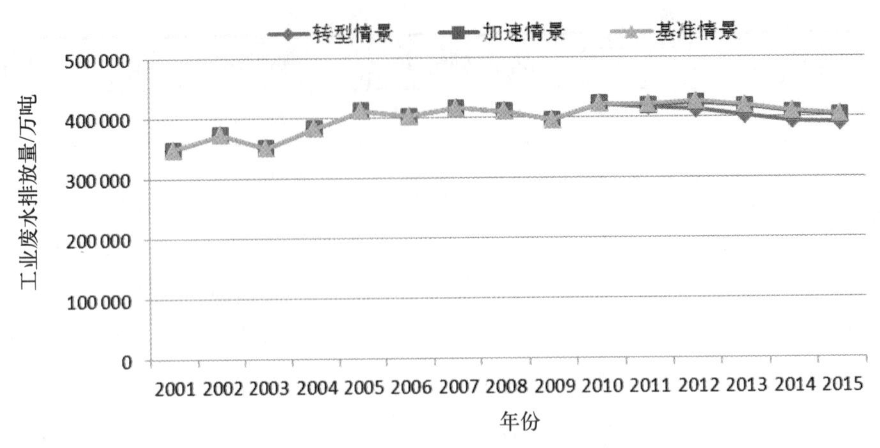

图13.5 2001—2015年环渤海地区工业废水排放总量情景分析

在转型情景下，环渤海地区工业废水排放总量由2001年的34.79亿吨增加到2015年的39.69亿吨；在加速情景下，工业废水排放总量2015年为40.16亿吨，相比于2010年的42.18亿吨的废水排放总量，要下降一些；在基准情景模式下，环渤海地区2015年的工业废水排放总量为40.34亿吨，同样，相比于2010年的废水排放总量，也要下降一些。这是因为随着技术的进步，环渤海地区工业各个行业的废水排放强度下降趋势较为明显，导致整体的废水排放总量在未来几年内也呈现下降的趋势。

2001—2010年这10年期间，环渤海地区工业废水总量占全国工业废水排放总量的比重呈现一个上下波动的趋势，变化幅度在16.5%—18%之间。前文分析了三种情景下未来五年环渤海地区工业废水排放压力，同时根据全国工业废水排放总量的波动趋势，估算每年平均以2%的速率增加，计算从2011年到2015年，三种情景下，环渤海地区工业废水排放总量占全国总量的比例。从图13.6可以看出，三种情境下这个比例是不断下降的，而转型情境下，比例下降的最多，到2015年，环渤海地区工业废水排放总量仅占全国的16%，这主要由于技术进步的因素，导致了环渤海地区工业废水排放强度下降的较为明显，从而工业废水排放总量也呈现出缓慢的下降趋势。

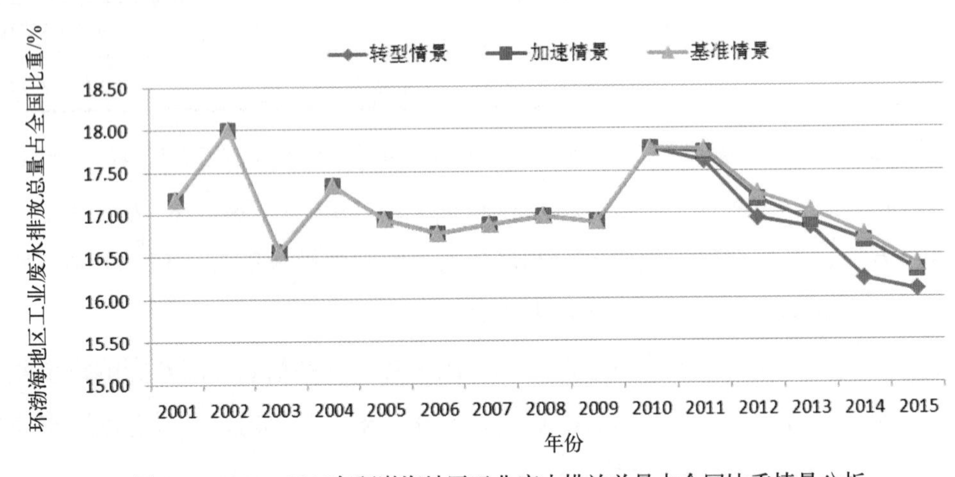

图13.6 2001—2015年环渤海地区工业废水排放总量占全国比重情景分析

（五）基于水环境污染的环渤海地区工业产业结构调整的必要性

改革开放以来，环渤海地区工业发展十分迅速，目前的主要工业产品产量水平与改革开放初期相比已经有了数十倍甚至上百倍的提升。如此庞大的产出，必然要消耗大量的能源，同时也必然产生包括废水在内的大量污染物，大量的工业废水通过各种途径汇入渤海海域，致使渤海海域的环境发生快速恶化。

环渤海区域经济目前正处于工业化阶段后期，主导产业仍然集中在工业部门，且工业结构整体呈现重型化特征，钢铁工业、石化工业和装备制造业所占比重远远高于全国平均水平，对经济增长拉动作用明显。但是，由于重化工业是高能耗、高污染的产业，其大规模发展必然会对渤海海洋环境造成很大压力。重化工业如炼钢、石化等的一个显著特点就是产生的废水比较多。2010年全国排污申报数据表明环渤海地区三省两市排污大户的行业主要集中在金属矿采选业、石化产业、钢铁产业、造纸印刷业和煤炭开采和洗选业，占整个地区总废水排放的65%以上，这些行业的万元产值废水排放量相对其他行业高得多。可见，环渤海地区重化工业的大规模发展加剧了渤海环境的压力。

研究按照三种情景模拟环渤海地区的发展趋势，发现在转型情景下，高新技术产业得到大力发展，重工业产业发展势头降低，从而受波及影响需要增加废水排放量相对较少。而加速情景和转型情景，重工业产业发展势头较猛，从而导致其他重工业产业受波及影响较为严重，需要增加的工业废水排放量相对较多，所以基于环渤海地区水环境污染的现状，调整环渤海地区的工业结构是很有必要的。

三、环渤海地区工业产业结构调整对策和建议

前文通过对环渤海地区工业结构现状的分析以及工业结构关联效应的评价，发现环渤海地区工业结构存在区域工业结构偏重型化的问题，产业结构亟须优化升级。针对以上问题，从能源约束、环境保护现状以及经济社会发展的长远目标来看，环渤海地区工业经济必须贯彻可持续科学发展观，对工业结构进行调整，使工业结构更加合理化，以满足经济、社会可持续发展的要求。环渤海地区工业结构调整是一个复杂的系统工程，涉及的因素很多，需要解决的问题也很多，根据环渤海地区工业结构现状，拟采取以下主要对策以解决该区域工业结构的一系列问题。

（一）加快发展低耗能低污染的高新技术产业

高新技术是新形势下国际竞争的核心，在高新技术产业上占领制高点是提升竞争力的最佳途径。大力发展高新技术，应是环渤海地区21世纪产业发展的战略重点。区域工业结构优化升级的关键是利用高新技术改造传统工业，提高生产效率，转变生产模式，从而达到工

业结构调整与优化的目的。同时，前文研究发现当转型情境下，高新技术产业得到大力的发展，通过产业间的波及作用，其对其他重工业所带来的波及效果要小于重工业的发展所带来的波及效果，所以从产业关联的角度也需要发展高新技术产业。

首先，要携手制定区域高新技术产业发展规划。环渤海地区相比于珠三角和长三角地区，工业重型化的倾向较为明显，经济增长表现出政府主导、投资拉动的特点。在这样的背景下，由政府主导制定各类发展规划，对引导地区经济发展起着至关重要的作用。环渤海地区产业结构同构性较为明显，产业发展规划雷同是其最直接的原因。因此，要促进环渤海地区高新技术产业的协调发展，避免产业同构化带来的负面影响。政府要制定环渤海地区统一的高新技术产业发展规划，明确各省市高新技术产业的发展方向和重点，特别是找准各自高新技术产品在产业链和价值链上的定位，从而形成彼此要素共享、产业互联、产品对接的区域高新技术产业一体化发展格局。

其次，要培育高新技术产业发展的环境。环渤海三省两市政府在财政、金融、投资、利率和进出口政策上需给予大力扶持，在重点建设项目和政府采购中优先使用国产高新技术产品，加大财政对高新技术的投入，加快建立高新技术产业发展的风险投资机制，鼓励和支持建立高新技术项目中间实验基地，政策性信贷资金应优先向高新技术产业倾斜，并且对技术创新成效显著的企业给予奖励，制定企业技术创新激励政策。

最后，推动北京和天津更好地发挥服务带动作用。北京、天津两市汇集了许多著名高等学府和科研院所，是全国科技人才最密集的地区，综合科研机构及其科研成果代表着全国一流水准，科学研究和技术开发实力雄厚，这在中国其他沿海地区也是少有的。未来京津两地应着力将科技资源、创新要素、科技人才等优势转化为推动高新技术产业发展的现实动力。同时，应打破地方保护、封闭发展的狭隘思维，加强与环渤海地区其他城市之间的合作，鼓励京津的科技资源更多地与周边地区的土地资源、人力资本等生产要素的深度融合，更好地发挥技术溢出效应，服务带动环渤海地区高新技术产业的整体发展。

（二）抓好重点工业行业，按可持续发展的目标逐步提升工业结构

环渤海地区目前正处于重化工业阶段，以钢铁、石化等高能耗、高污染工业部门为主的工业结构在一定的时期内不可避免，因此需要确定环渤海地区重点工业行业调整的方向。同时研究发现，环渤海地区石化产业、钢铁产业和装备制造业的波及效果较大的产业都集中在重工业领域，尤其以三者相互之间的波及效果最为显著，从而形成区域重工业内部自循环，所以特意针对三大产业的发展提出政策和建议。

1. 石化产业

石化产业是环渤海地区支柱产业之一，也是能耗强度大、耗能量大的产业部门之一。石化工业一方面本身是耗能大户，另一方面它又在产出能源，所以该产业部门的优化调整对

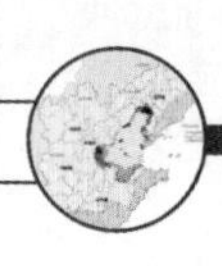

解决环渤海地区能源约束、降低能耗意义重大。石化产业优化调整的方向是：加快结构优化调整，转变增长方式，坚持自主创新，协调发展。应重点鼓励支持生产装置的大型化和集约化、生产过程清洁化和能源、资源节约型装置的改造，同时应该大力发展具有投资回报率高、附加值高、科技含量高、产品灵活性大等特点的精细化工，进一步巩固、壮大支柱产业的地位。

2. 钢铁产业

钢铁业是国民经济的重要基础产业，是全面实现工业化的产业，也是能源、资源、资金、技术密集型产业。钢铁产业调整时应该注意要控制钢铁产业的发展规模。钢铁产业目前不仅在环渤海地区，甚至在全国范围内都处于一种供过于求的状态，全国几大钢铁生产企业分别布局在河北、辽宁和天津，区域冶金市场的饱和不仅导致了钢铁企业的恶性竞争，同时由于该产业高耗能、高污染的特性，对区域生态环境的破坏也很严重，因此，该产业生产规模需要得到有效控制，并通过技术更新和企业重组等途径对冶金产业进行有效整合，提高产品生产质量的同时有效控制工业污染。

3. 装备制造业

与石化产业和钢铁产业相比，虽然装备制造业也是环渤海地区支柱产业之一，但其能耗强度和废水排放强度均不高，所以大力发展装备制造业对于区域生态环境的影响不大。装备制造业的调整方向是发展循环经济，走集约化生产、清洁化生产、低消耗高产出的发展之路。

（三）实施环渤海工业结构统一协调战略

环渤海地区工业产业的协调发展，离不开三省两市各地区的协调统筹规划。本项目的研究视角是把环渤海地区看作一盘棋来研究，所以应将环渤海地区看作一个统一的经济体，其各省市均要将自己置于环渤海地区整体框架之中进行产业结构的调整优化，加强环渤海地区合作开发和整体开放，推动整个区域产业结构的合理化、现代化和高层次化。

一是把环渤海地区有效联合起来，使之成为一个整体，打破行政区划的束缚，只有这样才能发挥区内共同优势。对于各个地区来说，应该加强各个港口之间以及港口与腹地之间联系，取消各自为政状态。

二是发挥骨干城市在区域经济发展中的带动作用，以此带动兄弟城市的合作共赢发展，要加强环渤海地区城市的经济联系和有效合作，避免无效竞争。

三是以沿海港口为龙头，通过产业在不同地区之间的转移明确各地的分工关系，使得环渤海经济圈形成有效的产业链。

四是实施环渤海地区各省市的比较优势，各省市之间要进行横向联合以合力发展经济，通过联合扩大煤炭出口、联合开发创汇农业、联合开发国际旅游业等战略，推动环渤海地区的整体开放与外向型经济的发展。

参考文献

阿东．2000．我国海域使用管理和海洋环境保护的依据——海洋功能区划[J]．海洋开发与管理，(4)：19-22．

蔡宁，郭斌．1996．从环境资源稀缺性到可持续发展：西方环境经济理论的变迁与发展[J]．经济科学，(6)：28-38．

曹大宇，李谷成．2011．我国农业环境库兹涅茨曲线的实证研究——基于联立方程模型的估计[J]．软科学，25(7)：76-80．

常芳，郭翠花，张红．2009．汾河太原段土壤重金属污染的潜在风险评价[J]．山西大学学报：自然科学版，32(2)：304-307．

常原飞，方志刚，赵智杰，等．2002．辽河COD变化规律及其原因探讨[J]．北京大学学报：自然科学版，38(4)：535-542．

陈华文，刘康兵．2004．经济增长与环境质量：关于环境库兹涅茨曲线的经验分析[J]．复旦大学学报：社会科学版，(2)：87-94．

陈锐，邓祥征，战金艳，等．2005．流域尺度生态需水的估算模型与应用——以克里雅河流域为例[J]．地理研究，24(5)：725-731．

程炯，林锡奎，吴志峰，等．2006．非点源污染模型研究进展[J]．生态环境，15(3)：641-644．

邓祥征，吴锋，林英志，等．2011．基于动态环境CGE模型的乌梁素海流域氮磷分期调控策略[J]．地理研究，30(4)：635-644．

范金，陈锡康．2000．环保意识、技术进步、税收和最优经济增长[J]．数量经济技术经济研究，(11)：26-28．

盖美，田成诗．2007．辽宁沿海经济发展与近岸海域环境的关系研究[J]．地域研究与开发，26(6)：60-64．

高振宁．2004．江苏省环境库兹涅茨特征分析[J]．农村生态环境，20(1)：41-43，59．

桂小丹，李慧明．2010．环境库兹涅茨曲线实证研究进展[J]．中国人口·资源与环境，20(3)：5-8．

郝芳华，程红光，杨胜天．2006．非点源污染模型——理论方法与应用[M]．北京：中国环境科学出版社，121-244．

黄菁．2009．环境污染与工业结构：基于Division指数分解法的研究[J]．统计研究，26(12)：69-73．

黄莹，包安明，陈曦，等．2009．基于绿洲土地利用的区域国内生产总值公里格网化研究[J]．冰川冻土，(1)：158-165．

简新华，向琳．2004．论中国的新型工业化道路[J]．当代经济研究，(2)：32-38．

金凤君，张晓平，王长征．2004．中国沿海地区土地利用问题及集约利用途径[J]．资源科学，(5)：53-60．

雷明．2000．中国环境经济综合核算体系框架设计[J]．系统工程理论与实践，(10)：17-26．

李恒鹏，刘晓玫，黄文钰．2004．太湖流域浙西区不同土地类型的面源污染产出[J]．地理学报，59(3)：401-408．

李怀恩．2000．估算非点源污染负荷的平均浓度法及其应用[J]．环境科学学报，20(4)：397-400．

李树．2005．环境库兹涅茨曲线与我国的政策措施[J]．宏观经济研究，(5)：38-41．

李双成，赵志强，王仰麟．2009．中国城市化进程及其资源与生态环境效应机制[J].地理科学与进展，

28(1)：63-70．
李义，王建荣．2002．陕西省生态环境与经济发展相关性分析[J]．统计与决策，(6)：35．
李泳，李金青．2009．环境规划政策与中国经济增长——基于一种可计算非线性动态投入产出模型[J]．系统工程，27(2)：7-13．
凌亢，王浣尘，刘涛．2001．城市经济发展与环境污染关系的统计研究[J]．统计研究，(10)：46-52．
刘闯．1985．土地类型与自然区划[J]．地理学报，40(3)：256-263．
刘凤朝，刘源远，潘雄锋．2007．中国经济增长和能源消费的动态特征[J]．资源科学，29(5)：63-68．
刘满平．2006．我国产业结构调整与能源协调发展[J]．宏观经济管理，(2)：24-26．
刘起运，陈璋，苏汝．2006．投入产出分析[M]．北京：中国人民大学出版社．
刘希宋，李果．2005．工业结构与环境影响关系的多维标度分析——兼析哈尔滨市工业结构的优化升级[J]．经济与管理，19(10)：57-59．
刘星，聂春光．2007．中国工业经济发展与工业污染排放的变化[J]．统计与决策，(2)：65-67．
刘志彦，孙丽娜，郑冬梅，等．2010．河道底泥重金属污染及农用潜在风险评价[J]．安徽农业科学，38(21)：11436-11438．
陆虹．2000．中国环境问题与经济发展的关系分析[J]．财经研究，(10)：53-59．
吕安民，李成名，林宗坚，等．2005．基于GIS的人口信息提取[J]．清华大学学报：自然科学版，(9)：1189-1192．
栾维新．2004．海陆一体化建设研究[M]．北京：海洋出版社．
罗岚，邓玲．2012．我国各省环境库兹涅茨曲线地区分布研究[J]．统计与决策，(10)：99-101．
马蔚纯，陈立民，李建忠，等．2003．水环境非点源污染数学模型研究进展[J]．地球科学进展，18(3)：358-365．
毛天宇，戴明新，彭士涛，等．2009．近10年渤海湾重金属(Cu、Zn、Pb、Cd、Hg)污染时空变化趋势分析[J]．天津大学学报，(9)：817-825．
蒙海花，王腊春，苏维词．2010．基于DEM的流域特征提取研究——以贵州省普定县后寨河流域为例[J]．测绘科学，(4)：87-88．
莫虹频，温宗国，陈吉宁．2008．在土地资源和环境承载力约束下的城市工业发展[J]．清华大学学报：自然科学版，48(12)：2088-2092．
彭俊铭，吴仁海．2012．不同工业化阶段环境库兹涅茨曲线研究——以广州、佛山与肇庆市为例[J]．城市发展研究，19(1)：110-115．
彭士涛，周然，李野，等．2010．渤海湾氮磷时空变化规律研究[J]．南开大学学报：自然科学版，(5)：8-14．
彭水军，包群．2006．经济增长与环境污染[J]．财经问题研究，(8)．
齐力，梅林海．2008．工业经济增长与环境污染的关系研究[J]．生态经济，(8)：149-153．
乔俊，颜廷梅，薛峰，等．2011．太湖地区稻田不同轮作制度下的氮肥减量研究[J]．中国生态农业学报，19(1)：24-31．
沈满洪，等．2000．一种新型的环境库滋涅茨曲线——浙江省工业化进程中经济增长与环境变迁的关系研究[J]．浙江社会科学，(4)：53-57．
盛学良，舒金华，彭补拙．2002．江苏省太湖流域总氮、总磷排放标准研究[J]．地理科学，22(4)：449-452．

史丹，吴利学，傅晓霞．2005．中国能源效率地区差异及其成因研究——基于随机前沿生产函数的方差分解[J]．管理世界，(2)：35-43．

史丹．2006．中国能源效率的地区差异与节能潜力分析[J]．中国工业经济，(10)：17-18．

苏丹，王彤，刘兰岚，等．2010．辽河流域工业废水污染物排放的时空变化规律研究[J]．生态环境学报，19(12)：2953-2959．

孙韬，包景岭，贺克斌．2011．环境库兹涅茨曲线理论与国家环境法律间关系的研究[J]．中国人口·资源与环境，21(3)：79-81．

孙韬，张宏伟，王媛，等．2010．基于环境库兹涅茨曲线理论的中国先污染后治理问题的研究[J]．环境科学与管理，35(8)：148-151．

王茂军，栾维新．2000．中国黄海近岸海域污染分区调控研究[J]．海洋通报，(6)：50-56．

王西琴，张艳会．2007．辽宁省辽河流域污染现状与对策[J]．环境保护科学，33(3)：26-28，31．

王晓墩，熊伟．2010．基于改进灰色预测模型的动态顾客需求分析[J]．系统工程理论与实践，30(8)：1380-1388．

王修林，李克强．2006．渤海主要化学污染物海洋环境容量[M]．北京：科学出版社，45-47．

王学山，吴豪，陈雯．2004．区域环境质量与经济发展关系模型研究[J]．长江流域资源与环境，13(4)：317-321．

王毅，张天相，徐学仁，等．2001．辽东湾北部至辽西沿岸海域营养盐分布及水质评价[J]．海洋环境科学，(2)：63-65．

王兆华，尹建华，武春友．2003．生态工业园中的生态产业链模型研究[J]．中国软科学，(10)：149-153．

王志华，温宗国，闫芳．2007．北京环境库兹涅茨曲线假设的验证[J]．中国人口·资源与环境，17(2)：40-47．

文毅，李宇斌，胡成．2009．辽河流域水污染物总量控制管理技术研究[M]．北京：中国环境科学出版社，58-82．

吴敬学，朱梅．2011．海河流域农业非点源污染评价[J]．农村经济与管理，(5)：5-18．

吴玉，董锁成，宋键峰．2002．北京市经济增长与环境污染水平计量模型研究[J]．地理研究，(3)：239-246．

席酉民，刘洪涛，郭菊娥．2009．能源投入产出分式规划模型的构建与应用[J]．科学研究，27(4)：535-540．

夏立忠，杨林章．2003．太湖流域非点源污染研究与控制[J]．长江流域资源与环境，12(1)：45-49．

徐新良，庄大方，贾绍凤，等．2004．GIS环境下基于DEM的中国流域自动提取方法[J]．长江流域资源与环境，(4)：343-348．

薛力群．2009．葫芦岛锌业股份有限公司汞污染现状调查与防治对策研究[J]．环境科学与管理，34(12)：115-118．

薛利红，俞映，杨林章．2011．太湖流域稻田不同氮肥管理模式下的氮素平衡特征及环境效应评价[J]．环境科学，2(4)：1132-1138．

杨凯，叶茂．2003．上海市废弃物增长的环境库兹涅茨特征研究[J]．地理研究，(l)：50-66．

杨珂玲，葛翔宇，董利民．2011．洱海流域社会经济发展速度与污染物排放量关系研究[J]．生态经济，(12)：37-40．

杨勤业，郑度，吴绍洪．2005．20世纪50年代以来中国综合自然地理研究进展[J]．地理研究，(6)：899-908．

杨银峰，石培基，吴燕芳．2011．灰色系统理论模型在耕地需求量预测中的应用[J]．统计与决策，(9)：

159-161.

余兴光，陈彬，王金坑，等. 2010. 海湾环境容量与生态环境保护研究——以罗源湾为例[M]. 北京：海洋出版社.

原毅军，张放. 2011. 环境库兹涅茨曲线假说研究述评[J]. 科技和产业，11(12)：84-88.

袁加军. 2010. 环境库兹涅茨曲线研究——基于生活污染和空间计量方法[J]. 统计与信息论坛，25(4)：9-15.

岳勇，程红光，杨胜天. 2007. 松花江流域非点源污染负荷估算与评价[J]. 地理科学，27(2)：231-236.

张广海，李雪. 2007. 山东省主体功能区划分研究[J]. 地理与地理信息科学，(4)：57-61.

张红凤，周峰，杨慧，等. 2009. 环境保护与经济发展双赢的规制绩效实证分析[J]. 经济研究，(3)：14-25.

张华见，张智光. 2011. 中国工业结构调整研究现状与动态分析[J]. 工业技术经济，(11)：108-114.

张龙军，夏斌，桂祖胜，等. 2007. 2005年夏季环渤海16条主要入海河流的污染状况[J]. 环境科学，(11)：2409-2415.

张秋玲，陈英旭，俞巧钢，等. 2007. 非点源污染模型研究进展[J]. 应用生态学报，18(8)：1886-1890.

张意翔，孙涵. 2008. 我国能源消费误差修正模型研究——基于产业结构重型化视角的实证分析[J]. 中国人口·资源与环境，18(1)：74-78.

张峥，周丹卉，谢轶. 2011. 辽河化学需氧量变化特征及影响因素研究[J]. 环境科学与管理，36(3)：36-39.

张志峰，韩庚晨，王菊英. 2013. 中国近岸海洋环境质量评价与污染机制研究[M]. 北京：海洋出版社.

赵玲，赵冬至，张丰收. 1998. 基于GIS的海域环境质量评价模型研究[J]. 遥感技术与应用，(3)：62-66.

赵永宏，邓祥征，吴锋，等. 2011. 乌梁素海流域氮磷减排与区域经济发展的均衡分析[J]. 环境科学研究，24(1)：110-117.

赵章元，孔令辉. 2000. 渤海海域环境现状及保护对策[J]. 环境科学研究，(2)： 23-27.

钟茂初，张学刚. 2010. 环境库兹涅茨曲线理论及研究的批评综论[J]. 中国人口·资源与环境，20(2)：60-67.

朱梅，吴敬学，张希三. 2010. 海河流域畜禽养殖污染负荷研究[J]. 农业环境科学学报，29(8)：1558-1565.

Alex T. Ford, Irene Martins, Teresa F. Fernandez.2007. Population level effects of intersexuality in the marine environment [J]. Science of the Total Environment,(374): 102-111.

Andreoni J. Levinson A. 2001.The simple analytics of the environmental Kuznets Curve [J]. Journal of Public Economics,(80):269-286.

Arik Levinson.1996.Environmental regulations and manufacturers' location choices: evidence from the census of manufactures [J]. Journal of Public Economics, 62(1-2): 5-29.

Bruvoll A. MedinH.2003.Factors behind the environmentalKuznets Curve[J]. Environmental and Resource Economics,(24),27-48.

Copeland B. R. Taylor M. S.2004.Trade,growth and the environment [J]. Journal of Economic Literature, (42): 7-71.

Crossman G.M, Kreuger A.B.1995.Economic growth and the environment [J]. The Quarterly Journal of Economics,(112):353-367.

Dalton T. Thompson R. Jin D. 2010.Mapping human dimensions in marine spatial planning and management: An example from Narragansett Bay, Rhode Island[J]. Marine Policy,34(2): 309-319.

De Bruyn S.M., Bengh J.C., Opechoor J.B.1998.Economic growth and emissions: reconsidering the empirical basis of environmental Kuznets Curve [J]. Ecological Economics, (25):161-175.

Douvere F. Ehler C. N.2009.New perspectives on sea use management: Initial findings from European experience with marine spatial planning[J]. Journal of Environmental Management,90(1):77-88.

Hamilton, C.,Turton, H. 2002.Determinants of emissions growth in OECD countries [J]. Energy Policy,30:63-71.

Hi-Chun Park,EunnyeongHeo.2007.The direct and indirect household energy requirements in the Republic of Korea from 1980 to 2000-An input-outputanalysis [J]. Energy Policy,(35):2839-2851.

Jevan Cherniwchan.2012.Economicgrowthindustrializationandtheenvironment [J]. Resource and Energy Economics,(34) 442-467.

JianjunJia, JianhuaGao, YifeiLiu,et al. 2012.Environmental changes in Shamei Lagoon, Hainan Island, China: Interactions between natural processes and humanactivities[J]. Journal of Asian Earth Sciences, (52):158-168.

KePan, Wenxiong Wang.2012.Trace metal contamination in estuarine and coastal environments in China [J]. Science of the Total Environment,(421-422):3-16.

Lopez R.1994.The environment as a factor of production: the effects of economic growth and trade liberalization [J]. Journal of Environmental Economics,(27): 163-184.

Maarten J. Punt, Rolf A. Groeneveld, Ekko C. van Ierland, et al.2009.Spatial planning of offshore wind farms: A windfall to marine environmentalprotection?[J].EcologicalEconomics,(69):93-103.

Maria Llop.2008.Economic impact of alternative water policy scenarios in the Spanish productionsystem:an input-outputanalysis[J].Ecological Economics,(62):288-294.

Markus P.2002.Technical Progress, Structural Change, and the Environmental Kuznets Curve [J].Ecological Economics, (42):381-389.

Qingchun Wen, Xin Chen, Yi Shi, et al.2011.Analysis on composition and pattern of agricultural nonpoint source pollution in Liaohe River Basin, China [J].Procedia Environmental Sciences, (8):26-33.

Rennie H. G. White R, Brabyn L.2009.Developing a conceptual model of marine farming in New Zealand[J]. Marine Policy, 33(1): 106-117.

Selden T. M. Song D.1994.Environmental Quality and Development: Is there a Kuznets curve for air pollution. [J]. Journal of Environmental Economics and Management, (27):147-162.

Sporria C. Borsukb M. PetersI et al.2007.The economic impacts of river rehabilitation: aregional input-output analysis[J].Ecological Economics,(62):341-351.

Torras M. Boyce J.1998. Income inequalityand pollution: a reassessment of the environmental Kuznets Curve [J]. Ecological Economics,(25):147-160.

Wang Cui, Sun Qi, Jiang Shang, et al. 2011.Evaluation of pollution source of the bays in Fujian Province [J]. Procedia Environmental Sciences, 10: 685-690.

WuCC, ChangeNB.2003.Grey input-output analysis and its application forenvironmental cost allocation [J].European Journal of Operational Research,(145):175-201.

Y.T. Lu, S.Z. Wu, J.H. Zhu, et al.2012.Analysis on effect decomposition of industrial COD emission [J].Procedia Environmental Sciences,13: 2197-2209.

Zhang, Z.2000. Decoupling China's carbon emissions increase from economic growth: an economic analysis and policy implications [J] .World Development, 28 (4): 739-752.